Digital ProLine

Das große Kamerahandbuch zur Nikon D5200

Kyra Sänger
Christian Sänger

DATA BECKER

Folgen Sie uns auf Facebook und Twitter:

www.facebook.com/databecker
www.twitter.com/data_becker

Besuchen Sie unseren Internetauftritt:

www.databecker.de

Copyright	DATA BECKER GmbH & Co. KG Merowingerstr. 30 40223 Düsseldorf
Produktmanagement	Christophe Papke
Textmanagement	Jutta Brunemann
Layout	Jana Scheve
Umschlaggestaltung	David Haberkamp
Textverarbeitung und Gestaltung	Astrid Stähr
Produktionsleitung	Claudia Lötschert
Druck	Media-Print, Paderborn

Alle Rechte vorbehalten. Kein Teil dieses Buches darf in irgendeiner Form (Druck, Fotokopie oder einem anderen Verfahren) ohne schriftliche Genehmigung der DATA BECKER GmbH & Co. KG reproduziert oder unter Verwendung elektronischer Systeme verarbeitet, vervielfältigt oder verbreitet werden.

ISBN 978-3-8158-3557-9

Wichtige Hinweise

Die in diesem Buch wiedergegebenen Verfahren und Programme werden ohne Rücksicht auf die Patentlage mitgeteilt. Sie sind für Amateur- und Lehrzwecke bestimmt.

Alle technischen Angaben und Programme in diesem Buch wurden vom Autor mit größter Sorgfalt erarbeitet bzw. zusammengestellt und unter Einschaltung wirksamer Kontrollmaßnahmen reproduziert. Trotzdem sind Fehler nicht ganz auszuschließen. DATA BECKER sieht sich deshalb gezwungen, darauf hinzuweisen, dass weder eine Garantie noch die juristische Verantwortung oder irgendeine Haftung für Folgen, die auf fehlerhafte Angaben zurückgehen, übernommen werden kann. Für die Mitteilung eventueller Fehler ist der Autor jederzeit dankbar.

Wir weisen darauf hin, dass die im Buch verwendeten Soft- und Hardwarebezeichnungen und Markennamen der jeweiligen Firmen im Allgemeinen warenzeichen-, marken- oder patentrechtlichem Schutz unterliegen.

Alle Fotos und Abbildungen in diesem Buch sind urheberrechtlich geschützt und dürfen ohne schriftliche Zustimmung des Verlags in keiner Weise gewerblich genutzt werden.

Inhaltsverzeichnis

Einleitung 9

1. Die Nikon D5200 im Detail 11
1.1 Neue Technik und Funktionen im Überblick 12
1.2 Übersicht der Bedienelemente 15
1.3 Monitor und Sucher richtig nutzen 18

2. Alle wichtigen Einstellungen schnell gefunden 25
2.1 Bedienkonzept und Menüs der D5200 26
2.2 Wichtige Grundeinstellungen vornehmen 28
2.3 Die Menüs perfekt eingestellt 34
2.4 Ein eigenes Menü konfigurieren 38

3. Für jedes Motiv das passende Programm wählen 43
3.1 Die Programme in der Übersicht 44
3.2 Sofort startklar mit den Vollautomatiken 45
3.3 Die Eigenschaften der Motiv- und SCENE-Programme 48
3.4 Kreativer Spaß mit den Spezialeffekten 56
3.5 Gekonnt fotografieren mit P, S, A und M 63

4. Die richtige Belichtung erzielen 73
4.1 Die beiden Partner Belichtungszeit und Blende 74
4.2 Die Belichtungszeit im Griff haben 75

4.3	Grenzen der Bildstabilisation	80
4.4	Einfluss der Blende auf die Schärfentiefe	81
4.5	ISO-Wert und Sensorempfindlichkeit	86
4.6	Motivabhängige Belichtungsmessung	98
4.7	Wenn die Belichtung nicht stimmt: Belichtungskorrekturen	103
4.8	Belichtungskontrolle mit dem Histogramm	107

5. Scharfstellen leicht gemacht — 111

5.1	Über Detailschärfe und Schärfentiefe	112
5.2	Automatisch fokussieren mit der D5200	113
5.3	Welcher Modus für welche Szene?	116
5.4	AF-S für alles, was sich nicht bewegt	119
5.5	Perfekt für Actionaufnahmen: AF-C und AF-A	122
5.6	Die Kunst des manuellen Fokussierens	127
5.7	Scharfe Bilder mit der Live View	130

6. Farben steuern über Weißabgleich und Picture Control — 137

6.1	Das Zusammenwirken von Licht und Farbtemperatur	138
6.2	Farbsteuerung mit der Weißabgleichautomatik	140
6.3	Wann der manuelle Weißabgleich sinnvoll ist	145
6.4	Mit Picture Control zum besonderen Foto	147
6.5	Den richtigen Farbraum wählen	153

7.	**Speicherformat und Bildqualität**	**157**
7.1	Die Bildgrößen und Formate der D5200	158
7.2	Vor- und Nachteile des JPEG-Formats	161
7.3	Höchste Qualität erzielen mit NEF/RAW	163
7.4	NEF/RAW oder JPEG	168

8.	**Richtig blitzen mit der D5200**	**171**
8.1	Immer dabei: was der kamerainterne Blitz leisten kann	172
8.2	Systemblitzgeräte für die D5200	174
8.3	Die Blitzmodi in der Übersicht	181
8.4	Kreatives Blitzen mit P, A, S und M	183
8.5	Das Blitzlicht feiner dosieren	190
8.6	Beeindruckende Nachtporträts gestalten	192
8.7	Sicheres Blitzen bei Gegen- und Seitenlicht	195
8.8	Kabellos blitzen leicht gemacht	196

9.	**Praxistipps für bessere Bilder**	**203**
9.1	Grundlagen einer gelungenen Bildästhetik	204
9.2	Bildwirkung mittels Schärfentiefe verändern	209
9.3	Arbeiten mit verschiedenen Perspektiven	212

10.	**Fototipps zu den beliebtesten Motiven**	**219**
10.1	Mit der D5200 im Urlaub unterwegs	220
10.2	Menschen gekonnt in Szene setzen	226

| 10.3 | Spannende Aufnahmen nachts und in der Dämmerung | 231 |
| 10.4 | Kleine Dinge ganz groß in Szene gesetzt | 239 |

11. Besonders herausfordernde Fotoszenarien meistern — 249

11.1	Hohe Kontraste? Kein Problem	250
11.2	Kontrastmanagement mit HDR	256
11.3	Typische Schärfeprobleme meistern	261
11.4	Tipps und Tricks für tolle Actionfotos	266
11.5	Lichtspuren der Nacht	273
11.6	Beeindruckende Panoramen professionell erstellen	278

12. Filmaufnahmen mit der D5200 — 285

12.1	Unkomplizierte Filmaufnahmen realisieren	286
12.2	Die Filmformate im Überblick	288
12.3	Automatisch oder manuell fokussieren?	291
12.4	Mit konstanter Belichtung filmen	292
12.5	Die Flimmerreduzierung	294
12.6	Ton jetzt auch in Stereo	296
12.7	Filme abspielen	298

13. Objektivratgeber, Equipment und Kamerapflege — 301

13.1	Alles rund ums Objektiv	302
13.2	Fester Stand für perfekte Bilder – Stative	315
13.3	Fernauslöser für die D5200	321

13.4	Die wichtigsten Filtertypen	325
13.5	Speicherkarte und Akku kurz beleuchtet	329
13.6	Geotagging mit dem GPS-Empfänger	332
13.7	Drahtlose Bildübertragung per Funkadapter	334
13.8	Objektiv-, Sensorreinigung & Co.	338
13.9	Die Kamerasoftware updaten	343

14. Bilder präsentieren und optimieren — 347

14.1	Bilder betrachten, schützen und löschen	348
14.2	Bildoptimierung in der Kamera	353
14.3	Die Bilder mit Nikon Transfer 2 auf den PC übertragen	358
14.4	RAW-Konverter im Vergleich	362
14.5	Weitere Lesetipps und Links	368
14.6	Referenz Kameramenü	369

Stichwortverzeichnis — 377

Einleitung

Nun ist es also vollbracht, alle Bilder sind im Kasten, und das Manuskript zur D5200 ist abgegeben. Es war mal wieder eine hochinteressante Zeit mit einer Kamera, die kaum Wünsche offengelassen hat. Die neue Nikon hat uns auf unseren Streifzügen in der Natur und durch die City genauso begleitet wie beim Fotografieren im Heimstudio. Am Ende waren wir von der Leistungsfähigkeit des Gerätes überzeugt und im Vergleich zur D5100, die wir ja vor einiger Zeit auch in der Mangel hatten, konnten wir doch etliche Fortschritte feststellen.

Vor allem ist da das neue Autofokusmodul zu erwähnen, das jetzt immerhin 39 statt 11 Messfelder besitzt und damit einen merklichen Vorteil beim Fokussieren schneller und beweglicher Motive mit sich bringt. Das hat sich in der Praxis schon sehr deutlich gezeigt. Dass sich auf dem APS-C-Sensor bei gleicher Fläche nun 24,1 statt 16,2 Megapixel versammeln, bringt unserer Erfahrung nach keinen Nachteil bei der Bildqualität. Im Gegenteil, bei niedrigen ISO-Werten ist diesbezüglich eher sogar eine Verbesserung zu erkennen, wohingegen sich das mit zunehmenden ISO-Werten dann wieder relativiert.

Auf alle Fälle ermöglicht die deutlich höhere Auflösung eine größere Darstellung des Bildes in besserer Qualität, was DIN-A3-Drucke und respektable Ausschnittvergrößerungen ohne Weiteres möglich macht. Eine weitere Verbesserung stellt die Serienbildgeschwindigkeit dar, sie ist von vier Bildern pro Sekunde auf fünf Bilder angehoben worden. Selbst der Bedienungskomfort wurde verbessert, zum Beispiel durch einen oben auf der Kamera positionierten Knopf zum direkten Anwählen der Aufnahmebetriebsarten oder einen, wie wir meinen, besser strukturierten und visualisierten Info-Screen.

Gute Nachrichten gibt es auch für die Filmfreunde unter uns, denn nun gibt es auch endlich einen manuellen Videomodus und die an sich schon sehr ordentliche Filmleistung der D5100 hat sich bei wenig Licht noch mal verbessert.

So, genug der technischen Schwärmerei, denn letztendlich kommt ein perfektes Bild nur dann zustande, wenn der Anwender, also Sie, lieber Leser, die Technik beherrscht, aber auch die soften Faktoren wie den Bildaufbau, den sensiblen Blick für das richtige Motiv und vor allem eine Menge Fantasie in die Waagschale wirft. Kurzum, Nikon hat mit der D5200 eine wunderbare technische Grundlage zu bieten.

Jetzt liegt es an Ihnen, mit viel Kreativität das Beste daraus zu machen, wobei dieses Buch Ihnen ein treuer Begleiter sein soll. Wir wünschen Ihnen dabei viel Freude und allzeit gutes Licht.

Herzlichst Ihre
Kyra & Christian Sänger

▲ www.saenger-photography.com
www.facebook.com/saenger.photography

KAPITEL 1

Die Nikon D5200 im Detail

Die Bandbreite der digitalen Spiegelreflexfotografie ist heute so vielseitig, dass kaum noch Motivwünsche offenbleiben. Sei es das gekonnt fotografierte Porträt, eine spannend umgesetzte Actionaufnahme, ein Sightseeing-Schnappschuss oder die extrem vergrößerte Nahaufnahme eines Insekts – mit ein paar grundlegenden Techniken und passendem Zubehör öffnet sich Ihnen eine fotografische Welt, die in vielerlei Hinsicht faszinierend ist und auch uns immer wieder aufs Neue begeistert. Die D5200 unterstützt Sie dabei mit einer hervorragenden Bildqualität und vielen ausgeklügelten Einstellungsoptionen, die vor noch nicht allzu langer Zeit in dieser Klasse undenkbar gewesen wären. In diesem Sinne, viel Spaß beim Fotografieren!

D5200 im Detail

An jeder neuen Kamerageneration sieht man, wie sehr sich die digitale Spiegelreflexkamera in den vergangenen Jahren entwickelt hat. Dabei ist nicht nur die berühmte Anzahl an Megapixeln stetig gewachsen, sondern – und das ist eigentlich viel entscheidender – es haben sich vor allem die Bildqualität und die Verlässlichkeit der automatischen Kameraeinstellungen enorm verbessert.

Nicht zuletzt runden die inzwischen umfangreichen Filmoptionen das Einsatzspektrum digitaler Spiegelreflexkameras wunderbar ab.

Ob Sie zuvor mit einer analogen SLR-Kamera fotografiert haben oder bislang digitale Kompaktkameras für Ihre fotografischen Aktivitäten verwenden, in jedem Fall werden Sie schnell feststellen, welch vielseitige Möglichkeiten in der D5200 stecken. Es bleiben Ihnen daher kaum fotografische Aufnahmesituationen verschlossen.

▲ Nikon D5200.

In den folgenden Kapiteln möchten wir mit Ihnen auf Entdeckungsreise gehen. Erfahren Sie alles Grundlegende über die technischen Finessen der D5200. In den Kapiteln 9, 10 und 11 geht es dann mit vollem Elan in die Fotopraxis. Bildgestaltungstipps und Anwendungsbeispiele, unter anderem aus den Bereichen Porträt-, Landschafts- oder Makrofotografie, verdeutlichen die vielseitigen Möglichkeiten, die Ihnen mit der D5200 offenstehen.

1.1 Neue Technik und Funktionen im Überblick

Zuerst möchten wir Ihnen kurz vorstellen, welche Neuerungen und Verbesserungen Nikon am aktuellen Modell vorgenommen hat, auf die Sie sich dann im praktischen Einsatz freuen können.

Der neue hochauflösende CMOS-Sensor (24MP DX)

Zusammen mit dem Prozessor ist der Bildsensor mit Sicherheit das wichtigste elektronische Element einer digitalen Spiegelreflexkamera. Schließlich ist er es, der das einfallende Licht auffängt und in elektronische Signale umwandelt – dieser Prozess wird als Bildwandlung bezeichnet.

Um dem Anwender noch mehr Möglichkeiten zu bieten, hat Nikon, verglichen mit der D5100, noch mal kräftig nachgelegt und der D5200 einen neuen CMOS-Sensor mit hochauflösenden 24,1 Megapixeln gegönnt. Das verspricht detailscharfe Bilder und bietet eine Menge Reserven, wenn es um Ausschnittvergrößerungen und großformatige Ausdrucke geht.

Neue Technik und Funktionen im Überblick

▲ Nikon-CMOS-Sensoreinheit mit 24,1 Megapixeln Auflösung (Bild: Nikon).

Schnellere Bildprozessierung dank EXPEED 3

Die zweite zentrale elektronische Komponente bei der Bildentstehung ist der Prozessor, der die vom Sensor eingefangenen Lichtwellen verarbeitet und als Datei abspeichert. Hier führt die Nikon D5200 den EXPEED-Prozessor der dritten Generation ins Feld, was der Kamera einen DDR3-Speicher und eine deutlich erhöhte Rechenleistung beschert.

◀ Der Bildprozessor EXPEED 3 (Bild: Nikon).

Immerhin wird dieser Prozessor laut Nikon auch in den Profimodellen D800 und D4 eingesetzt, was zu einer deutlich gesteigerten Performance führt. So schafft die D5200 nun bis zu fünf Bilder pro Sekunde, bei der D5100 waren es noch maximal vier.

Außerdem sorgt die schnellere CPU auch dafür, dass nun die Videoformate 1080i50 und 720p50 zur Verfügung stehen, die D5100 bot in Full HD und der kleineren HD-Auflösung höchstens 25 Vollbilder.

Verbessertes Autofokussystem

Eine deutliche Aufwertung gegenüber dem Vorgängermodell hat das Autofokussystem der D5200 erfahren: Statt bisher elf Messfeldern mit nur einem Kreuzsensor verfügt die D5200 über 39 Messfelder mit neun der besonders exakten Kreuzsensoren. Mithilfe des fortschrittlichen 3D-Trackings können auch sehr kleine Motive korrekt erfasst und scharf abgebildet werden, selbst wenn sie unvorhersehbare Bewegungen durchführen.

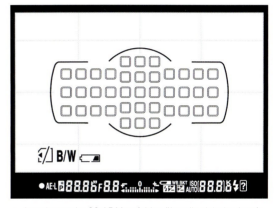

▲ Anordnung der 39 AF-Messfelder, über die sich der Autofokus präzise und schnell steuern lässt (Bild: Nikon).

Neue ISO-Automatik-Version

Auch bei der Empfindlichkeitsautomatik, der ISO-Automatik, hat Nikon der D5200 die neueste Version, die so auch in der deutlich teureren D800 verbaut wurde, gegönnt. Das System ist nun in der Lage, die Verschlusszeit variabel anzupassen, und zwar, indem sich die gewählte Zeit an der Brennweite des Objektivs orientiert. In Abhängigkeit da-

▲ Die neue Option »Automatisch« im Menüpunkt »Längste Belichtungszeit«.

01 Die Nikon D5200 im Detail

von wird der ISO-Wert automatisch angepasst, sodass bei jeder Brennweite eine Zeit ermöglicht wird, bei der Sie verwacklungsfrei fotografieren können. Die Funktion bringt vor allem bei Zoomobjektiven einen enormen Vorteil mit sich.

Bei kürzeren Brennweiten wird die ISO-Empfindlichkeit nicht so schnell hochgeschraubt. Wird dann zur Telebrennweite gezoomt, sorgt die D5200 automatisch für eine Anpassung der Verschlusszeit und erhöht dafür ggf. den ISO-Wert. Das Ziel ist es, stets möglichst niedrige ISO-Zahlen zu ermöglichen und gleichzeitig verwacklungssichere Zeiten zu sichern. Also, wir finden das ganz großartig und nutzen diese Option daher regelmäßig.

2.016-Pixel-RGB-Belichtungssensor

Der aus der Nikon D7000 bekannte 2.016-Pixel-RGB-Belichtungsmesssensor ersetzt den in der D5100 verbauten RGB-Belichtungsmesser mit 420 Pixeln. Aufgrund der höheren Auflösung bietet er eine noch präzisere Belichtungsmessung und liefert dem Motiverkennungssystem Daten, die für eine Optimierung von Belichtungsautomatik, Autofokus und automatischem Weißabgleich sorgen.

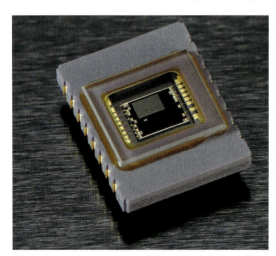

▲ Der RGB-Sensor unterstützt die Belichtungsmessung, indem er die ermittelten Werte mit einer integrierten Motivdatenbank vergleicht und dann ans Motiv angepasste Belichtungswerte einstellt (Bild: Nikon).

Erweiterte Videofunktionen

Ebenfalls einiges getan hat sich beim Thema Videofunktion und Filmen. Als erste Nikon-SLR kann die D5200 Full-HD-Videos mit bis zu 50 Halbbildern/Sek. (50i) aufnehmen. Alternativ stehen auch Vollbilder zur Verfügung (25p und 24p). Bei der kleineren HD-Auflösung (1.280 x 720 Pixel) sind sogar 50 Vollbilder/Sek. möglich. Als Aufnahmeformat dient wie beim Vorgängermodell QuickTime/MOV mit H.264-Komprimierung.

Neu ist auch das interne Stereomikrofon, während der Anschluss für ein externes Mikrofon wie gewohnt weiterhin vorhanden ist. Dank des EXPEED-3-Prozessors zeigt die D5200 auch beim Filmen eine deutlich verbesserte Leistung, das gilt vor allem bei schlechten Lichtverhältnissen.

Eine weitere Verbesserung ist die Möglichkeit, einen manuellen Videomodus einstellen zu können. Das heißt, im Modus M wird beim Filmen jegliche Automatik abgeschaltet und das Filmen erfolgt mit der eingestellten Blende-Zeit-ISO-Kombination. Bei der D5100 ist dies nicht möglich, hier muss man tricksen, da die angezeigten Werte für Zeit/ISO-Wert oft nicht mit den tatsächlich verwendeten übereinstimmen.

WU-1a Bildübertragung per Funk

Ebenfalls neu ist die Verwendbarkeit eines Funkadapters für die Datenübertragung. Mit dem Adapter WU-1a ist es möglich, Bilder direkt drahtlos von der D5200 auf ein Smartphone oder einen Tablet-PC mit Android oder iOS zu übertragen oder

▲ Optionaler Funkadapter Nikon WU-1a.

die Kamera über ein solches Gerät fernauszulösen.

Übersicht der Bedienelemente

Damit können Sie Fotos ganz einfach und blitzschnell mit Freunden und der Familie teilen, indem Sie sie über soziale Netzwerke freigeben oder per E-Mail weiterleiten.

1.2 Übersicht der Bedienelemente

Ihre neue Nikon D5200 ist ausgepackt, der Akku wurde geladen und eine Speicherkarte ist ebenfalls eingelegt. Jetzt kann es eigentlich sofort losgehen mit dem Fotografieren. Wenn Sie zuvor jedoch noch keine Nikon-DSLR-Kamera besessen haben, ist an dieser Stelle zu empfehlen, sich die wichtigsten Bedienelemente für die Einstellung der Kamerafunktionen kurz zu Gemüte zu führen.

Zunächst einmal vermitteln die Übersichtsbilder die wichtigsten Begriffe rund um die Bedienelemente und zeigen, wo sie an der Kamera lokalisiert sind. Anschließend werden wir die Hauptsteuerungen genauer unter die Lupe nehmen. Was en détail hinter den vielfältigen Funktionen steckt, wird dann im Laufe des Buches an geeigneter Stelle genauer vorgestellt.

Vorderansicht

❶ Infrarotsensor
❷ Auslöser
❸ Selbstauslöseranzeige/Autofokus-Hilfslicht
❹ Objektivansetzmarkierung
❺ CPU-Kontakte (Kommunikation zwischen Objektiv und Kamera)
❻ Objektiventriegelungstaste
❼ Schwingspiegel
❽ Bajonettring

01 Die Nikon D5200 im Detail

Rückansicht

1. Infrarotsensor
2. MENU-Taste, 2-Tasten-Reset-Taste
3. LCD-Monitor
4. Sucher
5. Dioptrienausgleich
6. i-Taste, 2-Tasten-Reset-Taste
7. AE-L/AF-L-Taste (Belichtungs-, Fokusspeicherung)
8. Einstellrad
9. Wiedergabetaste
10. Multifunktionswähler
11. OK-Taste
12. Schreibanzeige (Kamera greift auf die Speicherkarte zu)
13. Löschtaste
14. Verkleinerungstaste, Hilfe-Taste
15. Vergrößerungstaste

Aufsicht

1. Sensorebene
2. Lautsprecher
3. integrierter Blitz
4. Stereomikrofon
5. Blitzschuh mit Blitzschuhabdeckung
6. Funktionswählrad
7. Filmstart-Taste
8. An/Aus-Schalter
9. Auslöser
10. Belichtungskorrekturtaste, Blendentaste
11. Info-Taste
12. Aufnahmebetriebsart, Selbstauslöser, Fernsteuerung
13. Live-View-Hebel

Übersicht der Bedienelemente

Seitenansicht

Nach dem Öffnen der seitlich angeordneten Verschlusskappe werden die digitalen Anschlüsse der D5200 sichtbar.

1. Blitztaste, Blitzkorrektur
2. Funktionstaste
3. Objektivansetzmarkierung
4. Mikrofonanschluss
5. USB- und A/V-Anschluss (für die Verbindung zu Fernseher, Computer oder Drucker)
6. Mini-HDMI-Buchse
7. Zubehöranschluss (z. B. Fernauslöser, GPS-Empfänger)

Auslöser und Einstellrad

Der Auslöser gehört vermutlich zu einem der am häufigsten gedrückten Bedienelemente, denn über ihn erhält die Kamera das Signal zur Bildaufnahme.

Der Auslöser besitzt zwei Funktionen: Wenn er nur zur Hälfte heruntergedrückt wird, ist das für die Kamera erst einmal nur das Signal zum automatischen Scharfstellen. Das Objektiv nimmt das Motiv ins Visier und bildet es fokussiert ab. Erst das anschließende Durchdrücken des Auslösers führt zur eigentlichen Aufnahme. Denken Sie stets daran, die halbe Stufe nicht einfach zu überspringen, denn dann kann es passieren, dass das Motiv nicht optimal fokussiert wird und daher unscharf auf dem Sensor landet.

▲ Auslöser der D5200.

Über das Einstellrad, das sich hinten rechts über der Daumenablage befindet, werden die Belichtungseinstellungen in den Programmen P, S, A und M angepasst. Es dient auch dazu, im Kameramenü Belichtungskorrekturen oder den ISO-Wert zu justieren. Das leicht zu bedienende Rädchen nimmt daher eine zentrale Rolle in der Bedienung der D5200 ein.

▲ Über das Einstellrad wird beispielsweise im Programm A die Blendeneinstellung verändert.

01 Die Nikon D5200 im Detail

Das Funktionswählrad und die Programme

Auf der Oberseite der Kamera befindet sich das Funktionswählrad. Über dieses Bedienelement legen Sie fest, in welchem Aufnahmemodus die Bilder fotografiert werden. Ein Dreh auf das grüne Kamerasymbol AUTO stellt beispielsweise die Vollautomatik ein, bei der die Kamera fast alle Einstellungen selbst erledigt ❶. Daneben gibt es die Blitz-aus-Automatik, den SCENE-Modus ❷ und die sogenannten Motivprogramme ❸, bei denen die Kameraeinstellungen auf bestimmte Fotosituationen, zum Beispiel eine Landschaft oder ein Porträt, automatisch abgestimmt werden.

Wie Sie später in diesem Buch noch sehen werden, bringen die Vollautomatik und die Motivprogramme nicht immer die besten Bildergebnisse. Daher sei an dieser Stelle schon auf die Modi S, A und M hingewiesen ❺, die Ihnen viel mehr fotografische Freiheiten verschaffen als die automatischen Modi. Nicht zuletzt rundet der EFFECTS-Modus die Anwendungsmöglichkeiten der D5200 ab, mit dem Sie die Bilder über verschiedene Spezialeffekte aufpeppen können ❹.

Der Multifunktionswähler und die OK-Taste

Der Multifunktionswähler dient vor allem zur Navigation im kamerainternen Softwaremenü oder zur Auswahl bestimmter Aufnahmeeinstellungen, wie beispielsweise zur Einstellung des Weißabgleichs. Mit der OK-Taste wird die jeweilige Eingabe bestätigt.

◀ Die Pfeile verdeutlichen die vier Druckpunkte des Multifunktionswählers.

Die MENU-Taste

Die MENU-Taste führt Sie in das Softwaremenü der D5200. Hier können Sie einerseits allgemeine Kameraeinstellungen verändern, wie Sprache, Datum/Uhrzeit oder LCD-Helligkeit. Andererseits werden Sie das Menü immer wieder benötigen, um motivabhängige Veränderungen der Aufnahmeeinstellungen einzugeben, wie zum Beispiel die Picture-Control-Konfiguration.

◀ Über das Funktionswählrad werden die Betriebsprogramme der D5200 eingestellt.

▲ Über die MENU-Taste gelangen Sie ins Kameramenü.

1.3 Monitor und Sucher richtig nutzen

LCD-Anzeige der Aufnahmeeinstellungen

Beim Einschalten der Kamera befinden Sie sich stets im Aufnahmemodus und die gewählten Belichtungseinstellungen erscheinen auf dem Display. Allerdings variieren die Anzeigeelemente je nach Aufnahmemodus und Situation, es sind also nicht immer alle Symbole zu sehen.

Monitor und Sucher richtig nutzen

◀ *Funktionen, die in der Aufnahmeansicht angezeigt werden können. Welche Symbole zu sehen sind, hängt vom Aufnahmeprogramm und den individuell getroffenen Belichtungseinstellungen oder auch von ggf. angeschlossenen Zusatzgeräten wie einem GPS-Empfänger oder externen Blitzgeräten ab.*

❶ Zeit (Angabe des Wertes bzw. optische Darstellung)
❷ Eye-Fi-Kartenstatus
❸ Spiegelvorauslösung aktiviert
❹ Mehrfachbelichtung aktiv
❺ Blende (Angabe des Wertes bzw. optische Darstellung)
❻ Datum und/oder Uhrzeit werden in das Bild einbelichtet
❼ Blitzsteuerung (TTL oder manuell)
❽ Betriebsart (Einzelbild, Serienaufnahme, Selbstauslöser)
❾ Tonsignale der Kamera an/aus
❿ Akkuladestandsanzeige
⓫ ISO-Empfindlichkeit (ISO-A = aktive ISO-Automatik, maximaler ISO-Auto-Wert durch Kerbe markiert, hier 3200)
⓬ Anzahl verbleibender Aufnahmen (K bedeutet, dass mehr als 1.000 Bilder möglich sind)
⓭ ■ Belichtungskorrekturskala
■ elektronische Einstellhilfe bei der Scharfstellung
⓮ ISO-Wert (kann von der ISO-Automatik überschrieben werden)
⓯ Belichtungskorrektur (veränderte Bildhelligkeit)
⓰ Weißabgleich (* = manuell abgeänderte Vorgabe)
⓱ Blitzbelichtungskorrektur (veränderte Blitzlichtmenge)
⓲ Active D-Lighting (automatische Kontrastoptimierung)
⓳ Blitzmodus
⓴ HDR-Automatik
㉑ Belichtungsmessung (Matrix-, Spot- oder mittenbetonte Messung)
㉒ Belichtungsreihenautomatik
㉓ AF-Messfeldsteuerung (Einzelfeld, Dynamisch, 3D-Tracking, Automatisch)
㉔ Bildgröße
㉕ Fokussteuerung (automatisch, Einzel-AF, kontinuierlicher AF, manueller Fokus)
㉖ Aufnahmequalität
㉗ Picture-Control-Konfiguration (beeinflusst Farbgebung und Kontrast der Aufnahme, * = manuell abgeänderte Vorgabe)
㉘ Hilfe (Anzeige des Hilfetextes durch Drücken der Verkleinerungstaste)
㉙ Anzeige der (wählbaren) Autofokusmessfelder
㉚ Fortschrittsanzeige der Belichtungsreihe
㉛ Belichtungsprogramm

01 Die Nikon D5200 im Detail

LCD-Informationen im Wiedergabemodus

Neben dem Aufnahmemodus verfügt die Nikon D5200 auch über vielseitige Bildbetrachtungsmöglichkeiten.

Und selbstverständlich müssen Sie auch in diesem Wiedergabemodus auf die Anzeige wichtiger Informationen nicht verzichten.

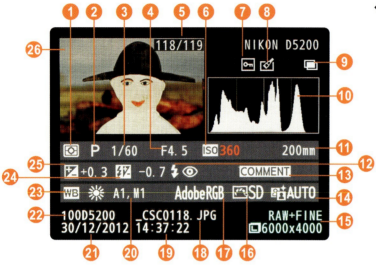

◀ Anzeigeelemente im Wiedergabemodus bei der Bildansicht mit Helligkeitshistogramm.

- ❶ Belichtungsmessung (Matrix-, Spot- oder mittenbetonte Messung)
- ❷ Belichtungsprogramm
- ❸ Zeit
- ❹ Blende
- ❺ Bildnummer/Anzahl aller Bilder
- ❻ ISO-Wert (rote Zahl bedeutet, dass die ISO-Automatik den eingestellten Wert überschrieben hat)
- ❼ Bildschutz aktiv
- ❽ Bild wurde kameraintern bearbeitet
- ❾ Mehrfachbelichtung
- ❿ Helligkeitshistogramm (Helligkeitsverteilung aller Bildpixel)
- ⓫ Objektivbrennweite
- ⓬ Blitzmodus
- ⓭ Kommentar wurde hinzugefügt
- ⓮ Active D-Lighting (automatische Kontrastoptimierung)
- ⓯ Bildqualität Bildgröße mit Pixelangabe
- ⓰ Picture-Control-Konfiguration (beeinflusst Farbgebung und Kontrast der Aufnahme)
- ⓱ Farbraum (Grundlage der Farbwiedergabe auf Monitor und Druckpapier)
- ⓲ Dateiname
- ⓳ Aufnahmezeit
- ⓴ Korrekturwerte des Weißabgleichs
- ㉑ Aufnahmedatum
- ㉒ Ordnername
- ㉓ Weißabgleich
- ㉔ Belichtungskorrektur (veränderte Bildhelligkeit)
- ㉕ Blitzbelichtungskorrektur (veränderte Blitzlichtmenge)
- ㉖ Bildvorschau

Die verschiedenen Ansichtsoptionen freischalten

Zu Beginn zeigt Ihnen die D5200 nur eine Wiedergabeansicht an. Um die anderen Darstellungsoptionen freizuschalten, können Sie folgendermaßen vorgehen:

Monitor und Sucher richtig nutzen

1

Drücken Sie die MENU-Taste und steuern Sie in der linken Spalte das blaue Wiedergabemenü an.

Gehen Sie mit der rechten Pfeiltaste ins Menü und wählen Sie *Opt. für Wiedergabeansicht*.

Menü durch einen Druck auf die MENU-Taste oder durch Antippen des Auslösers.

▲ *Die Monitoransichten der »Aufnahmedaten« sollen nicht dargestellt werden.*

Ansichten wechseln

Um die verschiedenen Darstellungsoptionen des Wiedergabemodus, die Sie im vorherigen Abschnitt freigeschaltet haben, aufzurufen, gehen Sie mit der Wiedergabetaste zur Bildansicht.

Wählen Sie dann mit der oberen oder unteren Pfeiltaste die gewünschte Ansicht aus. So springen Sie von Ansicht zu Ansicht.

2

Drücken Sie die rechte Pfeiltaste. Navigieren Sie dann auf die Ansichtsoptionen und aktivieren oder deaktivieren Sie sie mit der rechten Pfeiltaste. Zum Schluss bestätigen Sie alle Änderungen mit der OK-Taste. Verlassen Sie schließlich das

▲ *Im Wiedergabemodus erscheinen durch Umschalten mit der oberen oder unteren Pfeiltaste nacheinander die dargestellten Monitoranzeigen, sofern alle Anzeigeformen zuvor freigeschaltet wurden. Die Ansicht »Alle Aufnahmedaten« besteht aus drei Anzeigen, die Sie hintereinander durchklicken, bis Sie zur Histogrammansicht gelangen.*

01 Die Nikon D5200 im Detail

Zwischen Aufnahme- und Wiedergabemodus wechseln

Zwischen der Ansicht für die Bildaufnahme und dem Wiedergabemodus können Sie ganz flink wechseln. Hierfür ist lediglich ein Druck auf die Wiedergabetaste nötig. Wenn Sie anschließend wieder in den Aufnahmemodus zurück möchten, drücken Sie die Wiedergabetaste erneut oder tippen alternativ den Auslöser kurz an.

Live View aktivieren

Neben der Möglichkeit, durch den Sucher zu schauen, bietet die D5200 auch ein Echtzeitbild auf dem Monitor an. Mit dieser Livebildfunktion können Schärfe, Belichtung, Farbe und Bildausschnitt bereits vor dem Drücken des Auslösers kontrolliert werden. Besonders bei dunkler Umgebung oder Aufnahmen von stark vergrößerten Objekten in der Makrofotografie spielt das Livebild seine Vorteile aus. Um die Liveansicht zu aktivieren,

▲ Wechsel zwischen Aufnahme- und Wiedergabemodus mit der Wiedergabetaste.

ziehen Sie einfach den am Funktionswählrad lokalisierten Livebildhebel zu sich hin und verfahren genauso, um die Liveansicht wieder zu beenden.

▲ Mit nur einem Hebelzug lässt sich das Livebild starten und wieder stoppen.

Die D5200 hat für viele Aufnahmesituationen geeignete Programme an Bord. Hier hat der EFFECTS-Modus »Lo« für eine perfekte Belichtung gesorgt (1/320 Sek. | f6 | ISO 400 | 155 mm | Stativ | Fernauslöser).

KAPITEL 2

Alle wichtigen Einstellungen schnell gefunden

Auch wenn es sich bei der D5200 nicht um eine ausgewiesene Profikamera handelt, steckt doch eine enorme Funktionsvielfalt in dem kompakten Gehäuse. Zu Beginn mögen die vielen Einstellungsoptionen etwas verwirrend erscheinen. Doch mit ein wenig Einarbeitung in das Bedienkonzept werden Sie das Leistungsspektrum Ihrer Kamera bestimmt schnell in den Griff bekommen. Damit Sie die wichtigsten Optionen nicht erst lange suchen müssen, vermittelt Ihnen dieses Kapitel alles rund um die grundlegenden Einstellungen und zentralen Kameravorbereitungen. So wird Ihnen der Fotostart mit der D5200 nicht schwerfallen.

02 Alle wichtigen Einstellungen schnell gefunden

2.1 Bedienkonzept und Menüs der D5200

Die D5200 besitzt nicht nur viele Funktionen fotografischer Art, sie bietet Ihnen auch sehr viel Freiheit in der Kamerabedienung. So können Sie stets selbst entscheiden, welches Prozedere Ihnen am besten liegt, und dieses zukünftig einsetzen. Prinzipiell gibt es drei Wege, über die Sie die wichtigsten Funktionen erreichen und umstellen können:

- Einstellung per i-Taste,
- Direkttasten für grundlegende Funktionen,
- detaillierte und umfangreiche Bedienung über das Kameramenü.

Am Beispiel der AF-Messfeldsteuerung können Sie das Bedienkonzept der D5200 übersichtlich nachvollziehen.

Einstellung per i-Taste

1

Um die AF-Messfeldsteuerung beispielsweise vom Einzelfeldmodus auf dynamische 39 Messfelder umzustellen, drücken Sie einfach die i-Taste.

▲ Über die i-Taste werden viele zentrale Aufnahmefunktionen eingestellt.

2

Navigieren Sie mit den Pfeiltasten auf den entsprechenden Eintrag, hier die AF-Messfeldsteuerung, und drücken Sie die OK-Taste.

3

Wählen Sie die gewünschte Option aus und bestätigen Sie die Wahl mit der OK-Taste. Tippen Sie dann einfach den Auslöser an, um zum Aufnahmebildschirm zurückzugelangen. Das Symbol für *Dynamisch (39 Messfelder)* erscheint nun im entsprechenden Feld in der unteren Spalte.

Direkttasten für grundlegende Funktionen

Funktionen wie Selbstauslöser, Serienbildfunktion und Fernauslöser sind bei der D5200 in einer neuen Direkttaste gebündelt. So können diese häufiger genutzten Funktionen besonders einfach per Tastendruck angewählt werden. Drücken Sie also einfach mal die entsprechende Taste ⚃ (⟳/ĝ), die direkt neben dem Funktionswählrad auf der Kameraoberseite lokalisiert ist. Wählen Sie beispielsweise die schnelle *Serienaufnahme H* aus

Bedienkonzept und Menüs

und bestätigen Sie dies mit der OK-Taste. Das war's schon.

Neben der Aufnahmebetriebsarttaste besitzt die D5200 noch vier weitere Direkttasten:

- Belichtungskorrekturtaste zur Änderung der Bildhelligkeit in den Modi P, S, A und M.
- Taste zur Belichtungs- bzw. Fokusspeicherung.
- Blitztaste zum Aktivieren des Blitzgerätes, aber auch zur Wahl des Blitzmodus und der Blitzbelichtungskorrektur.
- Die Funktionstaste Fn kann über die Individualfunktion f1 mit unterschiedlichen Funktionen belegt werden.

Das Zwei-Tasten-Reset

Alle Einstellungen, die im Aufnahmemenü verändert wurden, können blitzschnell wieder auf die Ausgangsposition katapultiert werden. Dazu drücken Sie die beiden Tasten mit dem grünen Punkt für ca. 2 Sek. gleichzeitig herunter.

Für Veränderungen im System-, Individual-, Bildbearbeitungs- und benutzerdefinierten Menü trifft das nicht zu. Hier finden Sie entsprechende Zurücksetzen-Einträge.

Detaillierte und umfangreiche Bedienung über das Kameramenü

Wirklich alle Optionen der D5200 stehen Ihnen erst auf der Ebene des Kameramenüs zur Verfügung. So gelangen Sie beispielsweise nur über das Menü zu den Detaileinstellungen der Selbstauslöserfunktion, um zum Beispiel die Vorlaufzeit von 10 Sek. auf 2 Sek. zu verringern.

1

Um im Kameramenü zu navigieren, beginnen Sie mit dem Druck auf die MENU-Taste. Betätigen Sie dann gegebenenfalls die linke Pfeiltaste, um auf die linke Spalte mit den verschiedenen Registerkarten zu gelangen. Dort können Sie folgende Menüs aufrufen:

- Wiedergabe
- Aufnahme
- Individualfunktionen
- System
- Bildbearbeitung
- Letzte Einstellungen oder Mein Menü

2

Wählen Sie im Fall der Selbstauslöserfunktion die Registerkarte *Individualfunktionen*. Drücken Sie dann die rechte Pfeiltaste, um in das Menü zu gelangen. Wählen Sie weiter unten den Eintrag *Timer/Bel.-speicher* aus.

3

Drücken Sie nun die OK-Taste oder die rechte Pfeiltaste, um ins Untermenü zu gelangen. Wählen Sie den *Selbstauslöser*-Eintrag und drücken Sie wie-

02 Alle wichtigen Einstellungen schnell gefunden

der OK oder die rechte Pfeiltaste. Gehen Sie zur *Selbstauslöser-Vorlaufzeit* und mit OK oder der rechten Pfeiltaste weiter. Stellen Sie schließlich die gewünschte Vorlaufzeit ein und bestätigen Sie die Eingabe mit der OK-Taste. Nur dann wird der Eintrag übernommen.

4

Um das Menü ganz zu verlassen, tippen Sie einfach den Auslöser an. Um Schritt für Schritt zurück zu navigieren, wählen Sie die linke Pfeiltaste.

Wenn Sie im Menü zugange sind und schnell auf die oberste Ebene der Registerkarten zurück möchten, drücken Sie die MENU-Taste.

Zu Beginn mag es etwas unübersichtlich erscheinen, aber das Kameramenü werden Sie im Laufe der Zeit bestimmt ganz intuitiv in Ihr Bedienungsrepertoire aufnehmen.

Wie Sie im Menü die wichtigsten Basiseinstellungen vornehmen können, vermitteln die nachfolgenden Abschnitte.

2.2 Wichtige Grundeinstellungen vornehmen

Im umfangreichen Menü der D5200 befinden sich einige wichtige Basiseinstellungen, die nicht direkt etwas mit der Bildaufnahme zu tun haben. Diese werden im Folgenden näher erläutert.

Spracheinstellungen
Bei der ersten Inbetriebnahme der Kamera erscheint der Bildschirm für die Einstellung der Sprache automatisch. Wählen Sie daher einfach die gewünschte Sprache aus und bestätigen Sie diese mit der OK-Taste.

Auch später noch können Sie die Sprache jederzeit ändern. Dazu gehen Sie ins Systemmenü zur Rubrik *Sprache (Language)*.

Datum, Uhrzeit und Zeitzone festlegen
Ebenfalls automatisch geht es weiter zu den Datums- und Zeiteinstellungen. Geben Sie hier gleich die richtigen Werte ein, damit Ihre Fotos von vornherein mit den korrekten Daten abgespeichert werden.

Das ist zum Beispiel wichtig, wenn Sie die Bilder am Computer dem Datum nach sortieren möchten oder später einmal nachsehen wollen, wann ein bestimmtes Bild aufgenommen wurde.

1

Wählen Sie die Zeitzone mit den horizontalen Pfeiltasten aus und bestätigen Sie die Aktion mit der OK-Taste.

Wichtige Grundeinstellungen vornehmen

2

Entscheiden Sie sich für ein Datumsformat und bestätigen Sie dies mit OK. Geben Sie dann an, ob die Sommerzeit gerade aktiv ist oder nicht, und fixieren Sie diesen Eintrag ebenfalls mit der OK-Taste.

3

Nun können Sie sich mit den horizontalen Pfeiltasten vom Jahr bis zur Sekunde durchhangeln und die Werte jeweils mit den vertikalen Pfeiltasten eingeben. Bestätigen Sie am Ende alles mit der OK-Taste. Um das Menü *Zeitzone und Datum* später erneut aufzurufen, gehen Sie über die MENU-Taste ins Systemmenü und dort zur Rubrik *Zeitzone und Datum*.

Bildkontrolle über Sucher und Monitor

Wer ambitioniert fotografieren möchte, wird zur Einstellung des Motivausschnitts und zur Kontrolle der Schärfe meist durch den Sucher der D5200 schauen und damit den Vorteil der Spiegelreflexfotografie gegenüber den Kompaktkameras gleich voll ausnutzen. Denn das Bild im Sucher zeigt genau das, was nach dem Auslösen auf dem Sensor landet. Die Bildgestaltung lässt sich auf diese Weise schnell und sicher beurteilen. Wenn Sie

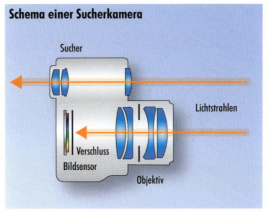

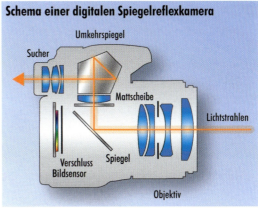

▲ Während Kompaktkameras einen vom Objektiv getrennten Sucher haben, sieht man bei der D5200 genau den Bildausschnitt, der dann auch auf dem Sensor landet. Der Sucherblick geht direkt durch das Objektiv.

02 Alle wichtigen Einstellungen schnell gefunden

mit der D5200 ein Motiv anvisieren, wird das Bild durch das Objektiv und einen sogenannten Dachkantspiegel in den Sucher geleitet. Dort entsteht die seitenrichtige Projektion des Bildausschnitts.

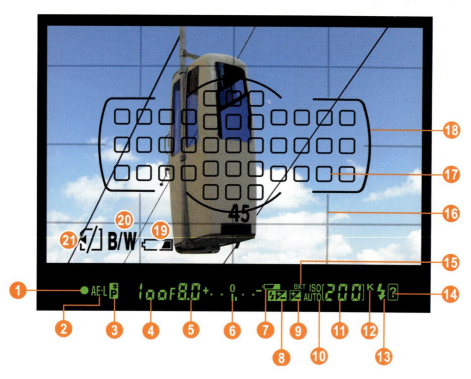

1. Fokusindikator
2. Anzeige der Belichtungsspeicherung
3. Programmverschiebung im Modus P
4. Belichtungszeit
5. Blende
6. ■ Belichtungskorrekturskala
   ■ Anzeige der elektronischen Scharfstellhilfe
7. Warnanzeige niedriger Akkuladestand
8. Blitzbelichtungskorrektur
9. Belichtungskorrektur
10. ISO-Automatik aktiv
11. ■ Anzahl möglicher Bilder
    ■ Pufferspeicher bei Serienaufnahme
    ■ Weißabgleich
    ■ Werte bei Belichtungskorrekturen
    ■ ISO-Wert
12. erscheint, wenn Platz für mehr als 1.000 Bilder ist
13. Blitz ist bereit
14. Warnung
15. Belichtungsreihe aktiv
16. Gitternetz (wenn aktiviert)
17. Autofokusmessfelder (das oder die aktiven blinken kurz rot auf)
18. gesamter Autofokusmessbereich, der in maximal 39 AF-Messfelder aufgeteilt wird
19. Warnanzeige niedriger Akkuladestand
20. Monochrom-Anzeige blinkt, wenn der Picture-Control-Stil auf Monochrom eingestellt wurde
21. Anzeige „keine Speicherkarte" blinkt, wenn keine Speicherkarte eingesetzt wurde

Wichtige Grundeinstellungen vornehmen

Am Sucherrand werden alle wichtigen Einstellungen angezeigt. Änderungen, die Sie während des Blickens durch den Sucher vornehmen, werden im Sucherfenster ebenfalls „online" angepasst, beispielsweise eine Verstellung der Belichtungszeit oder eine Belichtungskorrektur.

Ein- und Ausklappen des Monitors

Der TFT-LCD-Farbmonitor der D5200 besitzt mit seiner hohen Auflösung von etwa 921.000 Bildpunkten eine hervorragende Qualität. Die enorme Detailauflösung kombiniert mit einem 170°-Betrachtungswinkel erleichtert die Bildbeurteilung deutlich, was die Nutzung der Livevorschau wiederum sehr angenehm gestaltet.

Eine wirklich praktische Sache an der D5200 ist natürlich auch die Dreh- und Schwenkmöglichkeit des Monitors. Damit werden Bilder in jeder Lebenslage möglich, ohne sich bei der Auswahl des Bildausschnitts verrenken zu müssen. Denken Sie beispielsweise an ein Foto in die Baumkronen des Waldes oder eine Makroaufnahme von Blüten dicht über dem Erdboden.

Damit der Monitor keinen Schaden nimmt, ist er zunächst nach innen gerichtet und sollte auch immer so positioniert sein, wenn die Kamera länger nicht in Gebrauch ist. Zum Fotografieren lässt er sich einfach öffnen, um 180° drehen und dann wieder zurückklappen, sodass das Display nach außen zeigt.

Strom sparen

Wer mit einer Akkuladung möglichst lange fotografieren möchte, hat bestimmt nichts gegen ein paar Stromsparoptionen einzuwenden.

Ausschaltzeiten

Nach jeder Aufnahme zeigt die D5200 das gespeicherte Bild auf dem Monitor an. Wie lange sie dies tut, liegt ganz in Ihrem Ermessen. So können Sie den Standard von 4 Sek. zum Beispiel auf 20 Sek. erhöhen, um das Foto in aller Ruhe betrachten zu können. Um Strom zu sparen, belassen Sie den Wert auf *4 s*.

1

Gehen Sie über die MENU-Taste zur Rubrik *Timer/Bel.-speicher* und weiter zum Eintrag *Ausschaltzeiten*.

Drücken Sie OK und wählen Sie dann den Eintrag *Benutzerdefiniert*.

2

Gehen Sie mit der rechten Pfeiltaste ins Menü und dort zum Punkt *Bildkontrolle*. Wählen Sie darin eine gewünschte Zeit aus und bestätigen Sie die Angabe mit OK.

▲ *Ausklappen und Umdrehen des Schwenkdisplays.*

02 Alle wichtigen Einstellungen schnell gefunden

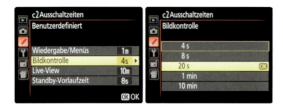

Neben der Bildkontrolle können Sie auch folgende Zeitoptionen festlegen:

- *Wiedergabe/Menüs*: bestimmt, wie lange die Ansicht des Bildes oder des Menüs nach dem Drücken der Wiedergabe- oder der MENU-Taste aktiv bleibt, wenn keine Eingaben erfolgen.
- *Live-View*: legt fest, wie lange die Live-View-Ansicht eingeschaltet bleibt, solange Sie nicht fotografieren oder Änderungen vornehmen.
- *Standby-Vorlaufzeit*: definiert, nach welcher Zeit der Sucher und die Anzeige der Aufnahmeinformationen ausgeschaltet werden.

3

Wenn alle Eingaben gemacht sind, drücken Sie OK. Die Änderungen sind nun gespeichert und Sie können das Menü wieder verlassen.

Ausschalten des Monitors

Um noch mehr Akkupower einzusparen, können Sie das LC-Display über die Info-Taste ausschalten. Damit der Monitor auch bei erneutem Betätigen von Funktionstasten oder des Auslösers ausgeschaltet bleibt, setzen Sie zudem die Funk- tion *Info-Automatik* im Systemmenü auf *Aus*. Um die Bildschirminformationen wieder einzuschalten, drücken Sie erneut die Info-Taste.

Die Monitorhelligkeit senken

Je heller der Monitor eingestellt ist, desto mehr Strom verbraucht die D5200 für die Darstellung der Bilder in der Aufnahme- und Wiedergabeansicht. Standardmäßig lässt es sich mit der Helligkeitseinstellung auf Stufe 0 prima leben. Wenn der Akku jedoch kurz vor der vollständigen Entleerung steht, kann das Herabsetzen der Helligkeit ein wenig Strom sparen helfen.

Wichtig ist jedoch, dass die unterschiedlichen Graustufen noch einigermaßen auseinanderzuhalten sind, sonst wird die Bildkontrolle zum puren Glücksspiel.

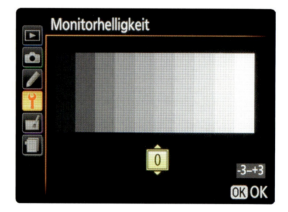

Sound oder kein Sound?

Um Ihnen das Fotografieren zu erleichtern, sodass Sie beispielsweise sofort erkennen, ob die Scharfstellung geklappt hat oder die Selbstauslöserzeit abläuft, sendet die D5200 entsprechende Signaltöne aus.

Dies ist nicht jedermanns Geschmack, daher lässt sich der Signalton natürlich auch abschalten. Die entsprechende Funktion finden Sie im Menü der Individualfunktionen bei *Aufnahme & Anzeigen/*

Wichtige Grundeinstellungen vornehmen

Tonsignal. Setzen Sie den Eintrag auf *Aus* und bestätigen Sie dies mit OK. Die Kamera gibt von nun an keine Töne mehr von sich.

Speicherkarte formatieren

Damit die Bilder korrekt und sicher auf der Speicherkarte landen, sollten Sie, bevor es mit dem ersten Foto losgeht, die Karte auf das Kamerasystem einstellen. Dazu wird die Karte formatiert.

1

Drücken Sie den MENU-Knopf und rufen Sie das Systemmenü auf. Gehen Sie mit der rechten Pfeiltaste ins Menü und dann nach unten zur Rubrik *Speicherkarte formatieren*.

> **! Formatieren löscht den Inhalt unwiederbringlich**
>
> Denken Sie vor dem Formatieren daran, alle wichtigen Daten von der Karte zu ziehen, denn die Formatierung löscht alles, was sich auf dem Speichermedium befindet, unwiederbringlich.

2

Drücken Sie die OK-Taste, wählen Sie mit der oberen Pfeiltaste die Schaltfläche *Formatieren* aus und bestätigen Sie mit OK. Jetzt wird die Karte formatiert.

Tippen Sie danach den Auslöser an oder drücken Sie die MENU-Taste, um zum Aufnahmebildschirm zurückzukehren. Auf dem Monitor sehen Sie nun die Zahl der möglichen Aufnahmen.

Hilfestellungen aufrufen

Ist Ihnen das Fragezeichen schon einmal aufgefallen, das unten links in der Monitoranzeige manchmal blinkt? Drücken Sie mal die Verkleinerungstaste, dann wird schnell klar, was dahintersteckt.

Es handelt sich um Hilfestellungen in Textform, mit denen Ihnen die D5200 stets Auskunft über Einstellungen, Belichtungsprobleme & Co. gibt. Das ist doch nett von ihr, oder?

▲ *Werden mehrere Hilfestellungen angezeigt, können Sie mit den vertikalen Pfeiltasten darin blättern.*

2.3 Die Menüs perfekt eingestellt

Mit den Individualfunktionen ✎ können Sie viele der Kamerafunktionen Ihren Wünschen entsprechend einstellen.

Die meisten der individuell einstellbaren Parameter werden an passender Stelle in diesem Buch erwähnt. Daher sind die Optionen hier nur tabellarisch aufgeführt.

Den Individualfunktionen, die später in diesem Buch keine weitere Erwähnung finden, haben wir dagegen an dieser Stelle ein Plätzchen eingeräumt.

Auch erhalten Funktionen aus den Menüs *Wiedergabe* ▶, *Aufnahme* 📷 und *System* 🔧, die sonst keine weitere Erwähnung finden, an dieser Stelle ihren großen Auftritt, es soll ja nichts unter den Tisch fallen.

Empfehlungen für die Individualfunktionen

Die Individualfunktionen sind über die MENU-Taste und die dritte Registerkarte von oben aus allen Belichtungsmodi zu erreichen.

▲ *Zur besseren Übersicht gliedert sich das Individualmenü in sechs Abschnitte.*

Funktion	Einstellungsempfehlung	siehe Seite
a1: Priorität bei AF-C (kont. AF)	Schärfepriorität	127
a2: Anzahl der Fokusmessfelder	39 Messfelder	121
a3: Integriertes AF-Hilfslicht	Ein	121
a4: Fokusskala	Ein	129
b1: Schrittweite Bel.-Steuerung	⅓ LW	84
c1: Bel. speichern mit Auslöser	Aus	209
c2: Ausschaltzeiten	Benutzerdefiniert oder Normal	31
c3: Selbstauslöser: Vorlaufzeit	10 s, 2 s (Stativaufnahmen ohne Fernauslöser)	228
c3: Selbstauslöser: Anzahl von Aufnahmen	1	
c4: Wartezeit für Fernauslös.	5 min	323
d1: Tonsignal	Aus	33
d2: Gitterlinien	Aus	205
d3: ISO-Anzeige	Ein	95

Die Menüs perfekt eingestellt

Funktion	Einstellungsempfehlung	siehe Seite
d4: Nummernspeicher	Ein (garantiert fortlaufende Nummerierung auch bei Kartenwechsel oder Formatierung)	35
d5: Spiegelvorauslösung	Aus	265
d6: Datum einbelichten	Aus (schreibt sonst Datum oder Datum/Uhrzeit ins Bild, nicht zu empfehlen, da nur per Retusche zu entfernen)	36
e1: Integriertes Blitzgerät	TTL	178
e2: Autom. Belichtungsreihen	Belichtungsreihe (AE)	238
f1: Funktionstaste	ISO-Empfindlichkeit	95
f2: AE-L/AF-L-Taste	Belichtung speichern Ein/Aus	208
f3: Auswahlrichtung	Standard (kehrt die Auswahlrichtung des Einstellrads um)	–
f4: Auslösesperre	Ein (kein Auslösen ohne eingesetzte Speicherkarte)	–
f5: Skalen spiegeln	–/0/+	106

▲ *Funktion, Einstellungsempfehlung und Link zur Seite, auf der die Funktion behandelt wird.*

Nummernspeicher

Damit in der Bildersammlung kein Chaos entsteht oder gar Bilder versehentlich überschrieben werden, weil sie die gleiche Nummer tragen, verpasst die D5200 jedem Bild bzw. Video eine fortlaufende Nummer. Dies behält sie auch bei, wenn die Karte zwischendurch formatiert wird oder mit einer anderen Speicherkarte weiter fotografiert wird. Erst wenn die Nummer 9999 erreicht ist, beginnt die Nummerierung mit 0001 wieder von vorne.

Empfehlenswert ist es, die fortlaufende Nummerierung beizubehalten. Sollten Sie es jedoch vorziehen, die Nummerierung immer wieder zurückzustellen, um zum Beispiel die Bilder in jedem neuen Ordner mit 0001 beginnen zu lassen, wählen Sie die Option *Aus*.

Auch können Sie jederzeit die Nummerierung mit *Reset* manuell auf 0001 zurücksetzen.

Aufdruck von Datum und Uhrzeit

Wenn Sie möchten, können Sie das Datum und/oder die Uhrzeit auf das Bild drucken lassen. Dies lässt sich bei JPEG-Fotos allerdings nicht wieder rückgängig machen. Also überlegen Sie es sich gut, ob Sie diese Funktion aktivieren möchten und damit einen orangefarbenen Schriftzug in der unteren rechten Bildecke in Kauf nehmen. Ein- oder ausschalten lässt sich die Funktion im Individualmenü *d6: Datum einbelichten*.

▲ *Bildansicht mit Datumsaufdruck.*

Selten genutzte Funktionen in den Kameramenüs

Ordner und Wiedergabeordner

Die D5200 speichert die Bilder und Filme in einem speziellen Ordner auf der Speicherkarte ab. Dieser Ordner trägt standardmäßig die Bezeichnung der Kamera, also *D5200*. Davor wird automatisch eine dreistellige Nummer angehängt, die mit 100 beginnt. Der Ordnername lautet also *100D5200*.

▲ *Auf der Speicherkarte befindet sich der Standard-Medienordner »100D5200« im Verzeichnis »DCIM«.*

In jedem Ordner können maximal 999 Mediendateien gespeichert werden. Sobald diese Anzahl überschritten wird, erstellt die Kamera einen zweiten Ordner mit der Nummer *101D5200* und dann einen mit *102D5200* und so weiter.

Im Aufnahmemenü in der Rubrik *Ordner* können Sie nun festlegen, ob Sie neben dem D5200-Standardordner zusätzliche Ordner anlegen möchten, die z. B. den Namen einer Person oder einer Stadt tragen. Diese werden ebenfalls mit der Nummerierung versehen, besitzen aber einen anderen Stammnamen.

Anhand der individuellen Ordner können Sie später z. B. wählen, welche Bilder in der Wiedergabe, als Diaschau beispielsweise, angezeigt werden sollen. Allerdings ist es bei mehreren Ordnern auch notwendig, vor der Aufnahme stets zu überlegen, in welchem Ordner die Aufnahmen denn gespeichert werden sollen. Der Aufwand ist nicht jedermanns Sache.

- Um einen Ordner zu erstellen, wählen Sie im Systemmenü *Ordner* den Eintrag *Neu*. Vergeben Sie anschließend einen Namen mit maximal fünf Zeichen.
- Mit der Option *Umbenennen* können Ordnernamen geändert werden, wobei automatisch alle Ordner des gleichen Stammnamens umbenannt werden, auch wenn sie unterschiedliche Nummern tragen.
- Bei Wahl der Option *Löschen* werden nur leere Ordner entfernt, alle anderen bleiben erhalten.

▲ *Hier haben wir den neuen Ordner PARIS angelegt, der anschließend mit der Option »Ordnerauswahl« als Aufnahmeordner festgelegt werden kann.*

Über die Rubrik *Wiedergabeordner* im Wiedergabemenü können Sie auswählen, aus welchem

Die Menüs perfekt eingestellt

Ordner die Bildbetrachtung erfolgen soll. Mit *Aktuell* wird der Ordner verwendet, der für die Bildaufnahme im Aufnahmemenü *Ordner* ausgewählt ist.

Wenn Sie *Alle Ordner* wählen, erfolgt die eingeschränkte Bildansicht nicht, es stehen alle Mediendateien auf der Speicherkarte für die Betrachtung zur Verfügung.

▲ Mit dem Wiedergabeordner wird die Bildauswahl eingeschränkt oder auf alle Ordner der Speicherkarte ausgedehnt.

Anzeige der Aufnahmeinformationen

Flexibilität gehört zu den Stärken der Nikon D5200, diese Eigenschaft macht auch vor der Gestaltung der Monitoransicht nicht halt. So können Sie im Systemmenü Y in der Rubrik *Anzeige der Aufnahmeinformationen* aus sechs verschiedenen Designs auswählen, und die auch noch getrennt für die automatischen Modi (AUTO, SCENE, EFFECTS) und die halb automatischen Aufnahmeprogramme (P, S, A, M) festlegen.

Hier haben wir uns beispielsweise für das etwas weniger düstere blaue Design entschieden und dieses auch für den Rest des Buches beibehalten – wir hoffen, es gefällt.

Bildkommentar

Für jeden, der seine Bilder an andere weitergibt oder sie im Internet präsentiert, könnte die Möglichkeit interessant sein, die Bilder mit einem Kommentar zu versehen. Dieser könnte zum Beispiel Copyright-Informationen tragen.

1

Um dies zu tun, navigieren Sie im Systemmenü zu *Bildkommentar*. Gehen Sie darin auf die Option *Kommentar eingeben* und wählen Sie mit den Pfeiltasten die Buchstaben nacheinander aus.

Mit dem Einstellrad können Sie hierbei geschriebene Buchstaben ansteuern und diese mit der Löschtaste wieder entfernen. Bestätigen Sie am Ende alles mit der ⊕-Taste.

▲ Eingabe des Bildkommentars (das leere Feld neben dem kleinen z liefert die Leerzeichen).

2

Damit der Kommentar in das nächste aufgenommene Foto integriert wird, setzen Sie mit der rechten Pfeiltaste einen Haken bei *Kommentar hinzufügen*. Bestätigen Sie nun alles mit der OK-Taste.

▲ Umstellen der grafischen Monitorgestaltung für die Aufnahmeansicht.

Automatische Bildausrichtung

Wer nicht nur im Querformat fotografiert, was wohl eigentlich alle betrifft, wird diese Funktion bestimmt nicht ausschalten. Denn die automatische Bildausrichtung sorgt dafür, dass Bildbetrachtungs- und Bearbeitungsprogramme die Hochformatbilder auch als solche identifizieren und entsprechend hochformatig anzeigen.

Auch die kamerainterne Bildbetrachtung zieht die gespeicherte Bildorientierung zurate, um hochformatige Fotos im Monitor korrekt darzustellen (vorausgesetzt, die Option *Anzeige im Hochformat* ist eingeschaltet). Also belassen Sie die Funktion einfach auf ihrer Standardeinstellung.

3

Solange der Bildkommentar aktiv ist, wird der Text nun in allen zukünftigen Aufnahmen zu finden sein. Mit einem Bildkommentar versehene Fotos werden dann zum Beispiel beim Aufrufen der Dateieigenschaften im Explorer von Windows folgendermaßen ausgewiesen:

> **Orientierungsfehler**
>
> Der „Orientierungssinn" der D5200 kann bei hochformatigen Überkopfaufnahmen oder bei solchen, die im Hochformat mit nach unten gerichteter Kamera entstehen, durcheinanderkommen. Dafür aber jedes Mal die automatische Bildausrichtung auszuschalten, halten wir für übertrieben.
>
> Einmal ganz davon abgesehen, dass dies auch nicht heißt, dass das Bild dann richtig herum präsentiert wird.
>
> Es kann also per se vorkommen, dass Sie das ein oder andere Bild nachträglich drehen müssen.

▲ *Der Bildkommentar ist allerdings nicht Teil der standardisierten IPTC-Daten, die üblicherweise Auskunft über Autorenkennung, Copyright, Stichwörter und vieles mehr geben.*

2.4 Ein eigenes Menü konfigurieren

Die Individualfunktionen sowie alle anderen Funktionseinstellungen der D5200 bieten eine wahrlich umfangreiche Anzahl an Möglichkeiten. Einige davon werden einmal ausgewählt und dann recht selten wieder benötigt. Andere jedoch, wie beispielsweise die Spiegelvorauslösung, werden sicher des Öfteren ein- und ausgeschaltet.

Um die häufig genutzten Funktionseinstellungen nicht erst lange suchen zu müssen, können Sie

Ein eigenes Menü konfigurieren

sich ein benutzerdefiniertes Menü anlegen und darin bis zu zwanzig Funktionen in beliebiger Reihenfolge speichern.

Auf diese Weise sorgen Sie für einen schnelleren Zugriff. Im Folgenden erfahren Sie, wie das eigene Menü konfiguriert wird:

1 Benutzerdefiniertes Menü aufrufen

Drücken Sie die MENU-Taste und wählen Sie die Registerkarte. Sollte hier das Menü *Letzte Einstellungen* aktiv sein, navigieren Sie nach unten zur Option *Register wählen* und drücken die rechte Pfeiltaste. Wählen Sie *Mein Menü* und anschließend *Menüpunkte hinzufügen*.

▲ Speichern des ersten Mein-Menü-Eintrags.

2 Parameter wählen

Navigieren Sie nun weiter zu den Menüpunkten (hier haben wir beispielsweise die *Individualfunktionen* hervorgehoben und darin bei *Aufnahme & Anzeigen* die *Spiegelvorauslösung* gewählt). Bestätigen Sie Ihre Funktionswahl am Ende zweimal mit der OK-Taste, bis Sie wieder bei der Rubrik *Menüpunkte hinzufügen* landen. Registrieren Sie nach Bedarf gleich ein paar weitere Funktionen.

Sobald mehr als eine Funktion unter *Mein Menü* gespeichert ist, können Sie direkt nach der Auswahl eines neuen Eintrags den Menüpunkt mit den vertikalen Pfeiltasten in der Liste weiter unten anordnen.

3 Parameter löschen

Wenn Sie eine Funktion aus dem benutzerdefinierten Menü wieder streichen möchten, wählen Sie *Menüpunkte entfernen* und steuern den gewünschten Parameter an.

Drücken Sie die rechte Pfeiltaste, um die Funktion mit einem Häkchen zu versehen. Durch zweimaliges Drücken der OK-Taste bestätigen Sie die Löschung.

▲ Löschen des Eintrags »Bildqualität« aus der Liste der Mein-Menü-Parameter.

02 | Alle wichtigen Einstellungen schnell gefunden

4 Funktionen anordnen

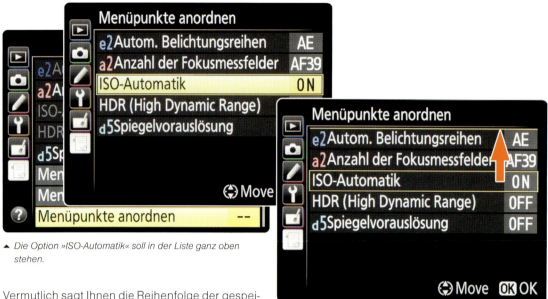

▲ Die Option »ISO-Automatik« soll in der Liste ganz oben stehen.

Vermutlich sagt Ihnen die Reihenfolge der gespeicherten Funktionen am Ende noch nicht ganz zu. Wählen Sie daher *Menüpunkte anordnen*. Gehen Sie auf die Funktion und drücken Sie die OK-Taste.

Navigieren Sie an die gewünschte Stelle, hier ganz nach oben, und drücken Sie wieder OK. Verlassen Sie das Anordnen-Menü über die linke Pfeiltaste.

In der gezeigten Beispielkonfiguration sind die ersten acht Positionen aufgelistet, die von uns häufig genutzt werden und daher schnell verfügbar sein sollen.

▲ Mein-Menü-Konfiguration mit acht sichtbaren Positionen, insgesamt können Sie 20 Positionen belegen.

Aus dem gespeicherten Mein Menü konnte ich die Spiegelvorauslösung schnell aufrufen und für die geplante Langzeitbelichtung aktivieren (5 Sek. | f8 | ISO 100 | M | 32 mm | Stativ | Spiegelvorauslösung).

KAPITEL 3

Für jedes Motiv das passende Programm wählen

Mit den vielseitigen Automatiken der D5200 können Sie sich ganz auf Ihre Motive konzentrieren, und die EFFECTS-Modi erweitern das kreative Spektrum der Bildergebnisse noch mal um einiges. Doch da mit der Zeit bekanntlich auch der Anspruch wächst, müssen bald noch mehr Möglichkeiten her. Dann sollten Sie auf jeden Fall die Modi P, S, A und M parat haben. Schöpfen Sie das Potenzial Ihrer Kamera damit voll aus und setzen Sie Ihre Motive individuell und professionell in Szene.

03 Für jedes Motiv das passende Programm wählen

3.1 Die Programme in der Übersicht

In diesem Kapitel geht es also an die Wahl eines geeigneten Belichtungsmodus. Diesen können Sie ganz einfach über einen Dreh am Funktionswählrad festlegen.

Die automatischen Programme der D5200

Zu den vollautomatischen Programmen der D5200 zählen die Vollautomatik und die Blitz-aus-Vollautomatik ❶ sowie die SCENE-Programme ❷, die Motivprogramme (Porträt, Landschaft, Kinder, Sport, Nahaufnahme ❸) und der Modus EFFECTS ❹.

Allen vollautomatischen Programmen gemeinsam ist die Tatsache, dass sie nur wenige Eingriffsmöglichkeiten in die Belichtungsparameter zulassen. Zeit, Blende und ISO-Wert werden beispielsweise stets automatisch justiert. Generell liegt der Vorteil der Automatiken darin, dass Sie sehr schnell auf verschiedene Situationen reagieren und sich dabei voll und ganz auf Ihr Motiv konzentrieren können.

▲ *Die automatischen Belichtungsprogramme der Nikon D5200.*

▼ *Die Automatiken der D5200 liefern für sehr viele Motive eine passende Vorgabe. Die Alpenlandschaft gelang beispielsweise mit dem SCENE-Modus Strand/Schnee ohne weiteres technisches Zutun (1/160 Sek. | f11 | ISO 100 | 100 mm).*

Vollautomatiken

Um die Kameraeinstellungen brauchen Sie sich nicht zu kümmern, denn Fehlbelichtungen werden weitestgehend vermieden. Als Ergebnis erhalten Sie fix und fertige Bilder, die Sie direkt am Computer oder Fernseher betrachten oder als Papierbild ausdrucken können.

Wenn Sie sich erst einmal mit der digitalen Spiegelreflexfotografie vertraut machen möchten, bieten die Automatiken eine hervorragende Basis dafür. Erfahren Sie in diesem Abschnitt mehr darüber, welche Programme für welche Fotosituationen am besten geeignet sind.

> **i Wann der Blitz automatisch ausklappt**
>
> Bei wenig Umgebungslicht klappt der kcamerainterne Blitz automatisch aus dem Gehäuse. Dies passiert in folgenden Modi:
>
> - Vollautomatik
> - SCENE (Innenaufnahme, Tiere, Nachtporträt)
> - Motivprogramme (Porträt, Kinder, Nahaufnahme)
> - EFFECTS (Farbzeichnung).
>
> Das Blitzlicht wird aber nicht nur zugeschaltet, wenn zu wenig Licht vorhanden ist. Auch bei Gegenlicht kann sich der Blitz automatisch aktivieren. Nutzen Sie das Blitzlicht in diesem Fall ruhig, denn dadurch werden Schattenpartien aufgehellt. Es entsteht eine harmonischere Gesamtausleuchtung.

Die Modi P, S, A und M

Während der Einfluss auf die Bildgestaltung bei den Automatiken stärker eingeschränkt ist, steht genau das Gegenteil bei den Modi P, S, A und M im Vordergrund.

Hier haben Sie Zugriff auf alle wichtigen Belichtungseinstellungen. Daher können Sie beispielsweise im A-Modus selbst bestimmen, wie hoch die Schärfentiefe ausfallen soll und mit welcher Belichtungsmessmethode das Bild aufgenommen wird.

Die meisten der in diesem Buch beschriebenen Funktionen werden Ihnen somit nur in den kreativen Programmen P, S, A und M zur freien Wahl präsentiert.

Bei der Vorgabe P handelt es sich um eine Belichtungsautomatik, S stellt den halb automatischen Modus für die Zeitvorwahl dar, hinter A verbirgt sich der halb automatische Modus für die Blendenvorwahl, und M liefert als Krönung einen komplett manuellen Modus. Erfahren Sie mehr über die Möglichkeiten dieser Programme in Kapitel 3.5.

◀ *Die (halb) automatischen Modi der D5200.*

3.2 Sofort startklar mit den Vollautomatiken

AUTO Die Vollautomatik liefert quasi ein Rundumsorglos-Paket und ist damit gerade für Einsteiger sehr gut geeignet. Ohne viel Aufhebens entstehen gleich tolle Bilder.

Hierbei werden die zentralen Belichtungsparameter wie Zeit, Blende und ISO-Wert unveränderlich von der D5200 vorgegeben.

45

03 Für jedes Motiv das passende Programm wählen

▲ Die meisten Schnappschüsse landen mit der Vollautomatik richtig belichtet auf dem Sensor (¹/₈₀ Sek. | f4.5 | ISO 400 | AUTO | 30 mm).

Der Modus funktioniert zwar vollautomatisch, er bietet Ihnen aber dennoch die Möglichkeit, einige wichtige Aufnahmeparameter selbst einzustellen:

- Bildgröße und Qualität für Foto und Video
- Fokusbetriebsart (automatisches Scharfstellen oder manueller Fokus)
- Autofokusmessfeldsteuerung (Einzelfeld, dynamisch, 3D-Tracking und automatisch)
- Blitzmodus
- Aufnahmebetriebsart (Einzelbild, Serienaufnahme, Selbstauslöser, leise Auslösung)
- Intervallaufnahme

▲ Die im Vollautomatikmodus variierbaren Funktionen sind mit Punkten gekennzeichnet.

Alle weiteren Belichtungseinstellungen übernimmt die D5200 von allein. Auch der Kamerablitz klappt immer dann automatisch aus, wenn die Belichtungszeit zu lang wird, um eine verwacklungsfreie Aufnahme aus der Hand machen zu können.

1

Um die variierbaren Funktionen zu verändern, drücken Sie die Taste für die Aufnahmebetriebsart 🖵 oder wählen die gewünschte Funktion mit der i-Taste aus. Mit OK gelangen Sie ins jeweilige Menü der i-Tasten-Funktionen.

2

Wählen Sie nun die gewünschte Einstellung aus und bestätigen Sie wieder mit OK.

Verlassen Sie das jeweilige Menü dann einfach durch Antippen des Auslösers.

▲ Auswahl der AF-Messfeldsteuerung im Modus »Einzelfeld«.

> **i Einige Einstellungen sind vorübergehend**
>
> Die veränderten Einstellungen haben in den Automatiken nur so lange Bestand, bis Sie ein anderes Belichtungsprogramm wählen. Dann werden diese Werte wieder in die Ausgangsposition zurückversetzt. Das Aus- und erneute Einschalten der Kamera stört hingegen nicht, alle Änderungen mit Ausnahme der Selbstauslöser-/Fernauslöser-Optionen bleiben erhalten.

Vollautomatiken

Erwarten Sie allerdings trotz der Eingriffsmöglichkeiten nicht zu viel von der Vollautomatik. Der gestalterische Spielraum für die kreative Fotografie ist naturgemäß etwas eng. Daher eignet sich die Vollautomatik in erster Linie für Schnappschüsse.

Wenn der Blitz keinesfalls zünden darf

Es gibt verschiedene Situationen, in denen Blitzlicht nicht erwünscht oder schlichtweg wirkungslos ist. Dann schlägt die Stunde des Blitz-aus-Modus. Denn in diesem Programm wird der Blitz nicht aktiviert. Er ist selbst dann nicht funktional, wenn Sie ein externes Blitzgerät am Blitzschuh befestigt haben und dieses eingeschaltet ist. In diesem Modus herrscht somit wirklich absolutes Blitzverbot.

In Museen befinden sich beispielsweise häufig lichtempfindliche wertvolle Gegenstände, weshalb Blitzen dort meist nicht erlaubt ist.

Oder denken Sie an Landschaftsmotive in der Abenddämmerung und Städteansichten bei Nacht. Das integrierte Blitzlicht mit seinen etwa 4 m Reichweite (bei ISO 400, Blende 5.6) könnte

▼ Bei der Modenschau hätte Blitzlicht die Beleuchtung zerstört, daher habe ich dafür gesorgt, dass der Blitz sich nicht automatisch zuschalten kann (1/60 Sek. | f2.8 | ISO 1600 | 55 mm).

03 Für jedes Motiv das passende Programm wählen

hier sowieso nicht viel ausrichten und die vorhandene Lichtstimmung lässt sich viel besser ohne Blitzlicht in Szene setzen. Auch wenn das Motiv eine glatte Oberfläche besitzt oder hinter einem spiegelnden Glasfenster steht, ist es häufig besser, ohne Blitz zu fotografieren. Die Reflexionen des Zusatzlichts könnten sonst die Wirkung des Bildes schmälern.

> **! ISO-Wert steigt stark an**
>
> Der ISO-Wert kann bei der Blitz-aus-Automatik kräftig ansteigen, da die Kamera ohne Blitzlicht zusehen muss, genügend Umgebungslicht einzufangen. Die Gefahr von Bildrauschen bzw. verringerter Detailauflösung ist daher erhöht. Möchten Sie bei niedrigen ISO-Werten fotografieren, nehmen Sie den Modus P, stellen ISO 100 bis 200 ein und verwenden ein Stativ. Das Ergebnis wird vergleichbar sein, nur eben ohne die Folgen hoher ISO-Werte. Bei bewegten Motiven können dann jedoch Bewegungsunschärfen auftreten. Entscheiden Sie sich daher, was Ihnen wichtiger ist: eine kurze Verschlusszeit oder ein niedriger ISO-Wert.

3.3 Die Eigenschaften der Motiv- und SCENE-Programme

Die Motiv- und SCENE-Programme sind gegenüber den Vollautomatiken auf bestimmte häufig vorkommende Fotosituationen ausgelegt.

Ohne manuelles Eingreifen in die Kameraeinstellungen lassen sich schwierigere Fotobedingungen damit leichter in den Griff bekommen. So können Sie auf unterschiedliche Fotosituationen schnell reagieren, und die Bedienung ist alles andere als kompliziert.

- Der ISO-Wert lässt sich festlegen.
- Die Live-View-Fokusart kann variiert werden.
- Die Belichtungsspeicherung über die AE-L/AF-L-Taste ist möglich.

1 Motivprogramm wählen

Die Motivprogramme stellen Sie ganz einfach über einen Dreh am Funktionswählrad ein.

Wenn Sie anschließend den Auslöser antippen, sehen Sie auf dem Kameramonitor, mit welchen Einstellungen die D5200 das Bild aufzunehmen gedenkt.

Schalten Sie auf einen anderen Modus um, ändern sich einige Einstellungen bereits automatisch.

◀ *Die D5200 besitzt fünf direkt wählbare Motivprogramme und noch mal weitere elf Programme für bestimmte Aufnahmesituationen, die sich hinter dem SCENE-Modus verbergen.*

Dabei haben Sie aber auch stets die Möglichkeit, über die i-Taste grundlegende Funktionen selbst zu wählen. Gegenüber den Vollautomatiken kommen sogar noch drei Optionen hinzu:

2 SCENE-Modus einstellen

Die SCENE-Modi erreichen Sie über die Justierung des Funktionswählrads und anschließendes Drehen am Einstellrad.

Motiv- und SCENE-Programme

▲ Auswahl der Szenenmodi per Einstellrad.

Die Szene wird also mit möglichst perfekter Schärfe dargestellt, auch wenn der Fokus bei sehr schnellen Bewegungen einmal nicht ganz optimal auf dem Motiv gelegen haben sollte.

Dadurch, dass die Belichtungseinstellungen stets angezeigt werden, ergibt sich die Möglichkeit, genauestens zu verfolgen, wie die Kamera auf die jeweilige Situation reagiert. Dies können Sie beispielsweise gleich einmal anhand der drei gezeigten Monitorbilder nachverfolgen:

 Der Porträtmodus legt die Priorität auf eine offene Blende, um den Hintergrund schön unscharf darzustellen. Bei Bedarf klappt der Blitz aus dem Gehäuse, um Schatten im Gesicht aufzuhellen.

 Bei Landschaften kommt es mehr auf eine hohe Schärfentiefe an. Schließlich sollen alle Details von vorne bis hinten möglichst scharf zu sehen sein. Daher liegt die Priorität auf erhöhten Blendenwerten. Da Landschaften sich normalerweise wenig bewegen, ist die Einzelaufnahme als Betriebsart sehr passend.

 Der Sportmodus benötigt dagegen die Reihenaufnahme, um ja nichts zu verpassen. Zudem werden kurze Verschlusszeiten bevorzugt. Reicht die Motivhelligkeit aus, wird die Zeit aber nicht bis ins Maximum verkürzt, sondern lieber die Blende etwas erhöht.

▲ Das Ausrufezeichen verdeutlicht die Priorität des jeweiligen Programms. Umkringelt sind die Belichtungseinstellungen, die sich beim Umschalten des Modus im Vergleich zum vorherigen Programm automatisch geändert haben. Die Motivhelligkeit hatte sich über den Zeitraum nicht verändert.

Für jedes Motiv das passende Programm wählen

Wenn Sie sich eine Weile mit den Motivprogrammen beschäftigen, werden die Einstellungen und Prioritäten sich immer deutlicher herauskristallisieren. Ganz intuitiv lässt sich somit von der Kamera lernen. Und wenn Sie gar selbst Hand anlegen möchten, dann können Sie die Belichtungswerte einfach in die halb automatischen Modi P, S oder A übertragen und weiter verfeinern. Schauen Sie sich also einfach ein wenig von den Motivprogrammen ab. Zur Orientierung finden Sie nachfolgend einen Überblick über die Prioritäten der verschiedenen Motiv- und SCENE-Programme.

Porträt
- Gesichter werden vor einem unscharfen Hintergrund freigestellt, vor allem, wenn Sie mit Telebrennweiten von 85 mm oder mehr fotografieren.
- Der Blitz klappt bei wenig Licht oder eindeutigen Gegenlichtsituationen automatisch aus.
- Farbgebung und Kontrast sind so abgestimmt, dass Haut und Haare natürlich und weich erscheinen.
- Ist die Umgebung sehr dunkel, wird oftmals nur das angeblitzte Hauptmotiv richtig belichtet. Verwenden Sie daher die ISO-Automatik oder ISO-Werte von ISO 800 bis 3200. Oder setzen Sie alternativ den SCENE-Modus Nachtporträt ein.

Landschaft
- Der Blendenwert wird erhöht, um eine möglichst durchgehende Schärfe vom Vorder- bis zum Hintergrund zu gewährleisten.
- Der Modus eignet sich neben Landschaften auch für Architekturbilder oder Aufnahmen von großen Personengruppen.
- Farbsättigung, Kontrast und Schärfe sind so eingestellt, dass die Bilder einen frischen und knackig scharfen Eindruck erwecken.
- Der Blitz wird nicht aktiviert.
- Fotografieren Sie bei wenig Licht mit ISO-Werten von 100 bis 200 vom Stativ aus, um verwacklungsfreie und rauscharme Ergebnisse zu erzielen.

▲ *Motivprogramm Landschaft (1/30 Sek. | f8 | ISO 800 | 30 mm).*

Kinder
- Da Kinder weniger stillhalten als Erwachsene, verkürzt dieser Modus die Zeit gegenüber dem Porträtprogramm etwas, um Bewegungsunschärfe auszuschließen.

◀ *Motivprogramm Porträt (1/500 Sek. | f5.6 | ISO 100 | 42 mm).*

Motiv- und SCENE-Programme

- Die Farben werden bei gleichzeitigem Erhalt des natürlichen Hauttons kräftig wiedergegeben.
- Der Blitz wird bei wenig Licht oder eindeutiger Gegenlichtsituation automatisch hinzugeschaltet.
- Beim Blitzen in dunkler Umgebung kann der Hintergrund sehr dunkel werden. Wählen Sie die ISO-Automatik oder erhöhen Sie den ISO-Wert auf 800 bis 3200, um möglichst viel Umgebungslicht mit einzufangen.
- Stellen Sie bei actionreichen Motiven die Aufnahmebetriebsart *Serienaufnahme H* ein. Wenn Sie nun den Auslöser dauerhaft durchdrücken, landet gleich eine ganze Bilderreihe der kleinen Akteure auf dem Sensor.

- Bei durchgedrücktem Auslöser wird eine schnelle Bilderserie aufgenommen.
- Der Blitz wird nicht aktiviert.
- Fokussiert wird mit der AF-Messfeldsteuerung *Dynamisch* über das mittlere AF-Feld. Mit den Pfeiltasten können Sie den primären Fokuspunkt aber auch auf die anderen 38 Autofokuspunkte verschieben.
- Der Autofokus stellt kontinuierlich scharf, sobald sich das Motiv bewegt.

▲ *Motivprogramm Sport ($^1/_{250}$ Sek. | f8 | ISO 100 | 200 mm).*

❀ Nahaufnahme

- Ziel ist das Aufnehmen von Gegenständen aus kurzer Aufnahmedistanz, um diese möglichst formatfüllend in Szene zu setzen.
- Für eine gute Objektfreistellung vor einem ruhigen Hintergrund fotografieren Sie am besten mit der Telebrennweite Ihres Zoomobjektivs oder einem speziellen Makroobjektiv.
- Wählen Sie mit den Pfeiltasten eines der 39 Autofokusmessfelder aus, um Ihr Objekt gezielt scharf zu stellen.
- Achten Sie auf die Signale zur Scharfstellung (Schärfenindikator im Sucher, Signalton) und erhöhen Sie den Aufnahmeabstand, wenn keine Scharfstellung möglich ist.
- Der Blitz wird bei wenig Licht automatisch aktiviert.
- Bei dichtem Aufnahmeabstand kann die Blitzausleuchtung ungleichmäßig sein, weil das Ob-

▲ *Motivprogramm Kinder ($^1/_{200}$ Sek. | f5 | ISO 200 | 80 mm).*

🏃 Sport

- Modus für scharfe Freihandaufnahmen schneller Bewegungsabläufe wie Sportaufnahmen, fahrende Autos und vieles mehr.

03 Für jedes Motiv das passende Programm wählen

jektiv das Blitzlicht nach unten hin abschattet. Setzen Sie einen Systemblitz ein und klappen Sie an diesem, wenn vorhanden, die Weitwinkelstreuscheibe heraus.

▲ *Motivprogramm Nahaufnahme (1/50 Sek. | f5.6 | ISO 400 | 105 mm).*

SCENE Nachtporträt
- Programm für Porträts bei Dunkelheit.
- Die Belichtungszeit orientiert sich am Umgebungslicht und kann bis zu 1 Sek. betragen.
- Der Blitz im Modus AUTO SLOW wird zur Aufhellung des Hauptmotivs zugeschaltet.
- Wechseln Sie bei der Gefahr roter Augen in den Blitzmodus AUTO SLOW mit Rote-Augen-Reduktion.
- Verwenden Sie bei längeren Verschlusszeiten als 1/15 Sek. am besten ein Stativ und bitten Sie die Person, möglichst stillzuhalten, um knackig scharfe Ergebnisse zu erzielen.

SCENE Nachtaufnahme
- Verwenden Sie diesen Modus, um Städtelandschaften bei Nacht aufzunehmen.
- Das Programm ähnelt dem Landschaftsmodus, verwendet aber die Picture-Control-Konfiguration Standard, um die künstliche Beleuchtung bei Nacht in möglichst natürlichen Farben einzufangen.
- Der Blitz und das Autofokushilfslicht sind deaktiviert, daher wird je nach Situation eventuell die manuelle Fokussierung notwendig.
- Setzen Sie auf jeden Fall ein Stativ ein, um Verwacklungen effektiv zu vermeiden.

▲ *Szenenmodus Nachtaufnahme (1/3 Sek. | f5 | ISO 800 | 18 mm).*

SCENE Innenaufnahme
- Das Programm dient dazu, Personen bei wenig Licht, draußen oder in Innenräumen, mit dem

◀ *Szenenmodus Nachtporträt (1/10 Sek. | f5 | ISO 1600 | 60 mm).*

Motiv- und SCENE-Programme

Blitz aufzuhellen und dabei Verwacklungen zu vermeiden.
- Der Modus ist gut für Partyfotos oder Bilder von sich bewegenden Personen geeignet.
- Geblitzt wird im Modus AUTO mit Rote-Augen-Reduktion.
- Im Unterschied zum Nachtporträt liegt der Schwerpunkt auf Verwacklungsfreiheit bei Freihandaufnahmen. Dazu friert die Kamera die Belichtungszeit bei wenig Licht auf ¹⁄₆₀ Sek. ein.
- Aufgrund der unteren Belichtungszeitgrenze verwendet die D5200 in diesem Modus höhere ISO-Werte als beim Nachtporträt, um dennoch viel Umgebungslicht einzufangen.
- Bei schlechten Lichtverhältnissen kann die Umgebung recht dunkel werden und das Bild blitzlastiger erscheinen als beim Nachtporträt.

▲ *Szenenmodus Innenaufnahme (¹⁄₆₀ Sek. | f4 | ISO 400 | 28 mm).*

SCENE Strand/Schnee
- Helle Bildbereiche wie Schneeflächen, spiegelnde Wasserflächen oder der in der Sonne fast weiß erscheinende Sandstrand werden ausreichend hell wiedergegeben.
- Der Blitz ist deaktiviert.
- Wie beim Motivprogramm Landschaft liegt der Blendenwert meist zwischen f8 und f10, um eine hohe Schärfentiefe für weiträumige Landschaften zu garantieren.
- Die Farben werden über den Picture-Control-Stil *Landschaft* gesteuert.

▲ *Szenenmodus Strand/Schnee (¹⁄₁₆₀ Sek. | f11 | ISO 100 | 18 mm).*

SCENE Sonnenuntergang
- Dieser Modus sorgt für stimmungsvolle Sonnenuntergangsbilder.
- Die Rot-Orange-Töne werden betont, um die Bilder in kräftigen, natürlich wirkenden Farben aufzuzeichnen. Dazu verwendet die D5200 den Weißabgleich *Direktes Sonnenlicht*.
- Der Blitz ist deaktiviert.
- Durch das Erhöhen des ISO-Wertes bis auf 3200 wird eventuellen Verwacklungen entgegengewirkt.
- Für qualitativ hochwertige Fotos verwenden Sie ein Stativ und ändern den ISO-Wert auf 100 bis 200. Lösen Sie per Fernauslöser und Spiegelverriegelung aus, damit wirklich nichts verwackelt.

▲ *Szenenmodus Sonnenuntergang (¹⁄₂₅₀ Sek. | f8 | ISO 400 | 135 mm).*

03 Für jedes Motiv das passende Programm wählen

☀ SCENE Dämmerung

- Der Modus entspricht dem Sonnenuntergangsprogramm, jedoch mit dem Unterschied, dass hier die Blautöne stärker betont werden, um das kräftige Himmelsblau kurz nach Sonnenuntergang angenehm intensiv und natürlich wiederzugeben.
- Der Weißabgleich steht auf dem festen Wert von 4.550 Kelvin.
- Bei wenig Licht empfiehlt sich auch hier der Stativeinsatz in Kombination mit niedrigen ISO-Werten für rauscharme und brillante Bildergebnisse.

▲ *Szenenmodus Dämmerung ($^1/_{30}$ Sek. | f5.3 | ISO 800 | 38 mm).*

🐱 SCENE Tiere

- Mit kurzen Belichtungszeiten wird für scharfe Aufnahmen von bewegten Tiermotiven gesorgt.
- Wenn Sie den Auslöser länger durchdrücken, wird eine Bilderserie aufgezeichnet.
- Mit den Pfeiltasten können Sie ein bestimmtes Autofokusmessfeld wählen, um das Motiv außermittig zu positionieren und dabei gezielt scharf zu stellen.
- Der Autofokus verfolgt das gewählte Motiv automatisch, wenn es sich vor der Kamera hin- und herbewegt.
- Bei wenig Licht klappt der Blitz automatisch aus dem Gehäuse, um für verwacklungsfreie Bilder zu sorgen.

▲ *Szenenmodus Tiere ($^1/_{640}$ Sek. | f5.6 | ISO 200 | 165 mm).*

🕯 SCENE Kerzenlicht

- Motive bei Kerzenlicht werden stimmungsvoll aufgenommen. Der Weißabgleich steht dazu auf dem festen Wert von 4.350 Kelvin.
- Um die Lichtstimmung nicht zu beeinflussen, wird der Blitz deaktiviert.

▲ *Szenenmodus Kerzenlicht ($^1/_{30}$ Sek. | f5.6 | ISO 200 | 105 mm).*

Motiv- und SCENE-Programme

- Bei der ISO-Automatik kann der Wert schnell auf 3200 ansteigen und Bildrauschen hervorrufen. Stellen Sie bei statischen Motiven daher am besten selbst geringe ISO-Werte ein und nutzen Sie Stativ und Fernauslöser.

❁ SCENE Blüten
- Dieser Modus zielt speziell auf Naturaufnahmen mit größeren Blütenflächen ab.
- Die Farben werden kräftig wiedergegeben. Dazu verwendet die Kamera den Picture-Control-Stil *Landschaft*.
- Das Blitzgerät wird nicht aktiviert.
- Es kann vorkommen, dass die Bilder zu hell erscheinen. Verwenden Sie dann als Alternative das Motivprogramm Landschaft.

▲ *Szenenmodus Herbstfarben (1/30 Sek. | f8 | ISO 400 | 66 mm).*

🍴 SCENE Food
- Lebensmittel oder der schön angerichtete Teller am Mittagstisch werden in diesem Modus mit frischen Farben in Szene gesetzt.
- Die Belichtung ist etwas erhöht, sodass weiße Bildareale wie Teller, Tassen oder die Tischdecke nicht unterbelichtet werden.
- Der Blitz wird nicht automatisch aktiviert, kann aber über die Blitztaste aus dem Gehäuse geklappt und dann als Aufheller verwendet werden. Dies empfiehlt sich beispielsweise bei Gegenlicht oder wenn Sie mit dem externen Blitzgerät entfesselt arbeiten möchten.

▲ *Szenenmodus Blüten (1/15 Sek. | f8 | ISO 800 | 26 mm).*

SCENE Herbstfarben
- Entspricht weitestgehend dem Motivprogramm Landschaft.
- Die Farben und Kontraste werden jedoch noch stärker betont, indem hier der Picture-Control-Stil *Vivid* zum Einsatz kommt.
- Der Modus eignet sich auch für Landschaften, Architekturaufnahmen oder Gegenstände, die Sie mit besonders intensiver Sättigung und erhöhtem Kontrast aufnehmen möchten.
- Der Blitz wird deaktiviert.

▲ *Szenenmodus Food (1/30 Sek. | f5.6 | ISO 160 | 105 mm).*

03 Für jedes Motiv das passende Programm wählen

3.4 Kreativer Spaß mit den Spezialeffekten

Während die Motiv- und SCENE-Programme auf bestimmte Fotosituationen ausgelegt sind, geht der Modus EFFECTS, den Sie auch ganz einfach über das Funktionswählrad aktivieren können, noch einen Schritt weiter. Hier werden die Bilder anhand vorgewählter Bildeffekte verfremdet. So entsteht im Nu der Eindruck einer Miniaturwelt oder einer Zeichnung.

▲ Sieben verschiedene Effekte erwarten Sie im Modus EFFECTS.

Um die verschiedenen Effekte anzusteuern, reicht ein Dreh am Einstellrad aus. Sogleich stehen Ihnen die nachfolgend beschriebenen Programme zur Verfügung.

> ✓ **ISO-Rauschen gering halten**
>
> Über die i-Taste lässt sich der ISO-Wert ansteuern (Ausnahme: *Nachtsicht*-Modus). Daher verwenden Sie bei wenig Licht ruhig auch mal Werte von 100 bis 400, um das Bildrauschen im Zaum zu halten und die Detailauflösung ganz auszuschöpfen. Denken Sie daran, die Kamera bei langen Verschlusszeiten vom Stativ aus zu betreiben.

▲ Sowohl im normalen Betrieb als auch bei aktivierter Live View lässt sich der Modus mit dem Einstellrad schnell umstellen.

 Nachtsichtmodus

Kaum zu glauben, aber wahr: Die D5200 kann den ISO-Wert im Modus *Nachtsicht* bis auf schwindelerregende 102.000 hochschrauben. Es sind dann zwar keine farbigen Bilder mehr möglich, aber in Schwarz-Weiß kann so manches Motiv auch entzücken. Den kleinen Igel habe ich beispielsweise bei seinem Nachtmahl in fast völliger Dunkelheit noch gut erkennbar auf den Sensor bekommen.

Zugegeben, die Körnigkeit des Bildes ist bei solch hoher Lichtempfindlichkeit recht deutlich zu erkennen. Wird das Foto jedoch nicht großformatig

> ❗ **Teilbeschränkung auf JPEG**
>
> Einige der EFFECTS-Programme lassen das Speichern im NEF-/RAW-Format nicht zu und sichern die Bilder automatisch als JPEG in hoher Qualität. Dazu zählen die Modi *Nachtsicht*, *Farbzeichnung*, *Miniatureffekt* und *Selektive Farbe*. Allerdings können Sie die Effekte *Farbzeichnung*, *Miniatureffekt* und *Selektive Farbe* auch durch nachträgliche Bildbearbeitung in der Kamera anwenden (siehe Seite 356). So ließe sich das Motiv im NEF-/RAW-Format unverändert aufnehmen und erst nachträglich eine Kopie mit dem Filtereffekt erstellen. Damit bleiben Sie stets flexibel.

Spezialeffekte

▲ Mit dem „Nachtsichtgerät" dem Igel auf der Spur (¹/₆₀ Sek. | f5.6 | ISO 2.7 = 40.000 | 105 mm).

betrachtet oder ausgedruckt, fällt dies wiederum weniger ins Gewicht.

Anders betrachtet kann die Körnigkeit aber auch einen positiven Effekt haben. Denn wenn Sie dem Foto in der nachträglichen Bildbearbeitung noch eine kräftige Vignettierung mit auf den Weg geben, entsteht eine besonders nostalgische Note – ganz so, als handle es sich um eine alte Analogfotografie auf Basis hochempfindlichen Filmmaterials.

Der ISO-Wert, den die D5200 bei der Aufnahme verwendet, ist übrigens nur in der Live View oder nachträglich bei der Wiedergabe einzusehen. Und dann zeigt die Kamera auch nur solch kryptische Werte an wie Hi 2.7 oder Hi 4.

Daher finden Sie in der Tabelle Anhaltspunkte für die dazugehörigen ISO-Werte. Diese werden in der Realität nie genau getroffen, daher auch die Hi-Bezeichnung (siehe Info-Box).

Die Werte sind also nur als Annäherungswerte für die ungefähre ISO-Empfindlichkeit der D5200 zu verstehen:

ISO-Angabe	Wert	ISO-Angabe	Wert
6400	6400	Hi 2.3	32000
Hi 0.3	8000	Hi 2.7	40000
Hi 0.7	10000	Hi 3	51200
Hi 1	12800	Hi 3.3	64000
Hi 1.3	16000	Hi 3.7	80000
Hi 1.7	20000	Hi 4	102000
Hi 2	25600		

▲ Anhaltspunkte für die ISO-Werte im Nachtsichtmodus.

03 Für jedes Motiv das passende Programm wählen

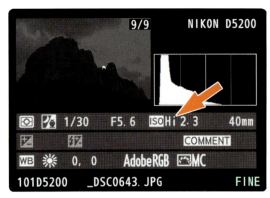

▲ Wiedergabeansicht eines Bildes, das im Modus »Nachtsicht« mit dem ISO-Wert Hi 2.3 aufgenommen wurde.

Noch ein Wort zum Autofokus: Im Nachtsichtmodus lässt sich das Motiv beim Blick durch den Sucher nur manuell scharf stellen. Das ist bei Dunkelheit naturgemäß etwas schwierig. Daher drehen Sie entweder den Fokusring bei Weitwinkelaufnahmen nach rechts bis kurz vor den Anschlag (Einstellung auf Unendlich). Oder besser, Sie schalten die Live View ein. Dann können Sie die Schärfe über die aufgehellte Bildansicht manuell setzen

i   Warum überhaupt die kryptische Hi-Angabe?

Mit der ISO-Norm 5800 wird die Lichtempfindlichkeit definiert. Alle Filmmaterialien oder digitalen Sensoren, die dieser Norm entsprechen, können miteinander verglichen werden. Sie weisen beispielsweise bei ISO 400 alle die gleiche Lichtempfindlichkeit auf. Die sehr hohen ISO-Werte der D5200 entsprechen nun aber nicht mehr genau dieser Norm, sie treffen nur auf diese Kamera zu. Daher kann der ISO-Wert auch nicht mehr entsprechend dem 5800-Standard als testgelegte Zahl angegeben werden. Mit der Hi-Skala und den damit verbundenen Lichtwertstufen (1, 1.3, 1.7 etc.) lässt sich jedoch abschätzen, wie hoch der ISO-Wert in etwa sein wird, wenn beispielsweise mit Hi 2 fotografiert wird (im Fall der D5200 etwa ISO 25600).

oder sogar den Liveautofokus verwenden, der allerdings recht langsam agiert. Für schnelle Schnappschüsse ist das Nachtsichtprogramm somit nicht wirklich ausgelegt.

Wie aus des Zeichners Feder

Im Modus *Farbzeichnung* werden deutlich sichtbare Motivkonturen schwarz koloriert und verstärkt, während weniger starke Konturen reduziert werden. Dadurch entsteht ein Bildresultat, das aussieht, als wäre es gezeichnet und nicht fotografiert worden. Am besten wählen Sie hierfür kontrastreiche Motive mit hellen und dunklen Objekten darin wie die gezeigte Städteansicht oder eine Landschaft, ein markantes, freistehendes Gebäude, ein Auto oder auch mal ein Porträt.

▲ Durch den Farbzeichnungseffekt sieht die Szene wie gemalt aus (¹/₈₀ Sek. | f5.3 | ISO 100 | 85 mm).

✓ Den Farbzeichnungseffekt anpassen

Wenn Sie die Live View aktivieren, können Sie den Farbzeichnungseffekt hinsichtlich seiner Farbintensität und Konturenstärke steuern. Dazu betätigen Sie den Live-View-Hebel und drücken die OK-Taste. Mit den Pfeiltasten lassen sich die Einstellungen sogleich justieren. Bestätigen Sie dies am Ende mit OK und nehmen Sie das Bild anschließend entweder in der Live View oder im normalen Betrieb auf.

Spezialeffekte

▲ Oben: Standardeinstellung, unten: verringerte Sättigung und stärkere Konturen.

Denken Sie daran, dass die zusätzliche Verarbeitung des Bildes etwas mehr Zeit in Anspruch nimmt. Daher ist dieser Modus nicht gerade für Reihenaufnahmen geeignet. Auch das Filmen in diesem Modus ist nicht zu empfehlen, da die Wiedergabe dann aus hintereinander wegruckelnden Standbildern bestünde.

Miniaturwelten

Sich einmal vorkommen wie bei Gullivers Reisen und die Welt mit den Augen eines Riesen von ganz weit oben betrachten. Menschen, Fahrräder und Autos erscheinen wie kleine Ameisen, die sich geschäftig auf ihren Straßen durch den Gebäudedschungel bewegen.

Alles wirkt so klein und zerbrechlich. Fast so, als wäre die Welt, die sich einem da präsentiert, überhaupt nicht real. Waren Sie schon mal im Miniatur Wunderland in Hamburg?

Am besten wirken Bilder mit »Miniatureffekt«, wenn sie von einer erhöhten Stelle aus fotografiert werden. Suchen Sie sich also gleich mal einen Turm, ein offenes Parkhausverdeck oder einen Berghang ($^1/_{160}$ Sek. | f11 | ISO 100 | 18 mm).

03 Für jedes Motiv das passende Programm wählen

Na gut, wir schweifen ab, aber das sei zwischendurch auch mal gestattet. Also zurück zum Thema und zum Modus *Miniatureffekt*.

Mit dieser Einstellung wirken die Bilder tatsächlich wie nicht ganz real. Denn indem nur ein ganz schmaler Streifen des Fotos scharf bleibt und der Rest zu den Rändern hin extrem in Unschärfe ausläuft, entsteht genau dieser Effekt, der einem eine Miniaturwelt vorgaukelt.

Auch beim *Miniatureffekt* können Sie ein paar Parameter selbst bestimmen, wenn Sie die Live View aktivieren:

1

Drücken Sie die OK-Taste und wählen Sie mit den vertikalen Pfeiltasten aus, wie breit der scharfe Streifen ausfallen soll ❶.

> ✓ **Zeitraffer im Miniaturmodus**
>
> Besonders lustig wird es, wenn Sie im Miniaturmodus filmen (Filmstarttaste 🔴). Stellen Sie die Kamera dazu am besten auf ein Stativ und ändern Sie deren Position nicht. Denn der Film wird automatisch im Zeitraffer aufgezeichnet, sprich, etwa 30–45 Minuten Ausgangsmaterial im Full-HD-Format (1.920 x 1.080 Pixel/25 Bilder pro Sek.) ergeben ca. 3 Minuten Film.
>
> Die Aufnahme wird allerdings ohne Ton aufgezeichnet, sodass eine nachträgliche Vertonung oder das parallele Aufzeichnen mit einem unabhängigen Mikrofon notwendig werden.

2

Bestimmen Sie mit den horizontalen Pfeiltasten die Verlaufsebene, horizontal oder vertikal ❷.

Bestätigen Sie am Schluss alles mit OK und nehmen Sie das Bild auf.

▲ *Einstellungsoptionen für den Miniatureffekt im Livebildmodus.*

🖊 Farbenspiele

Wollten Sie schon immer mal Fotos erstellen, bei denen alles schwarz-weiß erscheint, bis auf die gewählte Farbe? Nicht? Na ja, das macht nichts. Vielleicht kommen Ihnen ja nach dem Lesen dieses Abschnitts ein paar spannende Ideen zum Thema Color-Key-Effekt.

Jedenfalls können Sie mit dem Effekt *Selektive Farbe* bis zu drei Farben in Ihrem Motiv auswählen und diese sozusagen vor der Schwarz-Weiß-Umwandlung retten. Alles andere wird monochrom dargestellt. Und das geht so:

1

Wählen Sie den Effekt *Selektive Farbe* aus und aktivieren Sie die Live View. Drücken Sie die OK-Taste, um zur Einstellungsoberfläche zu gelangen.

2

Wählen Sie mit dem Einstellrad aus, welche Position bearbeitet werden soll, eine der drei Farbflächen oder eine der drei Zahlenwerte ❶. Peilen Sie mit dem kleinen weißen Quadrat die gewünschte Farbe an ❷. Dazu können Sie sich dem Objekt ruhig stärker annähern, falls die Farbfläche sehr klein ist. Der Fokus und der endgültige Bildausschnitt werden erst später festgelegt. Drücken Sie

Spezialeffekte

nun die obere Pfeiltaste ❸. Die Farbe wird in den ersten Farbbereich aufgenommen.

▲ Auswahl des ersten Farbtons, der im Motiv erhalten bleiben soll.

3

Legen Sie als Nächstes mit den vertikalen Pfeiltasten fest, wie eng oder weit die Farbauswahl sein

soll ❹. Steht der Wert auf 1, wird nur die gewählte Farbe gespeichert. Bei 5 gelangen mehr ähnliche Farbtöne in den Speicher. Falls die Zahlen nicht aktiv sein sollten, können Sie das Feld mithilfe des Einstellrads aufsuchen.

4

Wenn Sie das Einstellrad eine Position weiter nach rechts drehen, gelangen Sie zum zweiten Farbspeicher ❺ und so weiter.

▲ Markierung eines weiteren Farbtons, der erhalten bleiben soll.

▲ Festlegen der Toleranzbreite für den gewählten Farbton.

Übrigens: Um eine Farbe wieder zu löschen, gehen Sie auf das Farbkästchen und drücken die Löschtaste. Halten Sie die Löschtaste länger, werden alle Farbspeicher geleert.

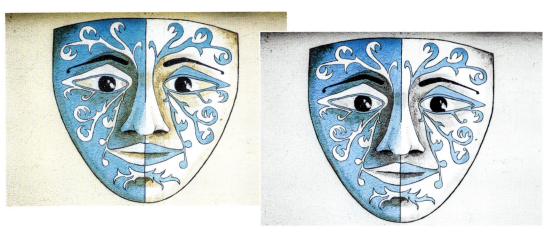

▲ Ergebnis des Effekts »Selektive Farbe« mit Auswahl eines hellen und dunklen Blautons. Die gelben Farben sind gänzlich aus dem Motiv verschwunden (¹/₂₅₀ Sek. | f6.3 | ISO 400 | 270 mm).

03 Für jedes Motiv das passende Programm wählen

5

Bestätigen Sie am Ende alle Eingaben mit OK und nehmen Sie das Bild wie gewohnt im Livemodus oder im normalen Betrieb auf.

Silhouettenbetonung

Bei Gegenlicht oder starkem Seitenlicht und hohen Kontrasten ist es häufig nicht ganz leicht, die Belichtung optimal einzustellen. Vor allem, wenn die Kamera die abgeschatteten Motivbereiche mittelhell aufzeichnet, wirkt das Ergebnis manchmal recht diesig und fast schon unscharf.

Doch der Effektfilter *Silhouette* weiß da ein wenig Unterstützung zu bieten: Er vermag es, die Vordergrundobjekte gut konturiert, etwas abgedunkelt und mit hohem Kontrast vor dem hellen Hintergrund abzusetzen. Das Bild wirkt dadurch weniger verwaschen.

Der Effekt ist auch für scherenschnittartige Motive bestens geeignet. Probieren Sie's gleich mal aus!

High Key und Low Key

Wenn sehr helle Motive ins Visier der D5200 geraten, kann es vorkommen, dass die Bildresultate zu dunkel erscheinen. Genau das Umgekehrte tritt bei großflächig dunklen Motiven auf: Das Bild wird zu hell wiedergegeben. Ursächlich dafür verantwortlich ist der Belichtungsmesser, der ansonsten ja eigentlich sehr zuverlässig arbeitet, aber diese Extreme nicht so recht zu deuten vermag und daher alles einem mittleren Grauwert angleicht.

▼ Der Silhouetteneffekt hat hier für ein ausgewogenes Zusammenspiel zwischen dem hellen Hintergrund und den schattig dunklen Bildpartien gesorgt, alles ist gut durchzeichnet ($1/100$ Sek. | f13 | ISO 320 | 100 mm).

Modi P, S, A und M

Jetzt könnten Sie die in Kapitel 4.7 beschriebene Belichtungskorrektur vornehmen und sich an die richtige Helligkeit herantasten. Alternativ könnten Sie aber auch einfach mal die Effekte *High Key* und *Low Key* ausprobieren. Die Programme sind genau auf derlei Situationen ausgelegt.

 Hi belichtet das Bild über, sodass helle Motive auch wirklich hell aussehen.

 Bei *Lo* fällt die Belichtung knapper aus, dunkle Motive werden daher auch in gedämpfter Helligkeit wiedergegeben.

▲ Das helle Motiv wird im Modus Hi wie gewünscht hell, aber ohne Überstrahlungen aufgezeichnet (¹⁄₆₀ Sek. | f8 | ISO 560 | 240 mm). Im Landschaftsmodus ohne Belichtungskorrektur sieht das helle Gemäuer dagegen zu dunkel und grau aus (¹⁄₆₀ Sek. | f8 | ISO 320 | 240 mm).

▲ Dunkel, aber nicht unterbelichtet ließ sich das Gemälde an einer Häuserzeile im Modus Lo aufnehmen (¹⁄₃₂₀ Sek. | f6 | ISO 400 | 155 mm | Stativ | Fernauslöser). Im Motivprogramm Landschaft wurde das Bild ohne Belichtungskorrektur hingegen zu hell und verwaschen dargestellt (¹⁄₅₀ Sek. | f10 | ISO 400 | 155 mm | Stativ | Fernauslöser).

3.5 Gekonnt fotografieren mit P, S, A und M

Bei den Vollautomatiken und den Motivprogrammen ist der Einfluss auf die Bildgestaltung stärker eingeschränkt. Genau das Gegenteil steht bei den Modi P, S, A und M im Vordergrund. Erst mit diesen Belichtungsprogrammen können Sie das Potenzial der D5200 in Gänze ausschöpfen.

▲ Mit den Modi P, S, A und M gehen Sie kreativ und professionell zu Werke.

P Spontane Aktionen mit der Programmautomatik

Die Programmautomatik P ist prima für Schnappschüsse geeignet. Sie liefert in den meisten Fällen korrekt belichtete Aufnahmen. Gegenüber der Vollautomatik oder den Motiv- und SCENE-Programmen besteht jedoch der große Vorteil, dass viel mehr Belichtungseinstellungen vom Fotografen selbst bestimmt werden können. Außerdem haben Sie die Möglichkeit, die Zeit-Blende-Kombination schnell zu variieren. P bietet sich somit an für:

03 Für jedes Motiv das passende Programm wählen

- spontanes Fotografieren, bei dem Sie die Rahmenbedingungen (ISO-Wert, Bildstil, Messmethode etc.) zwar selbst festlegen, in der Fotosituation aber nicht über Zeiten und Blendenwerte nachdenken wollen.
- Fotografen, die generell nur gelegentlich selbst Einfluss auf die Zeit-Blende-Kombination nehmen möchten.

Gehen Sie bei der Verwendung des P-Modus ganz einfach wie folgt vor:

1

Stellen Sie das Funktionswählrad auf P und richten Sie die Belichtungseinstellungen wunschgemäß ein. Drücken Sie dann den Auslöser halb durch, um zu fokussieren. Jetzt ermittelt die D5200 die passende Kombination aus Blende und Zeit, deren Werte im Display und im Sucher angezeigt werden.

▲ Die Rahmen markieren die Funktionen, die bei P im Vergleich zur Vollautomatik einstellbar sind.

▼ Spontaner Schnappschuss bunter Luftballons mit der Programmautomatik (1/250 Sek. | f8 | ISO 400 | 100 mm).

Modi P, S, A und M

> **! Vorsicht bei Belichtungswarnungen**
>
> Es kann vorkommen, dass das vorhandene Licht für eine korrekte Belichtung nicht ausreicht oder, im umgekehrten Fall, zu stark ist. Dies deutet die D5200 durch blinkende Werte für Zeit und Blende und einen entsprechenden Text an. Zusätzlich können Sie über die Verkleinerungstaste 🔍 mit dem Fragezeichen daneben eine Erklärung dazu aufrufen. Wenn Sie nun trotzdem auslösen, riskieren Sie je nach der Situation eine Unter- oder eine Überbelichtung. Daher ist es ratsam, Folgendes zu tun:
>
> | Warnung | Ergebnis ohne Korrektur | Was ist zu tun? |
> |---|---|---|
> | Motiv ist zu dunkel | Das Bild wird unterbelichtet. | ■ ISO-Wert erhöhen
■ Blitz verwenden |
> | Motiv ist zu hell | Es droht eine Überbelichtung. | ■ ISO-Wert verringern
■ Lichtschluckenden Neutraldichte- oder Polfilter einsetzen |

2

Wenn Sie nun, während die Zeitanzeige aktiv ist, am Einstellrad drehen, können Sie die Zeit-Blende-Kombination verändern. Nach rechts gedreht entsteht eine geringere Gesamtschärfe (Blende öffnet sich) in Kombination mit einer kürzeren Belichtungszeit – gut geeignet für das Einfrieren schneller Bewegungen oder das Freistellen eines Porträts vor unscharfem Hintergrund. Nach links gedreht werden Gesamtschärfe (Blende schließt sich) und Verschlusszeit erhöht. Damit können Sie Landschaften mit hoher Schärfentiefe aufnehmen oder Bewegungen absichtlich verwischt darstellen.

3

Nach der Umstellung des Wertepaares erscheint ein Sternchen über dem Programmsymbol (P*). Fokussieren Sie nun einfach und lösen Sie das Bild aus.

Die gewählte Einstellung bleibt so lange erhalten, bis Sie sie zurückstellen, ein anderes Belichtungsprogramm wählen oder die D5200 ausschalten.

S Kreativer Umgang mit der Zeit im Modus S

Im Modus S wird die Belichtungszeit vom Fotografen festgelegt und die D5200 stellt automatisch eine dazu passende Blende ein. Daher wird der Modus auch als Zeitvorwahl oder Blendenautomatik bezeichnet. Die längste Verschlusszeit, die Sie einstellen können, liegt bei 30 Sek. Sie verkürzt sich von da aus Schritt um Schritt bis zur kürzesten Zeit von 1/4000 Sek.

Das Programm S eignet sich einerseits sehr gut für Sportaufnahmen, Bilder von rennenden Menschen oder fliegenden Tieren oder zum Einfrieren

▲ Hier habe ich das Einstellrad um drei Stufen nach links gedreht und die Einstellungen von 1/20 Sek. bei f5.6 auf 1/10 Sek. bei f8 geändert.

03 Für jedes Motiv das passende Programm wählen

spritzenden Wassers – also alle Motive, bei denen Momentaufnahmen schneller Bewegungsabläufe im Vordergrund stehen.

Andererseits können Sie mit S auch kreative Wischeffekte erzeugen, indem Sie die Zeit so wählen, dass alle Bewegungen im Bildausschnitt durch Unschärfe verdeutlicht werden. Fließendes Wasser, mit den Flügeln schlagende Vögel oder fahrende Autos und U-Bahnen lassen sich auf diese Weise sehr kreativ und dynamisch in Szene setzen.

▲ Damit das harte Eis und das fließende Wasser in deutlichem Kontrast zueinander stehen, habe ich den Bach mit einer langen Belichtungszeit schön weich verwischt abgebildet (6 Sek. | f11 | ISO 100 | S | 60 mm | Stativ).

Um im Programm S zu fotografieren, gehen Sie wie folgt vor:

1

Stellen Sie das Funktionswählrad auf S. Drehen Sie das Einstellrad nach links, um die Zeit zu verlängern, oder nach rechts, um sie zu verkürzen.

Wird die Zeit bei konstantem ISO-Wert (hier 800) um eine ganze Stufe verkürzt, öffnet sich die Blende im Gegenzug auch um eine ganze Stufe. So wird eine vergleichbare Bildhelligkeit garantiert.

◀ Um alle bewegten Elemente scharf abbilden zu können, habe ich mit einer kurzen Zeit von 1/1000 Sek. fotografiert. Das beste Programm hierfür war die Zeitvorwahl (f2.8 | ISO 250 | S | 170 mm).

Modi P, S, A und M

> **! Belichtungswarnung im Modus S**
>
> Wenn die Belichtung bei dem gewählten Zeitwert problematisch wird, ist dies am blinkenden Blendenwert, an der Belichtungsskala sowie am Hinweistext abzulesen. Führen Sie nun folgende Schritte durch, um zur richtigen Bildhelligkeit zu gelangen:
>
> | Warnung | Ergebnis ohne Korrektur | Was ist zu tun? |
> |---|---|---|
> | Motiv ist zu dunkel | Das Bild wird unterbelichtet. | ■ Zeit verlängern
■ ISO-Wert erhöhen
■ Blitz einsetzen
■ Stativ verwenden |
> | Motiv ist zu hell | Eine Überbelichtung wird riskiert. | ■ Zeit verkürzen
■ ISO-Wert verringern
■ Lichtschluckenden Neutraldichte- oder Polfilter einsetzen |

2
Geben Sie alle anderen Belichtungseinstellungen wunschgemäß ein, zum Beispiel den ISO-Wert oder die Aufnahmebetriebsart (Einzelbild, Serienaufnahme etc.), und lösen Sie das Bild aus.

A Gestaltung der Schärfentiefe im Modus A

Der Modus A ist das Belichtungsprogramm, mit dem Sie die Schärfentiefe Ihres Bildes perfekt selbst steuern können (zur Schärfentiefe sie-

Durch die Wahl einer offenen Blende mit dem Wert 2.8 in Verbindung mit einer leichten Telebrennweite ließ sich alles vor und hinter dem fokussierten Lenkrad unscharf ausblenden. Das Motiv wirkt dadurch trotz des Trubels der vielen Zuschauer ruhig, und der Blick des Betrachters wird unweigerlich auf das Armaturenbrett des Cabrios gelenkt ($^1/_{3200}$ Sek. | f2.8 | ISO 200 | A | 105 mm).

03 Für jedes Motiv das passende Programm wählen

▲ Hier habe ich im Programm A Blende 11 gewählt, um die Guards bei der Wachablösung vom vordersten Soldaten bis zu den Mauern des Buckingham Palace im Hintergrund mit einer hohen Schärfentiefe abzubilden (¹/₁₆₀ Sek. | f11 | ISO 160 | A | 30 mm | Polfilter).

he auch Seite 81 und Seite 113). Die Bezeichnung A kommt von **A**perture Priority und bedeutet Blendenwertvorgabe. Demnach wählen Sie die Blendenöffnung selbst aus, die passende Zeit wird von der Kamera automatisch bestimmt. Da die Blende bekanntlich die Schärfentiefe des Bildes steuert, haben Sie diese somit voll im Griff. Eine offene Blende (kleiner Wert von f1.8 bis f5.6) erzeugt eine geringe Gesamtschärfe, was sich beispielsweise für Porträts von Menschen und Tieren oder für Sportaufnahmen eignet. Eine geschlossene Blende (hoher Blendenwert von f8 und mehr) erzeugt dagegen eine hohe Schärfentiefe, bestens einsetzbar bei Landschaften und Architekturbildern, die mit durchgehender Detailgenauigkeit abgebildet werden sollen.

Um im Modus A zu fotografieren, gehen Sie einfach folgendermaßen vor:

1

Stellen Sie das Funktionswählrad auf A. Sogleich können Sie die Blende über das Einstellrad öffnen (Linksdreh) oder schließen (Rechtsdreh).

▲ Hier habe ich die Blende um eine ganze Stufe geöffnet. Die Zeit verdoppelt sich dabei automatisch, sodass Bilder mit gleicher Helligkeit entstehen.

Modi P, S, A und M

⚠ Belichtungswarnung im Modus A

Bei der Blendenvorwahl werden Belichtungswarnungen durch blinkende Zeitwerte, eine Verschiebung der Belichtungsskala und einen erläuternden Text angezeigt. Um die Belichtung dann schnell zu korrigieren, führen Sie folgende Schritte durch:

Warnung	Ergebnis ohne Korrektur	Was ist zu tun?
Motiv ist zu dunkel	Eine Unterbelichtung wird riskiert.	■ Blendenwert verringern (Blende öffnen) ■ ISO-Wert erhöhen ■ Blitz einsetzen
Motiv ist zu hell	Das Bild wird überbelichtet.	■ Blendenwert erhöhen (Blende schließen) ■ ISO-Wert verringern ■ Lichtschluckenden Neutraldichte- oder Polfilter einsetzen

2

Wie in den anderen Programmen auch, können Sie weitere Belichtungseinstellungen (Belichtungskorrektur, Weißabgleich, ISO-Wert etc.) vornehmen und das Bild schließlich wie gewohnt fokussieren und aufnehmen. Und haben Sie trotz der Zeitautomatik ein Auge auf die Verschlusszeit, denn wenn der Zeitwert den Kehrwert der Objektivbrennweite unterschreitet, wird das Fotografieren aus der Hand ohne Verwacklung erschwert. Verwenden Sie dann ein Stativ oder erhöhen Sie den ISO-Wert.

ℹ Brennweitenabhängige Offenblende

Je höher Sie die Brennweite am 18-55-mm-Standardobjektiv ansetzen, desto höher wird auch der niedrigstmögliche Blendenwert (Offenblende), den Sie im A-Modus wählen können. In der Weitwinkeleinstellung liegt die Offenblende bei f3.5, bei 55 mm Teleeinstellung beträgt sie f5.6. Die Schärfentiefe bleibt aber auch bei der Telebrennweite gering. Es ist sogar empfehlenswert, Porträtbilder oder andere Motive, die Sie besonders hervorheben möchten, in der Teleeinstellung mit f5.6 aufzunehmen: Einerseits werden die objektivbedingten Verzerrungen verringert, andererseits wird maximale Hintergrundunschärfe erzeugt, denn mit steigender Brennweite nimmt die Schärfentiefe ab.

M Die volle Belichtungskontrolle im manuellen Modus

Im manuellen Modus (M) sind sowohl Blende als auch Verschlusszeit frei wählbar. Das hat beispielsweise Vorteile bei Nachtaufnahmen, wenn es darum geht, sowohl die Schärfentiefe als auch die Bildhelligkeit den eigenen Wünschen nach zu gestalten.

Oder denken Sie an das Verschmelzen von Einzelbildern zu einem schönen Panorama. Dabei ist es notwendig, dass jedes Bild mit exakt den gleichen Einstellungen aufgenommen wird. Ähnliches gilt für die Verarbeitung verschiedener Belichtungen zur HDR-Fotografie. Die Einzelfotos lassen sich am besten im Modus M erstellen – alle mit der gleichen Blende, aber unterschiedlichen Zeiten.

03 Für jedes Motiv das passende Programm wählen

Und auch beim Fotografieren mit Blitzlicht im kleineren oder größeren Fotostudio hat die manuelle Einstellung einige Vorteile parat, wie Sie in Kapitel 8.4 noch erfahren werden.

1

In das manuelle Programm gelangen Sie über einen Dreh am Funktionswählrad auf M. Richten Sie den Bildausschnitt ein. Entscheiden Sie sich nun für einen ISO-Wert oder aktivieren Sie die ISO-Automatik.

2

Drücken Sie dann die Belichtungskorrekturtaste ✚ (✪) und drehen Sie gleichzeitig am Einstellrad, um die Blende zu justieren.

▲ Nach der Einstellung der Blende ist die Belichtung hier deutlich im Minus.

3

Legen Sie die Zeit über das Einstellrad fest. Dabei können Sie an der Belichtungsskala ablesen, ob Ihre Einstellungen mit der automatisch von der Kamera ermittelten Belichtung übereinstimmen (Strichmarkierung mittig) oder nicht (Strichmarkierung links bei Unter- und rechts bei Überbelichtung).

▲ Die Zeit wird nun so eingestellt, dass die Belichtungsskala eine ausgewogene Belichtung anzeigt.

4

Stellen Sie scharf und lösen Sie das Bild aus. Wenn Sie eine Belichtungsreihe machen möchten, stellen Sie danach die Zeit um und nehmen das nächste Foto auf etc.

▲ Für die Aufnahme der Installation der »Wächter der Zeit« vor dem Brandenburger Tor habe ich absichtlich eine stark geschlossene Blende gewählt. Erstens werden dadurch die punktuellen Lichtquellen im Hintergrund strahlenförmig dargestellt. Zweitens kann so die Zeit sehr lang gewählt werden, mit dem Vorteil, dass die vielen sich bewegenden Personen auf dem Platz verwischen und das Motiv somit ruhiger wirkt (30 Sek. | f18 | ISO 100 | 12 mm | Stativ | Fernauslöser | manueller Fokus per Livebild auf den mittleren Wächter).

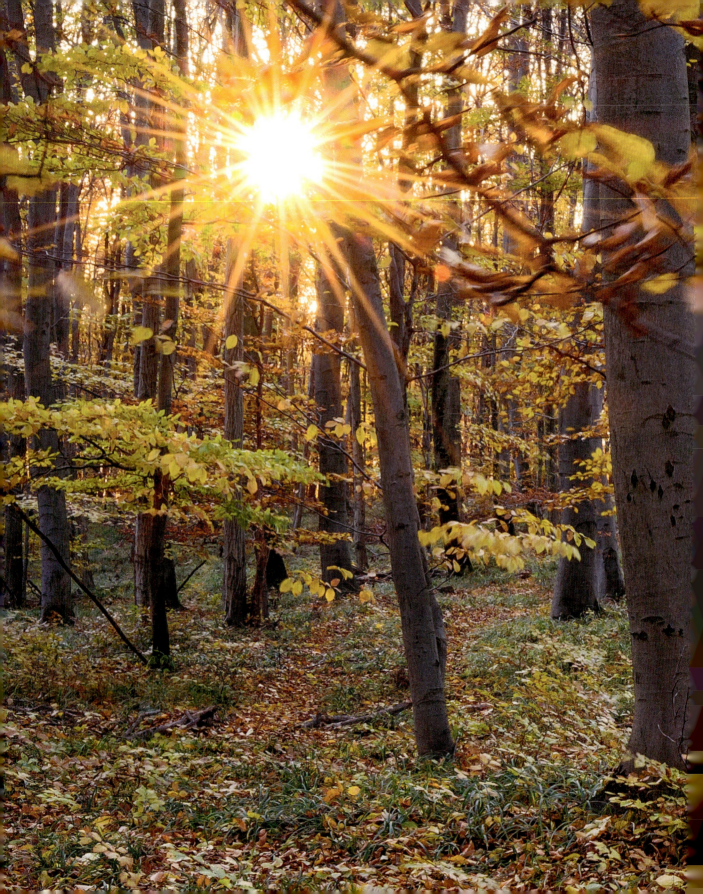

KAPITEL 4

Die richtige Belichtung erzielen

Die Belichtung bestimmt die Gestaltung einer Fotografie von Grund auf. Daher lernen Sie in diesem Kapitel alle notwendigen Faktoren und Einstellungen kennen, die für eine gute Belichtung vonnöten sind. Mit diesem Wissen können Sie anschließend kreativ zu Werke gehen und Ihren Aufnahmen einen ganz eigenen, besonderen Touch verleihen.

4.1 Die beiden Partner Belichtungszeit und Blende

Eine der wichtigsten Voraussetzungen für schöne Bilder ist die Wahl einer geeigneten Belichtung. Das Motiv soll schließlich angenehm hell und scharf auf dem Sensor landen. Fragt sich nur, wie die Kamera es geregelt bekommt, stets für die richtige Bildhelligkeit zu sorgen.

Abhängigkeit von Zeit und Blende

Nun, am allerwichtigsten hierfür ist eine stimmige Kombination aus den beiden grundlegenden Elementen der Fotografie:

 Belichtungszeit: Über die Zeit wird gesteuert, wie lange der Sensor dem eintreffenden Licht ausgesetzt ist.

 Blende: Sie steuert die Größe der Objektivöffnung, durch die das Licht auf den Sensor geleitet wird.

Wichtig ist, dass beide Komponenten gut aufeinander abgestimmt sind. Dabei können sich die verwendeten Belichtungswerte ruhig unterscheiden, so wie es bei den beiden Bildern mit der reichlich verzierten Kirchendecke verdeutlicht ist. Wenn Sie sich die beiden Fotos anschauen, scheinen diese auf den ersten Blick identisch zu sein. Die Bildhelligkeit stimmt und das Motiv unterscheidet sich kaum.

Bei genauerer Betrachtung der Aufnahmebedingungen ist aber zu sehen, dass ich mit der Blendenvorwahl A einmal mit einem Blendenwert von f5.6 und einmal mit f8 fotografiert habe. Das hat bewirkt, dass sich die Belichtungszeit der Fotos ebenfalls unterscheidet. Sie ist im zweiten Bild doppelt so lang.

Mit jedem ansteigenden ganzen Blendenschritt muss sich die Belichtungszeit also um das Doppelte verlängern, damit ein gleich helles Bild erzeugt wird. In dem gezeigten Beispiel stieg sie daher von 1/30 Sek. bei Blende 5.6 auf 1/15 Sek. bei Blende 8.

Ein ganzer Blendensprung bewirkt somit immer eine Veränderung der Belichtungszeit um eine ganze Stufe. Je nachdem, in welche Richtung die Blende verstellt wird, wird die Zeit verdoppelt oder halbiert. Beide Werte müssen sich aber stets die Waage halten, weil sich sonst die Bildhelligkeit verändern würde. Bei über- oder unterbelichteten Bildern ist die Waage demnach verschoben – absichtlich oder unabsichtlich.

Zum Glück bestimmt die D5200 in den meisten Situationen die Zeit-Blende-Kombination selbst. So passt sich die Zeit beispielsweise von allein an, wenn Sie im Modus A die Blende ändern. Oder die

▲ f5.6, 1/30 Sek.

▲ f8, 1/15 Sek.

Zweimal Kirchendecke, fotografiert mit zwei unterschiedlichen Blenden. Beide Bilder werden gleich hell wiedergegeben, die Belichtungszeit ist bei f8 jedoch doppelt so lang wie bei f5.6 (beide Bilder: ISO 800 | A | 18 mm).

Belichtungszeit

Blende ändert sich, wenn im Programm S an der Zeit geschraubt wird. Damit hält die Kamera die Bildhelligkeit auf einem ausgeglichenen Niveau.

Das Trichterbeispiel

Die Abhängigkeit von Zeit und Blende lässt sich am Beispiel eines Trichters noch anschaulicher darstellen. Der Trichter verkörpert hierbei die Blende. Wasser, das durch ihn hindurchfließt, stellt das Licht dar, und der Becher ist das Foto. Eine korrekte Belichtung ist dann erreicht, wenn der Becher gefüllt ist. Bei geschlossener Blende ist die Austrittsöffnung des Trichters sehr klein, daher gelangt nur wenig Wasser hindurch. Es dauert somit ziemlich lange, bis der Becher voll ist, sprich, das Bild richtig belichtet wurde. Bei einer offenen Blende fließt hingegen sehr viel Wasser durch die Trichteröffnung. Es vergeht daher kaum Zeit, bis der Becher voll ist.

Merke: Je kleiner die Blendenöffnung (geschlossene Blende, hoher Wert), desto länger wird die benötigte Belichtungszeit und umgekehrt.

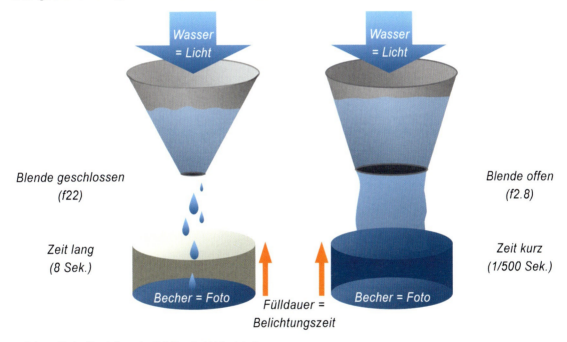

▲ Schematische Darstellung der Zeit-Blende-Abhängigkeit.

4.2 Die Belichtungszeit im Griff haben

Die Belichtungszeit bestimmt, wie lange das Licht, das von außen durchs Objektiv in die Kamera geleitet wird, auf den Sensor treffen darf. Die Zeit beeinflusst damit drei entscheidende Dinge:

- **Bildhelligkeit**: Stimmt das Verhältnis aus Blende und Zeit nicht, wird das Bild entweder zu hell (Zeit zu lang) oder zu dunkel (Zeit zu kurz) wiedergegeben.

04 Die richtige Belichtung erzielen

- **Verwacklungsgefahr**: Ist die Zeit zu lang, kann die Kamera nicht mehr ruhig genug gehalten werden. Verwackelte Fotos sind die Folge.
- **Darstellung bewegter Motive**: Bei kurzen Zeiten wird die Bewegung eingefroren, alles erscheint scharf. Lange Zeiten erzeugen Wischeffekte im Bild.

Verwacklungen vermeiden

Eine der häufigsten Situationen, in denen die Belichtungszeit eine wichtige Rolle spielt, ist das Vermeiden verwackelter Bilder. Fotos also, bei denen das Motiv komplett unscharf aussieht. Selbst den Profis unter den Fotografen sind solche unabsichtlichen Verwackler nicht fremd.

Meist sind es die äußeren Bedingungen, die es einem nicht immer leicht machen, ein ausreichend helles Foto zu erzeugen, dass auch noch knackig scharf ist. So ist es mir beispielsweise bei dem Löwenkopf-Türklopfer ergangen. Die Belichtungszeit des ersten Bildes war in der Situation einfach zu lang, um die Szene noch aus der Hand und ohne sichtbares Wackeln fotografieren zu können.

Ein Blick auf die Verschlusszeit vor dem Auslösen hätte dies verhindern können. Denn die D5200 besitzt genug Möglichkeiten, um die Aufnahmeeinstellungen perfekt auf die vorhandene Situation

▲ Dieses Foto habe ich versehentlich aufgrund einer zu langen Verschlusszeit verwackelt (1/10 Sek. | f11 | ISO 400 | A | 70 mm).

▲ Mit 1/80 Sek., in diesem Fall erreicht über eine ISO-Erhöhung, wurde das Bild scharf (f4 | ISO 400 | A | 70 mm).

Belichtungszeit

✓ Die Belichtungszeit selbst bestimmen

Sicherlich haben Sie bereits gelesen, dass die Belichtungszeit bei der D5200 variabel eingestellt werden kann. Dies ist in den Kreativprogrammen S und M direkt möglich. Im Belichtungsprogramm A funktioniert dies indirekt über die Blende und bei P über das Verschieben der Zeit-Blende-Kombination.

Bei den SCENE-, Motiv- und EFFECTS-Programmen (außer *Nachtsicht*) können Sie die Zeit über die Wahl der ISO-Lichtempfindlichkeit beeinflussen. Im Fall der Vollautomatik und der Blitz-aus-Automatik haben Sie dagegen keinen Einfluss auf den Zeitwert.

* *Die Zeit kann direkt eingestellt werden.*

abzustimmen. Aber im Eifer des Gefechts geht der Kontrollblick eben auch mal unter. Gut, dass ich das Foto wenigstens gleich nach der Aufnahme in der vergrößerten Ansicht kontrolliert habe, da ist mir der Fehler natürlich sofort ins Auge gestochen.

Also, Zeit verkürzt durch Öffnen der Blende und das zweite Bild aufgenommen. Dieses landete dann auch wunschgemäß ohne Verwacklungen auf dem Sensor.

Verwacklungsfreie Bilder mit der Kehrwertregel

Bestimmt haben Sie schon einmal etwas über die Kehrwertregel gehört. Diese gibt einen Hinweis auf die kürzeste Belichtungszeit, bei der noch verwacklungsfreie Aufnahmen aus der Hand möglich sind. Die Regel lautet:

1 / (Objektivbrennweite x Cropfaktor) = **Verschlusszeit**

▼ *Bei einer Telebrennweite von 200 mm konnte ich die Kegelrobbe mit ¹/₃₂₀ Sek. Belichtungszeit knackig scharf auf den Sensor bekommen (f6.3 | ISO 100).*

04 Die richtige Belichtung erzielen

Bei der Nikon D5200 ergäbe sich also eine angestrebte Verschlusszeit von 1/320 Sek., wenn mit 200 mm Brennweite fotografiert würde:

1 / (200 x 1,5) = 1/320 Sek.

Bei einer längeren Belichtungszeit von 1/125 Sek. wäre die Verwacklungsgefahr hingegen erhöht. Das Foto mit der Kegelrobbe am blauen Sandstrand von Helgoland stimmt beispielsweise perfekt mit der Kehrwertregel überein, denn hier habe ich bei 200 mm Brennweite mit 1/320 Sek. fotografiert. Gleiches gilt zum Beispiel auch für 1/160 Sek. bei 100 mm Brennweite.

Natürlich werden die Zahlenwerte in der Realität nie so genau getroffen. Das ist aber auch nicht der Sinn der Regel. Sie soll lediglich eine Hilfestellung geben. Mit ihr können Sie den Grenzwert auf die Schnelle und zugegebenermaßen recht grob abschätzen, um herauszufinden, ab wann mit einer Unschärfe durch Verwacklung gerechnet werden kann.

Wann die Kehrwertregel wichtig wird

Die Kehrwertregel gewinnt immer dann an Bedeutung, wenn die Lichtverhältnisse schlecht sind, zum Beispiel bei Dämmerung, Nebel, bedecktem Himmel oder in Innenräumen.

In solchen Situationen ist es gut, ab und zu ein Auge auf die Belichtungszeit zu werfen, um Verwacklungen zu vermeiden.

Bei knalligem Sonnenschein am Strand oder in den Bergen werden Sie hingegen kaum in die Situation kommen, die Zeit nach der Faustregel ausrichten zu müssen. Die Belichtungszeiten sind dann ganz von allein schon kurz genug.

Die Faustregel in der Realität

Um die Kehrwertregel auf ihre Praktikabilität zu testen, habe ich die Holzfigur an einer Schreinerei unter verschiedenen Zeitvorgaben aufgenommen. Für das erste Foto wurde die D5200 genau so eingestellt, wie es die Regel vorgibt.

Die Objektivbrennweite stand auf 200 mm. Daher habe ich die Belichtungszeit im Belichtungsprogramm S auf 1/320 Sek. justiert. Und tatsächlich, auf die Ergebnisse der Faustregel war Verlass. Das Bild landete freihändig aufgenommen wunderbar scharf auf dem Sensor.

i Lichtwertstufen

Wenn Sie den Zeitwert bei der D5200 umstellen, ändert sich bei konstantem ISO-Wert die Belichtungszeit jeweils um plus oder minus eine Drittelstufe. Eine volle Lichtwertstufe entspricht drei Drittelstufen. Mit jeder ganzen Lichtwertstufe halbiert oder verdoppelt sich die Belichtungszeit.

▲ Schematische Darstellung der Lichtwertstufen in Drittel und ganzer Taktung.

Belichtungszeit

▲ ¹⁄₃₂₀ Sek. (200 mm) ohne Bildstabilisator, scharf.

Wer eine sehr ruhige Hand hat, kann die Verschlusszeit durchaus auch noch etwas stärker ausreizen. So gelang hier bei $1/80$ Sek. Belichtungszeit noch ein einigermaßen scharfes Bild.

▲ $1/80$ Sek. (200 mm) ohne Bildstabilisator, fast scharf.

Bei einer längeren Belichtungszeit von $1/40$ Sek. trat dagegen bereits deutliche Verwacklungsunschärfe auf. Ich konnte die Kamera einfach nicht ruhig genug halten.

▲ $1/40$ Sek. (200 mm) ohne Bildstabilisator, verwackelt.

In der Tabelle finden Sie einige Belichtungszeiten, die geeignet sind, um bei den angegebenen Brennweiten verwacklungsfreie Bilder aus der Hand machen zu können. Wenn Sie eine sehr ruhige Hand haben, sind natürlich auch etwas längere Belichtungszeiten möglich. Und wenn Sie gar den Bildstabilisator des Objektivs aktivieren, gelingen scharfe Freihandaufnahmen in der Regel auch noch bei deutlich längeren Verschlusszeiten, als die Faustregel besagt.

Am besten testen Sie selbst einmal aus, bei welchen Zeiten und Brennweiten Sie die D5200 noch verwacklungsfrei halten können; vor allem auch dann, wenn Sie nicht gerade total entspannt im Sessel sitzen, sondern vielleicht gerade ein paar Treppenstufen gegangen sind und die Kamera im Stehen geradeaus halten.

Brennweite	Zeit laut Kehrwertregel	Zeit mit Bildstabilisator
200 mm	$1/320$ Sek.	$1/40$ Sek.
100 mm	$1/160$ Sek.	$1/20$ Sek.
50 mm	$1/80$ Sek.	$1/10$ Sek.
30 mm	$1/50$ Sek.	$1/6$ Sek.
24 mm	$1/40$ Sek.	$1/5$ Sek.
18 mm	$1/30$ Sek.	$1/4$ Sek.

▲ Anhaltspunkte für Belichtungszeiten ohne bzw. mit Bildstabilisator, bei denen in der Regel verwacklungsfreie Freihandfotos möglich sind.

04 Die richtige Belichtung erzielen

4.3 Grenzen der Bildstabilisation

Wenn Sie ein Objektiv mit Bildstabilisator besitzen, können Sie sich glücklich schätzen. Denn mit eingeschalteter Antiverwacklungstechnik (VR = **V**ibration **R**eduction) gelingen auch bei längeren Belichtungszeiten, die laut Kehrwertregel eigentlich zu lang für ein scharfes Bildergebnis sind, noch gestochen scharfe Fotos aus der Hand.

So ließ sich bei der Schreinerfigur mit eingeschaltetem VR selbst bei 1/40 Sek. eine scharfe Freihandaufnahme aufnehmen, was ohne Bildstabilisator nicht möglich war.

▲ 1/40 Sek. (200 mm) mit Bildstabilisator, scharf.

Auch bei 1/20 Sek. zeigt das Bild eine noch ausreichende Schärfe. Bei 1/10 Sek. Belichtungszeit war dann aber endgültig Schluss. Um jetzt noch wirklich knackig scharfe Fotos erzeugen zu können, wäre ein Stativ unabdingbar gewesen.

▲ 1/20 Sek. (200 mm) mit Bildstabilisator, noch scharf.

▲ 1/10 Sek. (200 mm) mit Bildstabilisator, verwackelt.

Merke: Mit einem Bildstabilisator kann die Belichtungszeit etwa um drei bis vier volle Belichtungsstufen verlängert werden, bevor Verwacklungsunschärfe auftritt. Wie hoch der Zeitgewinn ist, hängt ab von:

- der eigenen ruhigen Hand,
- der Aufnahmesituation (sind Sie gerade zuvor einige Treppen gestiegen oder extrem aufgeregt?),
- dem Bildstabilisatortyp (VR = bis zu drei Stufen, VR II = bis zu vier Stufen).

Folgende Nikon-Objektive verfügen derzeit über einen Bildstabilisator der zweiten Generation (VR II):

- AF-S Nikkor 16-35mm 1:4G ED VR
- AF-S DX Nikkor 16-85mm 1:3.5-5.6G ED VR
- AF-S DX Nikkor 18-200mm 1:3.5-5.6G IF-ED VR
- AF-S DX Nikkor 18-200mm 1:3.5-5.6G ED VR II
- AF-S DX Nikkor 18-300mm 1:3.5-5.6G ED VR
- AF-S Nikkor 24-85mm 1:3.5-4.5G ED VR
- AF-S Nikkor 24-120mm 1:4G ED VR
- AF-S Nikkor 28-300mm 1:3.5-5.6G ED VR
- AF-S DX Nikkor 55-300mm 1:4.5-5.6G ED VR
- AF-S Nikkor 70-200mm 1:2.8G ED VR II
- AF-S Nikkor 70-300mm 1:4.5-5.6G ED VR
- AF-S DX Micro Nikkor 85mm 1:3.5G ED VR
- AF-S Micro Nikkor 105mm 1:2.8G VR
- AF-S Nikkor 200mm 1:2G ED VR II
- AF-S Nikkor 200-400mm 1:4G ED VR II
- AF-S Nikkor 300mm 1:2.8G ED VR II
- AF-S Nikkor 400mm 1:2.8G ED VR
- AF-S Nikkor 500mm 1:4G ED VR
- AF-S Nikkor 600mm 1:4G ED VR

Es sei noch angemerkt, dass bei den Objektivbeschreibungen von Nikon häufiger die Angabe einer achtfachen Zeitverlängerung zu lesen ist. Dies bezieht sich auf den VR der ersten Generation und bedeutet eine um acht Drittelstufen längere Zeit, im Prinzip also knapp drei ganze Stufen.

> **i** **Wirkungsweise des Bildstabilisators**
>
> Bei der Bildstabilisierung werden die Vibrationen durch spezielle Sensoren im Objektiv registriert. Ein beweglich gelagertes Linsenelement wird sodann in seiner Position gegenläufig zur Verwacklungsrichtung verschoben.

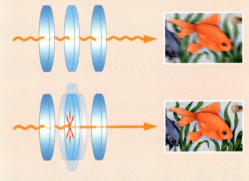

▲ Schema des Stabilisationsmechanismus von VR-Objektiven.

> **i** **Objektive mit „Stativmodus"**
>
> Einige Superteleobjektive von Nikon besitzen einen speziellen Tripod-Detection-Modus. Dieser Stativmodus sorgt dafür, dass selbst feinste Vibrationen durch den Spiegelschlag kompensiert werden, die bei langen Telebrennweiten viel eher zu Verwacklungen führen können als bei Normal- oder leichten Teleobjektiven. Folgende Objektive zählen dazu: AF-S Nikkor 400mm 1:2.8G ED VR, AF-S Nikkor 500mm 1:4G ED VR und AF-S Nikkor 600mm 1:4G ED VR.

VR beim Stativeinsatz: Pro und Kontra

Da einige Bildstabilisatoren Probleme damit haben, wenn die Kamera komplett ruhig auf einem Stativ steht, und dann anfangen, ohne Grund Ausgleichsbewegungen durchzuführen, ist es besser, bei Arbeiten mit dem Dreibeinstativ den Stabilisator auszuschalten.

▲ Über den VR-Schalter am Objektiv lässt sich der Bildstabilisator aus- und einschalten.

Anders sieht es aus bei Einbeinstativen, die ja nie vollkommen ruhig gehalten werden können. Hier kann der VR-Modus eingeschaltet bleiben.

> **i** **VR mit Aktivmodus**
>
> Befindet sich der Fotograf selbst auf unstabilem Terrain, in einem fahrenden Auto oder einem Hubschrauber zum Beispiel, reicht die normale Stabilisation nicht mehr aus. Daher bietet Nikon bei einigen Objektiven einen zweistufigen Bildstabilisator an. Die Einstellung *Normal* gilt für Freihandaufnahmen, *Active* hingegen kann stärkere Wackler ausgleichen. Objektive mit zweistufigem Bildstabilisator sind unter anderem das AF-S DX Nikkor 16-85mm 1:3.5-5.6G ED VR, AF-S DX Nikkor 18-200mm 1:3.5-5.6G ED VR II, AF-S Nikkor 24-120mm 1:4G ED VR oder das AF-S Nikkor 28-300mm 1:3.5-5.6G ED VR.

4.4 Einfluss der Blende auf die Schärfentiefe

Alle, die sich kreativ mit ihrem Motiv auseinandersetzen wollen, beeinflussen sie. Kein anderes Element verändert die Bildwirkung so elementar, wie sie es kann. Ohne sie geht einfach

04 Die richtige Belichtung erzielen

gar nichts: die Blende. Sie ist beispielsweise der Schlüssel dafür, Motive vor einem unscharfen Hintergrund prägnant freistellen zu können.

Die Blende bestimmt, wie viel Licht zum Sensor durchgelassen wird

Die Blende des Objektivs ähnelt in gewisser Weise der Pupille unserer Augen. Beide, Pupille und Blende, regeln die eintreffende Lichtmenge, damit im einen Fall die Netzhaut keinen Schaden nimmt und im anderen der Sensor nicht zu viel Licht abbekommt. Bei unseren Augen zieht sich die Pupille dazu automatisch zusammen, wenn wir ins Helle schauen, und weitet sich, wenn wir, von draußen kommend, einen dunklen Raum betreten.

Die Blende des fotografischen Systems sitzt im Objektiv. Sie ist letztendlich nichts anderes als eine schwarze Scheibe, die sich aus mehreren Lamellen zusammensetzt und in der Mitte ein mehr oder weniger großes Loch besitzt.

Bei einer offenen Blende dringt mehr Licht zum Sensor durch als bei einer geschlossener Blende. Die Größe dieser Öffnung wird entweder automatisch durch die Kamera oder manuell vom Fotografen festgelegt.

Die Größe der Blendenöffnung wird mit den Blendenwerten angegeben, z. B. f5.6 oder f8. Je höher der Blendenwert steigt, desto kleiner wird die Blendenöffnung. Bei Blende 5.6 ist die Öffnung somit größer als bei Blende 8 oder 16.

Das mag am Anfang vielleicht etwas verwirrend klingen – kleine Blende und hoher Wert, große Blende und kleiner Wert. Verantwortlich dafür ist die Berechnung der Blendenwerte. Denn um die Blendenangaben für alle Objektive vergleichbar zu halten, wird einfach das Verhältnis aus der Brennweite und dem Öffnungsdurchmesser der Blende ermittelt.

Blende 5.6 bedeutet somit, dass der Durchmesser der Blendenöffnung 5,6-mal kürzer ist als die Brennweite, egal um welches Objektiv es sich handelt. Bei f8 entspricht der Durchmesser einem Achtel der Brennweite. Genau genommen müsste die Blende daher immer als Bruchzahl angegeben werden, also zum Beispiel f/8 oder 1:8.0, aber das wird der Einfachheit halber meist weggelassen.

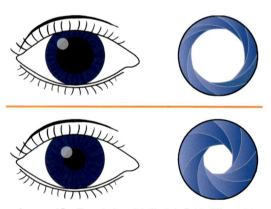

▲ Auge und Pupille verhalten sich ähnlich: Beide öffnen sich bei Dunkelheit, damit viel Licht auf die Netzhaut bzw. den Sensor trifft (oben). Bei Helligkeit wird die Lichtmenge durch Zusammenziehen der Pupille bzw. Verkleinern der Blendenöffnung verringert (unten).

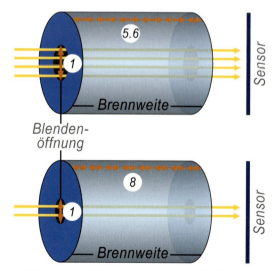

▲ Der Blendenwert berechnet sich aus dem Verhältnis der Brennweite und dem Durchmesser der Blendenöffnung. Bei 56 mm Brennweite und Blende 5.6 hätte das Objektiv somit eine Blendenöffnung von 56 / 5.6 = 10 mm und bei Blende 8 eine von 7 mm. Gleichzeitig verringert sich die Lichtmenge um die Hälfte.

Einfluss der Blende auf die Schärfentiefe

Die Angabe der Blendenwerte erfolgt nach einer international genormten Skala. Dabei beschreiben die folgenden Blendenzahlen jeweils einen ganzen Blendenschritt: f1.4, f2, f2.8, f4, f5.6, f8, f11, f16, f22, f32 und f45.

Die Bildwirkung über die Blende steuern

Über die Blende lässt sich die Gesamtschärfe eines Bildes beeinflussen. Dazu können Sie sich gleich einmal die hier gezeigte Serie anschauen, die den Schärfentiefeverlauf der D5200 am Beispiel veranschaulicht. Fokussiert wurde manuell auf das Wort „Oberseite" (siehe Pfeilmarkierung).

Bei geöffneter Blende f5.6 ist die Gesamtschärfe am geringsten. Zwar wird der fokussierte Bereich scharf dargestellt, aber sowohl die vorderen als auch die hinteren Buchseitenbereiche laufen deutlich unscharf aus. In solchen Fällen wird auch von selektiver Schärfe gesprochen, weil der scharf zu erkennende Bildbereich sehr begrenzt ist.

Die Gesamtschärfe des Bildes wird nun mit steigender Blendenzahl, also dem Schließen der Blendenöffnung, immer größer. Die Reihe gipfelt im letzten Bild der Serie mit Blende 22, bei dem nun auch die Buchstaben im vorderen und hinteren Bereich leserlich werden.

Die kleine, unscheinbare Blendenöffnung sorgt somit stets für eine deutliche Veränderung der Bildwirkung. Sie beeinflusst die Schärfentiefe im Foto,

▲ f11, ¼ Sek.

▲ f5.6, ¹/₁₅ Sek.

▲ f22, 1 Sek. (alle Bilder: ISO 100 | A | 55 mm | Stativ | Fernauslöser | Fokus manuell auf das Wort „Oberseite").

04 Die richtige Belichtung erzielen

das heißt den vor und hinter der Schärfebene noch als scharf erkennbaren Bildbereich, und verändert damit einen zentralen Faktor der Bildgestaltung. Dabei nimmt die Schärfentiefe stets mit steigender Blendenzahl (Blende schließt sich) zu oder verringert sich, wenn der Blendenwert sinkt (Blende öffnet sich).

Es gibt aber noch weitere Faktoren, die neben der Blende einen Einfluss auf die Schärfentiefe ausüben, als da wären:

- die Lichtbeugung,
- die Brennweite und
- der Vergrößerungsmaßstab.

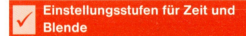

▲ Schärfentiefewirkung: Die Schärfebene erstreckt sich parallel zur Sensorebene der Kamera. Je nach Blendeneinstellung werden um die fokussierte Ebene herum mal weniger, mal mehr Motivdetails scharf abgebildet.

✓ Einstellungsstufen für Zeit und Blende

Die Blendenstufen der D5200 sind feiner abgestuft als die bislang erwähnten ganzen Blendenschritte. Wobei Sie zwischen ½ oder ⅓ Stufen wählen können. Die Umschaltung wird über die Individualfunktion *b1: Schrittweite Belichtungssteuerung* geregelt.

Mit der Standardeinstellung *1/3 LW* können Sie die feinste Abstimmung der Blendenöffnung vornehmen und damit verbunden die Schärfentiefe des Bildes sehr differenziert beeinflussen.

Die Einstellungsstufen gelten übrigens genauso für die Zeiteinstellung.

▲ Auswahlmöglichkeit der Einstellungsstufen für die Belichtungssteuerung.

Den Blendenwert selbst einstellen

Die Bildwirkung hängt entscheidend von der Blendeneinstellung ab. Daher ist es für eine kreative Bildgestaltung unabdingbar, den Blendenwert selbst wählen zu können. Am besten geeignet ist hierfür die Blendenvorwahl A.

* In den Programmen A und M ist die Blende frei wählbar. Im Modus S und P kann sie indirekt variiert werden. Alle anderen Programme bestimmen den Blendenwert automatisch.

Welchen Blendenwert Sie gerade eingestellt haben oder welche Einstellung die D5200 automatisch vorgenommen hat, können Sie übrigens immer auf dem Monitor oder im Sucher sehen.

Einfluss der Blende auf die Schärfentiefe

Beugungsunschärfe bei zu hohen Blendenwerten

Die Schärfentiefe steigt mit zunehmender Blendenzahl und erhöht den gesamten Schärfeeindruck einer Fotografie. Leider stimmt diese Aussage nur für einen bestimmten Blendenbereich. Denn ab einem gewissen Blendenwert nimmt die Schärfe des gesamten Fotos wieder ab.

Der Grund ist die sogenannte Beugungsunschärfe, die dadurch entsteht, dass ein Teil des Lichts an den Blendenkanten abgelenkt wird und unkontrolliert auf den Sensor trifft. Die Beugungsunschärfe betrifft das gesamte Bild, daher büßt auch der fokussierte Bereich deutlich an Detailzeichnung ein.

▲ An der Ausschnittvergrößerung des fokussierten Bereichs ist zu erkennen, dass die Gesamtschärfe des Bildes bei Blende 32 (rechts, großes Foto) im Vergleich zum Ausschnitt bei Blende 22 (links) durch Beugungsunschärfe stark abgenommen hat (ISO 100 | A | 100 mm | Stativ | Fernauslöser | Fokus manuell auf das Wort „Oberseite").

04 Die richtige Belichtung erzielen

Vergleichen Sie dazu einmal die beiden Buchseitenbilder, die mit Blende 22 und Blende 32 entstanden sind. Mit Blende 22 ließ sich der Text mit hoher Schärfentiefe in Szene setzen, und das fokussierte Wort „Oberseite" ist knackig scharf.

Bei Blende 32 erscheint vor allem der fokussierte Bereich deutlich unschärfer und schwammig. Die höhere Blendeneinstellung konnte den Schärfeeindruck somit keinesfalls steigern. Im Gegenteil, die Gesamtschärfe hat sogar abgenommen.

Allerdings ist dieses Phänomen nach einigen Tests im Fall der D5200 kein so riesiges Problem. Die Beugungsunschärfe wird in der Regel durch die kamerainterne Verarbeitung der JPEG-Fotos prima unterdrückt. Sie kann daher eher beim Entwickeln von RAW-Bildern auffällig werden.

Diese können jedoch in jedem Bildbearbeitungsprogramm, das eine RAW-Verarbeitung anbietet, nachgeschärft werden, sodass sich die wahrlich leichte Unschärfe ebenfalls wieder ausmerzen lässt.

Dennoch, wer aber absolut kein Quäntchen Schärfe einbüßen möchte, kann sich am besten eine Obergrenze bei Blende 16 (maximal Blende 22) merken. Dieser Wert sollte weder im Weitwinkel- noch im Makro- oder im Telebereich überschritten werden. „Viel hilft viel" ist eben nicht immer das zielführende Motto.

Wer sichergehen möchte, kann die eigene Kamera-Objektiv-Kombination am besten einfach selbst mal testen.

1
Stellen Sie die Kamera dazu auf ein Stativ, schalten Sie den Bildstabilisator aus und fokussieren Sie im Modus A manuell auf das Objekt.

2
Wählen Sie ISO 100 und legen Sie die Brennweite fest.

3
Lösen Sie mit dem Fernauslöser und aktivierter Spiegelvorauslösung Bilder mit verschiedenen Blendeneinstellungen aus und vergleichen Sie die Ergebnisse in der 100 %-Vergrößerung am Computerbildschirm.

Achten Sie insbesondere auf einen Schärfeabfall im fokussierten Bereich.

4.5 ISO-Wert und Sensorempfindlichkeit

Die Nikon D5200 ist nicht nur bei Blende und Zeit absolut variabel, sondern vor allem auch bei der Lichtempfindlichkeit des Sensors. Wird diese hochgesetzt, entstehen selbst bei Nacht noch verwacklungsfreie Bilder mit sehr guter Qualität. Fragt sich nur, wie dies zu steuern ist.

Nun, die Lichtempfindlichkeit wird, wie damals bei den analogen Kameras auch, mit dem ISO-Wert beeinflusst. Bei der analogen Fotografie bezog sich der ISO-Wert auf die Empfindlichkeit des eingelegten Filmmaterials.

Je höher er war, desto grobkörniger und lichtempfindlicher war der Film. Bei der D5200 und anderen Digitalkameras wird die Lichtempfindlichkeit durch eine Signalverstärkung der Sensordioden angehoben. Erfahren Sie in diesem Abschnitt, wie Sie im fotografischen Alltagsleben am besten mit dem ISO-Wert umgehen können.

ISO-Wert und Sensorempfindlichkeit

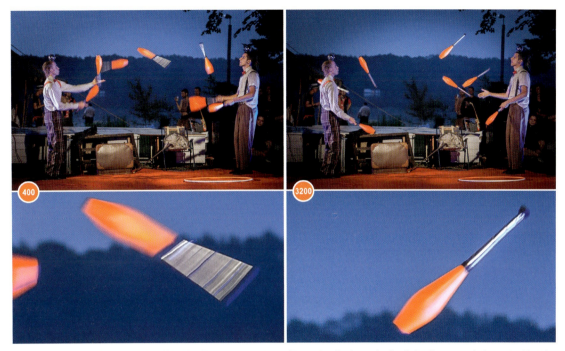

▲ Bei ISO 400 war die Verschlusszeit mit ¹⁄₃₀ Sek. zu lang, um die fliegenden Keulen scharf auf den Sensor zu bekommen. Es zeigen sich starke Wischspuren (links). Daher habe ich den Wert auf 3200 angehoben, was die Zeit auf ¹⁄₂₅₀ Sek. schrumpfen und ein scharfes Bild der Bewegung entstehen ließ (f2.8 | A | 70 mm).

Freihandaufnahmen bei wenig Licht

Mit dem ISO-Wert haben Sie stets ein Ass im Ärmel. Vor allem, wenn das Umgebungslicht sehr begrenzt ist. Angenommen, Sie sind bei einem Event und haben die D5200 so getrimmt, dass Sie das Geschehen auf der Bühne bei relativ langer Verschlusszeit gerade noch gut verwacklungsfrei fotografieren können.

Nun wechselt aber das Programm und es kommt mehr Action in die Bühnenshow. Die Zeit ist dafür allerdings zu lang, sodass sich unerwünschte Bewegungsspuren im Bild abzeichnen.

Was tun? Ganz einfach, schrauben Sie die Lichtempfindlichkeit des Sensors hoch, indem Sie den ISO-Wert erhöhen. Das reicht meist schon aus, um das Motiv ohne Wischeffekt auf den Sensor zu bekommen. Kleine Aktion, große Wirkung, könnte man sagen.

Einfluss des ISO-Wertes auf Blende und Zeit

Zeit und Blende spielen in der Fotografie ein voneinander abhängiges Pärchen. Die Lichtempfindlichkeit des Sensors wiederum beeinflusst sowohl die Blende als auch die Zeit.

Dies bedeutet, dass bei einer ISO-Erhöhung und festgelegter Blende die Zeit immer kürzer wird. Umgekehrt schließt sich die Blende, wenn bei festgelegter Zeit der ISO-Wert erhöht wird.

04 Die richtige Belichtung erzielen

1/400	1/200	1/100	Zeit	1/100	1/100	1/100
4	4	4	Blende	4	5.6	8
400	200	100	ISO	100	200	400

▲ *Einfluss des ISO-Wertes am Zahlenbeispiel.*

Somit können Sie den ISO-Wert stets wie einen Trumpf einsetzen. Wenn Sie die ISO-Zahl zum Beispiel im Modus A erhöhen, können Sie mit kürzerer Verschlusszeit agieren. Von Vorteil ist dies:

- wenn Sie Freihandaufnahmen mit einer möglichst hohen Schärfentiefe anfertigen möchten, wie beispielsweise Landschaften oder Architekturaufnahmen.
- wenn Sie mit offener Blende fotografieren und eine möglichst kurze Verschlusszeit benötigen, um Bewegungen ohne Wischeffekte einzufangen, also zum Beispiel bei actionreichen Porträts, Tieraufnahmen, Sportaufnahmen oder, wie gezeigt, bei Eventveranstaltungen.

Umgekehrt schließt sich die Blende, wenn Sie den ISO-Wert im Modus S erhöhen. Das wäre beispielsweise gut geeignet:

- bei Actionaufnahmen, die Sie mit etwas erhöhter Schärfentiefe aufnehmen möchten.
- in Situationen, in denen mit der für die Lichtbedingungen kürzestmöglichen Zeit Bewegungen eingefroren werden sollen (Sport, spielende Kinder, Tiere).

Der ISO-Wert kann also ein bisschen wie das Zünglein an der Waage angesehen werden.

Nehmen Sie beispielsweise:

- ISO 100 bis 200 für Aufnahmen bei Sonnenschein.
- ISO 200 bis 800 bei Außenaufnahmen im Schatten oder hellen Innenräumen mit größeren Fenstern.
- ISO 400 bis 1600 für Innenaufnahmen mit schwächerer Beleuchtung (z. B. in der Kirche) oder Nachtaufnahmen (beleuchtete Gebäude, Bürotürme vor dem Nachthimmel).
- ISO 1600 bis Hi 0.3 (ca. ISO 8000) für Konzertaufnahmen ohne Blitz oder Hallensport: je höher der ISO-Wert, desto besser kann Bewegungsunschärfe eingefroren werden.

Die ISO-Reihe der D5200

Die Lichtempfindlichkeit der D5200 lässt sich bis ISO 6400 in Drittelstufen ganz fein dosieren. Danach kommen die Werte Hi 0.3 (etwa ISO 8000), Hi 0.7 (etwa ISO 10000), Hi 1 (ISO 12800) und Hi 2 (ISO 25600). Wenn Sie den EFFECTS-Modus *Nachtsicht* aktivieren, werden sogar Werte von Hi 4 (ISO 102000) möglich.

Den ISO-Wert selbst bestimmen

Den ISO-Wert können Sie in allen Aufnahmeprogrammen selbst einstellen, ausgenommen AUTO, ⚡ und dem EFFECTS-Modus *Nachtsicht*.

◀ *Aufnahmemodi mit freiem Zugriff auf den ISO-Wert (* außer).*

1

Drücken Sie die i-Taste auf der Kamerarückseite und steuern Sie mit den Pfeiltasten die ISO-Funktion an.

ISO-Wert und Sensorempfindlichkeit

2

Drücken Sie OK und wählen Sie im ISO-Menü die gewünschte Einstellung aus.

Bestätigen Sie die Wahl mit OK und tippen Sie den Auslöser an, um das Menü wieder zu verlassen.

▲ Belegen der Fn-Taste mit der ISO-Empfindlichkeit.

2

Wenn Sie nun die Fn-Taste drücken und gleichzeitig am Einstellrad drehen, können Sie den ISO-Wert ganz schnell umstellen.

▲ Auswahl eines ISO-Wertes.

Die Fn-Taste zur schnellen ISO-Wahl nutzen

Die Einstellung des ISO-Wertes ist über den Monitor manchmal etwas umständlich, vor allem dann, wenn die Lichtempfindlichkeit des Öfteren umgestellt werden soll.

Daher haben Sie die Möglichkeit, die Fn-Taste, die sich vorne links unter der Blitzentriegelungstaste befindet, zur ISO-Direkttaste umzufunktionieren.

1

Gehen Sie über die MENU-Taste zu den Individualfunktionen. Steuern Sie die Rubrik *f: Bedienelemente* und die Unterkategorie *Funktionstaste* an.

Drücken Sie OK und wählen Sie dann *ISO-Empfindlichkeit* aus. Bestätigen Sie die Wahl mit OK und verlassen Sie das Menü.

▲ ISO-Justierung mit der Fn-Taste plus Einstellrad.

Beste Bildqualität bei niedrigen ISO-Werten

Leider bewirken hohe ISO-Werte meist ein erhöhtes Bildrauschen. Tausende kleiner Fehlpixel führen dazu, dass Helligkeit und Farbe nicht gleichmäßig wiedergegeben werden. Dies können Sie anhand der Beispielbilder gut erkennen.

Das Bildrauschen der Nikon D5200 ist bei ISO 100 und 200 allerdings kaum wahrzunehmen und bei ISO 400 immer noch gering. Bei ISO 800 und 1600 hält es sich ebenfalls noch in einem vertretbaren Rahmen. In den Ausschnitten sind zwar schon Artefakte zu erkennen, aber bei Betrach-

04 Die richtige Belichtung erzielen

tung des ganzen Fotos fallen die Rauschpixel in der Regel kaum auf. Bei ISO 3200 bis 6400 tritt das Bildrauschen dagegen deutlicher zutage, und bei Hi 1 (ISO 12800) und Hi 2 (ISO 25600) ist es kaum mehr zu übersehen. Fotografieren Sie daher, wenn es die Bedingungen zulassen, mit niedrigeren ISO-Einstellungen im Bereich von 100 bis 400 und nur, wenn es nicht anders geht, maximal auch mit ISO 1600 oder gar ISO 3200.

Übrigens: Die höhere Lichtempfindlichkeit geht auch immer zulasten der Detailauflösung. So verschwimmen in den gezeigten Bildausschnitten die feinen Strukturen mit steigendem ISO-Wert zunehmend. Auch aus diesem Grund ist es von Vorteil, mit niedrigen ISO-Werten zu agieren und so die bestmögliche Performance aus dem Sensor zu holen.

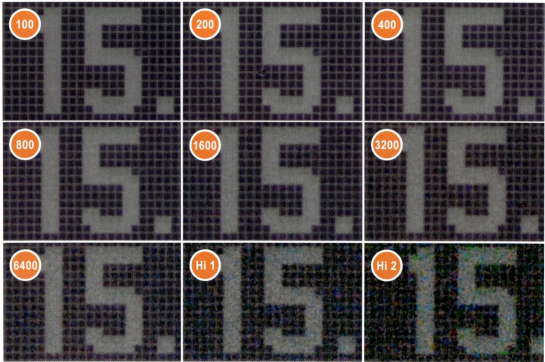

▲ Die Ausschnitte zeigen das unterschiedlich stark ausgeprägte Bildrauschen bei verschiedenen ISO-Stufen (f8 | 55 mm | A | Stativ | Fernsteuerung | JPEG-Dateien ohne Rauschunterdrückung).

ISO-Wert und Sensorempfindlichkeit

Das Bildrauschen reduzieren

Die Darstellung der Bilder mit den unterschiedlichen ISO-Stufen ist im vorherigen Abschnitt zugegebenermaßen ein wenig unfair ausgefallen, denn die D5200 ist auch bei höheren ISO-Werten zu mehr Qualität in der Lage. Dazu trägt die Rauschunterdrückung bei, die in allen Aufnahmeprogrammen bei JPEG-Fotos automatisch in der Kamera angewendet wird und bei RAW-Bildern mit den Rauschreduzierungsfunktionen des Konverters zusätzlich noch weiter optimiert werden kann.

Dennoch wollten wir Ihnen gerne demonstrieren, wie viel Rauschen vom Sensor kommt und was die Kamera am Ende daraus machen kann. Hier also der Fairness halber gleich auch noch ein Vergleich der Ausschnitte ohne und mit kamerainterner Rauschunterdrückung.

Was allerdings auffällt, ist, dass sich der Verlust an Detailschärfe auch mit Rauschreduzierungsmitteln nicht wettmachen lässt.

Mit ein wenig Zeichnungsverlust und teils leichten Farbveränderungen ist daher ab ISO 3200 immer zu rechnen. Wieder ein Grund mehr für das Stativ bei unbewegten Objekten in dunkler Umgebung, finden Sie nicht auch?

▲ Ergebnisse mit kamerainterner »Rauschunterdrück. bei ISO+«.

04 Die richtige Belichtung erzielen

Kamerainterne Rauschunterdrückung

Bei der Rauschreduzierung wird das Bildrauschen in allen ISO-Stufen reduziert. Allerdings greift die nachträgliche Bearbeitung bei hohen ISO-Werten stärker ein. Die Kamera besitzt zwei Funktionen zur Rauschbehandlung:

- Rauschunterdrückung bei Langzeitbelichtung
- Rauschunterdrückung bei ISO+

> **! Verminderte Rauschunterdrückung im NEF-/RAW-Format**
>
> Die kamerainterne Antibildrauschbearbeitung gilt in erster Linie für JPEG-Aufnahmen. NEF-/RAW-Bilder rauschen mit aktivierter Rauschunterdrückung bei ISO- zwar etwas weniger, müssen im RAW-Konverter oder nachgeschalteten Bildbearbeitungsprogrammen aber zusätzlich noch mal individuell von störenden Fehlpixeln befreit werden.

Rauschunterdrückung bei Langzeitbelichtung

Fehlerhafte helle Pixel oder helle Bildflecken können mithilfe der Funktion *Rauschunterdr. bei Langzeitbel.* herausgefiltert werden. Allerdings gilt dies nur für Fotos, die mit einer Verschlusszeit von mehr als 1 Sek. belichtet werden. Daher können Sie die Einstellung beruhigt aktivieren.

Jedoch erhöht sich im Falle eines Bildes mit langer Belichtung die Bearbeitungszeit um das 1,5- bis 2-Fache. Schalten Sie die Kamera daher nicht ab, bevor die grüne Schreibanzeige erlischt bzw. der Hinweis *Job nr* im Sucher verschwindet. Zu finden ist die Funktion übrigens im Aufnahmemenü:

Es gibt aber auch Situationen, in denen es sinnvoll ist, die Rauschunterdrückung bei Langzeitbelichtung auszuschalten. Dazu gehören lange Belichtungen mit geringem ISO-Wert, bei denen Sie im Anschluss an das erste Bild sofort das nächste aufnehmen möchten.

Bei der Feuerwerksfotografie wäre das zum Beispiel der Fall. Würden Sie mit eingeschalteter Rauschreduzierung fotografieren, dann müssten Sie nach der Aufnahme etwa genauso lange warten, wie die Belichtung gedauert hat. Erst dann wäre das nächste Foto möglich – ein unangenehmer Zeitverlust. Daher würden wir Ihnen in solchen Fällen empfehlen, ohne Rauschreduzierung im RAW+F-Format zu fotografieren und das Entrauschen gegebenenfalls mit dem RAW-Konverter oder der Bildbearbeitungssoftware nachzuholen.

▲ Rauschunterdrückung bei Langzeitbelichtung.

▲ 100 %-Ausschnitt einer Original-JPEG-Feuerwerksaufnahme, die ich mit deaktivierter Rauschreduzierung aufgenommen habe (6,6 Sek. | f16 | ISO 100 | 18 mm | Stativ | Fernsteuerung).

ISO-Wert und Sensorempfindlichkeit

Rauschunterdrückung bei ISO+
Bei der ISO+-Rauschunterdrückung wird das Bildrauschen vor allem bei hohen ISO-Werten verringert. Es besteht jedoch immer ein wenig die Gefahr, Bilddetails zu verlieren, da eine leichte Weichzeichnung auftreten kann. Daher empfiehlt es sich, entweder als Standard die Stärke *Normal* zu wählen oder an den ISO-Wert angepasste Einstellungen zu verwenden.

Wenn Sie die Rauschunterdrückungsstufe in Abhängigkeit von der ISO-Zahl wählen möchten, empfehlen sich folgende Kombinationen:

- *Aus* bei ISO 100.
- *Schwach* bei ISO 200 bis 400.
- *Normal* bei ISO 800 bis 1600: ISO 1600 mit der Einstellung *Normal* bietet den besten Kompromiss aus hoher Lichtempfindlichkeit und geringem Bildrauschen.
- *Stark* bei ISO 3200 bis Hi 2: Die Detailschärfe sinkt deutlicher, solch hohe ISO-Werte sollten daher nur zum Einsatz kommen, wenn es aus Gründen der Verschlusszeit nicht anders geht und das Foto sonst total verwackelt oder das Fotoobjekt zu starke Bewegungsspuren erzeugen würde.

Übrigens: Selbst wenn die Rauschunterdrückung ausgeschaltet ist, nimmt die D5200 ab ISO 1600 eine Entrauschung vor, die aber geringer ausfällt als bei der Einstellung *Schwach*.

Was die verbesserte ISO-Automatik leistet und wie man sie ideal nutzt

Möchten Sie sich nicht ständig mit der ISO-Einstellung auseinandersetzen, können Sie der D5200 auch den Befehl geben, einen geeigneten Wert selbst zu wählen. Diese Funktion heißt ISO-Automatik. Damit können Sie sich ganz auf das Motiv konzentrieren und auf wechselnde Lichtsituationen absolut flexibel reagieren.

Die Automatiken AUTO und ⚡ nutzen diese Funktion standardmäßig. Bei den SCENE-, Motiv- und EFFECTS-Programmen können Sie die ISO-Automatik hingegen ganz nach Belieben ein- und ausschalten. In den Modi P, S, A und M stehen Ihnen sogar noch mehr Möglichkeiten offen, wie die nachfolgenden Abschnitte zeigen.

❶ ISO-Automatik ist Standard.
❷ ISO-Automatik über i-Taste einschaltbar.
❸ ISO-Automatik über Menü aktivierbar und individuell konfigurierbar.

In Abhängigkeit von der vorhandenen Lichtintensität wählt die ISO-Automatik in allen Programmen, außer P, S, A und M, bei denen der Höchstwert selbst bestimmt werden muss, Werte zwischen ISO 100 und ISO 3200.

Das ist auch sehr sinnvoll, wird doch bei ISO 6400 und höher wegen des Bildrauschens und des stärkeren Detailverlusts eine Qualitätsminderung des Fotos riskiert. Wenn die Lichtverhältnisse hingegen eine korrekte Belichtung mit niedriger Sensorempfindlichkeit zulassen, geht die ISO-Automatik bis auf ISO 100 herunter.

▲ Dreistufige Rauschunterdrückung bei ISO+.

▲ Die ISO-Automatik passt die Lichtempfindlichkeit sehr fein an die Lichtverhältnisse an. Manchmal sind daher nur ganz kleine Änderungen notwendig. So hat die Automatik bei diesem Motiv mit ISO 110 agiert ($^1/_{125}$ Sek. | f10 | A | 30 mm | Polfilter).

Die maximale Empfindlichkeit einstellen

Bei den Aufnahmemodi P, S, A und M lässt sich die ISO-Automatikfunktion nicht per i-Taste im ISO-Menü auswählen. Dafür hält sie aber auch Raum für eigene Wünsche parat.

So können Sie unter anderem den ISO-Maximalwert selbst bestimmen. Dazu gehen Sie wie folgt vor:

1

Gehen Sie ins Aufnahmemenü zur Rubrik *ISO-Empfindlichkeits-Einst*. Aktivieren Sie dort zunächst einmal die *ISO-Automatik* und bestätigen Sie dies mit OK.

▲ Aktivieren der ISO-Automatik in den Modi P, S, A, M.

ISO-Wert und Sensorempfindlichkeit

2

Nun können Sie *die Maximale Empfindlichkeit* festlegen. Wer stets eine höchstmögliche Bildqualität anstrebt, gibt hier beispielsweise 800 ein. Wer hingegen nach dem Motto handelt: „Egal, ob's rauscht, Hauptsache, das Bild ist nicht verwackelt!", kann selbstverständlich auch höhere Werte wählen. Bei Konzertaufnahmen wäre beispielsweise ein Wert von ISO 3200 oder gar 6400 zu empfehlen. Bestätigen Sie die Eingabe mit OK.

▲ *Bei der ISO-Automatik steigt der Wert nicht über den gewählten Maximalwert an.*

▲ *Wenn der voreingestellte ISO-Wert (hier 400) für eine korrekte Belichtung des Motivs nicht mehr ausreicht, greift die ISO-Automatik ins Geschehen ein. Dies ist erkennbar durch die blinkende Anzeige »ISO-A« und den erhöhten ISO-Wert (hier 1600).*

Die längste Belichtungszeit festlegen

Ein weiterer Vorteil der ISO-Automatik ist die Möglichkeit, eine Belichtungszeit festzulegen, die die Kamera möglichst lange halten soll. Dies gilt allerdings nur für die Modi P und A, weil der Zeitwert bei S und M ja vom Fotografen unveränderbar festgelegt wird. Wählen Sie dazu in der Rubrik *Längste Belichtungszeit* einen Zeitwert aus der Liste aus. Dieser Wert stellt quasi den Schalter für die Aktivierung der ISO-Automatik dar.

▲ *Auswahl der längsten Belichtungszeit für die ISO-Automatik.*

Ein Beispiel: Sie fotografieren im Modus A mit Blende 4 und ISO 100. Vor sich haben Sie bewegte Motive. Solange die Sonne scheint, ist das kein Problem. Sobald es aber schattiger wird und

> ### ✓ ISO-Sucheranzeige aktivieren
>
> Wenn Sie auch beim Blick durch den Sucher stets sehen möchten, welchen ISO-Wert die Automatik gerade zu verwenden gedenkt, aktivieren Sie die Funktion *d3: ISO-Anzeige*, die Sie unter der Rubrik *Aufnahme & Anzeigen* im Individualmenü finden.
>
>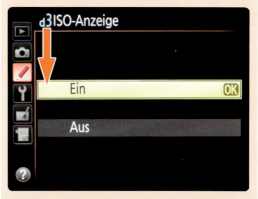
>
> ▲ *Der ISO-Wert wird im Sucher stets angezeigt, solange der Auslöser nicht betätigt wird.*

▲ Dank ISO-Automatik mit einer längsten Belichtungszeit von 1/500 Sek. konnte ich die Bewegung des Karnevalisten ohne Wischeffekte auf den Sensor bannen. Die Kamera wählte in dem Fall einen ISO-Wert von 800 (f4 | A | 148 mm).

Sie vielleicht auch noch mit der Teleeinstellung agieren, sinkt die Verschlusszeit so stark, dass die Bewegungen deutlich verwischen.

Doch da kommt die ISO-Automatik ins Spiel. Geben Sie zum Beispiel bei einem Straßenumzug den Zeitwert 1/500 s ein. Damit wird die D5200 gezwungen, so lange wie möglich mit dieser Zeit oder einer kürzeren zu agieren und Ihnen scharfe Bilder ohne Bewegungsspuren garantieren. Sie wird also den ISO-Wert anheben, wenn das Licht nicht mehr für 1/500 Sek. bei ISO 100 ausreicht.

Der ISO-Wert wird jedoch höchstens bis zu der von Ihnen gewählten maximalen Lichtempfindlichkeit steigen. Erst wenn sich das Licht dann noch weiter abschwächt, wird auch die Zeit wieder verlängert, damit eine korrekte Belichtung entsteht. Der ISO-Maximalwert wird dabei nicht überschritten.

Auch wenn es vornehmlich darum geht, freihändig verwacklungsfrei zu fotografieren, ohne dass die Bewegung der Motive eine Rolle spielt, können Sie die Vorteile einer festgelegten Zeit nutzen. Wenn Sie beispielsweise mit dem 18-55-mm-Set-Objektiv und aktiviertem Stabilisator unterwegs sind, wäre ein Zeitwert von 1/30 Sek. für alle Brennweiten gut geeignet. Damit sollten Sie einerseits vom Tele- bis in den Weitwinkelbereich verwacklungsfrei fotografieren können. Andererseits können Sie so eine voreingestellte niedrige Empfindlichkeit möglichst lange nutzen, bis die ISO-Automatik anspringt.

ISO-Wert und Sensorempfindlichkeit

Bei anderen Objektiven oder bestimmten Brennweiten können Sie sich an den Zeiten orientieren, die laut Kehrwertregel für verwacklungsfreie Aufnahmen geeignet sind (siehe Tabelle auf Seite 79).

Die Belichtungszeit automatisch auf die Brennweite abstimmen

Mit dem Eintrag *Automatisch* im Menü *Längste Belichtungszeit* wird die Flexibilität der ISO-Automatik nochmals um einen Schritt verfeinert. Die D5200 wählt die Zeit dann in Abhängigkeit von der eingestellten Objektivbrennweite. Sie berücksichtigt sozusagen die Kehrwertregel eigenständig und Sie können sich voll und ganz auf die Motive konzentrieren, der ISO-Wert wird stets möglichst gering gehalten.

> **! Nur CPU-Objektive unterstützt**
>
> Die Ausrichtung der längsten Belichtungszeit in Abhängigkeit von der Objektivbrennweite funktioniert nur mit sogenannten CPU-Objektiven von Nikon (CPU = **C**entral **P**rocessing **U**nit, zentrale Steuereinheit). Diese Objektive erkennen Sie an der Bezeichnung AF im Namen und den CPU-Kontakten am Bajonettring.

▲ *CPU-Kontakte am Beispiel des Kit-Objektivs AF-S Nikkor 18-55mm 1:3.5-5.6G.*

▲ *Aktivierung der brennweitenabhängigen längsten Belichtungszeit.*

Im Fall des Kit-Objektivs AF-S Nikkor 18-55mm 1:3.5-5.6G gestaltet sich die automatische Wahl der längsten Belichtungszeit wie folgt:

- 18 mm Brennweite: 1/30 Sek.
- 24 mm Brennweite: 1/40 Sek.
- 35 mm Brennweite: 1/60 Sek.
- 45 mm Brennweite: 1/80 Sek.
- 55 mm Brennweite: 1/100 Sek.

Die Kamera wendet demnach die Kehrwertregel ohne Beachtung eines eventuell aktiven Bildstabilisators an. Mit Stabilisator ergibt sich somit stets ein kleiner Puffer, was die Sicherheit vor Verwacklung nochmals erhöht.

Wenn Sie die automatisch gewählten Zeiten hin zu längeren oder kürzeren Zeiten verschieben möchten, drücken Sie nach Wahl des Eintrags *Automatisch* die rechte Pfeiltaste. Nun kann eine jeweils

▲ *Feinjustierung der brennweitenabhängigen längsten Belichtungszeit.*

04 Die richtige Belichtung erzielen

zweistufige Verlängerung oder Verkürzung der Zeiten erzwungen werden. Dabei verschieben sich die Zeiten jeweils um eine ganze Lichtwertstufe (siehe Tabelle). Die Wahl kürzerer Zeiten ist immer dann sinnvoll, wenn Sie mit Teleobjektiven von 100 mm oder mehr fotografieren oder tendenziell eher bewegte Objekte vor der Linse haben. Längere Zeiten eignen sich hingegen für unbewegte Objekte und Brennweiten von unter 100 mm mit eingeschaltetem Bildstabilisator.

Brennweite	2x länger	1x länger	Mitte	1x kürzer	2x kürzer
18 mm	1/8 Sek.	1/15 Sek.	1/30 Sek.	1/60 Sek.	1/125 Sek.
35 mm	1/15 Sek.	1/30 Sek.	1/60 Sek.	1/125 Sek.	1/250 Sek.
55 mm	1/25 Sek.	1/50 Sek.	1/100 Sek.	1/200 Sek.	1/400 Sek.

▲ Brennweitenabhängige längste Verschlusszeit in Abhängigkeit von der gewählten Feinjustierungsstufe.

4.6 Motivabhängige Belichtungsmessung

Nichts ist ärgerlicher als ein vom Motiv her gelungener Schnappschuss oder ein festgehaltener einmaliger Moment, der aufgrund einer Fehlbelichtung völlig unbrauchbar wird.

Sicherlich, die Nikon D5200 produziert bereits in der Standardeinstellung in der Regel richtig belichtete Bilder. Wenn es aber darauf ankommt, kann es nie schaden, auch die anderen Belichtungsmöglichkeiten parat zu haben.

Lernen Sie in den folgenden Abschnitten die drei Messmethoden der D5200 kennen, um für jede Fotosituation schnell die richtige Wahl treffen zu können.

Die Messmethode wählen

Um die Belichtungsmethode der D5200 zu verändern, müssen Sie sich in einem der Programme P, S, A oder M befinden.

Drücken Sie nun die i-Taste und gehen Sie mit dem Multifunktionswähler auf den entsprechenden Eintrag der Monitoranzeige. Stellen Sie die Messmethode um und bestätigen Sie die Aktion wieder mit OK.

▲ Ändern der Belichtungsmessmethode.

Fast immer passend: die Matrixmessung

Die Matrixmessung ist das Allroundgenie unter den Belichtungsmessmethoden. Die meisten gängigen Motive im Bereich der Landschafts-, Reise- oder Architekturfotografie werden mit der Matrixmessung korrekt erfasst. Aufgrund ihrer hohen Belichtungssicherheit können Sie sich in der Regel bei folgenden Situationen auf die Matrixmessung verlassen:

- Tages- und Abendlicht mit der Sonne im Rücken oder von der Seite.
- Sonnenauf- und -untergänge ohne Sonne im Bild.
- Diesiges Gegenlicht.

Motivabhängige Belichtungsmessung

- Motive bei bedecktem Himmel.
- Motive mit wenig Kontrast, wie z. B. Porträts im Schatten.
- Schnappschüsse und Situationen, in denen schnell gehandelt werden muss.
- Innenräume, wie z. B. Kirchenschiffe.

▲ *Von der Nahaufnahme über Landschaftsbilder bis zum spontanen Schnappschuss ist die Matrixmessung die geeignete Methode für die meisten Fotosituationen ($^1/_{500}$ Sek. | f6 | ISO 160 | A | 130 mm).*

▲ *Mit der Matrixmessung landen meist auch Nachtaufnahmen korrekt belichtet auf dem Sensor ($^1/_3$ Sek. | f5 | ISO 800 | Nachtaufnahme | 18 mm).*

Bei der Matrixmessung, genauer gesagt der 3D-Color-Matrixmessung II, wird nahezu das gesamte Bildfeld für die Belichtungsmessung herangezogen. Hierbei beachtet die D5200:

- die Helligkeits- und Kontrastverteilung,
- die Farbe des Motivs,
- die sehr hellen Bildareale, die überstrahlen könnten, und

- bei Verwendung von Nikon-Objektiven des Typs G oder D (z. B. AF-S DX Nikkor 18-55mm 1:3.5-5.6**G** VR) die Entfernung zwischen Kamera und Fokuspunkt.

Hinzu kommt ein Motivvergleich mit einer implementierten Bilddatenbank, um die beste Belichtung für die Szene zu ermitteln. All dies zusammen sorgt für eine hohe Treffsicherheit der Matrixmessung bei verschiedensten Motiven. Aufgrund dieser hohen Treffsicherheit nutzen die Automatiken und die Motivprogramme auch nur diese Messmethode.

> **i** **Bilderserie mit gleicher Belichtung erstellen**
>
> Da die Belichtung bei der Matrixmessung extrem genau auf die Szene abgestimmt wird, können leichte Veränderungen des Standpunkts oder der Szene zu unerwarteten Belichtungsschwankungen führen. Wer mehrere Bilder ein und desselben Motivs mit gleicher Belichtung aufnehmen möchte, ermittelt die Belichtung daher am besten mit dem ersten Bild und stellt dann auf das manuelle Programm (M) um. Dort werden die Daten für Zeit, Blende und ein fester ISO-Wert übertragen.
>
> Alle folgenden Fotos entsprechen von der Belichtung dann dem ersten Bild, egal, was die Matrixmessung davon hält. Diese Vorgehensweise lässt sich natürlich auch auf die anderen Messmethoden übertragen, da auch diese z. B. bei Helligkeitsschwankungen des Motivhintergrunds unterschiedliche Belichtungen liefern können.

Vorteile der mittenbetonten Messung

Die mittenbetonte Messung ermittelt die Belichtung zu 75 % über eine Kreisfläche im Bildzentrum (Durchmesser = 8 mm) und senkt die Gewichtung

04 Die richtige Belichtung erzielen

zum Rand hin ab. Sie liefert in der Regel Ergebnisse, die der Matrixmessung ähneln. Der Vorteil der mittenbetonten Messung liegt allerdings darin, dass sie sich von den Hell-Dunkel-Sprüngen im Motiv nicht so leicht ablenken lässt.

Daher ist die mittenbetonte Messung beispielsweise für Porträts geeignet. Denn oberstes Credo hierbei ist, dass die Person optimal in Szene gesetzt wird. Der Hintergrund kann ruhig etwas zu hell oder zu dunkel werden, solange das Gesicht, das sich ja meistens in etwa in der Bildmitte befindet, richtig belichtet wird. Probieren Sie beim nächsten spontanen Porträtshooting ruhig einmal die mittenbetonte Messung aus. Auch wenn es darum geht, dass die Belichtung von Lichtquellen oder Reflexionen im Randbereich nicht abgelenkt werden soll, ist die mittenbetonte Messung eine gute Wahl.

Das trifft z. B. auf Kirchenfenster zu, die sich einem lichtdurchflutet und mit einer dunklen Wand drum herum präsentieren, oder auf eine weiße Statue vor einem dunklen, schattigen Hintergrund.

In puncto Präzision ist die nachfolgend vorgestellte Spotmessung der mittenbetonten Messung zwar überlegen, da sie kleinflächige Bereiche genauer erfasst, ohne vom Randbereich beeinflusst zu werden. Jedoch erweist sich die mittenbetonte Messung häufig als stabiler, wenn es um schnelles Reagieren in spontanen Situationen geht.

▼ Mit der mittenbetonten Messung ließ sich die Belichtung trotz des unruhigen und hellen Hintergrunds bestens auf das Gesicht im Zentrum des Bildausschnitts einstellen ($1/1250$ Sek. | f4 | ISO 800 | A | 173 mm).

Motivabhängige Belichtungsmessung

 Die Belichtung anpassen

Sollte die Belichtung einmal komplizierter sein, lässt sich die mittenbetonte Messung prima mit einer Belichtungskorrektur oder einer Messwertspeicherung kombinieren.

Der Vorteil gegenüber der Matrixmessung liegt darin, dass die mittenbetonte Messung nur die Helligkeitsverteilung misst und nicht auf einzelne Motivdetails eingeht. Daher werden die Korrekturen nicht noch durch zusätzliche Algorithmen beeinflusst und liefern erwartungsgemäße Resultate.

 Präzisionsarbeit mit der Spotmessung

Mit der Spotmessung steht Ihnen eine sehr präzise und professionelle Belichtungsmessung zur Verfügung. Sie erlaubt es, kleine Areale im Bildausschnitt sehr genau anzumessen und die Umgebung dabei außer Acht zu lassen.

Dafür nutzt die D5200 ein sehr kleines, ca. 2,5 % der Bildfläche entsprechendes Messfeld (Durchmesser = 3,5 mm). Nur dieser Bereich wird zur Belichtungsmessung herangezogen. Aufgrund dieser Eigenschaft ist die Spotmessung für folgende Situationen geeignet:

▼ Die Belichtung sollte weder von dem hellen Hintergrund links noch von der dunklen Fläche rechts beeinflusst werden, sondern perfekt auf die Echse abgestimmt sein. Daher habe ich hier mit der Spotmessung gearbeitet. Die Kamera hat die Belichtung nur über das AF-Feld bestimmt, das ich zur Scharfstellung der Augenpartie genutzt habe (¹⁄₈₀ Sek. | f5 | ISO 400 | A | 105 mm).

04 Die richtige Belichtung erzielen

- Motive, bei denen Sie die Belichtung ganz exakt auf einen bestimmten Bildbereich abstimmen möchten. Das wären z. B. Sonnenuntergänge mit der Sonne im Bild, bei der die Belichtung dann auf einen Himmelsbereich neben der Sonne abgestimmt wird, der mittelhell ist.
- Ausmessen des Kontrastumfangs einer Szene, um die Belichtung anhand der ermittelten Werte anschließend im manuellen Modus festzulegen. Das ist z. B. sinnvoll, um eine ganze Bilderserie mit gleichbleibender Belichtung im Studio zu produzieren.
- Aufnahmen bei sanftem Gegenlicht, ein Schmetterling auf einer Blüte oder ein Porträt mit der tief stehenden Abendsonne von schräg hinten.

Bei Motiven mit hohen Kontrasten kann die Spotmessung ohne korrigierende Eingriffe allerdings auch extreme Ergebnisse liefern. Denn wenn der Spotmessbereich auf einem hellen Motivbereich liegt, wird die Belichtung sehr knapp ausfallen.

Dunklere Bildelemente können dadurch eventuell sehr dunkel bis schwarz werden. Bei dem gezeigten Kirchenfenster war das jedoch eine gute Wahl, denn so kommt das Lichtspiel gut zur Geltung und die Wolkenstruktur hinter dem Fenster bleibt erhalten.

Ist der Spotmessbereich dagegen ziemlich dunkel, belichtet die Kamera länger, was im Extremfall bei den hellen Bildelementen sehr helle, fast schon überstrahlte Stellen mit sich bringen kann. Hier ist von blauem Himmel und Wolken hinter dem Fenster jedenfalls nichts mehr zu sehen.

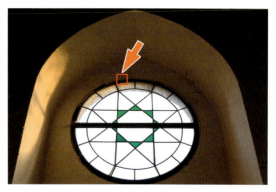

▲ Liegt das Spotmessfeld auf dem dunklen Bildbereich, wird das Motiv sehr hell dargestellt ($^1/_{30}$ Sek. | f4 | ISO 200 | P | 27 mm).

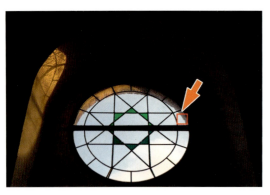

▲ Deckt das Spotmessfeld (rotes Quadrat) einen sehr hellen Bereich ab, erscheint die ganze Szene sehr dunkel ($^1/_{100}$ Sek. | f5 | ISO 200 | P | 27 mm).

Die Spotmessung ist eben sehr präzise und erfordert daher ein Quäntchen Erfahrung und das Mitdenken des Fotografen. Aber genau in dieser Präzision liegt ja auch der Vorteil. Denn die Spotmessung lässt sich prima dazu einsetzen, den Kontrastumfang einer Szene zu ermitteln und daraus eine passende Belichtung abzuleiten. Wie das geht, erfahren Sie in Kapitel 11.1.

✓ AF-Feld und Spotmessung verbinden

Von zentraler Bedeutung bei der Spotmessung ist es, dass der Messbereich, der etwa so groß ist wie ein Autofokusmessfeld, auch tatsächlich auf dem Bildbereich liegt, der für die Belichtungsmessung herangezogen werden soll. Daher können Sie bei der D5200 festlegen, ob der Bereich einfach fest in der Bildmitte liegen oder an das aktive Autofokusmessfeld gekoppelt sein soll.

Belichtungskorrekturen

AF-Messfeldsteuerung	Spotmessung
[ ] [⊹] [3D]	gekoppelt an AF-Feld
[▬]	zentraler Bildbereich

▲ Bei den AF-Messfeldsteuerungen Einzelfeld, dynamisch und 3D-Tracking wird der Spotmessbereich mit dem aktiven Fokuspunkt verknüpft. Bei der automatischen Steuerung liegt er in der Suchermitte.

Alternativ können Sie auch die Methode der Belichtungsspeicherung einsetzen.

Mit dieser Methode können Sie die Belichtung auf den gewünschten Motivbereich einstellen, dann den Bildausschnitt festlegen und schließlich auslösen.

4.7 Wenn die Belichtung nicht stimmt: Belichtungskorrekturen

Der Belichtungsmesser der Nikon D5200 arbeitet in der Regel sehr verlässlich. Selbst kontrastreiche Szenen werden treffsicher analysiert und landen meist ohne größere Überstrahlungsprobleme auf dem Sensor. Motive, die für den Belichtungsmesser einfach zu interpretieren sind und daher in der Regel richtig belichtet aufgenommen werden, sind zum Beispiel:

- Details von Objekten, die an sich schon wenig Kontrast aufweisen.
- Situationen, in denen die Sonne nicht ganz durch den Dunstschleier aus Wolken hindurchkommt und folglich gemilderte Kontraste herrschen.
- Landschafts- oder Reisemotive, die bei blauem Himmel von der Sonne frontal oder seitlich angestrahlt werden.
- Weniger intensives Sonnenlicht der frühen Vormittags- und späten Nachmittagsstunden.
- Motive, die der Helligkeit mittleren Graus nahekommen, wie z. B. eine grüne Wiese.

Hier kommen fast nur mittelhelle Farbtöne vor, daher hatte der Belichtungsmesser keine Probleme, die Abbildung des an der Wand angebrachten Fotos des Sofas „Leonardo" (Studio 65, 1969, Sammlung Vitra Design Museum) trotz seiner kräftigen Farben korrekt zu belichten (¹/₁₀₀ Sek. | f5 | ISO 100 | Automatik | 45 mm).

Die richtige Belichtung erzielen

▲ Gut beleuchtete Innenräume landen in der Regel ebenfalls richtig belichtet auf dem Sensor (¹/₃₀ Sek. | f3.5 | ISO 3200 | A | 21 mm).

Unterbelichtung bei dunklen, Überbelichtung bei hellen Motiven

Es gibt ein paar Situationen, in denen selbst der beste Belichtungsmesser an seine Grenzen stößt. Und zwar sind das großflächig helle oder dunkle Motive. Daher können Sie sich Folgendes merken:

- Dunkle Motive müssen unterbelichtet werden.
- Flächig helle Motive erfordern eine Überbelichtung.

Bei dem hier gezeigten Relief hat die Automatik beispielsweise zunächst versucht, die dunkle Metalloberfläche in mittlerer Helligkeit wiederzugeben. Das Ergebnis ist eine verwaschen wirkende Aufnahme.

Die Lösung für derartige Aufnahmesituationen liegt in einer gezielten Unterbelichtung, in der Regel im Bereich von 0,7 bis 2 Stufen. In diesem Fall führte eine Minuskorrektur von 0,7 Stufen zur realistischen Darstellung.

Der umgekehrte Fall tritt bei sehr hellen Motiven auf. Die Automatik belichtet das Objekt zu knapp und aus einem schönen hellen Weiß oder Cremeton wird eine mittelgraubraun eingefärbte Variante.

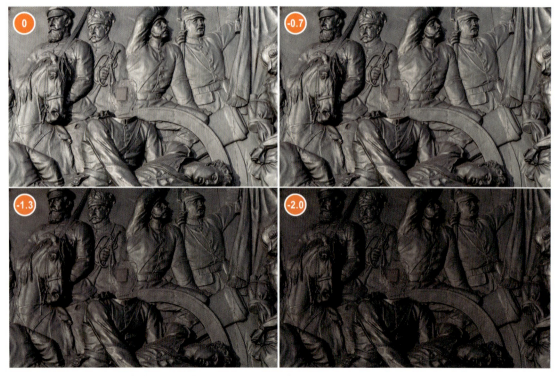

▲ Die Belichtung des ersten Bildes ist unverändert. Die anderen Aufnahmen entstanden mit einer Unterbelichtung von 0,7, 1,3 bzw. 2 Stufen (alle Bilder: f8 | A | 110 mm).

Belichtungskorrekturen

▲ Bei einer Überbelichtung von 1,3 Stufen erscheint das Motiv schön hell, aber nicht überstrahlt. Wird die Überbelichtung zu stark, wie hier bei einer Korrektur um +2 Stufen, entstehen unschöne Überstrahlungen ohne Detailzeichnung (alle Bilder: f8 | A | 140 mm).

Belichten Sie großflächig helle Motive daher mit ⅓ bis 2 Stufen über. Achten Sie dabei aber immer darauf, dass die Bilder keine ausgebrannten weißen Partien enthalten, deren Zeichnung unwiederbringlich verloren ist.

Bei den Bildern hier kommt der helle Grauton beispielsweise erst bei einer Überbelichtung von 0,7 Stufen gut zur Geltung. Um 2 Stufen überbelichtet besitzen einige Flächen hingegen kaum mehr erkennbare Strukturen, das Bild wirkt stellenweise nur noch flächig und fehlbelichtet.

Belichtungskorrektur einfach durchgeführt

Die Korrektur der Belichtung ist nur in den Programmen P, A und S möglich. Im manuellen Modus kann die Belichtung durch Ändern von Blende, Zeit oder ISO-Wert angepasst werden. Die Automatiken lassen dagegen keinerlei Helligkeitskorrekturen zu.

1

Stellen Sie als Belichtungsmessmethode die mittenbetonte Messung ⊙ oder alternativ auch die Spotmessung ⊡ ein. Die Matrixmessung ist zwar auch einsetzbar, liefert jedoch nicht immer genau die gewünschten Helligkeitssprünge.

Denn während die anderen beiden Messmethoden stur nach der Helligkeitsverteilung arbeiten, interpretiert die Matrixmessung auch die Motiveigenschaften hinsichtlich Farbe, Struktur und Entfernung. Sie kann daher bei Freihandaufnahmen

04 Die richtige Belichtung erzielen

auch ohne Korrektur schon bei kleinen Verschiebungen des Bildfeldes unterschiedliche Helligkeiten erzeugen.

2

Drücken Sie anschließend die Belichtungskorrekturtaste auf der Kameraoberseite und drehen Sie gleichzeitig am Einstellrad.

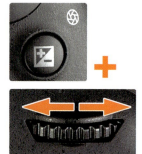

Nach rechts gedreht stellen Sie eine Unterbelichtung, nach links gedreht eine Überbelichtung um bis zu 5 Lichtwertstufen ein.

Dies ist erkennbar an der wandernden Markierung in der Sucherskala und der Monitorbelichtungsskala. Außerdem ändert sich der Belichtungskorrekturwert in der Bildschirmanzeige.

▲ Belichtungskorrektur um +1 ganze Stufe.

> **i Skalen spiegeln**
>
> Die Orientierung der Belichtungsskala können Sie bei der D5200 flexibel wählen. Mir persönlich behagt es mehr, wenn die Skala links den Minus- und rechts den Plusbereich anzeigt.
>
> Daher habe ich die Vorgabe der Individualfunktion f5: Skalen spiegeln entsprechend umgestellt.
>
>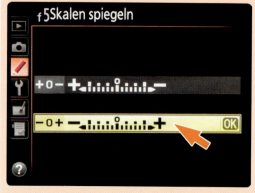
>
> ▲ Spiegeln der Skala, sodass Minuskorrekturen links und Pluskorrekturen rechts angezeigt werden.

3

Lassen Sie die Taste und das Einstellrad los und nehmen Sie das Bild wie gewohnt auf. Es sollte nun heller oder dunkler erscheinen.

> **✓ High Key/Low Key**
>
> Wer sich bei sehr hellen oder sehr dunklen Motiven nicht erst lange mit Belichtungskorrekturen herumschlagen möchte, kann alternativ die EFFECTS-Modi High Key [Hi] oder Low Key [Lo] nutzen.
>
> Ersterer sorgt dafür, dass eine helle Szene kontrastreich und in sehr heller Farbgebung erscheint. Der zweite lässt dunkle Motive auch wirklich dunkel und gut durchzeichnet erscheinen.

4.8 Belichtungskontrolle mit dem Histogramm

Auch wenn der Monitor der D5200 eine sehr gute Wiedergabequalität hat, ist es nicht immer möglich, die Belichtung des gerade aufgenommenen Fotos am Bildschirm optimal zu beurteilen. In solchen Situationen schlägt die Stunde des Histogramms. Jedes Foto besitzt ein solches Diagramm, das viel besser zur Kontrolle etwaiger Über- oder Unterbelichtungen geeignet ist als der alleinige Blick auf das Monitorbild.

Das Histogramm auswählen

Um die Histogrammanzeige aufzurufen, gehen Sie zunächst über die Wiedergabetaste in die Bildbetrachtungsansicht. Drücken Sie nun die obere oder untere Pfeiltaste so oft, bis die hier gezeigte Ansicht erscheint. Das Histogramm des jeweiligen Fotos ist nun rechts neben dem Bild zu sehen. Auch wenn Sie ein neues Bild aufnehmen, wird die Histogrammanzeige zu sehen sein, es sei denn, Sie stellen die Ansicht über die Pfeiltaste wieder um.

Was das Histogramm aussagt

Das Histogramm stellt nichts anderes dar als eine simple Verteilung der Helligkeitswerte aller Bildpixel. Links werden die dunklen und rechts die hellen Pixel aufgelistet. Die Höhe besagt, ob viele oder wenige Pixel mit dem entsprechenden Helligkeitswert vorliegen. Ist im linken Bereich des Diagramms ein hoher Berg zu sehen, enthält das Bild viele dunkle Anteile, liegt der Berg dagegen mittig oder weiter rechts, besitzt die Aufnahme vorwiegend helle Bildpartien.

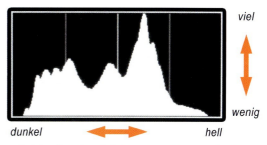

▲ Bei einer korrekten Belichtung liegen die höchsten Werte meist in der Mitte. Rechts und links an den Grenzen sammeln sich keine oder nur niedrige Werte.

Bei einer deutlich unterbelichteten Aufnahme verschieben sich die Histogrammberge nach links in Richtung der dunklen Helligkeitswerte. Besonders dramatisch kann es werden, wenn der Pixelberg

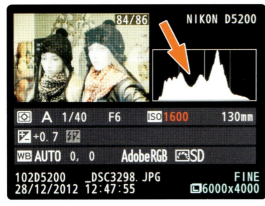

▲ Histogrammanzeige der D5200.

> **!** **Die Histogrammansicht aktivieren**
>
> Sollte das Histogramm nicht erscheinen, aktivieren Sie die entsprechende Funktion im Wiedergabemenü *Opt. für Wiedergabeansicht*, wie auf Seite 21 beschrieben.

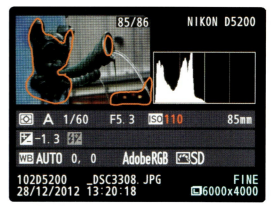

▲ Dieses Bild wurde stark unterbelichtet und daher in vielen Bereichen fast ganz schwarz. Der Hauptanteil der Pixel liegt im linken Histogrammbereich.

04 Die richtige Belichtung erzielen

links oder rechts abgeschnitten wird. Vermeiden Sie solche Histogramme nach Möglichkeit. Korrigieren Sie die Belichtung lieber, wie im nächsten Abschnitt gezeigt, und nehmen Sie das Bild erneut auf.

Verlagert sich der Pixelberg im Histogramm dagegen nach rechts außen, vielleicht sogar über die Begrenzung des Diagramms hinaus, enthält Ihr Foto stark überbelichtete Bereiche.

Diese sind, schlimmer noch als bei einer Unterbelichtung, gar nicht mehr zu retten. Selbst die beste Bildbearbeitung wird in die weißen Flecken keine Strukturen mehr hineinzaubern können. Vermeiden Sie daher auf alle Fälle zu lange Belichtungen, bei denen das Histogramm rechts gekappt wird. Korrigieren Sie die Belichtung in solchen Fällen nach unten.

Lichter mit der oberen oder unteren Pfeiltaste aufzurufen. Auch diese Ansichtsform können Sie im Wiedergabemenü bei *Opt. für Wiedergabeansicht* freischalten (siehe Seite 21). Wenn die Überbelichtungswarnung einen Großteil Ihres Bildes betrifft, sollten Sie in jedem Fall unterbelichten.

▲ *Anzeige mit Überbelichtungswarnung.*

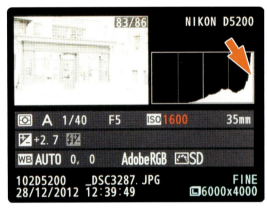

▲ *Schiebt sich der Berg am rechten Rand aus dem Diagramm hinaus, liegt eine extreme Überbelichtung vor. Die dabei entstehenden hellen, strukturlosen Bildbereiche lassen sich oft auch per Software nicht mehr retten.*

✓ Lichterwarnung anzeigen

Neben der Histogrammansicht können ausgebrannte Bildbereiche auch als blinkende Areale angezeigt werden. Dafür ist es bei der Bildwiedergabe lediglich notwendig, die Anzeigeform

Das Histogramm für die Farbkanäle separat anzeigen

Mit dem Helligkeitshistogramm sind die Möglichkeiten der D5200 noch nicht erschöpft. Denn auch die einzelnen Farbkanäle, Rot, Grün und Blau, aus denen sich jedes Bild zusammensetzt, können von der Kamera als getrennte Histogramme angezeigt werden. Mit dieser Art der Darstellung können Fehlbelichtungen noch differenzierter diagnostiziert werden.

Um das RGB-Histogramm aufzurufen, schalten Sie die Funktion *RGB-Histogramm* im Wiedergabemenü bei *Opt. für Wiedergabeansicht* frei. Rufen Sie das Bild auf und holen Sie sich das RGB-Histogramm mit der oberen oder unteren Pfeiltaste auf den Monitor.

Besonders hilfreich kann das RGB-Histogramm werden, wenn Sie Motive mit kräftigen Farben auf-

Belichtungskontrolle mit dem Histogramm

nehmen, da hierbei einzelne Farben fehlbelichtet sein können, ohne dass dies im Helligkeitshistogramm zu erkennen ist.

Bei dem ersten Bild der Blaue-Stunde-Aufnahme zeigt das Helligkeitshistogramm beispielsweise eine Belichtung an, die eher in Richtung Unterbelichtung tendiert. Der Farbkanal Blau weist jedoch eine Tendenz zur Überstrahlung auf, die sich mit Photoshop auch schön darstellen lässt.

▲ Ergebnis der Aufhellung des unterbelichteten Fotos mit einer Gradationskurve.

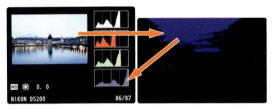

▲ Der blaue Kanal weist Überstrahlungen auf, die im RGB-Histogramm der D5200 und bei der Tonwertkorrekturanalyse in Photoshop deutlich zu erkennen sind.

Durch eine Unterbelichtung um 1 Stufe ließ sich die Überstrahlung prima auffangen, wobei jetzt aber alles etwas in die flaue Unterbelichtung rutscht.

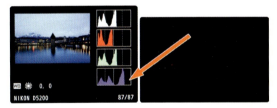

▲ Die Blau-Überstrahlungen sind durch die einstufige Unterbelichtung verschwunden. Das Bild wirkt aber insgesamt zu dunkel.

Dennoch, das zweite Foto wäre hier mein Favorit. Es lässt sich nachträglich viel besser optimieren als das erste. So lässt sich die Bildhelligkeit hier einfach mit einer Gradationskurve und die Farbe mit dem *Dynamik*-Regler in Photoshop anheben, ohne dass die hellen Töne wieder zu überstrahlen beginnen.

Sicherlich, das Farbhistogramm ist aufwendiger zu interpretieren, liefert dafür aber noch genauere Informationen über die Belichtungssituation und kann vor allem bei knalligen Farben hilfreich sein, um Überstrahlungen und Übersättigungen zu vermeiden.

✓ Bildausschnitte prüfen

Mit der Farbhistogrammansicht können Sie noch einen Schritt weiter gehen. Zoomen Sie einfach mal mit der Vergrößerungstaste 🔍 in das Bild hinein. Die Histogramme passen sich sogleich an und zeigen nur noch die Werte des Bildausschnitts. Nun können Sie mit dem Multicontroller bestimmte Bildabschnitte ansteuern und den Histogrammverlauf des Ausschnitts ganz präzise auslesen. Zurück gelangen Sie über die Verkleinerungstaste 🔍.

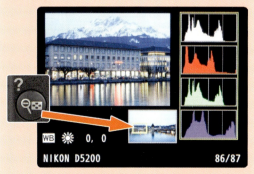

▲ Im geprüften Abschnitt sind die Blautöne nicht überbelichtet.

KAPITEL 5

Scharfstellen leicht gemacht

Eine wichtige Grundvoraussetzung für ein gelungenes Bild ist neben der passenden Belichtung auch, dass die Schärfe an der richtigen Stelle im Bild sitzt. Um dieses sicher zu bewerkstelligen, bietet Ihnen die Nikon D5200 mit ihren ausgefeilten Scharfstelloptionen einige sehr brauchbare Hilfsmittel. Lenken Sie damit den Blick des Betrachters ganz gezielt auf die bildwichtigen Details oder fangen Sie rasante Bewegungen in knackig scharfen Fotos ein. Wie Sie das Livebild beim Fokussieren unterstützt, wird am Ende des Kapitels thematisiert.

05 Scharfstellen leicht gemacht

5.1 Über Detailschärfe und Schärfentiefe

Mit dem Fokussieren legen Sie fest, welcher Bereich im fertigen Bild auf jeden Fall detailliert zu sehen sein soll. Diesen Bildbereich legen Sie auf die sogenannte Schärfeebene. Ihr Foto wird unabhängig von der jeweiligen Blendeneinstellung genau an dieser fokussierten Stelle die höchste Detailschärfe aufweisen.

Ein Beispiel hierfür ist das Bild mit den beiden Londoner Soldaten bei der Wachablösung. Fotografiert habe ich hier mit offener Blende, die zu erwartende Schärfentiefe war also gering, und ich musste mir genau überlegen, auf welche Schärfeebene ich den Fokus lege. In diesem Fall waren das die beiden Soldaten im Hintergrund, denn da spielte die Musik der Szene. Die Uniform im Vordergrund sollte nur als unscharfer Motivrahmen dienen, der dem Bild mehr Tiefenwirkung mit auf den Weg gibt. Die Schärfeebene – und damit die höchste Detailgenauigkeit – liegt in dem Fall somit fast schon auf der Wand im Hintergrund.

Die Schärfeebene könnte man sich wie eine unsichtbare, flache, dünne Platte vorstellen, die parallel zur Sensorebene vor der Kamera angebracht ist. Bei paralleler Ausrichtung liegt sie flach auf dem Motiv. Wenn die Kamera gekippt wird, „zerschneidet" sie das Motiv quasi. Nur an der Schnitt-

▼ Die fokussierte Schärfeebene liegt auf den Soldaten im Hintergrund. Die offene Blende sorgt für eine geringe Gesamtschärfe, sodass die unscharf abgebildete Uniform im Vordergrund dem Bild einen Rahmen und mehr Tiefenwirkung verleiht (¹/₂₅₀ Sek. | f6.3 | ISO 110 | A | 220 mm | Polfilter).

Automatisch fokussieren

kante, also der fokussierten Ebene, herrscht perfekte Schärfe.

Die Grafik verdeutlicht die Schärfeebene etwas detaillierter. Hier dient die flache Oberfläche einer Pappschachtel als Motiv. Wenn die Sensorebene der D5200 parallel zur Pappschachtel liegt, ist alles scharf zu erkennen, unabhängig davon, welcher Blendenwert gerade eingestellt ist. Selbst bei offener Blende 4 wird somit alles scharf zu erkennen sein.

Ein Kippen der Kamera bewirkt dagegen, dass die Schärfeebene nicht mehr parallel zur Schachtel liegt. Daher wird bei offener Blende (niedriger Wert) nur ein geringer Bereich scharf zu sehen sein. Wird die Blende jedoch geschlossen (hoher Wert), erhöht sich der scharf abgebildete Bereich um diese „Schnittkante". Als Folge nimmt die Gesamtschärfe des Fotos zu, obwohl die Kamera nicht parallel zum Objekt liegt.

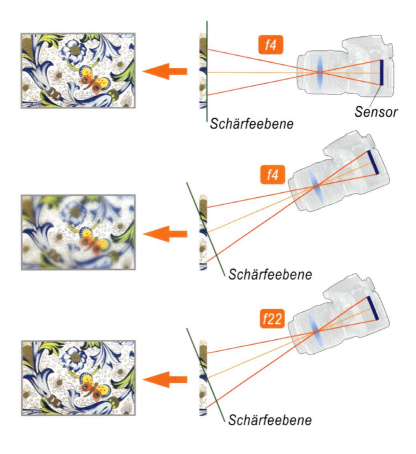

Merke: Mit steigender Blendenzahl nimmt die Gesamtschärfe zu, man spricht in diesem Fall auch von einer Erhöhung der Schärfentiefe. Perfekte Schärfe herrscht aber immer nur im fokussierten Bildpunkt und allen Motivpunkten, die auf der gleichen Schärfeebene liegen.

5.2 Automatisch fokussieren mit der D5200

Bei der Scharfstellung können Sie sich in den meisten Fällen auf den leistungsstarken Autofokus der D5200 verlassen.

Das Kameraauge fokussiert automatisch, sobald der Auslöser halb durchgedrückt wird.

Signale für ein erfolgreiches Scharfstellen

Um den Scharfstellvorgang auch optisch und akustisch kontrollieren zu können, gibt Ihnen die D5200 verschiedene Hilfestellungen. Dazu zählt das Tonsignal, das zu hören ist, wenn die Autofokusmessfelder die Schärfe fertig eingestellt haben (es sei denn, die Tonsignale wurden über das Systemmenü abgestellt). Außerdem erscheint unten links im Sucher ein grüner, durchgehend leuchtender Fokusindikatorpunkt.

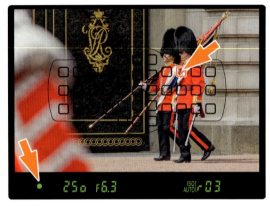

▲ Bei erfolgreichem Scharfstellen leuchten die aktiven Autofokusmessfelder kurz rot auf. Sitzt die Schärfe, leuchtet anschließend der Fokusindikator durchgehend grün und es ist ein Tonsignal zu hören.

> **i Signale bei Fokusproblemen**
>
> Falls Sie keinen Signalton hören, während Sie den Auslöser halb drücken, der Autofokus des Objektivs hin- und herfährt und der Fokusindikator im Sucher blinkt, sind Sie entweder zu nah am Objekt oder das Objekt ist zu kontrastarm (zum Beispiel eine einfarbige Fläche). Im ersten Fall halten Sie die Kamera etwas weiter entfernt. Im zweiten Fall ändern Sie den Bildausschnitt ein wenig, um einen stärker strukturierten Motivbereich ins Bild zu bekommen. Danach sollte das Scharfstellen wieder funktionieren.

Mehr Autofokusmessfelder mit neun Kreuzsensoren

Neu ist, dass Nikon der D5200 das Multi-CAM 4800DX Autofokussensormodul spendiert hat, das auch in den größeren Modellen D7000 und D600 verbaut ist. Damit stehen nun anstatt der elf AF-Felder des Vorgängermodells sage und schreibe 39 Autofokusmessfelder zur Verfügung, die Sie über die im Sucherbild sichtbaren Felder flexibel steuern können. Diese Zunahme ist sehr erfreulich, denn mit der größeren Zahl an Messfeldern wird das Bildfeld akkurater abgedeckt, was eine exakte und effektive Fokussierung gewährleistet.

Besonders hervorzuheben ist, dass es sich bei neun der Messfelder um sogenannte Kreuzsensoren handelt, die zusätzlich für Genauigkeit und höhere Empfindlichkeit des Systems sorgen.

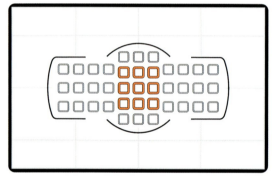

▲ Die neun Kreuzsensoren der D5200 decken die Bildmitte ab.

Dank der Kreuzsensoren hat die D5200 beim Scharfstellen tatsächlich deutlich an Präzision zugelegt, weil dieser AF-Sensortyp auch kontrastärmere Motivstellen sicherer erfassen und bei schwächerem Licht genauer messen kann. Das können wir aus unseren Praxistests mit der D5200 unter verschiedensten Bedingungen auch tatsächlich bestätigen.

Selbst bei enorm schnell bewegten Motiven sitzt der Autofokus sicher und schnell auf dem gewünschten Motiv. Und auch in Situationen mit schwacher Beleuchtung finden die AF-Messfelder zuverlässig einen Motivbereich zum Scharfstellen, da die Kreuzsensoren auch bei wenig Licht empfindlicher und genauer arbeiten als Liniensensoren.

Automatisch fokussieren

▲ Das in der D5200 verbaute Multi-CAM 4800DX Autofokussensormodul (Bild: Nikon).

> **i Kurz erklärt: Kreuzsensoren**
>
> Der Autofokus der D5200 nutzt die sogenannte Phasenerkennung zur Scharfstellung. Dazu analysieren die Autofokussensoren einen kleinen Bildbereich und suchen darin nach Hell-Dunkel-Kanten. Anschließend wird der Fokus so eingestellt, dass zwischen den hellen und dunklen Kanten ein möglichst hoher Kontrast entsteht und damit verbunden auch die Schärfe stimmen sollte. Mit der Bezeichnung Kreuz- oder Liniensensor wird beschrieben, in welcher Orientierung die Kanten detektiert werden können. Liniensensoren können nur vertikale — oder horizontale | Kontrastkanten messen und sind daher meist weniger präzise und empfindlich als Kreuzsensoren, die in beide Richtungen messen +.

Übrigens: Die eigentlichen Autofokussensoren befinden sich gar nicht auf der Mattscheibe, die Sie durch den Sucher sehen, sondern im Bodenbereich der Kamera. Die Öffnung dafür ist zu sehen, wenn Sie zwecks Sensorreinigung das Objektiv abnehmen und den Spiegel hochklappen. Die eingezeichneten AF-Felder dienen somit nur der Orientierung. Genau genommen wird der Autofokus mit einem Teil des Lichts ermittelt, das über einen zweiten Spiegel hinter dem zentralen Schwingspiegel nach unten in die Kamera abgeleitet wird.

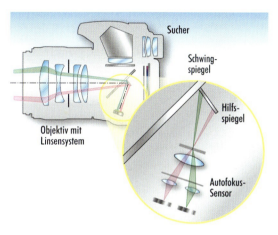

▲ Die Autofokussensoren befinden sich unterhalb des Schnellrücklaufspiegels im Kamerabody.

Den Fokusmodus wählen

Für die perfekte Bildschärfe in jeder fotografischen Lebenslage sorgen die unterschiedlichen Fokusbetriebsarten der D5200. Dafür hat die Kamera vier verschiedene Fokussteuerungen an Bord:

- AF-A (Autofokusautomatik)
- AF-S (Einzelautofokus)
- AF-C (kontinuierlicher Autofokus)
- MF (manueller Fokus)

1

Um die Fokusbetriebsart einzustellen, muss der A/M-Schalter am Objektiv auf A stehen. Nur so sind die 39 Autofokusmessfelder aktiv.

2

Stellen Sie einen der Modi P, A, S oder M ein, um auf alle Autofokusoptionen zugreifen zu können. Alle anderen Programme bieten nur die Wahl zwischen einer Autofokusmethode und dem manuellen Fokus.

3

Drücken Sie dann die i-Taste und wählen Sie mit den Pfeiltasten die gezeigte Schaltfläche für den Fokusmodus aus. Drücken Sie OK, wählen Sie die Betriebsart aus und bestätigen Sie dies mit der OK-Taste.

▲ *Einstellen des Fokusmodus.*

5.3 Welcher Modus für welche Szene?

Ohne den nachfolgenden Abschnitten alles vorwegzunehmen, ist es bei den vielen verschiedenen Optionen und Kombinationsmöglichkeiten, die die Autofokusmodi der D5200 bereithalten, ganz sinnvoll, mit einer kleinen Übersicht zu starten. Denn viele fragen sich vielleicht gleich zu Beginn, welcher Modus für welche Situation am besten geeignet ist und was die wichtigsten Einstellungen für Landschaft, Sport & Co. sind. Also, tauchen Sie erst einmal im Kurzüberblick ein in die Welt des Fokussierens, bevor es anschließend en détail zur genaueren Anwendung der einzelnen Funktionen geht.

Architektur und Landschaft
Fokusmodus: AF-S
Messfeldsteuerung: Einzelfeld oder Auto
Belichtungszeit: <1/10 Sek. (+ Stabilisator)

Bei unbewegten Objekten wie Landschaften, Architekturaufnahmen oder auch Stillleben ist meist genügend Zeit, den Fokus zu setzen und auszulösen, denn die Motive laufen einem ja nicht weg. Daher können Sie entweder den voreingestellten automatischen Modus (AF-A) oder den Einzelautofokus (AF-S) einsetzen. Um die Schärfe auf einen ganz bestimmten Punkt zu legen, aktivieren Sie überdies die Messfeldsteuerung *Einzelfeld* und wählen Sie den Fokuspunkt mit den Pfeiltasten aus.

Porträts
Fokusmodus: AF-S
Messfeldsteuerung: Einzelfeld
Belichtungszeit: <1/30 Sek. (+ Stabilisator)

Bei Porträts von Mensch und Tier liegen Sie mit dem Einzelautofokus (AF-S) goldrichtig. Kombinieren Sie diesen am besten mit der Messfeldsteue-

Welcher Modus für welche Szene?

rung *Einzelfeld* und aktivieren Sie den Fokuspunkt, der direkt oder in der Nähe des Auges liegt, denn die Hauptschärfe sollte bei Porträtaufnahmen immer auf den Augen liegen.

Makro
Fokusmodus: MF (Stillleben) oder AF-S (Bewegung)
Messfeldsteuerung: entfällt bei MF/Einzelfeld
Belichtungszeit: <$^1/_{30}$ Sek. (+ Stabilisator)

Da es bei Nah- und Makroaufnahmen auf eine ganz präzise Schärfeeinstellung ankommt, ist der manuelle Fokus meist die beste Wahl. Und damit die genaue Scharfstellung nicht durch Verwacklungsunschärfe torpediert wird, achten Sie auf eine ausreichend kurze Belichtungszeit oder verwenden Sie besser noch ein Stativ. Bei bewegten Motiven ist der Autofokus hingegen von Vorteil, zum präzisen Scharfstellen kleiner Motivausschnitte

am besten der Einzelautofokus in Kombination mit der Messfeldsteuerung *Einzelfeld*.

Gehende Personen
Fokusmodus: AF-A
Messfeldsteuerung: Einzelfeld oder Auto
Belichtungszeit: <$^1/_{50}$ Sek.

Für normal schnell gehende Personen, beispielsweise Teilnehmer eines Karnevalsumzugs oder einfach auch Fußgänger auf der Straße, ist die AF-Automatik bestens geeignet. Stellen Sie wie gewohnt auf eines der Gesichter scharf und lösen Sie aus. Sollte sich die Person auf Sie zu bewegen, springt der AF-A automatisch in die Nachführfunktion um und passt die Schärfe dem Objekt an, solange Sie den Auslöser halb gedrückt halten. Achten Sie zudem auf eine kürzere Verschlusszeit, um Bewegungsunschärfe zu vermeiden.

Mittelschnelle Bewegungen
Fokusmodus: AF-C
Messfeldsteuerung: Dynamisch mit neun AF-Feldern
Belichtungszeit: <$^1/_{250}$ Sek.

Langsam fahrende Autos, Kutschen oder Radfahrer lassen sich gut mit dem kontinuierlichen Autofokus einfangen. Wählen Sie zudem die Messfeldsteuerung *Dynamisch* mit neun Autofokusmessfeldern und aktivieren Sie per Pfeiltaste das Fokusfeld, das Ihr Hauptobjekt am besten abdeckt. Fokussieren Sie und halten Sie den Auslöser halb gedrückt, um das Motiv zu verfolgen. Die D5200 wird die Schärfe nun automatisch anpassen. Lösen Sie im geeigneten Moment aus. Damit die Bewegung eingefroren wird, sollte die Verschlusszeit mindestens 1/250 Sek. betragen.

Rasante Sportaction
Fokusmodus: AF-C
Messfeldsteuerung: Dynamisch mit 21 AF-Feldern
Belichtungszeit: <1/1000 Sek.

Wenn Sie Motive aufnehmen möchten, die wirklich hohe Geschwindigkeiten an den Tag legen und sich gerichtet bewegen, greifen Sie am besten zum kontinuierlichen Autofokus (AF-C). Um eine hohe Trefferquote zu erzielen, wählen Sie die Messfeldsteuerung *Dynamisch* mit 21 (größere Objekte) oder 39 AF-Feldern (kleine Objekte).

Wichtig ist in jedem Fall, dass die Zeit 1/1000 Sek. oder kürzer beträgt, sonst ist mit Bewegungsunschärfe zu rechnen.

Mitzieher
Fokusmodus: AF-C
Messfeldsteuerung: Dynamisch mit 21 AF-Feldern
Belichtungszeit: 1/30 bis 1/250 Sek.

Besonders anspruchsvoll gestalten sich sogenannte Mitzieher. Hier kommt es darauf an, dass Sie das Objekt immer an der gleichen Stelle im Sucher behalten und die Kamera mit exakter Geschwindigkeit mitbewegen.

Der kontinuierliche Autofokus und die dynamische Messfeldsteuerung kommen da gerade recht. Wählen Sie je nach Bewegungsschnelligkeit Zeiten zwischen 1/30 und 1/200 Sek. Wenn Sie Schwierigkeiten haben, das Objekt auf dem gewählten Hauptfokuspunkt zu halten, wechseln Sie zum dynamischen Autofokus mit 21 oder 39 AF-Feldern.

Ungerichtete Bewegungen
Fokusmodus: AF-C
Messfeldsteuerung: 3D-Tracking
Belichtungszeit: <1/100 Sek.

Spielende Kinder, Teilnehmer eines Umzugs, aber beispielsweise auch miteinander herumtollende

Modus AF-S

Hunde, die häufig ihre Richtung wechseln, lassen sich prima mit dem kontinuierlichen Autofokus in Kombination mit der 3D-Tracking-Funktion aufnehmen.

Die Scharfstellung wird nun durch alle Fokuspunkte unterstützt, die dem Objekt zudem nachgeführt werden. Achten Sie auch hier auf eine kurze Verschlusszeit.

5.4 AF-S für alles, was sich nicht bewegt

AF-S Das Einfachste, was einem als Fotograf passieren kann, sind unbewegte Objekte. Diese stellen für die Autofokusbetriebsart AF-S, den sogenannten Einzelautofokus, keine Schwierigkeit dar. Die D5200 stellt scharf, sobald Sie den Auslöser halb durchdrücken.

> ✓ **AF-A mit Einzelfeldwahl**
>
> Der Einzelautofokus AF-S steht nur in den Programmen P, S, A und M zur Verfügung. Die Messfeldsteuerung *Einzelfeld* kann aber auch bei dem automatischen Fokusmodus AF-A der anderen Programme genutzt werden.

▲ Unbewegte Objekte sind die Domäne des AF-S-Autofokus. Dabei zeigen die AF-Messfelder an, welche Areale die Kamera gerade zur Scharfstellung genutzt hat. Da ich mit der automatischen Messfeldsteuerung ▮ fotografiert habe, haben hier ganze 27 Messfelder zur Scharfstellung beigetragen (¹/₂₀₀ Sek. | f13 | ISO 100 | A | 27 mm | Polfilter).

Messfeldsteuerung Einzelfeld für die Wahl eines bestimmten Fokuspunkts

Meist findet die D5200 ohne große Mühe einen Motivbereich, der sich für das Scharfstellen eignet. Denn eines der insgesamt 39 Autofokusfelder wird das Fotoobjekt garantiert irgendwo erfassen.

Wenn es aber darum geht, nur einen bestimmten Motivbereich scharf zu stellen, wäre es praktischer, den Autofokus nur auf ein bestimmtes Messfeld einzuschränken. Dies ist selbstverständlich möglich, wie die hier abgebildeten Beispielaufnahmen zeigen.

Um nun ein bestimmtes Autofokusmessfeld auswählen zu können, muss zunächst die sogenannte AF-Messfeldsteuerung von *Automatische Messfeldgruppe* [■] auf *Einzelfeld* [[ ]] umgestellt werden. Gehen Sie dazu wie folgt vor:

1

Drücken Sie die i-Taste und navigieren Sie zur gezeigten Schaltfläche. Mit OK gelangen Sie ins Menü und können dort die Option *Einzelfeld* wählen.

▲ Einstellen der AF-Messfeldsteuerung »Einzelfeld«.

2

Tippen Sie den Auslöser kurz an, um die Belichtung zu aktivieren. Wählen Sie nun mit den Pfeiltasten das passende AF-Feld aus. Im Monitor ist das jeweils aktive Messfeld zu sehen und im Sucher ist es als schwarzes abgerundetes Quadrat zu erkennen. Wenn Sie die OK-Taste drücken, springt die Auswahl automatisch auf das zentrale AF-Feld um.

◀ Ein AF-Feld drei Positionen links der Mitte wurde ausgewählt.

3

Nach der AF-Messfeldwahl wird wie gewohnt fokussiert und das Bild ausgelöst. Das AF-Messfeld

▲ Für das erste Bild habe ich das AF-Messfeld in der Mitte gewählt und damit das Gesicht scharf gestellt. Durch die offene Blende erscheint der Vordergrund unscharf.

▲ Mit Auswahl des AF-Feldes ganz links unten ließ sich die Schärfe auf den Wasseraustritt legen, sodass nun das Gesicht unscharf erscheint. Ohne die Kameraposition zu ändern, entstanden zwei unterschiedliche Interpretationen des Motivs (beide Bilder: ⅙ Sek. | f5.3 | ISO 320 | A | 78 mm | Polfilter).

Modus AF-S

> **ℹ Fokusunterstützung durch AF-Hilfslicht**
>
> Wenn Sie AF-S oder AF-A gewählt, als Messfeldsteuerung die automatische oder die Einzelfeldsteuerung aktiviert haben und der Fokus über das mittlere AF-Feld gesteuert wird, kann das sogenannte AF-Hilfslicht bei Dunkelheit den Autofokus unterstützen.
>
> Dazu leuchtet es das Motiv bis etwa 3 m Entfernung an. Wen dies stört, der kann das Hilfslicht aber über die Individualfunktion *a3: Integriertes AF-Hilfslicht* auch deaktivieren.
>
> Bei Konzerten, bei denen das Motiv ohnehin weiter entfernt ist, ist die Deaktivierung beispielsweise sinnvoll, um die neben einem sitzenden Zuhörer nicht zu stören.
>
> Übrigens: In den Modi 🏞 🏃 🖼 💐 🌇 👤 🐾, 🌙 und 👶 ist das AF-Hilfslicht per se deaktiviert.
>
> ▲ Das AF-Hilfslicht kann den Autofokus unterstützen, ist aber, wenn es stört, auch deaktivierbar (Individualfunktion a3).

bleibt danach so lange in der Auswahl, bis Sie ein anderes wählen oder wieder auf *Automatisch* umschalten, selbst wenn die D5200 zwischendurch ausgeschaltet wird.

Anzahl der Fokusmessfelder ändern

In Situationen, in denen Sie häufiger das AF-Feld beispielsweise von ganz links auf die Mitte oder nach ganz rechts wechseln müssen, kann es sinnvoll sein, die Anzahl der verfügbaren AF-Felder einzuschränken. Dies können Sie mit der Individualfunktion *a2: Anzahl der Fokusmessfelder* erledigen, indem Sie von *AF39* auf *AF11* umschalten. Eine von uns häufig erlebte Situation, in der diese Einstellung von Vorteil ist, wäre beispielsweise das Fotografieren eines auf einem Ast sitzenden Vogels, der mal nach links, mal nach rechts schaut.

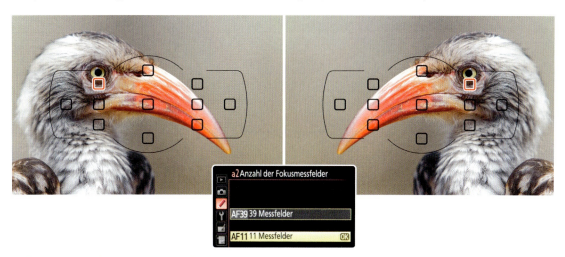

▲ Mit nur elf aktiven Fokusfeldern ist das Umschalten auf weit auseinanderliegende Felder schneller möglich. Dies ist aber nur möglich bei der Kombination von AF-S mit der Messfeldsteuerung »Einzelfeld«.

121

05 Scharfstellen leicht gemacht

Der Fokus soll dabei immer auf dem Auge liegen, die freie Bildfläche aber mal rechts, mal links sein, damit der Blick des Vogels Raum hat. Mit nur elf Messfeldern kann jetzt mit lediglich zweifachem Tastendruck vom AF-Feld oben links nach oben rechts umgeschaltet werden. Bei 39 AF-Feldern wären hingegen sechs zeitraubende Tastendrucke notwendig.

5.5 Perfekt für Actionaufnahmen: AF-C und AF-A

Eine der Königsdisziplinen in der Fotografie ist die Aufnahme bewegter Objekte. Und wenn diese ihre Position schnell wechseln, kann es hinter der Kamera manchmal hektisch werden. Zum Glück hat die D5200 aber auch für derlei knifflige Situationen zwei passende Autofokusmethoden parat, den kontinuierlichen Autofokus (AF-C) und den automatischen Autofokus (AF-A).

Bewegungen mit dem kontinuierlichen Autofokus einfangen

AF-C Autorennen, Sportaction, spielende Kinder oder fliegende Vögel: Es gibt viele Situationen, in denen bewegte Motive vor die Linse kommen und das Scharfstellen derselben ganz schön diffizil werden kann. Doch mit dem kontinuierlichen Autofokus (AF-C) wird einem das Fotografenleben um einiges erleichtert. Schließlich ist bei dieser Fokusbetriebsart der Autofokus ständig aktiv. In Kombination mit den Messfeldsteuerungen *Dynamisch* oder *3D-Tracking* wird es sogar möglich, den einmal gefundenen Schärfepunkt mit dem Motiv mitzuführen. Der Fokus geht weniger schnell verloren, und die Trefferquote erhöht sich enorm.

Um ein bewegtes Motiv aufzunehmen, können Sie folgendermaßen vorgehen:

1

Der kontinuierliche Autofokus ist nur in den Modi P, S, A oder M direkt wählbar. Daher entscheiden Sie sich für eines dieser Programme. Wenn Sie schnelle Bewegungen einfrieren möchten, emp- fiehlt sich die Zeitvorwahl S mit einer Belichtungszeit von 1/250 Sek. oder kürzer. Aktivieren Sie außerdem den Fokusmodus AF-C über die i-Taste.

▲ Aktivierung des kontinuierlichen Autofokus, der permanent auf den gewählten Fokusbereich scharf stellt.

2

Stellen Sie die Messfeldsteuerung je nach Motiv auf *Dynamisch* mit 9 ❶, 21 ❷ oder 39 Messfeldern ❸ oder auf *3D-Tracking* ❹. Was die Modi

▲ Für die Kombination mit AF-C eignen sich diese vier Messfeldsteuerungen am besten.

Modi AF-C und AF-A

bedeuten, erfahren Sie weiter hinten in diesem Kapitel ab Seite 124.

3

Mit allen vier Messfeldsteuerungen können Sie das Hauptfokusfeld mit den Pfeiltasten selbst vorwählen. Erwarten Sie beispielsweise ein vorbeifahrendes Auto von links nach rechts, könnten Sie beispielsweise das Messfeld links der Mitte als Fokuspunkt bestimmen.

◀ Auswahl des Hauptfokuspunktes drei Positionen links der Mitte, hier mit der Messfeldsteuerung [⋅:⋅]21

4

Zielen Sie nun einfach mit dem AF-Feld auf das Objekt und stellen Sie es scharf. Halten Sie den Auslöser aber weiterhin halb gedrückt. Der Autofokus wird nun automatisch mit dem Objekt mitgeführt, solange es sich im Bereich eines der AF-Messfelder befindet.

5

Wenn Sie eine schnelle Szene in mehreren Bildern einfangen möchten, was die Trefferquote weiter erhöht, schalten Sie über die Taste ⧉ die Serienaufnahmefunktion ein:

- Mit der Serienaufnahme schnell ⧉H können Sie bei Wahl des JPEG-Formats L-Fine mit einer Geschwindigkeit von 5 Bildern/Sek. fotografieren.
- Die Serienaufnahme langsam ⧉L ermöglicht eine Geschwindigkeit von 3 Bildern/Sek.

> **i Weiterführende Tipps**
>
> Weitere Informationen und Tipps zum Aufnehmen von Bilderserien erfahren Sie in Kapitel 11.4.

6

Drücken Sie den Auslöser ganz durch, wenn sich eine schöne Szene ergibt.

Nehmen Sie einzelne Fotos oder – bei längerem Auslöserdruck – eine ganze Bilderserie auf.

> **! Erhöhter Strombedarf**
>
> Beim kontinuierlichen Autofokus werden die Stromreserven der Kamera stärker belastet, daher kann die Akkukapazität unter Umständen schneller zur Neige gehen. Nehmen Sie am besten einen Ersatzakku mit, wenn Sie vorhaben, den AF-C häufiger einzusetzen.

> **✓ Mit AF-A die Kamera entscheiden lassen**
>
> Die volle Flexibilität bietet die automatische Autofokusbetriebsart **AF-A**. Dieser Modus stellt quasi einen Mix aus AF-S und AF-C dar. Er erkennt, ob sich das Objekt bewegt oder nicht, und aktiviert dementsprechend die kontinuierliche Scharfstellung.
>
> Das ist beispielsweise beim Start eines Rennens hilfreich, bei dem eben noch alles stillstand und plötzlich Bewegung in die Szene kommt. Oder denken Sie an eine Katze, die eben noch auf der Couch lag und dann aufsteht und sich streckt.

▲ Der AF-A lässt sich in den Belichtungsprogrammen P, S, A und M selbst wählen ❶ und wird von allen anderen Programmen automatisch verwendet ❷.

05 Scharfstellen leicht gemacht

▲ Mit dem kontinuierlichen Autofokus und der 3D-Messfeldsteuerung konnte ich den rasant seinen Brutplatz anfliegenden Basstölpel über mehrere Bilder gestochen scharf in Szene setzen. Um den Vogel nicht aus dem Fokusbereich zu verlieren, habe ich ihn über die Bildmitte anvisiert und dafür das mittlere Fokusfeld vorausgewählt (1/2000 Sek. | f5 | ISO 400 | S | 173 mm).

Messfeldsteuerung: Dynamisch oder 3D-Tracking?

Sicher ist eines, die Messfeldsteuerungen *Dynamisch* und *3D-Tracking* sind nur in Kombination mit den Autofokusarten AF-C und AF-A wirklich sinnvoll. Denn beide Modi stellen das Motiv auch dann noch scharf, wenn es sich bewegt. Und dazu muss der Autofokus kontinuierlich aktiv sein. Daher sind sie auch nur in Kombination mit diesen Fokusmodi auswählbar. Doch worin liegt nun eigentlich der Unterschied zwischen *Dynamisch* und *3D-Tracking*? Und für welche Situation ist welche Steuerung besser geeignet? Nun, zunächst einmal ist es sicherlich gut zu wissen, welche Prioritäten die beiden Steuerungen eigentlich haben.

Qualitäten der dynamischen Messfeldsteuerung

 Bei der Variante *Dynamisch* stellen Sie die Schärfe anhand des vorgewählten AF-Feldes zunächst einmal genau auf die gewünschte Bildstelle ein. Fotografieren Sie beispielsweise einen Skifahrer und möchten diesen aus bildgestalterischer Sicht links im Foto haben, wählen Sie ein passendes AF-Feld vor. Jetzt können Sie auf den Sportler scharf stellen und den Fokus dank AF-C oder AF-A mit halb gedrücktem Auslöser mit den Bewegungen mitführen lassen.

Nun liegt es aber in der Natur der Sache, dass sich der Fokuspunkt nicht immer ganz genau auf dem gewählten Motivdetail halten lässt. Daher würden Sie die Schärfe sofort verlieren, wenn nur das vorgewählte AF-Feld aktiv bliebe (wie es im Übrigen bei der Messfeldsteuerung *Einzelfeld* der Fall wäre).

Die dynamische Steuerung sorgt jedoch dafür, dass die benachbarten AF-Felder zu Hilfe kommen. Bewegt sich der Skifahrer also nach links,

Modi AF-C und AF-A

wird die Schärfe weiterhin mitgeführt. Die benachbarten AF-Felder übernehmen in dem Fall die Fokusnachführung.

▲ Hier konnte das ausgewählte Hauptmessfeld in der Mitte das Hauptmotiv gut erfassen. Die umgebenden 21 Fokusfelder stehen bei Bedarf aber auch zur Verfügung.

Wie viele benachbarte Messfelder unterstützend mitarbeiten, können Sie selbst bestimmen, wobei sich die Wahl am besten an der vorliegenden Bewegungssituation orientieren sollte.

[◦]9 **Dynamisch mit neun Messfeldern**: Wenn ausreichend Zeit vorhanden ist, um einen adäquaten Bildausschnitt zu wählen, verwenden Sie am besten die dynamische Messfeldsteuerung mit neun Messfeldern. Dasselbe gilt für sich vorhersehbar bewegende Motive, wie zum Beispiel Rennwagen oder Sprinter.

▲ Auf dem Monitor ist abzulesen, dass das mittlere Feld das gewählte Hauptfokusfeld ist und die neun flankierenden Felder bei Bedarf einspringen können.

[◦]21 **Dynamisch mit 21 Messfeldern**: Diese Einstellung sollten Sie wählen, wenn sich das Motiv unvorhersehbar bewegt. Dies gilt zum Beispiel für Spieler von Mannschaftssportarten wie Handball oder Eishockey.

▲ Hier sind 21 flankierende Felder mit aktiviert.

[◦]39 **Dynamisch mit 39 Messfeldern**: Diese Option ist für die anspruchsvollsten Motive gedacht, die sich sowohl unvorhersehbar als auch sehr schnell bewegen, sodass sie nur sehr schwierig im Sucher erfasst werden können. Viele sich rasch bewegenden Tiere gehören in diese Kategorie. Zum Beispiel Vögel oder kleine Säugetiere.

▲ Hier können alle AF-Felder bei Bedarf einspringen.

▲ Hier hat eines der umgebenden 21 AF-Felder das Scharfstellen übernommen. Im Sucher war das allerdings nicht zu erkennen. Mit der Nikon-Software ViewNX 2 können Sie die verwendeten AF-Felder jedoch einblenden lassen.

Sicherlich, um die Schärfe nicht gänzlich zu verlieren, ist es wichtig, dass das Motiv weiterhin wenigstens von einem der verfügbaren AF-Felder

125

05 Scharfstellen leicht gemacht

abgedeckt wird. Dazu muss die D5200 natürlich ebenfalls mit der Bewegung mitgeschwenkt werden. Die Trefferquote wird durch die dynamische Steuerung, vor allem bei der Verwendung von 39 Messfeldern, aber erheblich erhöht. Daher nutzt das Motivprogramm Sport ebenfalls die dynamischen Einstellungen AF-A und [◦]39, wobei Sie auch auf [◦]9 und [◦]21 umschalten können.

Die Eigenschaften des 3D-Trackings

[3D] Die Messfeldsteuerung *3D-Tracking* geht quasi noch einen Schritt weiter und ermittelt nicht nur den Abstand des scharf gestellten Hauptmotivs zur Kamera, sondern bezieht auch noch Farbinformationen mit ein.

Dadurch wird es möglich, die Schärfe gezielt dem fokussierten Objekt nachführen zu lassen, denn bei der ersten Scharfstellung merkt sich die D5200 dessen Farbinformationen. Ein Fokussprung auf einen anderen Motivbereich findet weniger schnell statt, als es beim dynamischen Autofokus sein könnte. Folglich wird die Trefferquote trotz der rasanten Bewegung hoch sein.

Das 3D-Tracking eignet sich somit sehr gut für Motive, die sich farblich gut von ihrer Umgebung unterscheiden. Zum Beispiel dann, wenn die Tanzpartnerin im farbigen Dress scharf gestellt werden soll, auch wenn sie sich im Zuge einer Drehung etwas von ihrem Partner entfernt. Sehen sich bei Mannschaftssportarten hingegen alle Spieler recht ähnlich, wird der spezifische Fokuspunkt häufiger verloren gehen.

Übrigens: Im Unterschied zur dynamischen Steuerung zeigt die D5200 beim 3D-Tracking immer an, welches AF-Feld das Hauptmotiv gerade im Visier hat. Somit lässt sich optisch leichter nachvollziehen, ob die Schärfe am richtigen Fleck sitzt.

▲ *Mit AF-C und* [3D] *lassen sich Schärfenachführungen noch präziser durchführen. Dabei ist im Sucher stets zu erkennen, welcher Fokuspunkt gerade zur Scharfstellung eingesetzt wird. Hier ein Ausschnitt der Vorschaubilder unserer Skipistenreihe in ViewNX 2 mit den eingeblendeten AF-Feldern, die die D5200 verwendet hat ($^1/_{1600}$ Sek. | f6.3 bis f6 | ISO 280 bis ISO 320 | S | von 270 mm bis 185 mm gezoomt).*

Manuell fokussieren

ℹ Auslöse- oder Schärfepriorität?

Beim kontinuierlichen Autofokus AF-C können Sie zwischen der sogenannten Schärfe- und der Auslösepriorität auswählen. Bei der Schärfepriorität löst die Kamera nur aus, wenn der Autofokus einen Bildbereich scharf stellen konnte. Dafür sinkt die maximale Geschwindigkeit auf ca. 3 Bilder/Sek.

Mit der Auslösepriorität können Sie auch Bilder aufnehmen, obwohl die Kamera vielleicht noch nicht optimal fokussiert hat. Damit entgeht Ihnen bei einer Actionsequenz kein Bild. Zudem kann mit 🖵H die volle Geschwindigkeit von 5 Bildern/Sek. genutzt werden. Nehmen Sie also am besten die Schärfepriorität, wenn die Reihengeschwindigkeit nicht so wichtig ist, und nutzen

Sie die Auslösepriorität, wenn Sie eine Bewegung in möglichst vielen Detailabschnitten aufnehmen möchten und dafür so viele Bilder pro Sekunde wie möglich benötigen.

▲ Mit der Individualfunktion »a1: Priorität bei AF-C« können Sie zwischen Schärfe- und Auslösepriorität wechseln.

5.6 Die Kunst des manuellen Fokussierens

MF Die manuelle Fokussierung wird immer dann zum Mittel der Wahl, wenn ganz gezielt ein bestimmter Bildbereich scharf gestellt werden soll, der von keinem der bis zu 39 Autofokusmessfelder abgedeckt wird.

Auch wenn der Autofokus einfach keine oder nicht die gewünschte Schärfeebene finden kann, ist der manuelle Fokus im Vorteil. Erkennbar ist das am langen Surren des Objektivs, dem Fehlen des Signaltons und dem blinkenden Fokusindikator im Sucherbild.

Wann der Autofokus überfordert ist

Es gibt zum Glück nicht viele Situationen, in denen der Autofokus überfordert ist. Aber es gibt ein paar Motive, die es ihm schwer machen:

- Bei Motiven in sehr schwacher Beleuchtung, zum Beispiel zur Dämmerungszeit und nachts, kann der Autofokus Probleme bekommen.

- Szenen mit sehr geringem Kontrast, wie z. B. aufsteigender Nebel in den Bergen oder über einem Flussbett, können den Autofokus überfordern.

05 Scharfstellen leicht gemacht

- Regelmäßige Muster, sich wiederholende Strukturen oder Spiegelungen auf der Fensterfront eines Hochhauses können den Autofokus ins Schwitzen bringen, was erfahrungsgemäß aber recht selten vorkommt.

- Gitter oder Zäune im Vordergrund werden dann zum Problem, wenn man mit der Kamera nicht nah genug an den Zaun herangehen kann und die Maschen zudem noch so eng sind, dass kein AF-Messfeld dazwischen passt.

- Die Makrofotografie, bei der es aufgrund der starken Vergrößerung sehr genau darauf ankommt, den richtigen Bildbereich scharf zu stellen, ist ebenfalls eine Domäne des manuellen Fokus.

- Auch bei Tieraufnahmen und Porträts bevorzugen wir persönlich oft den manuellen Fokus, da wir die Schärfe wirklich exakt auf den Augen haben möchten.

- Starkes Gegenlicht oder heftige Reflexionen auf glatten Oberflächen können den Autofokus verwirren.

Manuell fokussieren

Die Aktivierung des manuellen Fokus erfolgt über den A/M-Schalter am Objektiv. Stellen Sie diesen einfach auf M und justieren Sie anschließend die Schärfe über den Fokus- bzw. Schärfering des Objektivs.

Manuell fokussieren

▲ Umstellung auf den manuellen Fokus und Scharfstellung über die Drehung am Fokusring (🌷 = Naheinstellung, ∞ = Ferneinstellung).

Sobald am Fokusring gedreht wird, können Sie die Schärfe Ihres Motivs durch den Sucher verfolgen. Lösen Sie das Bild dann wie gewohnt aus. Aber Achtung: Im Unterschied zum Autofokus wird die D5200 im manuellen Fokusbetrieb immer auslösen, denn es herrscht Auslösepriorität.

> ✓ **MF im Menü einstellen**
>
> Wenn Sie es angenehmer finden, den manuellen Fokus über das Menü zu aktivieren, ist dies bei der D5200 auch möglich. Gehen Sie dazu über die i-Taste ins Menü der Fokusbetriebsart und wählen Sie den Eintrag *MF*. Dies ist in allen Belichtungsprogrammen möglich.

Die elektronische Einstellhilfe

Auch wenn der Objektivschalter auf M steht, können Sie, sofern das verwendete Objektiv eine Mindestlichtstärke von 1:5.6 oder mehr hat, eines der 39 AF-Messfelder auswählen und darüber die Scharfstellung prüfen. Das mag zunächst etwas seltsam klingen, ist der Autofokus im manuellen Betrieb doch eigentlich ohne Funktion. Die Schärfedetektion funktioniert aber auch jetzt noch. Denn sobald die D5200 eine optimale Scharfstellung erkennt, leuchtet der Fokusindikator im Sucher unten links durchgehend, wenn das AF-Feld die Schärfe gefunden hat. Drehen Sie hierzu am Fokusring, während Sie den Auslöser halb heruntergedrückt halten. Die elektronische Einstellhilfe ist eine feine Sache, vor allem dann, wenn die Schärfe durch den Sucher einmal nicht ganz so gut zu beurteilen ist. Daher kann es vorteilhaft sein, trotz manuellen Fokussierens ein AF-Messfeld auszuwählen, das den bildwichtigen Motivbereich abdeckt, und dieses als optische Schärfeunterstützung zu nutzen.

Zusätzliche Fokusskala aktivieren

Die D5200 hat sogar noch eine weitere Fokushilfe an Bord, die sogenannte Fokusskala. Hierüber können Sie ebenfalls ablesen, ob das Objekt durch das vorgewählte AF-Messfeld richtig scharf gestellt wird oder nicht. Aktiviert wird die Funktion im Individualmenü *a4: Fokusskala*. Sie steht Ihnen dann in allen Belichtungsprogrammen zur Verfügung, außer im manuellen Modus. Folgende Anzeigen weisen auf eine noch nicht optimale bzw. eine erfolgreiche Scharfstellung hin:

Symbol	Aktion
◀▬▬▬ ▬▬▬▶	Das AF-Messfeld findet den Fokuspunkt nicht.
0 ▬▬▬▶	Stellen Sie deutlich mehr in die Nähe scharf, um den Fokuspunkt zu treffen.
0 ▬▶	Stellen Sie etwas mehr in die Nähe scharf, um den Fokuspunkt zu treffen.
0 ▪▪	Der Fokuspunkt sitzt, jetzt kann ausgelöst werden.
0 ◀▬	Stellen Sie etwas mehr in die Ferne scharf, um den Fokuspunkt zu treffen.
0 ◀▬▬▬	Stellen Sie deutlich mehr in die Ferne scharf, um den Fokuspunkt zu treffen.

▲ Symbole der Fokusskala und deren Bedeutung.

5.7 Scharfe Bilder mit der Live View

Immer häufiger erwischen wir uns dabei, den schnellen Autofokus links liegen zu lassen und stattdessen über den Monitor der Kamera scharf zu stellen. Die Live-View-Funktion ist z. B. bei Selbstauslöserfotos hilfreich oder auch in Situationen praktisch, in denen der Blick durch den Sucher erschwert ist. Drei Fokusbetriebsarten und vier AF-Messfeldsteuerungen stehen für Livebildaufnahmen zur Wahl.

Unbewegte Objekte scharf stellen

Für Landschaften, Architekturaufnahmen oder auch für Bilder von unbewegten Objekten, die freihändig mit der Live View aufgenommen werden, eignet sich vor allem die Kombination aus der Fokusbetriebsart AF-S und der Messfeldsteuerung *Großes Messfeld*. Prinzipiell können Sie folgendermaßen vorgehen.

1

Wählen Sie Ihr bevorzugtes Aufnahmeprogramm aus. Bis auf AUTO, ⚡ und 🏃 können die folgenden Schritte in allen Aufnahmeprogrammen angewendet werden.

2

Aktivieren Sie das Livebild mit dem Hebel neben dem Funktionswählrad, sodass das Echtzeitbild angezeigt wird.

3

Betätigen Sie die i-Taste und wählen Sie den Fokusmodus AF-S sowie die AF-Messfeldsteuerung WIDE aus.

▲ Günstige Autofokusoptionen für unbewegte Objekte.

4

Der Bereich, der für die Fokussierung verwendet wird, ist als Rechteck zu erkennen. Über die Pfeiltasten kann dieses Areal an jede beliebige Stelle des Bildfeldes verschoben werden. Übrigens: Ein Druck auf die OK-Taste befördert den Rahmen wieder in die Bildmitte.

▲ Mit dem Klappdisplay und dem Livebild konnte ich die Bodenperspektive mit der Kamera auf der flachen Hand liegend sehr bequem realisieren.

5

Zum Scharfstellen drücken Sie den Auslöser halb durch. Die Fokussierung dauert ein wenig. Sie ist

ℹ Fokusprobleme

Sollte das Rechteck rot blinken, hat die Scharfstellung nicht funktioniert. Möglicherweise sind Sie zu dicht am Objekt, das Objekt ist zu kontrastarm, enthält zu starke Helligkeitsunterschiede, ist zu dunkel oder die Lichtverhältnisse ändern sich ständig. Auch bei Motiven mit wenig Kontrast wird der Autofokus nicht optimal arbeiten. Versuchen Sie es mit einem leicht verschobenen Fokusrahmen erneut oder stellen Sie gegebenenfalls manuell scharf.

Live View

abgeschlossen, wenn das Rechteck durchgehend grün aufleuchtet.

▲ Erfolgreiche Scharfstellung nach dem Verschieben des Fokusfeldes von der Mitte nach etwas weiter unten rechts.

6

Um die Scharfstellung ganz genau zu kontrollieren, können Sie das Fokusrechteck in fünf Stufen vergrößern. Drücken Sie dazu einfach die Vergrößerungstaste 🔍.

Mit den Pfeiltasten kann der Bereich auch in der vergrößerten Ansicht verschoben werden. So kann der Fokusbereich ganz fein nachjustiert werden, wenn Sie jetzt den Auslöser halb herunterdrücken.

Mit der Verkleinerungstaste 🔍 gelangen Sie wieder in die vollständige Ansicht.

▲ Vergrößerte Darstellung des Fokusbereichs.

7

Drücken Sie nach erfolgreicher Scharfstellung den Auslöser ganz durch. Das Bild wird anschließend im Monitor angezeigt. Der Spiegel klappt nun zwecks Belichtungsmessung und zum Einstellen der gewählten Blende herunter und schwingt für die eigentliche Aufnahme dann wieder hoch, sodass zwei mechanische Geräusche zu hören sind. Sie können aber auch gleich das nächste Foto aufnehmen. Stellen Sie das Livebild am Ende sofort wieder ab, um Strom zu sparen und die Schaltkreise in der Kamera vor zu starker Erwärmung zu schützen.

✓ Fokuspräzision erhöhen

Wenn Sie detailliertere Motive aufnehmen, beispielsweise eine Makroaufnahme vom Stativ aus, dann ist das große Autofokusfeld oftmals ein wenig zu grob. Schalten Sie lieber die Messfeldsteuerung *Normal* ein. Mit dem kleineren Autofokusrechteck lässt sich der Fokus genauer legen.

Um die Scharfstellung noch weiter zu präzisieren, können Sie auch in den manuellen Modus umschalten. Stellen Sie den Objektivschalter auf M oder wählen Sie den Fokusmodus **MF**.

i Motivautomatik

Wenn Sie mit AUTO oder ⚡ fotografieren, wird nicht nur die Fokussteuerung automatisch gewählt, die Kamera ermittelt zudem die Art des Motivs und stellt die Aufnahmeeinstellungen möglichst optimal darauf ein. Daher sehen Sie im Monitor oben links für den jeweils aktivierten Modus folgende Symbole: AUTO, ⚡, 👤 (Porträt bei erkannten Gesichtern), 🏞 (Stadtlandschaften/Landschaften), 🌷 (Nahaufnahmen bei dichtem Aufnahmeabstand) oder 🌙 (Nachtporträt bei erkannten Gesichtern in dunkler Umgebung).

Scharfstellen leicht gemacht

Wie schnell ist der Livebildautofokus?

Die Scharfstellung erfolgt im Livebildmodus direkt über den Sensor. Dazu klappt die D5200 beim Betätigen des Livebildhebels den Schwingspiegel hörbar hoch. Wird nun ein bestimmter Anteil des anvisierten Motivs für die Autofokusmessung ausgewählt, fängt der Prozessor der Kamera an, diesen Sensorbereich auszulesen und zu analysieren. Dabei misst er die Intensität der Hell-Dunkel-Sprünge, also die Stärke des Kontrastes an der gewählten Stelle.

Da die Kamera aber nicht wissen kann, ob der Fokus von der Kamera weg oder zu ihr hin verschoben werden muss, ist es bei jeder Kontrastmessung notwendig, mehrere Messungen durchzuführen. Das geht natürlich vor allem zulasten der Geschwindigkeit.

Daher kann der Livebildautofokus mit der Schnelligkeit der Phasenmessung, die im normalen Kamerabetrieb stattfindet, nicht mithalten. Bei der D5200 dauert es je nach Motiv etwa 1–2 Sek., bis der Fokus präzise sitzt.

Merke: Der Autofokus im Livebildmodus ist zwar präzise, aber auch deutlich langsamer. Daher lässt sich der Präzisionsvorteil am besten in Situationen ausnutzen, in denen die Reaktionsschnelligkeit des Autofokus keine wichtige Rolle spielt:

- Landschaftsaufnahmen,
- Architekturbilder,
- Stillleben,
- Makrofotos und
- Porträts still stehender Personen.

Unkomplizierte Gesichtserkennung mit dem Porträt-AF

Die AF-Messfeldsteuerung *Porträt-AF* ist mit einer speziellen Gesichtserkennung ausgestattet. Damit wird es möglich, Personen in einer Szene schneller zu finden und den Fokus gezielt auf die Gesichter zu legen. Bestimmt kennen Sie dieses Feature von digitalen Kompakt- oder Handykameras.

Wenn Sie mit aktivierter Gesichtserkennung in der Livevorschau eine oder mehrere Personen anvisieren, springt der gelbe Doppelrahmen automatisch auf das erkannte Gesicht.

Jetzt muss nur noch der Auslöser gedrückt werden, sodass genau dieser Bereich fokussiert wird. Dabei läuft die Fokussierung genauso ab wie zu-

▲ Der Doppelrahmen zeigt das Gesicht an, das scharf gestellt wird. Bei halb gedrücktem Auslöser markiert der grüne Rahmen die fertige Fokussierung (1/640 Sek. | f5 | ISO 200 | A | 78 mm).

vor beschrieben. Allerdings ist die Ausschnittvergrößerung in diesem Modus gesperrt.

Übrigens, wenn gar kein Gesicht erkannt wird, zeigt die D5200 beim Fokussieren das AF-Rechteck ⟦⟧ an, das Sie aus dem vorherigen Abschnitt bereits kennen.

ℹ️ Zwischen Gesichtern wechseln

Wenn mehrere Gesichter im Bild vorkommen, erscheinen weitere Rahmen mit einfacher Umrandung. Mit den Pfeiltasten können Sie dann das gewünschte Gesicht auswählen und über den Auslöser diesen Motivbereich fokussieren. Allerdings funktioniert das nicht so optimal, wenn die Personen in vergleichbarer Entfernung im Bildausschnitt auftauchen. Steht eine Person hingegen deutlich vor einer anderen, läuft die Umstellung des Fokusbereichs ganz unkompliziert ab.

Bewegungen mit der Motivverfolgung festhalten

Sind die Objekte nicht zu klein, kontrastieren sie gut vor dem Hintergrund und bewegen sie sich obendrein nicht zu schnell durchs Bildfeld, können selbst bewegte Motive per Live View in Szene gesetzt werden. Denken Sie an schwimmende oder langsam gehende Tiere und Menschen.

1

Stellen Sie den permanenten Liveautofokus (AF-F) (nicht verfügbar bei 🌄 und 🏃) oder alternativ den Einzelautofokus (AF-S) als stromsparende Alternative ein.

Aktivieren Sie zudem die Messfeldsteuerung *Motivverfolgung* ⊕, die in allen Programmen außer 🎨, 🌄 und 🖊 verfügbar ist.

▲ *Fokuseinstellungen für die Motivverfolgung bei permanentem Autofokus.*

2

Zielen Sie mit dem grünen Quadrat mit den Doppelecken auf Ihr Hauptmotiv. Drücken Sie die OK-Taste. Der Verfolgungsrahmen versucht jetzt, das Motiv zu erfassen und zu verfolgen. Egal, ob es sich nach rechts, links, oben oder weiter hinten bewegt, der Rahmen bleibt so gut es geht dran.

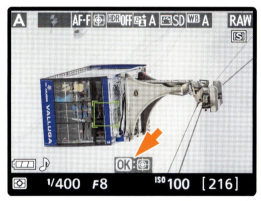

▲ *Die Motivverfolgung hat das Objekt im Visier und der permanente Autofokus führt die Schärfe nach.*

✓ Gesichter verfolgen

Wenn Sie mit dem permanenten Autofokus (AF-F) eine Person aufnehmen möchten, empfiehlt sich die Einstellung der Messfeldsteuerung *Porträt-AF* 😊. Dann landet der Fokus automatisch auf dem Gesicht, auch wenn sich die Person bewegt hat.

05 Scharfstellen leicht gemacht

3

Drücken Sie den Auslöser halb herunter, um scharf zu stellen. Bei erfolgreicher Aktion hört der Rahmen auf zu zittern und das Tonsignal ist zu hören, sofern Sie es nicht im Systemmenü ausgeschaltet haben.

Drücken Sie den Auslöser dann sofort durch. Anschließend können Sie das Motiv weiterverfolgen, es sei denn, Sie entkoppeln den Rahmen mit der OK-Taste wieder vom Motiv.

4

Sollte der Schärfepunkt einmal verloren gehen, zeigt Ihnen die Kamera dies mit einem roten Rahmen an. Die Scharfstellung und Objektverfolgung muss dann von Neuem gestartet werden.

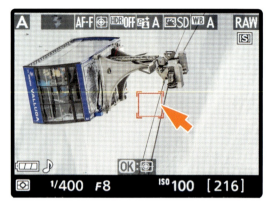

▲ *Die Motivverfolgung hat das Objekt verloren.*

ⓘ Geschwindigkeitsgewinn durch AF-F?

Wenn Sie den kontinuierlichen Fokus im Aufnahmemenü aktiviert haben, ist der Autofokus im Livebildbetrieb permanent aktiv, ohne dass der Auslöser betätigt werden muss. Allerdings läuft dies nicht besonders schnell ab und zieht überdies an den Stromreserven.

Der kontinuierliche Autofokus erhöht auch nicht die Schnelligkeit des eigentlichen Scharfstellvorgangs über den Auslöser, da vor dem Auslösen immer noch einmal neu fokussiert wird. Daher nutze ich persönlich den kontinuierlichen Fokus sehr selten.

Mit der AF-Messfeldsteuerung Einzelfeld ließ sich die Schärfe prima auf die Augenebene des Basstölpels legen (¹/₁₂₅₀ Sek. | f6.3 | ISO 250 | 500mm | 1,4-fach Telekonverter | A | Stativ).

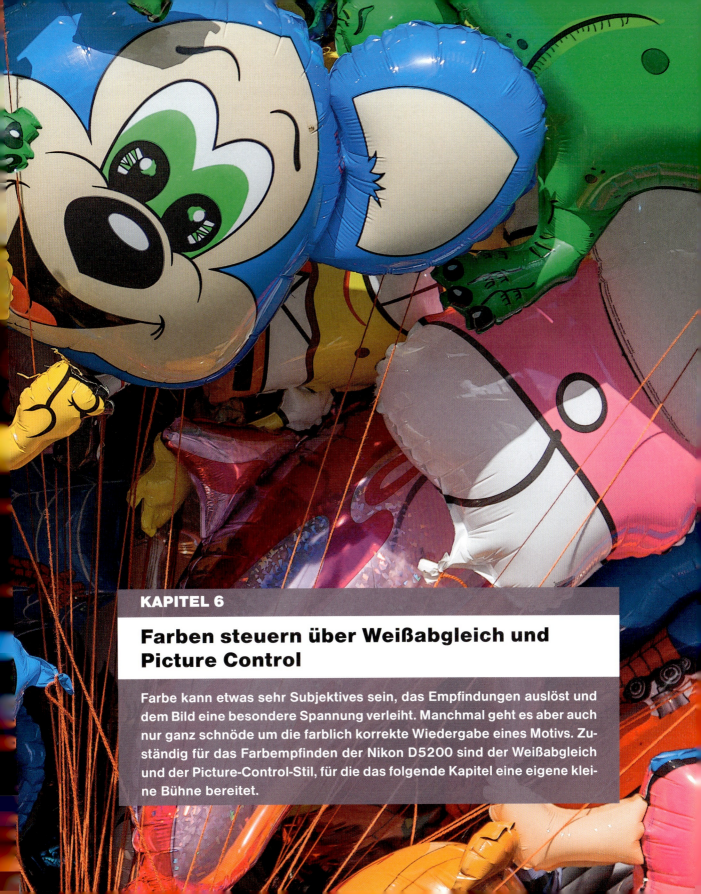

KAPITEL 6

Farben steuern über Weißabgleich und Picture Control

Farbe kann etwas sehr Subjektives sein, das Empfindungen auslöst und dem Bild eine besondere Spannung verleiht. Manchmal geht es aber auch nur ganz schnöde um die farblich korrekte Wiedergabe eines Motivs. Zuständig für das Farbempfinden der Nikon D5200 sind der Weißabgleich und der Picture-Control-Stil, für die das folgende Kapitel eine eigene kleine Bühne bereitet.

06 Farben steuern über Weißabgleich und Picture Control

Für die Wirkung eines Bildes ist außer dem Motiv selbst die Wahrnehmung der Farben von entscheidender Bedeutung. Es kommt immer mal wieder vor, dass wir mit Aufnahmen konfrontiert werden, bei denen eigentlich alles stimmt, Motiv, Bildaufbau, Schärfentiefe etc. Trotzdem fehlt es den Bildern irgendwie an Authentizität und der Fotograf ist enttäuscht, weil die Bildergebnisse mit der erlebten Stimmung so gar nicht übereinstimmen wollen. Schuld daran ist meist ein fehlerhafter Weißabgleich.

Erfahren Sie in den folgenden Abschnitten, welche Möglichkeiten es gibt, um der D5200 mit dem richtigen Weißabgleich stets das passende Farbempfinden zu verleihen.

Doch das ist noch nicht alles. Gehen Sie einen Schritt weiter und beeinflussen Sie die farbliche Darstellung gezielt mit den sogenannten Picture-Control-Stilen, denn die gehören bei der D5200 selbstverständlich dazu, wenn es um eine gelungene Motivinszenierung geht.

6.1 Das Zusammenwirken von Licht und Farbtemperatur

Beim genauen Ansehen eines Regenbogens bekommt der Betrachter schon eine Ahnung davon, dass sich das Sonnenlicht aus verschiedenen Farben zusammensetzt. Von Violett, Blau und Grün geht das Naturschauspiel in Gelb und Orange über, bevor es mit Rot endet. Die Mischung all dieser Lichtfarben ergibt das weiße, quasi „unsichtbare" Licht.

▲ *Die Farben des Regenbogens erstrecken sich vom energiereichen blauvioletten Licht bis hin zum energiearmen roten Licht.*

Die Lichtfarben werden für uns aber nicht nur durch das Auftreten eines Regenbogens sichtbar. Auch im Laufe eines Tages verändert sich die Färbung der natürlichen Sonnenstrahlung permanent. Und Glühlampen strahlen wiederum eine andere Farbe aus als Neonröhren oder Kerzenlicht.

All die verschiedenen Lichtfarben lösen in uns unterschiedliche Stimmungen aus. So empfinden wir das Dämmerungslicht als angenehm, während Neonbeleuchtung der Inbegriff einer etwas kalten und unpersönlichen Lichtstrahlung darstellt.

Alles schön und gut, aber wie soll nun die Kamera erahnen, welches Licht bei der Aufnahme gerade vorherrscht, und dieses richtig interpretieren, sodass die warme Stimmung eines Sonnenuntergangs im Bild auch tatsächlich zu erkennen ist? Ihr muss eine Lichtstimmung vorgegeben werden, und genau an dieser Stelle kommen die sogenannte Farbtemperatur und der Weißabgleich ins Spiel.

Mit der Farbtemperatur werden die Farbeigenschaften einer Lichtquelle beschrieben, und zwar ausgedrückt als Kelvin-Wert.

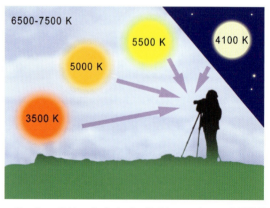

▲ *Das Tageslicht verändert seine Farbtemperatur von 3.500 K der späten Abendsonne bis hin zu etwa 6.000 K eines bedeckten Himmels. Mondlicht liegt bei 4.100 K.*

Licht und Farbtemperatur

So hat das morgendliche Sonnenlicht beispielsweise Kelvin-Werte um 3.500 K. Die Mittagssonne besitzt hingegen höhere Kelvin-Werte von ca. 5.500 K. Das Ganze steigert sich bis hin zu bedecktem Himmel mit 6.500-7.000 K und Nebel, der Werte um die 8.000 K erreichen kann. Allein das Sonnenlicht hält somit bereits eine Vielzahl an Farbtemperaturen für uns parat.

Die Farbtemperatur künstlicher Lichtquellen hängt von dem Material ab, das zur Lichterzeugung eingesetzt wird. Feuer erscheint gelbrot, Glühbirnen eher gelblich, Neonröhren haben häufig eine grünliche Farbe und Blitzlicht kommt dem Mittagslicht schon fast nahe. Künstliche Lichtquellen besitzen etwa die in der Tabelle aufgelisteten Kelvin-Werte.

Künstliche Lichtquellen	Farbtemperatur
Kerze	1.500–2.000 K
Glühbirne 40 W	2.680 K
Glühbirne 100 W	2.800 K
Energiesparlampe Extra Warmweiß	2.700 K
Energiesparlampe Warmweiß	2.700–3.300 K
Energiesparlampe Neutralweiß	3.300–5.300 K
Energiesparlampe Tageslichtweiß	5.300–6.500 K
Halogenlampe	5.200 K
Leuchtstoffröhre (kaltweiß)	4.000 K
Blitzlicht	5.500–6.000 K

Um nun der Kamera die Lichtquelle mitzuteilen, die sich ihr gerade vor der Linse offenbart, müssen ihr die Kelvin-Werte über den Weißabgleich vermittelt werden. Dies übernehmen entweder die kameraeigenen Weißabgleichvorgaben oder der Fotograf selbst, wie Sie später noch sehen werden. Jedenfalls ermöglicht erst der Weißabgleich eine naturgetreue Farbdarstellung ohne Farbstich und Fehlfarben. Die Farbgebung eines jeden Bildes ist somit vom richtigen Weißabgleich abhängig.

Warum selbst Einfluss nehmen auf die Farbe?

Oftmals geht es in Diskussionen um den „richtigen" Weißabgleich. Nun, wir finden, dass diese Aussage eigentlich etwas zu festgelegt klingt, denn was ist richtig und was falsch? Schließlich gibt es prinzipiell schon einmal zwei Möglichkeiten, den Weißabgleich einzusetzen:

1. Sie stimmen den Weißabgleich genau auf die Lichtquelle ab, sofern diese neutral wiedergegeben wird, z. B. sähe eine Kerzenflamme dann weiß aus und nicht gelblich.
2. Sie verschieben den Weißabgleich absichtlich, um Ihre subjektiv empfundene Lichtstimmung im Bild wiederzugeben und zu unterstreichen. Die Bildwirkung wird kühler ausfallen, wenn Sie den Kelvin-Wert verringern, weil dann mehr Blauanteile enthalten sind. Eine Erhöhung der Kelvin-Zahl verstärkt dagegen die Rotanteile und kann eine wärmere Bildwirkung erzeugen.

So könnten Sie beispielsweise eine Landschaftsaufnahme im Licht der untergehenden Sonne recht kühl und neutral wirkend aufnehmen oder Sie wählen eine Variante mit verstärktem gelbrötlichem Schein und einer wärmeren Atmosphäre, so wie bei den beiden Bildern hier.

Es ist also nicht immer ratsam, den Weißabgleich genau auf den Kelvin-Wert der Lichtquelle abzustimmen. Sonst würde beispielsweise auch ein Sonnenuntergang, aufgenommen mit ca. 3.500 K, nicht mehr warm und gemütlich wirken, sondern bläulicher und kühler.

06 Farben steuern über Weißabgleich und Picture Control

▲ Hier war der Weißabgleich auf 4.000 K eingestellt. Das Abendlicht wurde daher sehr neutral wiedergegeben, die gelbliche Färbung ist verschwunden und es macht sich kühles Blau breit.

▲ Durch eine Erhöhung auf 5.300 K wurden die Gelb-Rot-Anteile verstärkt und damit mehr Wärme ins Bild gezaubert. Diese Darstellung kommt übrigens dem Ergebnis nahe, das die Kamera mit dem automatischen Weißabgleich erzielt hat (¹⁄₁₀₀ Sek. | f7.1 | ISO 100 | A | 20 mm).

Für stimmungsvolle Sonnenuntergänge wären eher Kelvin-Werte von 5.500 bis 6.500 K geeignet.

In jedem Fall ist der Weißabgleich dafür notwendig, dass die vorhandene Lichtstimmung später im Bild auch sichtbar transportiert wird. Er entscheidet also über Wohl und Wehe einer stimmungsvollen Aufnahme. Zum Glück unterstützt Sie die D5200 jedoch mit einer gut funktionierenden Weißabgleichautomatik, sodass Sie sich in vielen Situationen darum nicht allzu viele Gedanken machen müssen.

6.2 Farbsteuerung mit der Weißabgleichautomatik

AUTO Die D5200 besitzt einen automatischen Weißabgleich, der in den meisten Situationen sehr zuverlässig arbeitet. Daher wird der automatische Weißabgleich auch von folgenden Programmen unveränderlich eingesetzt:

▲ In den Modi P, S, A und M kann der automatische Weißabgleich abgeschaltet und eine der anderen Vorgaben genutzt werden.

Situationen für die Weißabgleichautomatik

Tageslicht ist die Lieblingsbeleuchtung der D5200. Denn bei Tag analysiert die Kamera die Zusammensetzung des Lichts ohne Probleme, sodass Sie in den meisten Fällen ein Bild mit korrekter Farbgebung erhalten werden.

Aus diesem Grund können Sie sich bei folgenden Situationen auch ruhig auf den automatischen Weißabgleich Ihrer Kamera verlassen:

- Tageslichtaufnahmen von Vormittag bis Nachmittag.
- Aufnahmen bei bedecktem Himmel und Regenwetter.
- Motive während der farbenfrohen Beleuchtung zur Dämmerungszeit.
- Motive zur blauen Stunde.

Farbsteuerung mit der Weißabgleichautomatik

▲ *Bei Tageslicht von morgens bis abends hat die Weißabgleichautomatik der D5200 in der Regel kaum Probleme, die Farbstimmung richtig zu treffen (¹/₃₀ Sek. | f9 | ISO 800 | 27 mm | A | Weißabgleich AUTO).*

 Tageslicht im Heimstudio

Wenn Sie zum Fotografieren von Verkaufsgegenständen oder Porträts im Heimstudio Tageslicht nutzen, das durchs Fenster scheint, oder spezielle Tageslichtlampen einsetzen, wird Sie der automatische Weißabgleich ebenfalls selten im Stich lassen. Wird das Objekt hingegen nur mit Blitzlicht ausgeleuchtet, können hin und wieder Farbstiche auftreten. Dann wäre der später beschriebene manuelle Weißabgleich besser geeignet.

Die Weißabgleichvorgaben vorteilhaft einsetzen

Wenn der automatische Weißabgleich einmal danebenliegen sollte, hilft bestimmt eine der anderen Vorgaben weiter. Diese Voreinstellungen richten sich an verschiedenen Lichtquellen aus. Wählen Sie daher die Vorgabe, die Ihrer Lichtquelle entspricht oder ihr zumindest sehr ähnlich ist. Oder nutzen Sie absichtlich eine „falsche" Vorgabe, um bestimmte Farbanteile kreativ zu verstärken. Gehen Sie hierzu wie folgt vor:

Drücken Sie die i-Taste und navigieren Sie zur Weißabgleich-Schaltfläche *WB*. Bestätigen Sie mit der OK-Taste und wählen Sie die gewünsch-

▲ *Selbst bei künstlicher Beleuchtung in der Nacht schafft es die D5200, den Motiven eine stimmungsvolle Farbgebung zu verleihen (1 Sek. | f7.1 | ISO 100 | 16 mm | Stativ | Fernauslöser | Spiegelvorauslösung | Weißabgleich AUTO).*

141

06 Farben steuern über Weißabgleich und Picture Control

> **Die Fn-Taste mit dem Weißabgleich belegen**
>
> Möchten Sie den Weißabgleich noch schneller umschalten? Dann legen Sie diese Funktion doch einfach auf die Fn-Taste.
>
> Nun reicht es aus, die Fn-Taste zu drücken und gleichzeitig am Einstellrad zu drehen, um den Weißabgleich schnell umzustellen.

te Vorgabe aus. Schließen Sie die Aktion mit einem Druck auf die OK-Taste ab. Danach können Sie gleich fokussieren und das Bild aufnehmen.

Die Vorgaben in der Übersicht

Unterteilen lassen sich die Weißabgleichvorgaben prinzipiell in Einstellungen für natürliches und für künstliches Licht. Die Tabelle gibt Ihnen dazu eine kurze Übersicht.

Symbol	Bezeichnung	Einsatzbereich	alternative Einsatzmöglichkeit
	Kunstlicht (ca. 3.000 K)	Innenaufnahmen bei künstlicher Beleuchtung durch Glühlampen oder Leuchtstofflampen, die mit Glühlampen-Lichtfarbe strahlen.	Aufnahmen von „farblosem" Wasser, z. B. springende Wassertropfen. Das Wasser wird dann intensiv blau wiedergegeben.
	Leuchtstofflampe	Innenaufnahmen mit Leuchtstoffbeleuchtung, je nach Neonröhrentyp werden andere Kelvin-Werte verwendet: ■ ca. 2.700 K (Natriumdampflampe) ■ ca. 3.000 K (Leuchtstofflampe „Warmweiß") ■ ca. 3.700 K (Leuchtstofflampe „Weiß") ■ ca. 4.200 K (Leuchtstofflampe „Kaltweiß") ■ ca. 5.000 K (Leuchtstofflampe „Tageslicht weiß") ■ ca. 6.500 K (Leuchtstofflampe „Tageslicht") ■ ca. 7.200 K (Quecksilberdampflampe)	Die Vorgabe Leuchtstofflampe („Tageslicht weiß") ist gut für Kerzenlicht geeignet.
	Direktes Sonnenlicht (ca. 5.200 K)	Außenaufnahmen bei hellem Licht vom späten Vormittag bis zum frühen Nachmittag.	Sonnenuntergänge und Aufnahmen von Feuerwerk.
	Blitzlicht (ca. 5.400 K)	Für Motive, die überwiegend durch Blitzlicht aufgehellt werden, entspricht in etwa der Tageslichtstimmung, da sich Blitz- und Sonnenlicht farblich ähneln.	Blitzlicht ist dem Tageslicht sehr ähnlich, daher können Sie diese Einstellung alternativ zu Direktes Sonnenlicht verwenden.

Farbsteuerung mit der Weißabgleichautomatik

Symbol	Bezeichnung	Einsatzbereich	alternative Einsatzmöglichkeit
☁	Bewölkter Himmel (ca. 6.000 K)	Draußen bei mittlerer bis starker Bewölkung und Nebel.	Dämmerung und Sonnenauf-/-untergang, die Gelb-Rot-Anteile werden gegenüber Direktes Sonnenlicht verstärkt.
🏠	Schatten (ca. 8.000 K)	Außenaufnahmen im Schatten.	Bei Dämmerung und Sonnenauf-/-untergang werden die Gelb-Rot-Anteile noch mal stärker betont als bei Bewölkter Himmel.

▲ *Weißabgleichvorgaben der Nikon D5200. Die Einstellung erfolgt wie im vorherigen Abschnitt beschrieben.*

Die Vorgabe Leuchtstofflampe an die Lichtquelle anpassen

Leuchtstofflampe ist heutzutage nicht mehr gleich Leuchtstofflampe, es gibt viele verschiedene Varianten, die alle unterschiedliche Lichtfarben aussenden. So könnten Sie beispielsweise im kleinen Heimstudio mit Leuchtstofflampen arbeiten, die Tageslichtcharakter besitzen. Darauf sollte dann auch der Weißabgleich adaptiert werden.

Daher stehen Ihnen bei der Vorgabe *Leuchtstofflampe* ※ sieben Optionen zur Auswahl. Um diese zu erreichen, gehen Sie ins Aufnahmemenü zur Rubrik *Weißabgleich*. Wählen Sie *Leuchtstofflampe* und drücken Sie dann die rechte Pfeiltaste. Entscheiden Sie sich für eine Vorgabe und bestätigen Sie die Wahl mit der OK-Taste. Führen Sie, wie später gezeigt, eine Feinanpassung durch oder drücken Sie einfach OK, um die Vorgabe unverändert zu nutzen.

▲ *Der Weißabgleich kann auf sieben verschiedene Leuchtstofflampen abgestimmt werden.*

Die Weißabgleichmodi im Praxiseinsatz

Vor allem, wenn Ihnen das Ergebnis des automatischen Weißabgleichs einmal nicht so ganz zusagt, ist es sinnvoll, ein wenig mit den Weißabgleichvorgaben zu spielen. Bei unserem Beispielmotiv war es so, dass der automatische Weißabgleich an sich zwar ordentliche Arbeit geleistet hat, die grauen Steinflächen der Statuen aber etwas zu bläulich und kühl aussahen. Daher haben wir kurzerhand auch noch die Weißabgleichvorgaben *Direktes Sonnenlicht*, *Bewölkter Himmel* und *Schatten* ausgetestet.

Dabei zeigt sich, dass die Vorgabe *Direktes Sonnenlicht* in diesem Fall den leichten Blaustich bereits entfernen konnte. Bei der Vorgabe *Bewölkter Himmel* werden die Gelb-Orange-Anteile aber noch schöner betont, was diesem Motiv eine wärmere und farbintensivere Wirkung verleiht. Die Vorgabe *Schatten* steigert die Gelbtöne dagegen etwas zu stark.

Merke: Die Gelbtöne nehmen mit den Vorgaben *Direktes Sonnenlicht*, *Bewölkter Himmel* und *Schatten* zu. Achten Sie daher stets darauf, dass die Tönung nicht zu stark ausfällt. Vor allem, wenn der stahlblaue Himmel oder die Haut Ihres Models zu sehr „vergilbt", entsteht eine sofort sichtbare unnatürliche Bildwirkung.

06 Farben steuern über Weißabgleich und Picture Control

▲ Die Vorgaben »AUTO« und »Direktes Sonnenlicht« wirken in diesem Fall etwas zu kühl, die Vorgabe »Bewölkter Himmel« betont die gelben Motivanteile hingegen besser. Beim Weißabgleich »Schatten« ist die Gelbwirkung ein wenig zu stark (¹⁄₄₀ Sek. | f8 | ISO 200 | 18 mm | A | Polfilter).

Auch mit den Weißabgleichvorgaben für Innenaufnahmen lässt sich trefflich spielen.

Nehmen Sie doch zur Abwechslung mal die Vorgabe *Leuchtstofflampe (Tageslicht weiß)* anstatt des automatischen Weißabgleichs. Damit können Sie Motive bei Kerzenlicht harmonisch in Szene setzen.

Welche Farbdarstellung am besten gefällt, ist am Ende natürlich immer Geschmackssache. Auf jeden Fall stehen Ihnen mit den verschiedenen Vorgaben genügend Möglichkeiten offen, die Lichtstimmung Ihrem Empfinden nach perfekt anzupassen.

✓ Dauerhaft flexibel dank NEF/RAW

Wenn Sie das Rohdatenformat für Ihre Aufnahme genutzt haben, steht es Ihnen frei, den Weißabgleich ganz nach Belieben auszuwählen und auch später noch verlustfrei wieder zu ändern. Das geht entweder im Rahmen der kamerainternen Bildbearbeitung oder mit einem speziellen RAW-Konverter, wie z. B. Adobe Lightroom, ViewNX 2 oder Nikon Capture NX 2.

6.3 Wann der manuelle Weißabgleich sinnvoll ist

PRE Aufnahmen bei Kunstlicht, seien es Glühlampen-, Neonbeleuchtung, Kerzen, Baustrahler im Studio oder auch Blitzlicht, verlangen der Kamera einen präzisen Weißabgleich ab. Nicht immer stellt die Automatik die neutralen Farbtöne zwischen Weiß, Grau und Schwarz auch wirklich neutral dar. So kann es passieren, dass die Bilder farbstichig werden.

Bei dem hier gezeigten Modellauto, das nur durch Blitzlicht beleuchtet wurde, ist beispielsweise ein leichter Blaustich zu sehen.

▲ *Der automatische Weißabgleich lag hier leider etwas daneben, es ist ein leichter Blaustich zu erkennen ($^1/_{100}$ Sek. | f11 | ISO 125 | M | 55 mm | Stativ | zwei Blitzgeräte plus Softboxen).*

Es gibt jedoch eine ausgeklügelte Methode, auch unter kniffligen Kunstlichtbedingungen ein schnelles Feintuning des Weißabgleichs zu erreichen. Hierfür wird ein manueller Weißabgleich durchgeführt.

Um den manuellen Weißabgleich anzuwenden, gibt es zwei Möglichkeiten:

- Verwenden Sie ein weißes Objekt, ein Blatt Papier oder ein Taschentuch. Allerdings besitzen solche Objekte meist Aufheller, die den Weißabgleich beeinflussen können.

- Setzen Sie eine sogenannte Graukarte ein. Das ist eine feste Papp- oder Plastikkarte, die auf der einen Seite mit 18-prozentigem Grau und auf der anderen Seite weiß beschichtet ist. Die graue Seite ist zur Optimierung des Weißabgleichs bei normal hellem Licht geeignet. Die weiße Seite eignet sich für den Weißabgleich bei wenig Licht. Digital taugliche Karten sind so beschichtet, dass sie unabhängig vom vorhandenen Licht einen zuverlässigen Weißabgleich ermöglichen.

▲ *Geeignete Graukarten wären beispielsweise die Digital Grey Kard DGK-1 oder DGK-2 von Enjoyyourcamera, die faltbare Helios-Graukarte mit Skala, die Graukarte von Fotowand.com oder der hier gezeigte ColorChecker Passport von X-Rite.*

Gehen Sie nun wie folgt vor:

1

Stellen Sie das Funktionswählrad auf P, S, A oder M. Wählen Sie eine andere Picture-Control-Vorgabe als *Monochrom* (siehe Seite 147).

2

Aktivieren Sie den manuellen Fokus über den A/M-Schalter am Objektiv.

3

Navigieren Sie im Aufnahmemenü zur Weißabgleicheinstellung *PRE Eigener Messwert*. Drü-

06 Farben steuern über Weißabgleich und Picture Control

cken Sie die rechte Pfeiltaste, wählen Sie *Messen* und drücken Sie OK. Sollte eine ältere Voreinstellung existieren, wählen Sie bei der nächsten Frage *Ja* und drücken OK.

▲ Unscharf und farbstichig, aber das Bild der Graukarte hat den Weißabgleich auf Vordermann gebracht.

4

Richten Sie die Kamera anschließend auf die Graukarte oder das weiße Blatt Papier, sodass das Bildfeld gut ausgefüllt, aber noch ausreichend beleuchtet wird.

5

Lösen Sie das Bild aus, solange die Anzeige *PRE* im Sucher und Monitor blinkt. Bei erfolgreicher Messung fahren Sie mit Schritt 6 fort.

Erscheint hingegen eine Fehlermeldung, ist das Referenzbild vermutlich zu dunkel oder zu hell geraten. Korrigieren Sie die Belichtung und wiederholen Sie die Schritte 3 bis 5.

6

Der Weißabgleich ist nun automatisch auf PRE umgeschaltet worden. Stellen Sie den Objektivschalter wieder auf A (Autofokus) und nehmen Sie das eigentliche Motiv wie gewohnt auf. Die Farbgebung sollte jetzt wesentlich neutraler erscheinen, und natürlich werden auch alle anderen Bilder, die Sie in der gleichermaßen beleuchteten Umgebung fotografieren, ohne Farbstich auf dem Sensor landen.

 Den Graukartenwert später nutzen

Wenn Sie sich das Prozedere des manuellen Weißabgleichs sparen möchten, können Sie die Graukarte auch einfach an irgendeiner Stelle ins Bild halten und mitfotografieren. Nehmen Sie die gleiche Szene und vielleicht noch weitere Bilder in der gleichen Umgebung auf.

Später öffnen Sie die Fotos im RAW-Konverter, klicken mit der Weißabgleichpipette auf die Graukarte des ersten Bildes und übertragen die Werte auf alle anderen Fotos. Jetzt sollte die Farbstimmung aller Bilder korrekt sein.

Picture Control

▲ Dank des manuellen Weißabgleichs entspricht die Farbgebung wieder der Realität.

Referenzbilder wiederverwenden

Fotografieren Sie häufiger in der gleichen Umgebung, beispielsweise um Produktbilder für den Internetverkauf abzulichten? Dann kann es sehr günstig sein, sich ein Foto, das mit dem manuellen Weißabgleich unter diesen Lichtbedingungen optimal geworden ist, auf der Speicherkarte aufzubewahren. Denn dieses Bild können Sie später nutzen, um Folgebilder mit exakt dem gleichen Weißabgleich zu produzieren. Eine manuelle Neuanpassung entfällt und Sie sind schneller am Ziel.

Allerdings funktioniert das nur optimal, wenn Sie unter den gleichen Lichtbedingungen arbeiten, sprich, am besten in einem abgedunkelten Raum mit den gleichen Lampen bzw. Blitzgeräten. Fotografieren Sie hingegen in einem normalen Raum mit Fenster mal bei Tag und mal abends, sodass die Raumhelligkeit und die Lichteigenschaften schwanken, werden Sie mit der nachfolgend beschriebenen Vorgehensweise keine farbstabilen Resultate erzielen.

1

Wählen Sie beim Weißabgleich *Eigener Wert* diesmal die Option *Foto verwenden* und gehen Sie dann auf *Bild auswählen*.

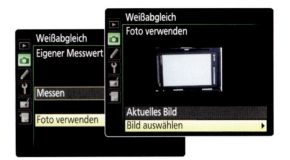

2

Navigieren Sie in den Ordner auf der Speicherkarte, der das betreffende Referenzbild für Ihren Lichtaufbau enthält.

Markieren Sie das Foto und drücken Sie dann die OK-Taste. Wählen Sie *Aktuelles Bild* und bestätigen Sie dies wieder mit OK. Der Weißabgleich dieses Fotos wird nun auf alle folgenden Aufnahmen angewendet, wenn Sie mit der Option PRE fotografieren.

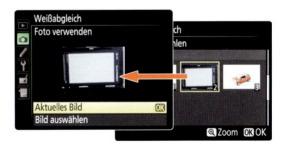

6.4 Mit Picture Control zum besonderen Foto

Eine Funktion, die nichts mit dem Weißabgleich zu tun hat, aber ebenfalls die Farben des Bildes verändert, ist der Bildstil (Picture Control). Beispielsweise können Sie damit die Sättigung erhöhen oder verringern oder auch eine Schwarz-Weiß-Aufnahme und eine Sepiatönung erzeugen. Die Picture-Control-Konfigurationen der D5200 beeinflussen die Bildwirkung durch vorgegebene Werte für den Kontrast, die Schärfe, die Sättigung und die Bildtönung. Der Stil beeinflusst die kamerainterne Verarbeitung des Bildes nach dem Drücken des Auslösers. Daher wirkt sich die Konfiguration nur auf JPEG-Fotos direkt aus.

1

Um die Picture-Control-Konfiguration selbst wählen zu können, müssen Sie sich in einem der Programme P, S, A oder M befinden.

2

Drücken Sie dann die i-Taste und navigieren Sie zum Picture-Control-Eintrag. Drücken Sie die OK-Taste und wählen Sie den gewünschten Stil aus. Bestätigen Sie die Wahl erneut mit OK.

Für eine erste Übersicht finden Sie anschließend Kurzbeschreibungen zu den Eigenschaften der verschiedenen Picture-Control-Stile:

 Standard: Der Stil liefert angenehm gesättigte Farben und eine gute Schärfe. Er sorgt bei einem Großteil der Motive für eine ausgewogene Darstellung, daher ist er als Standardeinstellung absolut zu empfehlen.

▲ *Standard (¹⁄₈₀ Sek. | f13 | ISO 100 | A | 200 mm).*

 Neutral: Hiermit wird eine neutrale, natürlich wirkende Farbgebung erzielt. Diese Konfiguration kann zum Beispiel gut als Basis genutzt werden, wenn das Bild am Computer weiter optimiert werden soll. Auch wenn Ihr Motiv sehr kräftige Farben aufweist, die zur Überstrahlung neigen, wie es bei Rottönen z. B. häufig der Fall ist, können Sie mit dem Stil am besten die Motivdurchzeichnung erhalten. Später am Computer lassen sich die Farben allemal noch ein wenig intensivieren.

▲ *Neutral.*

 Brillant: Eine hohe Sättigung und ein gesteigerter Kontrast erzeugt dieser Bildstil, sodass die Farben besonders brillant zum Vorschein kommen. Damit sind die Bilder bereits für die Weiterverwendung im Druck

Picture Control

oder anderen Medien vorbereitet. Allerdings können die Farben bei recht kräftig gefärbten Motiven ein wenig zu bunt werden. Achten Sie auf eine etwaige Übersättigung vor allem bei Rot- und Orangetönen.

▲ Brillant.

Monochrom: Der Bildstil liefert eine monochromatische Darstellung, die entweder rein schwarz-weiß sein kann oder mit Filter- und Tönungseffekten verschiedentlich aufgepeppt werden kann. Denken Sie daran, dass aus monochromatischen JPEG-Bildern keine Farbfotos mehr generiert werden können.

▲ Monochrom.

Porträt: Dieser Stil liefert eine Farbgebung, die speziell auf Hauttöne abgestimmt ist. Auch werden die Fotos weniger stark nachgeschärft, um Nahaufnahmen von Gesichtern mit angenehmer Textur in Szene zu setzen.

▲ Porträt.

Landschaft: Die natürlichen Farbtöne werden intensiviert, um Landschaften, aber beispielsweise auch Architekturbilder mit frischen Farben abzubilden. Aber Achtung, ähnlich wie beim Bildstil *Brillant* können auch hier an sich kräftige Motivfarben zu bunt werden.

▲ Landschaft.

 Picture-Control-Konfiguration nachträglich ändern?

Bei JPEG-Fotos lässt sich die Farbgebung nachträglich nicht mehr ändern. Achten Sie daher darauf, dass nicht versehentlich ein Bildstil eingestellt ist, den Sie gar nicht nutzen möchten. Anders sieht es dagegen mal wieder beim NEF-/RAW-Format aus. Hier haben Sie die Möglichkeit, den Stil am PC über die Nikon-Software ViewNX 2 (oder Capture NX 2) beliebig oft und ohne Qualitätsverluste neu zu konfigurieren.

06 | Farben steuern über Weißabgleich und Picture Control

▲ Die Konfigurationen sind im Programm ViewNX 2 zu finden im Bearbeitungsfenster 🖉 unter der Rubrik »Picture Control«.

Eigene Kreationen erstellen

Sollten Sie viel Spaß daran haben, mit den verschiedenen Picture-Control-Konfigurationen kreative Bildeffekte zu erzielen, muss es nicht bei den sechs Voreinstellungen der D5200 bleiben.

Denn die einzelnen Parameter der Stile können je nach Geschmack verändert werden. Bei *Monochrom* können beispielsweise Filtereffekte eingebaut werden, ähnlich den getönten Schraubfiltern, die bei der analogen Schwarz-Weiß-Fotografie verwendet wurden.

1

Um die Vorgaben zu verändern, rufen Sie die Picture-Control-Konfiguration diesmal über die MENU-Taste und das Aufnahmemenü 📷 auf. Wählen Sie einen Stil aus und drücken Sie dann die rechte Pfeiltaste. Das Menü des jeweiligen Stils öffnet sich.

2

Navigieren Sie mit der unteren Pfeiltaste auf die gewünschte Option, z. B. *Tonen*. Stellen Sie diese mit der rechten Pfeiltaste um, hier auf *Sepia*. In diesem Fall können Sie noch einen Schritt weitergehen und mit der unteren Pfeiltaste auf die Intensitätsreihe des Tonungseffekts gehen. Stellen Sie diesen mit den horizontalen Pfeiltasten ein.

▲ Auswahl des Bildstils »Monochrom« und Anpassen der Tonung.

3

Sind alle Justierungen fertig, drücken Sie OK. Hinter dem Picture-Control-Icon ist nun ein Sternchen zu sehen, das auf die veränderte Konfiguration hinweist.

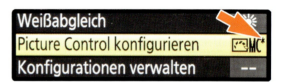

4 (optional)

Möchten Sie während der Konfiguration oder auch später die vorgenommenen Veränderungen schnell wieder löschen, gehen Sie ins Konfigura-

▲ Zurücksetzen einer veränderten Picture-Control-Konfiguration auf den Ausgangszustand.

Picture Control

tionsmenü aus Schritt 1 und drücken die Löschtaste. Bestätigen Sie die Schaltfläche *Ja* mit der OK-Taste. Jetzt steht die gewählte Picture-Control-Konfiguration wieder auf den Ausgangswerten und das Sternchensymbol verschwindet.

▲ *Hier das Ergebnis der veränderten Picture-Control-Konfiguration mit der Einstellung »Sepia, 4« auf Basis des Stils »Monochrom«.*

Eigene Kreationen in der Kamera speichern

Bis zu neun eigene Bildstil-Konfigurationen können Sie in der Kamera auf dafür vorgesehenen Speicherplätzen hinterlegen, sodass Sie bei sich wiederholenden Szenen stets die passende Picture-Control-Einstellung aufrufen können.

1

Wählen Sie im Aufnahmemenü die Rubrik *Konfigurationen verwalten*. und gehen Sie dann zu *Speichern/bearbeiten*. Suchen Sie sich aus der Liste die zuvor geänderte Konfiguration aus, hier ist das der zuvor erstellte Sepia-Stil.

2

Navigieren Sie mit der rechten Pfeiltaste zur Auswahlliste der neun freien Speicherplätze (C1 bis C9), suchen Sie sich einen davon aus und bestätigen Sie die Aktion mit der OK-Taste. Im nächsten Fenster können Sie der Konfiguration einen eigenen Namen geben. Dazu löschen Sie die vorhandenen Zeichen mit der Löschtaste und wählen eigene Zeichen aus, die jeweils mit OK bestätigt werden.

▲ *Unser neuer Bildstil soll »Sepia-blass« heißen.*

3

Wenn Sie nach Bestätigung der Namensvergabe mit der Taste ⊕ die Picture-Control-Liste aufrufen, findet sich der neue Stil an unterster Stelle. Möchten Sie den eigenen Bildstil wieder entfernen, gehen Sie in Schritt 2 einfach auf die Option *Löschen* und bestätigen den nachfolgenden Dialog mit *Ja*.

06 Farben steuern über Weißabgleich und Picture Control

Eigene Stile vom PC auf die Kamera laden

Am großen Computerbildschirm fällt es manchmal leichter, die Veränderungen einer Picture-Control-Konfiguration optisch zu verfolgen. Daher entwerfen Sie doch einfach mit ViewNX 2 (oder Capture-NX 2) einen neuen Stil und übertragen diesen in die Kamera.

1

Öffnen Sie ViewNX 2, wählen Sie eine NEF-Datei aus und klicken Sie in der oberen Leiste auf das Icon *Bearbeitung*. Im rechten Werkzeugbereich finden Sie das Picture-Control-Menü. Wählen Sie die Schaltfläche *Utility starten*.

2

Nun können Sie den Bildstil nach Ihren Wünschen gestalten ❶. Wählen Sie anschließend die Schaltfläche *Neu* ❷, geben Sie den gewünschten Konfigurationsnamen ein und bestätigen Sie mit OK ❸.

3

Legen Sie die Speicherkarte der Kamera ins Kartenlesegerät Ihres Computers. Klicken Sie in der Picture Control Utility auf *Exportieren* ❹ und legen Sie im nächsten Dialogfenster den Speicherplatz fest, den Ihr neuer Bildstil auf der Speicherkarte haben soll ❺.

▲ *Da der erste Speicherplatz (C1) in der Kamera schon mit dem Stil »Sepia-blass« belegt wurde, habe ich hier den zweiten Speicherplatz gewählt.*

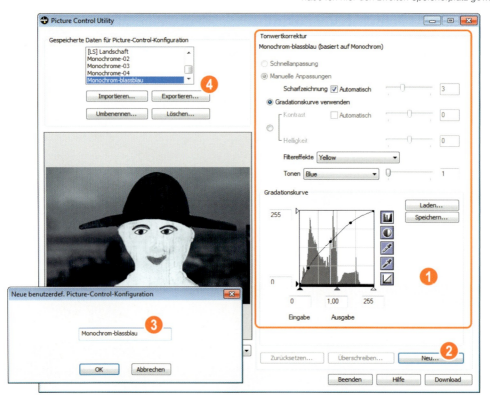

4

Setzen Sie die Speicherkarte in die Kamera ein und wählen Sie im Aufnahmemenü *Konfigurationen verwalten/Speicherkarte verwenden* und dann *Auf Kamera kopieren*. Bestätigen Sie den Bildstileintrag (hier *Monochrom-blassblau*) mit der OK-Taste.

5

Wählen Sie anschließend einen der neuen Speicherplätze aus (hier C2) und bestätigen Sie diesen mit der OK-Taste. Nun können Sie die Bezeichnung der Konfiguration noch verändern oder auch nicht und schließlich den Bildstil mit der Taste ⊕ speichern. Wenn Sie zukünftig die Picture-Control-Konfiguration aufrufen, finden Sie den importierten Stil in der Reihe der Vorgaben ganz unten bzw. mit dem Symbol C-2.

▲ Hier die Variation der Picture-Control-Konfiguration »Monochrom-blassblau«.

6.5 Den richtigen Farbraum wählen

Jede Farbe, die in Ihrem Foto vorkommt, ist durch bestimmte Werte der drei Grundfarben **R**ot, **G**rün und **B**lau (RGB) definiert. Diese Werte nutzt der Bildschirm, um die Bildfarben korrekt darstellen zu können. Der Farbraum wiederum bestimmt die höchstmögliche Anzahl an darstellbaren Farben, auch wenn nicht alle in Ihrem Foto enthalten sind. Die D5200 bietet nun die Möglichkeit, zwischen zwei Farbräumen auszuwählen, sRGB und Adobe RGB. Zu finden ist diese Funktion im Aufnahmemenü. Sie steht in allen Belichtungsprogrammen zur Verfügung.

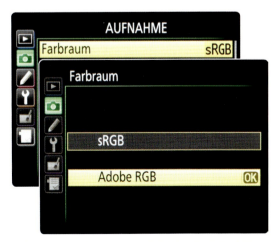

▲ Den Farbraum können Sie im Aufnahmemenü umstellen.

Worin liegt jetzt aber der Unterschied und welcher Farbraum ist am besten geeignet? Zunächst einmal unterscheiden sich die beiden Farbräume schlichtweg in der Anzahl der maximal darstellbaren Farben. In der Grafik ist zu sehen, dass die Farbenvielfalt von sRGB kleiner ist als die von Adobe RGB, vor allem im grünen Farbsegment.

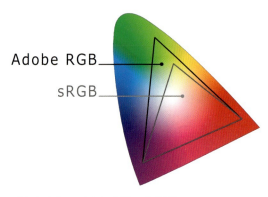

▲ *Die Farbräume Adobe RGB und sRGB.*

Adobe RGB besitzt somit mehr farbliche Reserven als sRGB. Daher eignet sich Adobe RGB vorwiegend für Bilder, die aufwendig nachbearbeitet werden und später in höchstmöglicher Qualität mit entsprechend auf das Farbprofil eingestellten Druckern geprintet werden sollen.

Für die Darstellung am PC, im Internet und den direkten Ausdruck auf dem eigenen Drucker reicht hingegen sRGB meist völlig aus. Auch wenn Sie mit Software arbeiten, die kein Farbmanagement unterstützt, ist sRGB der besser geeignete Farbraum, weil er einfach eine höhere Verbreitung aufweist.

Beim Verschicken der Fotos zu externen Ausbelichtern sollten Sie in den meisten Fällen auch den sRGB-Standard verwenden.

Wenn Sie hier Adobe-RGB-Bilder einsenden, können Ergebnisse mit flauer oder gar verfälschter Farbgebung die Folge sein. Bilder im Adobe-RGB-Farbraum müssten vor dem Versenden ins Fachlabor also immer in den vom Dienstleister angegebenen Farbraum konvertiert werden, was zusätzliche Arbeit verursacht, für Profis aber zum Standardprozess gehört. Informieren Sie sich am besten vorab, welchen Farbraum der gewählte Dienstleister erwartet.

Jedem, der sich nicht unbedingt in die Tiefen des professionellen Farbmanagements begeben möchte, sei geraten, den voreingestellten Farbraum sRGB einfach beizubehalten. Dann kann es auch nicht vorkommen, dass die Farben ungewollt flau wirken, weil bei der Bildbearbeitung notwendige Konvertierungsschritte vergessen wurden.

 Vorteil RAW auch beim Farbmanagement

Wie bei so vielen anderen Einstellungen auch, verhält sich das NEF-/RAW-Format auch beim Farbraum absolut flexibel. So können Sie den Farbraum bei der Bearbeitung des Bildes in der Kamera selbst wählen oder ihn nachträglich im RAW-Konverter festlegen. Damit stehen Ihnen alle Möglichkeiten des Farbmanagements zur Verfügung.

Farbraum

▲ Darstellung des Bildes im Originalfarbraum Adobe RGB.

▲ Das Foto wurde für die Internetpräsentation als JPEG gespeichert. Da die Konvertierung in den sRGB-Farbraum vergessen wurde, erscheinen die Farben ungewollt flau. Hätte das Foto gleich im sRGB-Farbraum vorgelegen, wäre dies nicht passiert.

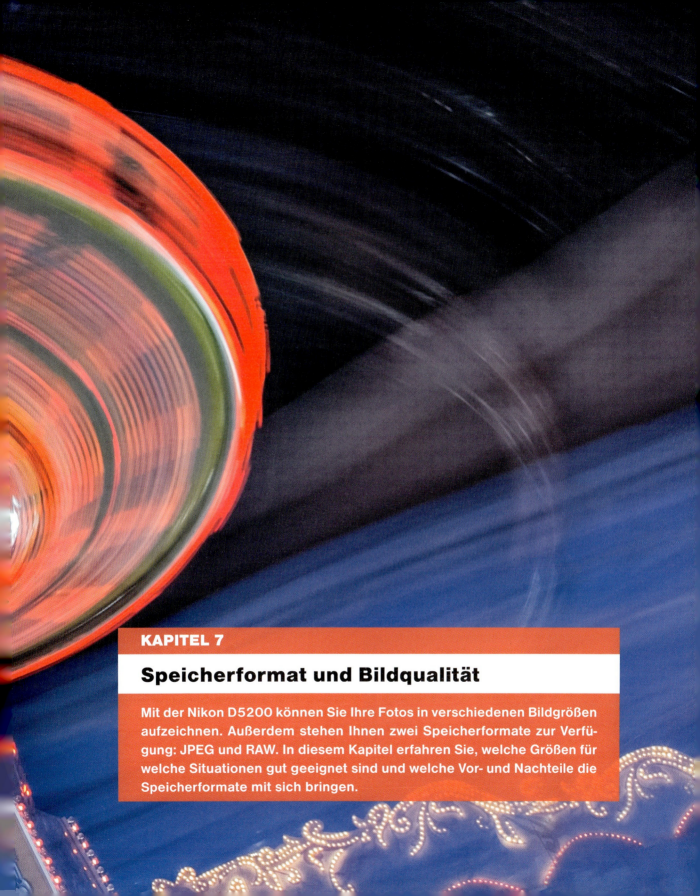

KAPITEL 7
Speicherformat und Bildqualität

Mit der Nikon D5200 können Sie Ihre Fotos in verschiedenen Bildgrößen aufzeichnen. Außerdem stehen Ihnen zwei Speicherformate zur Verfügung: JPEG und RAW. In diesem Kapitel erfahren Sie, welche Größen für welche Situationen gut geeignet sind und welche Vor- und Nachteile die Speicherformate mit sich bringen.

07 Speicherformat und Bildqualität

7.1 Die Bildgrößen und Formate der D5200

Wenn Sie mit der D5200 im JPEG-Format fotografieren, können Sie eine ganze Reihe verschiedener Speicherformate nutzen. Dazu zählen die drei Bildgrößen **L**arge (Groß), **M**edium (Mittelgroß) und **S**mall (Klein).

1

Um die Bildgröße Ihrer Wahl einzustellen, drücken Sie einfach die i-Taste und navigieren dann mit dem Multifunktionswähler auf den Menüpunkt für die Bildgröße.

2

Drücken Sie die OK-Taste und wählen Sie die Größe aus. Mit OK bestätigen Sie die Aktion und verlassen das Menü dann wieder durch Antippen des Auslösers.

Neben den unterschiedlichen JPEG-Bildgrößen gibt es zusätzlich die Möglichkeit, unterschiedliche Qualitäten zu wählen. Sprich, die Bilder werden unterschiedlich komprimiert abgespeichert. Dabei liefert die Einstellung *Fine* die bestmögliche Auflösung und Schärfe sowie die höchste Qualität.

Die Kompressionsstufe *Normal* erzielt immer noch gute Qualitäten und gleichzeitig kleinere Dateien mit etwa halb so großem Speichervolumen. Die Stufe *Basic* komprimiert die Dateien nochmals um das Doppelte. Auflösung und Qualität sinken hierbei weiter zugunsten eines vierfach kleineren Speichervolumens gegenüber dem Fine-Format.

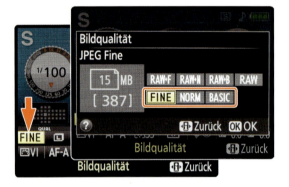

Übersicht der Bildgrößen und Speichermodi

Alles in allem stellt die D5200 eine breite Palette möglicher Bildgrößen und Qualitätsstufen zur Verfügung.

Um da nicht die Übersicht zu verlieren, gibt Ihnen die Tabelle einen Überblick in Verbindung mit der möglichen Anzahl an Bildern, die bei der jeweiligen Einstellung auf eine 8-GByte-Speicherkarte passen.

◂ *Im linken Monitorfeld wird die zu erwartende Dateigröße und die Anzahl möglicher Aufnahmen angezeigt.*

Bildgrößen und Formate

Bild-größe	Pixelanzahl	Qualität/Bilder auf 8-GByte-Karte			druckbare Größe (300 dpi Auflösung)
		BASIC	NORM	FINE	
S	2.992 x 2.000	~6.200	~3.300	~1.600	zwischen A5 und A4 (25,3 x 16,9 cm)
M	4.496 x 3.000	~3.300	~1.700	878	bis zu A3 (38,1 x 25,4 cm)
L	6.000 x 4.000	~2.000	~1.000	523	bis zu A2 (50,8 x 33,9 cm)
RAW	6.000 x 4.000	223			bis zu A2 (50,8 x 33,9 cm)
		S	M	L	
RAW+B	6.000 x 4.000	216	210	202	bis zu A2 (50,8 x 33,9 cm)
RAW+N	6.000 x 4.000	210	198	184	bis zu A2 (50,8 x 33,9 cm)
RAW+F	6.000 x 4.000	198	178	156	bis zu A2 (50,8 x 33,9 cm)

▲ *JPEG- und NEF-/RAW-Speicherformate mit den dazugehörigen Bildgrößen der D5200 (Bildanzahl ermittelt bei ISO 100). Sind mehr als 1.000 Aufnahmen möglich, zeigt die Kamera dies als k-Wert, z. B. [1.6k] für ca. 1.600 Bilder.*

▲ *Die drei Bildgrößen der D5200.*

07 Speicherformat und Bildqualität

Welche Größe für welchen Zweck?

Berechtigterweise fragen Sie sich jetzt vielleicht, warum das Ganze so kompliziert sein muss. Reicht es nicht aus, einfach nur zwischen JPEG und RAW zu unterscheiden? Nun, im Prinzip ist das vollkommen richtig. Doch die Unterteilung in verschiedene Größen und Qualitätsstufen bringt Vorteile mit sich.

Wenn Sie beispielsweise bei einer Veranstaltung unerwartet auf viel mehr spannende Fotosituationen treffen als gedacht, kann der Speicherplatz auf der einen Karte, die Sie dabeihaben, knapp werden. Um jetzt nicht auf lohnenswerte Motive verzichten zu müssen, können Sie zum Beispiel vom Format L-Fine auf L-Normal umschalten. Schon passen etwa doppelt so viele Bilder auf die Karte.

Oder Sie möchten ohne viel Aufwand ein paar Gegenstände übers Internet verkaufen. Für diese Zwecke reichen kleine Bilder völlig aus. Daher wählen Sie am besten das Format S-Basic. Diese Fotos nehmen wenig Platz auf der Speicherkarte oder der Computerfestplatte in Anspruch. Die Bearbeitungsprogramme können die kleinen Bilder sehr schnell öffnen und daher auch sehr schnell, beispielsweise mit einer Stapelverarbeitung in Photoshop Elements, für das Hochladen ins In-

> ✓ **Andere Seitenverhältnisse wählen**
>
> Die D5200 bietet vier verschiedene Seitenverhältnisse zur Auswahl an, die aber erst per Bildbearbeitung nach der Aufnahme eingestellt werden können. So lässt sich das klassische Bildformat (3:2) beispielsweise in das „Monitorformat" (4:3), in ein quadratisches Bild (1:1), in das Verhältnis 5:4 oder gar ins Breitbildformat 16:9 umwandeln. Wie Sie die Bilder in der Kamera zurechtschneiden können, lesen Sie in Kapitel 14.2.

▼ Landschaft im Panoramaformat 16:9 (1/800 Sek. | f11 | ISO 100 | A | 30 mm | Polfilter).

JPEG-Format

ternet optimieren. Somit können Sie Zeit einsparen und sind schneller am Ziel. Das größtmögliche Format L-Fine bzw. RAW ist auf alle Fälle immer dann sinnvoll, wenn die Bilder vielseitigen Zwecken dienen sollen. Angefangen beim Ausdruck in A2-Größe können Sie die L-Fine-Fotos beliebig verkleinern, haben aber eben auch die volle Auflösung zur Verfügung.

7.2 Vor- und Nachteile des JPEG-Formats

Nicht jeder möchte viel Zeit in die Bildbearbeitung investieren, sondern lieber unterwegs sein und der eigentlichen Fotografie frönen. Daher gleich die gute Nachricht: Viele JPEG-Bilder, die ja bereits in der Kamera fix und fertig abgespeichert werden, benötigen keine oder nur marginale Optimierungen. Sie können also gleich für Diashows, Blogbeiträge oder für den E-Mail-Versand verwendet werden.

Bei den JPEGs handelt es sich um komprimierte Bilddateien. Sie sind von der Speichergröße her viel kleiner als RAW-Fotos. Daher passen auch mehr Bilder auf eine Speicherkarte. Das unkomplizierte JPEG-Format steht Ihnen in allen Belichtungsprogrammen der D5200 zur Verfügung.

Situationen fürs JPEG-Format

Meist liefert der Speichermodus JPEG optimale Bildresultate, wenn das Sonnenlicht nicht mehr mit voller Intensität auf das Motiv scheint. Sonnige Morgen- und Abendstunden gehören zu dieser Kategorie.

Auch wenn der Himmel bewölkt ist oder das Motiv im Schatten liegt, sind die Kontraste schwach. Motive wie die hier gezeigte Maske am Fritschi-Brunnen auf dem Kapellplatz in Luzern, aber auch Häu-

▼ Im Licht der bereits tief stehenden Sonne waren die Hell-Dunkel-Kontraste nicht mehr so stark, sodass der Kontrast des Gefieders keine Probleme bereitete. Die Gefiederstrukturen sind im JPEG-Bild sehr gut erhalten geblieben (1/4000 Sek. | f4 | ISO 250 | A | 500 mm).

serfassaden oder Türmotive etc. lassen sich mit dem JPEG-Format qualitativ absolut hochwertig in Szene setzen. Die Kontrastverläufe sind sanft und die Durchzeichnung ist nahezu perfekt. Oder denken Sie an Innenräume oder das kleine Heimstudio. Wird das Motiv nur durch eine Art von Licht erhellt (zum Beispiel nur Glühlampen, nur Tageslicht oder nur Blitzlicht), auf die sich der Weißabgleich gut einstellen lässt, sind auch in solchen Situationen qualitativ hochwertige JPEG-Bilder möglich.

mel oder Motive im Schnee leicht überstrahlte Bereiche im Foto erzeugen. Diese besitzen keine Durchzeichnung mehr, erscheinen strukturlos und unnatürlich.

Bei den hier gezeigten Bildern, die ich bei prallem Sonnenschein aufgenommen habe, ist dies beispielsweise passiert. Das erste Foto ist versehentlich zu hell geraten. Große Teile der Wolken sehen „ausgebrannt" aus. Zum Glück zeigt die D5200 solche Überstrahlungen als blinkende Bereiche im Display an, wenn die Lichter-Anzeige aktiviert ist.

▲ Der Schnee ist zwar schön hell, aber der Himmel im Gegenlicht wirkt recht ausgewaschen und langweilig. In der Lichter-Ansicht werden zudem überstrahlte Stellen schwarz blinkend markiert.

Prüfen Sie daher vor allem bei Motiven mit hohen Kontrasten das Bildergebnis gleich nach der Auf-

▲ Das weiche Licht an einem bedeckten Tag war prima geeignet, um Detailaufnahmen mit sanften Kontrastverläufen und perfekter Durchzeichnung aufzunehmen (¹⁄₆₀ Sek. | f6.3 | ISO 500 | A | 270 mm).

Ausgefressene Bereiche vermeiden

Manche Situationen erfordern bei der JPEG-Fotografie etwas mehr Aufmerksamkeit. So können hohe Kontraste bei strahlendem Sonnenschein zur Mittagszeit, weiße Wolken vor tiefblauem Him-

▲ Durch eine Unterbelichtung um 1,3 Stufen konnte die Überstrahlung verhindert werden (¹⁄₁₆₀₀ Sek. | f8 | ISO 100 | A | 18 mm).

Höchste Qualität mit NEF/RAW

nahme am Monitor der D5200. Sollte es im Bild tatsächlich heftig blinken, führen Sie am besten eine Belichtungskorrektur durch. Bei diesem Beispielmotiv konnte ich mit einer Unterbelichtung von einer Stufe das Problem bereits beheben. Die Szene wird korrekt belichtet und zeigt keine Überstrahlungen mehr.

> **!** **Weißabgleich und Picture Control sollten stimmen**
>
> Da der Weißabgleich und der Picture-Control-Stil die Farben des Bildes essenziell beeinflussen, achten Sie bei JPEG-Aufnahmen immer auch besonders auf diese beiden Parameter. Sonst ist schnell einmal die Lichtstimmung im Eimer, wenn versehentlich noch *Kunstlicht* als Weißabgleich aktiviert war, obwohl Sie das Museum doch längst verlassen haben und gerade im Freien bei Tageslicht schöne Sightseeing-Bilder schießen. Falsche Farben lassen sich nachträglich nur schwer berichtigen, und sollte das Foto gar in Schwarz-Weiß aufgenommen worden sein, ist die Farbe für immer verloren.

7.3 Höchste Qualität erzielen mit NEF/RAW

RAW Manchmal geht alles ganz schnell – ein Schnappschuss wird mit der Kamera eingefangen. Häufig ist in solchen Situationen vorher nicht genug Zeit, die Kameraeinstellung auf die Szene vorzubereiten. Viele Bildresultate erscheinen dann auf den ersten Blick nicht optimal.

Gut, wenn die D5200 sogenannte Rohdateien aufgezeichnet hat, die bei Nikon die Bezeichnung NEF (**N**ikon **E**lectronic **F**ormat) tragen. Denn mit dem RAW-Konverter von Nikon (enthalten in View-NX 2 und Capture NX 2) oder anderen Bildbearbeitungsprogrammen wie Adobe Photoshop (Elements), Lightroom oder DxO Optics Pro können Sie oftmals trotz widriger Umstände noch beste Qualitäten aus den Bilddateien herausholen.

Sicherlich, es ist etwas mühsamer, eine ganze Reihe von Dateien auf diese Weise zu „entwickeln". Haben Sie aber erst einmal das Potenzial der RAW-Dateien kennengelernt, werden Sie zumindest wichtige Bilder bestimmt nur noch im RAW-Modus speichern. Das RAW-Format erreichen Sie, genauso wie die JPEG-Versionen, über die Einstellung der Bildqualität. Hier im Bild ist die Option *RAW* aktiviert.

▲ *Mit dieser Einstellung zeichnet die D5200 ausschließlich Rohdateien auf, die anschließend konvertiert werden müssen, um sie drucken oder präsentieren zu können.*

Erhöhter Belichtungsspielraum mit NEF/RAW

Rohdaten können leichte bis mittlere Belichtungsfehler viel besser wegstecken als JPEGs. Sie besitzen eine höhere Dynamik, können also mehr Helligkeitsstufen parallel anzeigen. Hinzu kommt,

07 Speicherformat und Bildqualität

dass sich die Farbgebung des Bildes völlig flexibel gestalten lässt, Weißabgleich und Bildstil sind frei wählbar.

Und auch wenn hohe ISO-Werte benötigt werden, schlägt der RAW-Vorteil zu, denn die Art und Höhe der Rauschreduzierung lässt sich dann nachträglich ebenfalls sehr fein und selbstbestimmt dosieren.

Das RAW-Format bringt daher vor allem Vorteile bei:

- hoch kontrastierten Motiven bei Sonnenschein,
- Nachtaufnahmen mit hellen Lampen im Bildausschnitt,
- Studioaufnahmen mit besonderen Lichteffekten wie Feuer & Co.,
- flächig hellen oder dunklen Motiven, die den Belichtungsmesser leicht in die Irre führen,
- Mischlichtsituationen, bei denen der Weißabgleich schwer zu treffen ist, sowie
- Situationen mit wenig Licht, in denen ohne Stativ und bei hohem ISO-Wert fotografiert wird.

Sicherlich, viele Belichtungsfehler oder Kontrastprobleme lassen sich durch die nachträgliche Bildbearbeitung mit so gut wie jeder Software ausmerzen. Im Fall von JPEG-Fotos geht das aber oft auch stark zulasten der Bildqualität. So steigt das Bildrauschen extrem an, wenn versucht wird, stark unterbelichtete Areale aufzuhellen. Und schlimmer noch, aus strukturlosen Flächen lässt sich beim besten Willen überhaupt keine Zeichnung mehr herausholen. Wolken oder helle Federn wirken dann nur noch wie weiße Kleckse im Bild.

NEF-/RAW-Dynamikumfang in der Praxis

Am Beispiel der hier gezeigten Landschaftsaufnahmen mit Zwiebelturmkirche lässt sich der erhöhte Dynamikumfang von NEF/RAW gegenüber JPEG gut veranschaulichen. Durch den dunkleren Vordergrund hatte die Kamera die Belichtung automatisch etwas angehoben. Das war für den dunklen Wald und die schattigen Stellen prima, aber die von der Sonne intensiv angestrahlten weißen Wolken leiden etwas darunter. Sie sind teilweise stark überbelichtet worden, sodass die Wolken-

> **i Farbgebung flexibel wählbar**
>
> Wenn Sie das RAW-Format nutzen, können Sie den Weißabgleich selbst wählen, anhand einer mitfotografierten Graukarte einstellen oder absichtliche Farbstiche erzeugen. Gleiches gilt für die Picture-Control-Stile. Damit erlangen Sie auch nach der Aufnahme absolute Flexibilität in Sachen Farbgebung, die das JPEG-Format überhaupt nicht bieten kann.

▲ *Die etwas überbelichtete, unbearbeitete JPEG-Datei weist teilweise strukturlose Bereiche auf.*

Höchste Qualität mit NEF/RAW

strukturen an manchen Stellen kaum mehr zu erkennen sind. Die weißflächigen Wolken ließen sich hier leider auch per Bildbearbeitung nicht wieder mit ihrer natürlichen Struktur füllen, wie das zweite Foto zeigt.

che meist gut aus. Vergleichbares gilt beispielsweise auch für Glanzstellen auf glatten Oberflächen, weiße Gefieder- oder Fellpartien oder ähnliche kleine Ausreißerstellen, die sich bei hohem Kontrast oftmals nicht vermeiden lassen.

▲ Rettungsversuch mit Photoshop (Helligkeit reduziert, Lichter-Korrektur): Die Wolkenstrukturen ließen sich nicht wiederherstellen.

▲ Die RAW-Datei besaß genügend Reserven, um das Bild mit richtiger Belichtung und besser durchzeichnet zu entwickeln (Aufnahmedaten: 1/60 Sek. | f7.1 | ISO 100 | A | 18 mm | Polfilter).

Die RAW-Dateien der Nikon D5200 besitzen hingegen erstaunliche Reserven. So konnte ich die Szene mit einer Belichtungs- sowie einer Tiefen/Lichter-Korrektur in Adobe Lightroom prima retten.

Es ist schon erstaunlich, was sich aus fehlbelichteten Fotos noch herausholen lässt. Vor allem, wenn die Fehlbelichtung ca. 1,5–2 Belichtungsstufen nicht überschreitet, gehen solche Rettungsversu-

Flexibilität pur bei Weißabgleich und Picture Control

Wenn Sie das NEF-/RAW-Format nutzen, können Sie den Weißabgleich selbst wählen, anhand einer mitfotografierten Graukarte einstellen oder absichtliche Farbstiche erzeugen. Gleiches gilt für den Picture-Control-Stil. Damit erlangen Sie hinsichtlich der Farbgebung Ihrer Fotografie absolute Flexibilität, die das JPEG-Format in keinster Weise bieten kann.

07 Speicherformat und Bildqualität

> **i** Der NEF-/RAW-Modus erlaubt präzises Nachschärfen, JPEG nicht
>
> NEF-/RAW-Bilder können bei der Entwicklung im RAW-Konverter oder auch im nachgeschalteten Bildbearbeitungsprogramm sehr präzise scharfgezeichnet werden. Bei JPEGs hingegen wird die Schärfe bereits durch die D5200 vorgegeben und sollte danach nicht weiter verstärkt werden. Denn nachträgliches Schärfen von JPEG-Bildern lässt sehr leicht unerwünschte Artefakte entstehen, die sich vor allem als weiße oder schwarze Linien an den Motivbegrenzungen zeigen. Den Grad der kamerainternen JPEG-Schärfung können Sie allerdings mithilfe der Picture-Control-Konfiguration beeinflussen (siehe ab Seite 147).

Grenzen der NEF-/RAW-Flexibilität

Das NEF-/RAW-Format erlaubt zwar sehr weitreichende Eingriffe in das Erscheinungsbild einer Fotografie, grenzenlos flexibel ist aber auch diese Form der Bildspeicherung nicht.

Was sich gar nicht ändern lässt, ist beispielsweise die ISO-Einstellung, die mit dem Drücken des Auslösers festgelegt wird. Auch Fehlbelichtungen können nur in Maßen gerettet werden, denn alles, was mehr als zwei Stufen über- oder unterbelichtet wurde, wird schwerlich noch anständig zu retten sein. Das NEF-/RAW-Format entbindet den D5200-Fotografen daher leider, möglicherweise aber auch zum Glück, nicht von seiner Pflicht, die Kameraeinstellungen mit Sorgfalt zu wählen, um die beste Bildqualität zu erhalten.

NEF-/RAW-Dateien sind überdies nicht nur bearbeitungsintensiver, sie fordern auch mehr Platz auf der Speicherkarte. Den ca. 523 JPEG-Bildern der Größe L-Fine stehen nur 223 NEF-/RAW-Fotos gegenüber, die auf eine 8-GByte-Speicherkarte passen.

Und weil die RAW-Dateien größer sind, schafft die D5200 auch nur acht Bilder in Reihe, die mit höchster Geschwindigkeit auf die Speicherkarte geschrieben werden können, bevor die Kamera ins Stocken gerät. Bei L-Fine-Fotos sind es hingegen etwa 35 und bei L-Normal und L-Basic sogar 100, sofern die Auto-Verzeichniskorrektur ausgeschaltet ist.

Dennoch möchten wir Ihnen das NEF-/RAW-Format ans Herz legen, da mit diesem Format, natürlich abgesehen von der Motivinszenierung, die höchste Qualität aus dem Sensor der D5200 geholt werden kann und die ist dank der 14 Bit Farbtiefe wahrlich auf höchstem Niveau. Probieren Sie es auf jeden Fall mal aus.

▲ Einstellungen, die bei Verwendung des RAW-Formats nachträglich noch geändert (✓) oder auch nicht mehr geändert werden können (⊖).

Stichwort: 14 Bit Farbtiefe

Vielleicht sind Sie beim Lesen der technischen Daten zur Nikon D5200 bereits über die Angabe RAW (14 Bit) gestolpert. Oder auch nicht, aber das macht nichts. Jedenfalls könnte es Sie ja vielleicht interessieren, was sich hinter der kryptischen Bezeichnung verbirgt.

Nun, die Bit-Angabe hat natürlich nichts mit dem gleichnamigen Brauereierzeugnis zu tun, sondern

Höchste Qualität mit NEF/RAW

beschreibt ganz unprätentiös die Farbtiefe eines Bildes. Wichtiger zu wissen ist also, was unter dem Begriff Farbtiefe zu verstehen ist.

▲ Originalansicht der Teehausfigur im Schlosspark Sanssouci ($^1/_{500}$ Sek. | f8 | ISO 200 | A | 200 mm).

Und auch dies lässt sich ganz einfach auf einen Punkt bringen: Die Farbtiefe bestimmt, wie viele unterschiedliche Farbtöne ein einziges Pixel in Ihrem digitalen Foto darstellen kann. Bei 1 Bit Farbtiefe wären es zwei, sprich, jedes Pixel könnte zum Beispiel entweder Schwarz oder Weiß sein. Das Foto der vergoldeten Teehausfigur würde dann etwa wie folgt aussehen: Mit diesem Wissen könnten Sie sich nun ausrechnen, wie viele

Farben Ihnen bei 8 Bit, also der Farbtiefe einer JPEG-Aufnahme, und bei 14 Bit, der Farbtiefe einer D5200-RAW-Datei, prinzipiell für jedes Pixel zur Verfügung stehen. Das wären:

8 Bit = 2^8 = 256 Farben
14 Bit = 2^{14} = 16.384 Farben

Es kommt aber noch ein Faktor hinzu, der das Ganze ein klein wenig komplexer werden lässt. Denn die Bit-Angabe bei Digitalkameras bezieht sich nicht einfach auf die Farbtiefe eines Bildpixels, sondern auf die Farbtiefe eines Farbkanals. Da jedes Bildpixel drei Farbkanäle besitzt (Rot, Grün, Blau), bedeutet das, dass Sie die oben ausgerechneten Werte noch mit dem Wert 3 potenzieren müssen:

8 Bit = $(2^8)^3$ = 16.777.216 Farben (~17 Millionen)
14 Bit = $(2^{14})^3$ = 4.398.046.511.104 Farben (~4 Billionen)

Dabei kommen schwindelerregend hohe Zahlen heraus, bei denen man sich kaum vorstellen kann, dass es so viele Farbtöne parallel überhaupt gibt und dass ein winzig kleines Pixel diese ganzen

▲ So würde das Bild bei 1 Bit Farbtiefe aussehen, es setzt sich dann nur noch aus schwarzen und weißen Pixeln zusammen.

Farbtöne auch noch darstellen kann. Aber sei's drum, in der Theorie ist das eben so. Wichtig für uns Fotografen ist nur, zu wissen, dass die NEF-/RAW-Daten der D5200 über ein solches Riesenspektrum an möglichen Farbwerten verfügen. Daher können RAW-Bilder sehr aufwendig bearbeitet werden, ohne dass sichtbare Qualitätsverluste, zum Beispiel durch Farbabrisse, entstehen. Der große Überschuss an Information ist also ein toller Puffer für den Erhalt der Qualität. Und das ist doch ein richtig gutes Ruhekissen für alle passionierten Bildbearbeiter und die, die es noch werden wollen.

7.4 NEF/RAW oder JPEG

Um Ihnen die Entscheidung zwischen RAW und JPEG ein wenig zu erleichtern, finden Sie in der folgenden Tabelle eine Liste der wichtigsten Entscheidungskriterien und das Format, das den darauf bezogenen größeren Vorteil bietet.

	RAW	**JPEG**
Bearbeitung mehrfach	verlustfrei möglich	Detailverlust und Qualitätsminderung möglich
Belichtungskorrektur	verlustfrei einstellbar	Detailverlust und Qualitätsminderung möglich
Bildqualität	Maximum möglich	komprimierter Standard, zudem abhängig vom Umfang der Nachbearbeitung
Direkte Verwendung	nicht möglich	möglich
Farbraum	verlustfrei einstellbar	festgelegt
Effekte (Farbzeichnung, Miniatureffekt …)	nur durch nachträgliche Bildbearbeitung	direkt gespeichert
Farbtiefe (Maß für die Feinheit der Farbabstufungen)	14 Bit pro Farbkanal = sehr fein abgestufte Farbverläufe	8 Bit pro Farbkanal = weniger Farbabstufungen (kann bei Belichtungskorrekturen schnell zu Farbabrisskanten führen)
High-Dynamic-Range-Automatik	nicht verfügbar (auch nicht bei RAW+F)	verfügbar
Kompatibilität	RAW-Konverter-Abhängigkeit	sehr hohe Kompatibilität
Kompression	unkomprimiert	voreingestellt
Kontrast	verlustfrei einstellbar	voreingestellt
Picture-Control-Konfiguration	verlustfrei einstellbar	festgelegt
Schärfung	verlustfrei einstellbar	voreingestellt

NEF/RAW oder JPEG

	RAW	JPEG
Speicherbedarf	hoch	gering
Weißabgleich	verlustfrei einstellbar	festgelegt
Zeitaufwand der Bearbeitung	höher	gering

▲ Vorteile der beiden Speicherformate in Bezug auf wichtige Bild- und Verarbeitungskriterien (grün = Vorteil, rot = Nachteil).

NEF/RAW und JPEG parallel speichern

Welches Format soll nun generell den Vorzug erhalten? Höchste Qualität durch die Bearbeitungsmöglichkeiten der RAW-Dateien oder schnelle Resultate dank JPEG?

Am besten nutzen Sie doch einfach beides und speichern die Bilder auf diese Weise parallel mit beiden Formaten ab. Bei gelungenen Motiven können Sie die JPEG-Dateien gleich weiterverwenden und sparen sich einiges an Computerarbeit.

Bei Bedarf können Sie aber auch auf die umfangreichen Bearbeitungsmöglichkeiten der RAW-Fotos zurückgreifen. Das hat den Vorteil, dass Sie dem Motiv jederzeit eine andere Wirkung verleihen können. Wenn Sie an die Picture-Control-Effekte oder den Weißabgleich denken, ist dies auf jeden Fall ein nicht zu verachtender Vorteil.

Bei der Qualität RAW+L gibt es einen kleinen Wermutstropfen. Die parallele Speicherung verbraucht am meisten Speicherkapazität. Außerdem reduziert sich die Anzahl schneller Serienbilder von 8 (RAW) auf 6 (RAW+F/ RAW+N/ RAW+B). Wenn jedoch keine Actionaufnahmen fotografiert werden sollen und die Speicherkarte genügend Kapazität hat, spricht dennoch nichts gegen die Einstellung RAW+L.

✓ Schneller Wechsel des Formats

Wenn Sie zu den Fotografen gehören, die das Aufnahmeformat häufiger wechseln, dann wäre es vielleicht sehr hilfreich, die Funktion schneller zu erreichen. Belegen Sie hierzu einfach die Funktionstaste mit der Option +RAW.

Dann können Sie durch Drücken der Fn-Taste das RAW-Format schnell zuschalten, wobei die RAW-Aktivierung nur für die nachfolgende Aufnahme gilt und zudem in den Modi *Nachtsicht*, *Farbzeichnung*, *Miniatureffekt* oder *Selektive Farbe* nicht anwendbar ist. Wenn Sie die Option QUAL wählen, können Sie durch Drücken der Fn-Taste und gleichzeitiges Drehen am Einstellrad schnell durch alle Formate und Qualitäten hindurch wechseln und die Bildqualität damit dauerhaft umstellen.

▲ Optionen zur schnelleren Einstellung der Aufnahmeformate über die Fn-Taste.

KAPITEL 8

Richtig blitzen mit der D5200

Eine gelungene Mischung aus Blitz- und Umgebungslicht ist das A und O für gelungene Blitzaufnahmen. Alles, was Sie dafür benötigen, ist das Wissen über ein paar grundlegende Blitztechniken, die wir Ihnen in diesem Kapitel gerne an die Hand geben möchten. Erweitern Sie damit das eigene Fotorepertoire um kreative und spannende Aufnahmen mit dem Zusatzlicht aus der Kamera oder externen Blitzgeräten.

08 Richtig blitzen mit der D5200

8.1 Immer dabei: was der kamerainterne Blitz leisten kann

Die D5200 besitzt einen fest eingebauten Blitz, der ausklappbar auf der Gehäusemitte positioniert ist. Naturgemäß lässt sich damit das Motiv nur direkt von vorne anblitzen, was die Anwendungsmöglichkeiten insgesamt etwas einschränkt. Trotz dieser verminderten Variabilität ist es damit jedoch möglich, kreative Blitzaufnahmen zu gestalten.

Das Angenehme am kamerainternen Blitz ist seine ständige Verfügbarkeit. Egal, wo Sie sich gerade befinden, der Blitz kann in jeder Situation schnell ausgeklappt werden und dann zur Aufhellung oder auch als alleinige Lichtquelle zum Einsatz kommen. Ist das Motiv recht dicht vor der Kamera, wie die hier gezeigte Fischskulptur im Abstand von ca. 0,6 m, dann ist der Blitz auch bei Gegenlicht für eine Aufhellung stark genug.

Auch in dunkler Umgebung und ohne Stativ lassen sich mit dem internen Blitz gut aufgehellte und scharfe Freihandaufnahmen gestalten, wenn das Motiv nicht zu weit, also etwa 2–4 m, entfernt ist. Der Blitz vermag es, den Schärfeeindruck zu erhöhen und störende Schatten aufzuhellen.

▼ *Hier habe ich um eine Stufe unterbelichtet, um Überstrahlungen im Himmel und auf der linken Kopfhälfte des Fisches zu vermeiden. Der kamerainterne Blitz sorgte dann als Gegengewicht zum hellen Sonnenlicht für eine harmonische Aufhellung. Dadurch tritt der Fisch plastisch in den Vordergrund und die Belichtung ist insgesamt ausgewogen ($1/200$ Sek. | f13 | ISO 100 | P | –1 EV | 18 mm).*

Kcamerainterner Blitz

ℹ️ Die Reichweite des kamerainternen Blitzgerätes

Da der kamerainterne Blitz aus einem flachen Winkel auf das Motiv scheint, sollte dieses generell nicht mehr als 0,6 m vom Blitz entfernt sein, damit die Aufhellung gleichmäßig wird. Auch ist es bei Nahaufnahmen sinnvoll, die Streulichtblende des Objektivs abzunehmen, weil diese das Blitzlicht abschatten kann. Wie weit das Licht des Aufklappblitzes reicht, hängt von der gewählten Blende und dem ISO-Wert ab. Daher gibt es keine festgelegte Reichweite für alle Lebenslagen. In der Tabelle finden Sie jedoch Anhaltspunkte für die Reichweite bei verschiedenen Blenden- und ISO-Einstellungen (die Leitzahl des internen Blitzes beträgt etwa 12).

	f2.8	f5.6	f11
ISO 100	0,6–4,2	0,6–2,1	0,6–1,1
ISO 200	0,7–6,0	0,6–3,0	0,6–1,5
ISO 400	1,0–8,5	0,6–4,2	0,6–2,1
ISO 800	1,0–13,1	0,7–6,0	0,6–3,0
ISO 1600	1,0–18,6	1,0–8,5	0,6–4,2

▲ Blitzreichweite des integrierten Blitzgerätes der Nikon D5200 in Metern bei unterschiedlichen ISO- und Blendenwerten.

Den internen Blitz zuschalten

Das Einfachste, was Sie tun können, um eine Szene mit Blitzlicht aufzuhellen, ist die Verwendung eines der automatischen Programme. Denn in der Vollautomatik 🅰️, den Motivprogrammen Porträt 🏃, Kinder 👶 und Nahaufnahme 🌷, den SCENE-Modi Nachtporträt 🌙, Innenaufnahme 🎉 und Tiere 🐈 sowie im EFFECTS-Modus Farbzeichnung klappt der eingebaute Blitz automatisch heraus, wenn das Umgebungslicht für eine verwacklungsfreie Freihandaufnahme nicht ausreicht.

Auch bei hohen Kontrasten kann sich das Blitzgerät automatisch zuschalten. Die Kamera geht in diesem Fall von einer Gegenlichtsituation aus und „denkt", sie müsse die Schatten aufhellen. Das ist in vielen Fällen auch richtig und führt zu besseren Bildern.

Den Blitz selbst aktivieren

Wenn Sie in den Belichtungsprogrammen P, S, A, M und Food 🍴 fotografieren und den integrierten

▲ Modi mit automatischer Blitzaktivierung.

▲ Blitzentriegelungstaste zur Verwendung des internen Blitzes in den Programmen P, S, A, M und 🍴.

Blitz verwenden möchten, müssen Sie ihn über die Blitzentriegelungstaste manuell aktivieren. Sogleich klappt der Blitz aus dem Gehäuse und steht zur Verfügung.

8.2 Systemblitzgeräte für die D5200

In der Fotografie hängt das Wohl und Wehe einer Aufnahme nicht unwesentlich von der Richtung des Lichts ab. Das gilt sowohl für natürliches als auch für künstliches Licht.

Da der kamerainterne Blitz weder dreh- noch schwenkbar ist, lässt sich eine gezielte Blitzlichtlenkung nur mit einem Systemblitz erzielen. Daher sollte jeder die Anschaffung eines Zusatzgerätes in Erwägung ziehen, der den Blitz öfter in Gebrauch nehmen möchte.

Die interessantesten Systemblitze in der Übersicht

Der Blitzgerätemarkt hat heutzutage einiges zu bieten. Von kleineren und im Funktionsumfang etwas eingeschränkteren Geräten bis hin zu Profisystemblitzen mit hoher Leistung und umfangreicher Ausstattung können Sie die Nikon D5200 auf vielfältige Art und Weise mit einem externen Blitz aufwerten.

In den folgenden Abschnitten finden Sie als Anhaltspunkte einige interessante Geräte aus jedem Leistungsbereich. Am besten gehen Sie jedoch einfach mal zum Fachhändler Ihres Vertrauens und stecken einen kleinen und einen großen Blitz an Ihre Kamera, um das Gewicht und die Dimensionen der Konstruktion selbst zu erfahren.

Welches Gerät es dann wird, können Sie ganz nach Leistung, Ausstattung und Preis entscheiden. Achten Sie beim Blitzkauf auch stets auf die Kompatibilitäts- und Service-Informationen des Herstellers.

Nikon SB-400

Bild: Nikon.

Leitzahl: 21
Zoomreflektor: nein (fest auf 18 mm)
Schwenkbarkeit: vertikal
Streuscheibe: nein
Master/Remote: nein
Gewicht: ~185 g

Klein, aber fein, so könnte man den SB-400 beschreiben. Der kompakteste und leichteste Blitz im Nikon-Sortiment spendet in vielen Situationen ein hilfreiches Zusatzlicht, das sich aufgrund des neigbaren Reflektors sogar indirekt über die Decke leiten lässt. Zugegeben, fortgeschrittene Anwender werden einige zentrale Funktionen vermissen, wie den Drahtlosbetrieb oder die FP-Kurzzeitsynchronisation (Letztere ist bei der D5200 allerdings sowieso nicht nutzbar).

Die Blitzleistung reicht auch nicht gerade zum Ausleuchten ganzer Räume aus. Aber in puncto Größe und Gewicht ist er fast unschlagbar – ein praktischer Reisebegleiter also. Aufgrund des aut das Weitwinkelformat festgelegten Zoomreflektors ist der SB-400 am besten geeignet für die Aufhellung bei Bildern mit 18–50 mm Brennweite.

Systemblitzgeräte

Nikon SB-600

Bild: Nikon.

Leitzahl: 36
Zoomreflektor: 24–85 mm
Schwenkbarkeit: vertikal und horizontal
Streuscheibe: ja (für minimal 14 mm Brennweite)
Master/Remote: nur als Remote-Blitz
Gewicht: ~420 g

Dieser immer noch recht kompakte Blitz hat es in sich. Durch den dreh- und neigbaren Reflektor lässt sich das Licht in jede beliebige Richtung lenken. Aufgrund des Zoomreflektors passt sich die Lichtintensität der eingestellten Objektivbrennweite an, sodass die Blitzleistung optimal ausgenutzt wird und höhere Reichweiten möglich sind (bei 85 mm, Blende 5.6 und ISO 400 beispielsweise 14 m).

Mit der ausklappbaren Streuscheibe können zudem stärkere Weitwinkelperspektiven ausgeleuchtet werden. Überdies kann der SB-600 drahtlos von einem Master-Gerät angesteuert werden. Er ist zwar selbst nicht masterfähig, kann also keine anderen Geräte triggern, wie z. B. der SB-700. Aber als zuverlässiger und robuster Remote-Blitz erfreut er sich flächendeckender Beliebtheit.

Nikon SB-700

Bild: Nikon.

Leitzahl: 34,5
Zoomreflektor: 16–80 mm
Schwenkbarkeit: vertikal und horizontal
Streuscheibe: ja (für minimal 12 mm Brennweite)
Master/Remote: Master und Remote
Gewicht: ~480 g

Von den grundlegenden Eigenschaften her ähnelt der neuere SB-700 seinem Vorgänger, dem SB-600, sehr. Er ist zwar etwas größer und schwerer, zählt aber immer noch zu den leichteren Modellen.

Neben den zu erwartenden Funktionen wie dem automatischen Zoomreflektor hat der SB-700 einen entscheidenden Vorteil, denn er ist masterfähig. Das heißt, Sie können diesen Blitz dazu verwenden, andere Advanced-Wireless-Lighting-kompatible Blitzgeräte von der Kamera aus fernzusteuern.

Damit ist der SB-700 für alle interessant, die einerseits ein recht kompaktes Gerät bevorzugen, andererseits aber auch alle Vorzüge des Nikon-eigenen Kabellossystems nutzen möchten.

Nikon SB-910

Bild: Nikon.

Leitzahl: 48
Zoomreflektor: 17–200 mm
Schwenkbarkeit: vertikal und horizontal
Streuscheibe: ja (für minimal 14 mm Brennweite)
Master/Remote: Master und Remote
Gewicht: ~510 g

Der SB-910 ist das neue Flaggschiff des Nikon-Blitzsystems. Das Gerät bringt die höchste Leistung mit, kann als Master- oder Remote-Blitz fungieren und besitzt alle Funktionen, die man von einem professionellen Systemblitz erwarten würde.

Die Bedienung ist sehr intuitiv aufgebaut. Das Umschalten vom normalen in die entfesselten Blitzbetriebsarten erfolgt ganz schnell über einen Drehschalter. Farbfilter aus Plastik zum Ausgleichen von Farbstichen bei Kunst- oder Leuchtstofflampen gehören ebenfalls zur Grundausstattung. Für alle, die viel Leistung gepaart mit einer umfangreichen Ausstattung anstreben, ist der SB-910 auf jeden Fall zu empfehlen.

Metz mecablitz 52 AF-1 digital für Nikon

Bild: Metz.

Leitzahl: 52
Zoomreflektor: 24–105 mm
Schwenkbarkeit: vertikal und horizontal
Streuscheibe: ja (für minimal 12 mm Brennweite)
Master/Remote: nur Remote oder Servo
Gewicht: ~460 g

Hinsichtlich Größe und Gewicht lässt sich der Metz mecablitz 52 AF-1 am ehesten mit dem Nikon SB-700 vergleichen. Er ist mit dem Nikon Creative

---

 Das Nikon Creative Lighting System

Damit der Blitz optimal mit der Kamera zusammenarbeitet und die Blitzbelichtungsmessung mit den Belichtungseinstellungen harmoniert, müssen die Systeme hochkompatibel sein. Nikon bezeichnet diese Kommunikationsbasis mit dem klangvollen Begriff Creative Lighting System.

Zu den Funktionen, die darunter subsumiert sind, gehören beispielsweise die i-TTL-Blitzsteuerung, die FP-Kurzzeitsynchronisation (an der D5200 nicht nutzbar) und das kabellose Blitzen im Advanced-Wireless-Lighting-Modus.

Systemblitzgeräte

Lighting sowie dem Advanced Wireless Lighting System voll kompatibel. Allerdings fehlt dem mecablitz die Master-Funktion, er lässt sich nur als Remote-Blitz verwenden. Aber er kann zusätzlich auch über den integrierten Kamerablitz gezündet werden.

Zudem besitzt der 52 AF-1 etwas mehr Leistung, die sich in kritischen Situationen schon mal bezahlt machen kann. Daher stellt der mecablitz 52 AF-1 eine interessante Alternative zum SB-600 oder SB-700 dar.

sowie ein praktischer zweiter Reflektor unterhalb des großen Zoomreflektors.

Damit wird es möglich, zusätzlich zum indirekten Blitzlicht eine kleine Menge Licht direkt in Richtung des Motivs zu schicken, um beispielsweise einen schönen Augenreflex bei Porträts zu erzeugen.

Als leistungsstarker Hauptblitz ist der 58 AF-2 auf jeden Fall prima geeignet für die D5200. Er lässt sich problemlos ins Creative Lighting System integrieren.

Metz mecablitz 58 AF-2 digital für Nikon

Bild: Metz.

Leitzahl: 58
Zoomreflektor: 24–105 mm
Schwenkbarkeit: vertikal und horizontal
Streuscheibe: ja (für minimal 12 mm Brennweite)
Master/Remote: Master/Remote/Servo
Gewicht: ~483 g

Richtig viel Leistung gepaart mit einem vollen Ausstattungsumfang bietet der mecablitz 58 AF-2 digital. Zu den Eigenschaften seines kleineren Bruders gesellen sich noch die Master-Funktion hinzu

Sigma EF-610 DG Super für Nikon

Bild: Sigma.

Leitzahl: 46
Zoomreflektor: 24–105 mm
Schwenkbarkeit: vertikal und horizontal
Streuscheibe: ja (für minimal 17 mm Brennweite)
Master/Remote: Master/Remote/Servo
Gewicht: ~440 g

Sehr viel Leistung zu einem günstigen Preis wird einem mit dem Sigma EF-610 DG Super geboten. Der Blitz bringt Funktionen mit wie das Stroboskopblitzen, das Blitzen auf den zweiten Verschluss-

08 Richtig blitzen mit der D5200

vorhang und die drahtlose Blitzsteuerung. Bei Letzterer gibt es drei Möglichkeiten:

1. Der DG Super triggert als Master einen zweiten DG-Super-Blitz als Remote-Blitz.
2. Der DG Super wird mithilfe eines anderen Aufsteckblitzes ausgelöst (Servo).
3. Der DG Super wird über den integrierten Kamerablitz ausgelöst (Servo).

Bei Punkt 2 und 3 muss die Blitzleistung allerdings manuell justiert werden. Option 3 ist zudem dahingehend etwas ungünstig, als der i-TTL-Vorblitz der D5200 nicht abgestellt werden kann und der Sigma-Blitz es nicht immer schafft, zum Hauptblitz wieder komplett geladen zu sein. Um dies zu umgehen, können Sie den integrierten Blitz aber über die Individualfunktion *e1: Integriertes Blitzgerät* auf *Manuell* umstellen. Wählen Sie ggf. eine geringe Leistung ($1/32$) und schirmen Sie ihn mit der Hand ab, dann ist das Kamerablitzlicht kaum im Bild wahrzunehmen, reicht aber als Auslösesignal für den Sigma-Blitz aus.

Als günstige Alternative mit viel Power hat der EF-610 DG Super also einiges zu bieten und ist daher ebenfalls empfehlenswert für die D5200.

Weitere interessante Geräte gibt es z. B. auch von YongNuo (Speedlite YN-468 II) und Nissin (Di 466). Teilweise sind auch noch günstige Vorgängermodelle auf dem Gebrauchtmarkt zu finden, wie z. B. die Nikon-Blitze Speedlight SB-800 oder SB-900.

Schönere Wirkung durch indirektes Blitzen

Der Systemblitz wird entweder auf den Blitzschuh gesteckt und kann dann in verschiedene Winkel geschwenkt oder gedreht werden, um die Richtung des Blitzlichts zu steuern. Oder Sie verwenden ihn entfesselt, also abgetrennt von der Kamera, wie es in Kapitel 8.8 noch näher beschrieben wird. In jedem Fall erweitert der Systemblitz die Möglichkeiten der D5200 um einiges.

Das indirekte Blitzen ist beispielsweise wie geschaffen für Indoor-Porträts, bei denen das Raum-

ℹ Vorblitz abschalten

Blitzgeräte, die sich als Servo-Geräte über das Licht des integrierten Blitzgerätes entfesselt zünden lassen, funktionieren ggf. nicht, solange die D5200 für die i-TTL-Blitzsteuerung mit einem Vorblitz arbeitet. In solchen Fällen schalten Sie die Vorblitzfunktion aus. Dazu stellen Sie den integrierten Kamerablitz mit der Individualfunktion *e1: Integriertes Blitzgerät* auf *Manuell* um und wählen ggf. den kleinstmöglichen Leistungswert von $1/32$. Zusätzlich können Sie den Kamerablitz mit der Hand oder einer speziellen Blitzsensorabschirmung (Nikon SG-3IR) abschirmen, damit er kaum oder gar nicht zur Belichtung beiträgt und keine unschönen Blitzspuren auf dem Motiv hinterlässt, sondern lediglich das Auslösen des Servo-Blitzes triggert.

▲ *Infrarotfiltervorsatz SG-3IR (Bild: Nikon).*

Systemblitzgeräte

licht nicht ausreicht, um ohne Blitzlicht eine angenehme Bildhelligkeit zu erzielen. Außerdem können Sie das Gesicht mit Licht und Schatten individueller modulieren. Wie dies mit dem Speedlight SB-700 und der D5200 ganz unkompliziert funktionieren kann, zeigen die folgenden Porträtbilder.

Diese habe ich in einem Wohnraum im M-Modus aufgenommen. Bei den gewählten Einstellungen spielte das vorhandene Tageslicht keine Rolle, die Szene wurde vornehmlich vom Blitz erhellt. Auf diese Weise lag die Beleuchtung komplett in der eigenen Hand. Allerdings sollte der Blitz so keinesfalls direkt und ungebremst auf die Person treffen, denn dann sind harte Schatten, zu helle Gesichter und Hautreflexionen vorprogrammiert.

▲ Harte Wirkung des direkten Blitzlichts.

▲ Nikon D5200 mit dem dreh- und schwenkbaren Speedlight SB-700.

Die Blitzwirkung kann jedoch ganz einfach und schnell verbessert werden, indem der Blitzkopf nach oben gekippt wird. Jetzt wird das Blitzlicht über die Zimmerdecke indirekt auf die Person geleitet. Es wird dabei gestreut und verliert so seine

▲ Zeigt der Blitzkopf nach oben, gelangt das Licht weich gestreut auf die Person. Die kleine Reflektorscheibe lenkt aber auch noch etwas Licht nach vorne, sodass die Augen einen Lichtreflex erhalten und die Schatten etwas heller ausfallen.

> ✓ **Der Systemblitz zündet (fast) immer**
>
> Steckt ein Systemblitz im Blitzschuh der D5200 und ist dieser eingeschaltet, blitzt die Kamera in fast allen Programmen, beispielsweise auch im Motivprogramm Landschaft 🏔, bei dem der interne Blitz normalerweise komplett deaktiviert ist. Ausnahmen bilden lediglich die Modi *Blitz aus* ⚡, *Nachtsicht* 🌙 und *Selektive Farbe* 🎨.

harte Wirkung. Nicht nur die Hautreflexionen werden gemindert, auch die Hintergrundausleuchtung wird gleichmäßiger. Einziges Manko: Das Licht kommt nun mehrheitlich von oben, was etwas zu starke Augenschatten und Schatten unterm Kinn verursachen kann.

Doch auch dagegen können Sie etwas tun. Leiten Sie das Blitzlicht doch mal über die seitliche Wand. Durch das seitliche Auftreffen lässt sich die Lichtwirkung nochmals verbessern, es entsteht eine modelliertere Wirkung. Falls keine Wand da ist oder diese zu weit entfernt ist, halten Sie eine große Styroporplatte im Abstand von 1–2 m neben oder über die Kamera. Die Styroporplatte ist auch dann sinnvoll, wenn die Decke oder die Wände farbig gestrichen sind und unschön auf Ihr Motiv „abfärben".

Auch können Sie zusätzlich noch die dem Blitzlicht gegenüberliegende Seite mit einem silbernen oder weißen Reflektor oder einer Styroporplatte etwas aufhellen. Dann steht einer professionell wirkenden Ausleuchtung nichts mehr im Wege.

Und selbstverständlich ist die gleiche Technik auch bei Aufnahmen von Gegenständen sehr hilfreich. Prädikat: unbedingt ausprobieren.

i Was der Zoomreflektor bewirkt

Moderne Systemblitzgeräte besitzen einen sogenannten Zoomreflektor. Dies bedeutet, dass das abgegebene Blitzlicht an die am Objektiv eingestellte Brennweite angepasst wird. Bei einem Weitwinkelfoto wird das Blitzlicht auf diese Weise breiter gestreut, bei Telebrennweiten dagegen enger. So wird das Bildfeld stets möglichst optimal ausgeleuchtet.

▲ Hier strahlt das Blitzlicht indirekt von rechts über die gegenüberliegende Seitenwand. Das Gesicht wirkt durch die ungleichmäßige Schattenverteilung etwas schmaler.

▲ Hier zeigt der Blitzkopf in Richtung der linken Wand, das Schattenspiel wirkt sehr harmonisch (alle Bilder: 1/100 Sek. | f8 | ISO 100 | M | 55 mm | Stativ).

▲ Zoomreflektor des Speedlight SB-900 mit ca. 18 m Reichweite ❶ bei maximaler Entfernungseinstellung ❷.

Blitzmodi

✓ Die Weitwinkelstreuscheibe nutzen

Einige Blitzgeräte haben eine Weitwinkelstreuscheibe an Bord. Diese wird bei extremen Weitwinkelobjektiven benötigt, um das gesamte Bildfeld mit Blitzlicht auszuleuchten. Aber auch bei Nahaufnahmen ist die ausklappbare Plastikscheibe sehr hilfreich. Denn vor allem bei den recht langen Makroobjektiven und dichtem Aufnahmeabstand kann das Blitzlicht teilweise abgeschattet werden.

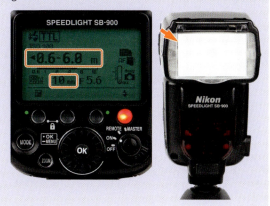

Mit der Streuscheibe kann mit dem Speedlight SB-900 ein Bildfeld ab einer Brennweite von 10 mm angestrahlt werden. Ab 17 mm Brennweite reicht die normale Zoomreflektoreinstellung wieder aus. ▶

8.3 Die Blitzmodi in der Übersicht

Die Blitzsteuerung der D5200 läuft prinzipiell auf zwei Ebenen ab:

- Auf der ersten Ebene bestimmen Sie die Grundeinstellungen wie Blende, Zeit und ISO-Wert. Dies erfolgt, wie bereits gewohnt, also genauso, als würden Sie ohne Blitz agieren.
- Auf der zweiten Ebene wird der Blitz hinzugesteuert. Dazu wählen Sie einen passenden Blitzmodus aus, der festlegt, auf welche Art und Weise das Blitzlicht hinzugefügt wird.

Der Blitzmodus spielt eine ganz entscheidende Rolle bei der Gestaltung einer Blitzlichtaufnahme. Einerseits wird hierüber die Stärke des Blitzlichts im Verhältnis zur vorhandenen Umgebungsbeleuchtung reguliert.

Andererseits legen die Blitzmodi fest, wann das Blitzlicht gezündet wird und ob eine Maßnahme zur Reduktion roter Augen stattfinden soll oder nicht.

Bei der Nikon D5200 stehen Ihnen abhängig vom Belichtungsprogramm bis zu fünf wählbare Blitzmodi zur Verfügung, die im Laufe der nachfolgenden Abschnitte noch näher vorgestellt werden. Anhand der hier gezeigten Tabelle können Sie sich aber schon einmal einen Überblick über die unterschiedlichen Optionen verschaffen.

 Aufhellblitz: Die Blitzwirkung hängt von der längstmöglichen Verschlusszeit ab. Da in einigen Modi nur mit ¹⁄₆₀ oder ¹⁄₃₀ Sek. fotografiert werden kann, ist diese Kombination gut geeignet für garantierte Verwacklungsfreiheit. Allerdings kann der Hintergrund sehr dunkel werden. In den anderen Modi hängt es von der automatisch gesetzten oder der gewählten Verschlusszeit ab. Je länger die Zeit, desto mehr Umgebungslicht gelangt ins Bild und desto heller wird der Hintergrund. Längste Zeit: Bulb (M), 30 Sek. (S), 1 Sek. (🏞), ¹⁄₃₀ Sek. (🌺,🌷,🍴), ¹⁄₆₀ Sek. (, P, A).

⚡👁 Aufhellblitz mit Rote-Augen-Reduktion: Eigenschaften wie bei ⚡ mit zusätzlichem Vorblitz zur Reduktion roter Augen.

⚡REAR Aufhellblitz am Ende der Belichtung: Eigenschaften wie bei ⚡, der Blitz wird aber erst am Ende der Belichtungszeit gezündet.

⚡SLOW Langzeitsynchronisierung: Die Grundbelichtung orientiert sich am vorhandenen Licht, daher ist der Modus geeignet für Motive, bei denen die Hintergrundbeleuchtung gut sichtbar sein soll. Verwenden Sie nach Möglichkeit ein Stativ. Die Langzeitsynchronisierung ist zudem nur in den Modi P und A wählbar und kann mit einer längsten Verschlusszeit von 30 Sek. betrieben werden.

⚡👁SLOW Langzeitsynchronisierung mit Rote-Augen-Reduktion: Eigenschaften wie bei ⚡SLOW, zusätzlich werden Vorblitze zur Reduktion roter Augen gezündet. Der Modus ist daher geeignet, um Porträts vor einer gut erkennbaren Hintergrundbeleuchtung aufzuhellen.

⚡SLOW REAR Langzeitsynchronisierung mit Blitz am Ende der Belichtung: Eigenschaften wie bei ⚡SLOW, die Zündung des Hauptblitzes erfolgt aber erst am Ende der Belichtungszeit.

> **ℹ Kürzeste Belichtungszeit mit Blitz**
>
> Die kürzeste Verschlusszeit, die Sie mit Blitzlicht (egal ob integriert oder extern) nutzen können, liegt bei der Nikon D5200 bei ¹⁄₂₀₀ Sek. Der Grund für diese Beschränkung liegt im Mechanismus des Kameraverschlusses. Dieser erlaubt Blitzbelichtungszeiten nur bis zur genannten Synchronisationszeit.

Auswahl eines Blitzmodus

Ist der integrierte Blitz ausgeklappt, können Sie den Blitzmodus ganz schnell umstellen. Drücken Sie hierfür die Blitztaste und drehen Sie gleichzeitig am Einstellrad. Anschließend können Sie das Bild sofort aufnehmen. Alternativ können Sie die Blitzmodi aber auch über die i-Taste ansteuern.

▲ *Schnelleinstellung des Blitzmodus.*

▲ *Auswahl der Blitzmodi zur Steuerung des integrierten Blitzgerätes und der Nikon-Speedlights über die i-Taste.*

Wenn Sie das Blitzgerät eines Fremdherstellers auf den Blitzschuh Ihrer D5200 stecken, sind möglicherweise die Blitzmodi oder auch andere Blitzfunktionen nicht über das Kameramenü erreichbar. Diese müssen dann separat am Gerät justiert werden. Informieren Sie sich daher am besten in der jeweiligen Bedienungsanleitung Ihres Blitzgerätes über die möglichen Steuerfunktionen und deren Einstellungen.

> **ℹ Was tun gegen rote Augen**
>
> Es kommt zwar nicht allzu häufig vor, aber durch den dichten Abstrahlwinkel des integrierten Blitzgerätes verursacht das Blitzlicht hin und wieder rote Augenreflexe. Es gibt jedoch zwei

Blitzen mit P, A, S und M

Mittel, mit denen Sie die störenden Reflexionen unterdrücken können: die Blitzmodi ↯👁 und ↯👁SLOW oder die nachträgliche Rote-Augen-Korrektur. Erstere aktivieren Sie vor dem Blitzen. Vor der eigentlichen Aufnahme sendet der Blitz nun ein paar Vorblitze ab, die dafür sorgen, dass sich die Pupillen verengen und dadurch die Gefahr roter Augen sinkt. Die zweite Variante der Rote-Augen-Korrektur können Sie nachträglich bei JPEG-Bildern in der Kamera anwenden, sie rechnet softwarebasiert Rotanteile aus den Augen heraus. Dies funktioniert zwar erstaunlich gut, aber dennoch sollten Sie eher versuchen, direkt bei der Aufnahme den Effekt zu vermeiden.

▲ Eine nachträgliche Rote-Augen-Korrektur steht im Bildbearbeitungsprogramm der D5200 zur Verfügung.

Was sich hinter der Bezeichnung i-TTL verbirgt

Bei der Blitzsteuerung mit dem Nikon Creative Lighting System fällt häufig der Begriff i-TTL. Dahinter verbirgt sich eine Messtechnik, die es der Kamera erlaubt, die Blitzlichtmenge optimal auf die vorhandene Belichtung und Entfernung des Hauptmotivs abzustimmen. Und das geht so:

1. Zuerst werden Vorblitze mit geringer Intensität gezündet, die in Abhängigkeit von der Motivbeschaffenheit die richtige Blitzdosis ermitteln. Hierbei wird das Licht erfasst, das durch das Objektiv auf den Sensor trifft, daher TTL (**T**hrough **T**he **L**ens, „durch die Linse").
2. Dann erst wird der Hauptblitz gesendet, der für die eigentliche Bildaufhellung sorgt. Das Nikon-spezifische „i" steht für „intelligent" und bezieht sich auf die ausgeklügelte Messtechnik, die situationsbezogen unterschiedlich reagieren kann.

Übrigens: Geben Sie Ihrem Model am besten gleich zu Beginn Bescheid, dass es zweimal blitzen wird. Denn viele denken, der Messblitz ist bereits der Hauptblitz und blinzeln danach „ungehemmt".

Das Resultat: Im eigentlichen Foto sind die Augen geschlossen. Das können Sie mit einer kleinen Vorwarnung jedoch ganz gut verhindern – das gilt übrigens auch für die Vorblitze beim Modus gegen rote Augen ↯👁.

8.4 Kreatives Blitzen mit P, A, S und M

Mit den (halb) manuellen Belichtungssteuerungen der D5200 können Sie die Blitzdosis gezielt steuern und so für eine gelungene Mischung aus vorhandener Lichtquelle und Blitzlicht sorgen. Dabei ist es vom Prinzip her egal, ob der interne oder der externe Blitz zum Einsatz kommt. Lernen Sie gleich einmal die Eigenschaften der einzelnen Belichtungsprogramme in Verbindung mit dem Blitz kennen, um auf jedwede Situation die richtige Antwort zu finden.

Harmonische Lichtstimmung im P-Modus

Bei der Programmautomatik hängt die Blitzwirkung vom zuvor gewählten Blitzmodus ab. Das wird besonders deutlich, wenn bei wenig Umgebungslicht und einem niedrigen ISO-Wert fotografiert wird, wie es bei den hier gezeigten Vergleichsbildern mit der Tanzfigur gut zu erkennen ist.

Aufgenommen wurden die Bilder im Heimstudio mit dem integrierten Blitz der D5200 und einem Handdiffusor mit 50 cm Durchmesser, den ich direkt vor den Blitz gehalten habe. Der Diffusor sollte das Blitzlicht weich streuen und auf diese Weise harte Schlagschatten hinter der Figur und zu starke Reflexionen auf den glatten Oberflächen verhindern.

▲ Zur Abschwächung harter Blitzschatten können Sie bei kleineren Gegenständen einfach einen Handdiffusor zwischen Kamera und Blitz halten.

▲ Gleichmäßige Ausleuchtung ohne starke Schlagschatten im Modus P mit der Langzeitsynchronisierung (1/3 Sek. | f5 | ISO 200 | P | 35 mm | Blitzmodus ⚡SLOW | Stativ | Handdiffusor).

Im Blitzmodus ⚡SLOW hat das auch wunderbar funktioniert. Das Blitzlicht wird gleichmäßig gestreut und lediglich als leichter Aufheller hinzugerechnet. Außerdem ist die Detailauflösung dank des festgelegten ISO-Wertes von 200 angenehm hoch.

Allerdings musste die Kamera die Zeit auf 1/3 Sek. verlängern, um das Bild richtig zu belichten. Daher musste ich hier auf jeden Fall mit dem Stativ arbeiten, sonst wäre das Bild verwackelt auf dem Sensor gelandet.

Anders sieht es bei Einsatz des Blitzmodus ⚡ aus. Dieser fixiert bei P (und A) die Zeit auf 1/60 Sek. In Kombination mit niedrigen Lichtempfindlichkeiten gelangt dann nicht mehr ausreichend Umgebungslicht ins Bild. Dies versucht der Blitz zwar auszugleichen, indem er mit einer viel höheren Intensität in die Aufnahme eingreift. Die Folge ist jedoch, dass sich stärkere Schatten hinter der Figur abzeichnen, die im gezeigten Beispiel auch durch den Handdiffusor nicht verhindert werden

Blitzen mit P, A, S und M

konnten. Außerdem ist die gesamte Ausleuchtung des Hintergrunds wesentlich ungleichmäßiger geraten.

Der Aufhellblitz in den Modi P und A ist demnach nicht unweigerlich mit einer harten Blitzwirkung verbunden.

▲ Harte Blitzwirkung mit dem Blitzmodus Aufhellblitz bei niedrigem ISO-Wert (1/60 Sek. | f5 | ISO 200 | P | 35 mm | Blitzmodus ⚡ | Stativ | Handdiffusor).

▲ Der erhöhte ISO-Wert hat die harte Blitzwirkung im Modus Aufhellblitz abgeschwächt (1/60 Sek. | f5.6 | ISO 1600 | P | 35 mm | Blitzmodus ⚡ | Stativ | Handdiffusor).

Es gibt aber auch viele Situationen, in denen es darum geht, ohne Stativ verwacklungsfrei fotografieren zu wollen. Dann schlägt auf jeden Fall die Stunde des Aufhellblitzes ⚡. Nur sollten Sie in dem Fall den ISO-Wert erhöhen, sagen wir mal auf ISO 1600. Dadurch trägt wieder mehr Umgebungslicht zur Aufnahme bei und die Blitzwirkung mildert sich ab.

Dennoch, die besten Ergebnisse erzielen Sie mit der Programmautomatik in Kombination mit dem Blitzmodus ⚡SLOW, denn dann wird die vorhandene Beleuchtung im Foto am deutlichsten sichtbar. Das heißt, dass beispielsweise auch schöne Nachtporträts mit dieser Kombination fotografiert werden können, dies am besten auch mit einem erhöhten ISO-Wert von 400 bis 1600.

08 Richtig blitzen mit der D5200

Zwar werden Sie bei der Langzeitsynchronisierung öfter das Stativ benötigen, weil die Belichtungszeit bei schwachem Umgebungslicht länger wird. Das Ergebnis ist aber in den meisten Fällen viel überzeugender. Und sollte es doch mal zu dunkel werden, erhöhen Sie einfach den ISO-Wert.

Schärfentiefegestaltung mit Blitzlicht

Das Belichtungsprogramm A, bei dem die Blende vorgewählt und die Zeit automatisch bestimmt wird, haben Sie in den vorangegangenen Kapiteln bereits kennengelernt. Es dient in erster Linie dazu, die Schärfentiefe über die Blendeneinstellung präzise steuern zu können. Dies funktioniert natürlich ebenfalls mit dem zugeschalteten Blitz.

So sehen die beiden Aufnahmen mit der Kugelblume zunächst einmal vergleichbar aus. Die Blitzaufhellung und die Belichtung des Fotos sind es

> **i Wann der Aufhellblitz harmonisch wirkt**
>
> Wenn das vorhandene Licht ausreicht, um auch ohne Blitz mit Zeiten von ¹⁄₆₀ Sek. oder kürzer fotografieren zu können, wirkt das Blitzlicht im Modus ⚡ nicht mehr aufdringlich. Der Aufhellblitz schmiegt sich dann sehr harmonisch ins Bild ein. In dunklerer Umgebung hat der Aufhellblitz vor allem den Vorteil, verwacklungsfrei fotografieren zu können – aber eben mit häufig sehr dunklem Hintergrund und blitzlastiger Wirkung.

▲ Der Blitz hellt die Schatten auf, aber die geschlossene Blende hat eine zu hohe Schärfentiefe erzeugt, bei der der Hintergrund sehr unruhig wirkt (¹⁄₅₀ Sek. | f11 | ISO 200 | A | 100 mm | Blitzmodus ⚡SLOW | Stativ).

▲ Hier ist die Schärfentiefe verringert, der Blitz hellt die Schatten aber vergleichbar harmonisch auf (¹⁄₂₀₀ Sek. | f5.6 | ISO 200 | A | 100 mm | Blitzmodus ⚡SLOW | Stativ).

Blitzen mit P, A, S und M

auch, einzig die Schärfentiefe unterscheidet sich. Der bildgestalterische Vorteil des Modus A kommt also wie gewünscht auch bei zugeschaltetem Blitz voll zum Tragen.

Am besten funktioniert dies mit der Langzeitsynchronisierung ⚡SLOW. Auf diese Weise bleibt die Grundhelligkeit der Szene auch bei schwächerem Licht erhalten (siehe vorheriger Abschnitt).

> **! Vorsicht bei Belichtungswarnung**
>
> Wenn der Blitz aktiv ist, im Display die Warnung *Motiv ist zu hell* erscheint und der Zeitwert bei ¹⁄₂₀₀ Sek. blinkt, droht eine mehr oder weniger starke Überbelichtung. Erhöhen Sie dann den Blendenwert und setzen Sie die ISO-Einstellung auf eine niedrigere Stufe.
>
> Eine weitere Alternative besteht darin, den Lichtfluss ins Objektiv mit einem Neutraldichtefilter zu senken. Wenn das alles nicht hilft bzw. nicht möglich ist, ist das Umgebungslicht einfach zu hell. Das Bild sollte dann besser ohne Blitz aufgenommen werden.
>
> Leider ist die D5200 nicht für die sogenannte FP-Kurzzeitsynchronisation ausgelegt, mit der die zeitliche Limitierung umgangen werden könnte, selbst wenn Sie ein Blitzgerät anschließen, das diese Technik unterstützt.

▲ Stößt die Verschlusszeit bei ¹⁄₂₀₀ Sek. an, entstehen mit Blitz überbelichtete Fotos.

Das Spiel mit der Zeit in den Modi S und M

In den Programmen S und M können Sie die Belichtungszeit selbst festlegen, egal, ob der Blitz aus- oder eingeschaltet ist. Die Wirkung, die das Blitzlicht im Foto entfaltet, hängt dabei maßgeblich von der Länge der Verschlusszeit ab.

Solange die D5200 bei der gewählten Zeit genügend Umgebungslicht mit einfangen kann, dient der Blitz daher nur als Aufheller. Wenn Sie eine kürzere Verschlusszeit wählen, sodass nicht mehr genügend Umgebungslicht aufgenommen wird, wird der Blitz hingegen immer stärker zur Hauptlichtquelle.

Dies wird bei den Bildern mit der Rosenblüte deutlich, die ich bei recht schwachem Tageslicht im Modus M wie folgt aufgenommen habe:

❶ Um die vorhandene Beleuchtung in das erste Bild einfließen zu lassen, habe ich die Belichtung über die Zeit und den ISO-Wert so eingestellt, dass die Markierung der Belichtungsskala bei 0 lag. Zwischen der Aufnahme mit und ohne Blitz ist daher nur eine dezente Schattenaufhellung zu erkennen.

❷ Im zweiten Bildpärchen wurde lediglich die Zeit verkürzt. Die Belichtungsskala zeigt eine Unterbelichtung von 1⅓ Stufen an. Dementsprechend ist das Bild ohne Blitz dunkler geworden. Auch das Bild mit Blitz wird dunkler, allerdings betrifft die Unterbelichtung nur den Hintergrund, denn dieser wird vom Blitz nicht erreicht. Die Hintergrundhelligkeit ist somit einzig abhängig von der Belichtungshelligkeit ohne Blitz. Die Blüte wird mit Blitz hingegen vergleichbar hell aufgenommen, da das künstliche Licht die knappere Belichtung kompensieren konnte.

❸ Noch deutlicher wird der Einfluss der Belichtungszeit bei dem dritten Bildpaar. Hier steht

08 Richtig blitzen mit der D5200

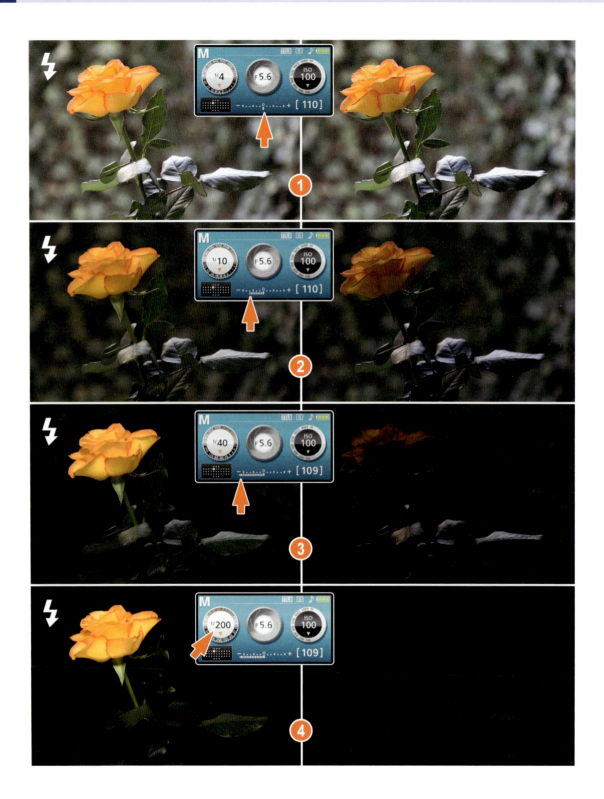

188

Blitzen mit P, A, S und M

die Belichtungsanzeige auf mehr als –2 Lichtwertstufen, entsprechend dunkel ist das Foto ohne Blitzlicht. Der Systemblitz hellt die Blüte aber weiterhin prima auf.

④ Ganz extrem kann es bei einer starken Unterbelichtung werden. Das Bild ohne Blitz ist nahezu schwarz, während das Ergebnis mit Blitz fast wie eine Studioaufnahme der Blüte vor schwarzem Pappkarton daherkommt. Für diese Aufnahme habe ich die Zeit auf die kürzestmögliche Blitzsynchronzeit von 1/200 Sek. gestellt. Übrigens, das Blitzlicht habe ich indirekt über die Decke geleitet, also einfach den Blitzkopf nach oben gedreht (die Rose stand am offenen Fenster). Daher ist die Ausleuchtung so angenehm modelliert.

Ähnliches wie bei den Bildern 2 bis 4 passiert beispielsweise auch, wenn Sie in großen Räumen fotografieren. Wenn die Grundbelichtung ohne Blitz nichts vom vorhandenen Licht einfängt, versinkt alles, was zu weit vom Blitz entfernt ist, in Dunkelheit. Das angeblitzte Motiv wirkt dann häufig zu hell oder, umgangssprachlich ausgedrückt, „plattgeblitzt".

Daher gilt es, die Grundbelichtung anzuheben. Dies können Sie durch Verlängern der Zeit im Modus S oder durch Verlängern der Zeit und Öffnen der Blende im Modus M erreichen. Hinzu kommt die Möglichkeit, die Lichtempfindlichkeit des Sensors über die ISO-Einstellung zu erhöhen und das Bild dadurch noch heller zu gestalten.

Situationen für S plus Blitz

Ein großer Vorteil der selbst definierten Verschlusszeit besteht darin, dass Sie das Stativ umgehen können. Befinden Sie sich zum Beispiel in einem schwach beleuchteten Innenraum oder haben Sie am späten Nachmittag im Wald wenig natürliches

Mit 1/30 Sek. und eingeschaltetem Bildstabilisator konnte ich bei 100 mm Brennweite prima, ohne zu verwackeln, aus der Hand fotografieren. Daher habe ich diese Belichtungszeit im Programm S vorgegeben. Mit aktiviertem Blitz, an dem ich die Softbox III von LumiQuest befestigt hatte, ließ sich der Schwarzblaue Ölkäfer am dunklen Waldboden mit weichem Licht ausleuchten (1/30 Sek. | f9 | ISO 800 | 100 mm).

Licht zur Verfügung, ist das Blitzen im Programm S prima geeignet, um auch ohne Stativ verwacklungsfreie und recht ordentlich ausgeleuchtete Bilder zu erhalten. Dazu können Sie die Zeit entsprechend der Kehrwertregel (mit oder ohne Stabilisator) möglichst lang wählen. Stützen Sie sich am besten auch an einer Wand, Säule oder etwas Ähnlichem ab. Schon gelingen Bilder mit ausgewogener Vorder- und Hintergrundbeleuchtung.

Wenn Sie den ISO-Wert erhöhen, wird es zudem möglich, mit einer etwas stärker geschlossenen Blende und folglich höherer Schärfentiefe zu fotografieren. Das ist beispielsweise bei Makroaufnahmen eine gute Sache.

Unterschied erster und zweiter Verschlussvorhang

Besonders spannend und kreativ wird die Blitzlichtfotografie, wenn Bewegungen im Bild durch Wischeffekte deutlich gemacht werden. Um dies zu erreichen, wird einfach mit einer längeren Belichtungszeit fotografiert, die sich z. B. im Modus S einstellen lässt. Alles, was sich während der Belichtung bewegt, erhält im Foto einen Wischeffekt, und alles, was vom Blitz erfasst wird, ist scharf zu sehen.

Die Frage ist nur, wie sich das zugeschaltete Blitzlicht im Bild bemerkbar macht. Wird der Blitz nämlich zu Beginn der Belichtung gezündet (Synchronisation auf den ersten Verschluss), friert er die Bewegung am Anfang ein und die Wischeffekte entstehen danach. Das kann bei gerichteten Bewegungen, z. B. einem fahrenden Auto, unnatürlich wirken. Wird der Blitz erst am Ende der Belichtung gezündet (Synchronisation auf den zweiten Verschluss), zeichnen sich die Wischeffekte dagegen ganz natürlich hinter der Bewegungsrichtung ab, weil der Blitz das Objekt erst am Ende einfriert.

▲ Oben: Der Blitz friert die Bewegung am Anfang der Belichtung ein (erster Verschluss), sodass hier unnatürliche Wischeffekte vor der Bewegungsrichtung entstehen. Unten: Wird der Blitz erst am Ende der Belichtung gezündet (zweiter Verschluss), zeichnen sich die Wischeffekte hinter der Bewegungsrichtung der Objekte ab.

Den Zündungszeitpunkt des Blitzes können Sie über die Blitzmodi umstellen. Wählen Sie für das Blitzen auf den zweiten Verschlussvorhang in den Modi S und M die Einstellung ⚡REAR und in den Programmen P und A ⚡SLOW REAR.

8.5 Das Blitzlicht feiner dosieren

Die Mischung aus Blitzlicht und Umgebungsbeleuchtung kann mit den Programmen P, S, A und M fein reguliert werden. Dabei legen Sie die Schärfentiefe und die Grundhelligkeit des Fotos fest und steuern dann den Blitz als Zusatzlicht automatisch im jeweiligen Blitzmodus hinzu.

Blitzlicht feiner dosieren

Hier geht es jedoch noch einen Schritt weiter. Denn auch der Blitz kann in seiner Dosis verändert werden. Er sendet dann je nach Einstellung eine stärkere oder eine gedrosselte Lichtmenge ab. Damit lässt sich die Lichtmischung sehr flexibel beeinflussen. An den Bildern mit dem Blick durch die Schießscharte eines mittelalterlichen Turms auf die Gebäudefassade ist dies gut nachzuvollziehen. Ohne Blitz ist nur die anvisierte gegenüberliegende Fassade hell, da es im Innern des Turms sehr dunkel war. Die Mauer erscheint dementsprechend fast schwarz. Um nun auch das Gemäuer etwas aufzuhellen, habe ich den Blitz aktiviert und zwei Fotos mit unterschiedlichen Blitzlichtmengen aufgenommen: unverändert und mit um −2 Stufen reduzierter Intensität.

▼ *Ohne Blitz ist die Mauer fast schwarz (unten links). Eine deutliche Aufhellung war mit der unveränderten Blitzlichtmenge möglich (oben rechts). Mit der Minuskorrektur um zwei Stufen (unten rechts) wird die Wand nur ganz dezent aufgehellt (alle Bilder: 1/50 Sek. | f11 | ISO 200 | A | 100 mm | Blitzmodus ⚡SLOW).*

Über die Menge an abgegebenem Blitzlicht können Sie somit einen flexiblen Einfluss auf das Zusammenspiel von Blitz- und Umgebungslicht ausüben.

Denken Sie auch beim nächsten Porträtshooting daran, ein wenig mit der Blitzlichtmenge zu spielen. Unter hellen Bedingungen liefern Reduktionen der Blitzlichtmenge meist gute Resultate. Es sei denn, die Blitzwirkung soll absichtlich dominant ausfallen. Eine Porträtaufhellung bei Tage im Seiten- oder Gegenlicht oder an einer etwas schattigeren Stelle mit hellem Hintergrund gelingt daher meist am besten mit einer Reduktion um ⅔ bis 1⅓ Stufen.

Pluskorrekturen können dagegen bei Aufnahmen mit indirekter Blitzbeleuchtung nicht schaden, denn in solchen Situationen kommt der Blitz schneller an seine Leistungsgrenze. Mit einer Pluskorrektur lässt sich dann auch noch das letzte Quäntchen Licht aus dem Gerät herauskitzeln. Probieren Sie in jedem Fall verschiedene Blitzmengen aus, wenn es sich um ein wichtiges Foto handelt. Die Möglichkeit ist sowohl beim integrierten als auch bei aufgesteckten Systemblitzen immer gegeben.

Blitzbelichtungskorrekturen durchführen

Die Blitzbelichtungskorrektur kann ganz schnell und unkompliziert über den Monitor justiert werden. Drücken Sie dazu einfach die i-Taste, gehen Sie mit den Pfeiltasten auf das gezeigte Symbol, drücken Sie OK und wählen Sie dann den gewünschten Wert aus. Mit OK bestätigen Sie die Eingabe. Werte von –3 bis +1 sind beim integrierten Blitz möglich.

▲ Die Blitzlichtmenge kann über den Monitor der D5200 bequem angepasst werden.

Für alle, die lieber Tastenkombinationen betätigen, gibt es auch die Möglichkeit, die Blitzlichtmenge über gleichzeitiges Drücken der Blitztaste, der Belichtungskorrekturtaste und Drehen des Einstellrads zu justieren. Das funktioniert aufgrund der Entriegelungsfunktion der Blitztaste allerdings nur mit dem internen Blitz.

▲ Schnelleinstellung der Blitzbelichtungskorrektur.

> **! Blitzdosierung bei Fremdgeräten**
>
> Bei Blitzgeräten anderer Hersteller muss die Feinabstimmung der Blitzdosis in der Regel am Gerät justiert werden. Halten Sie sich daher an die Angaben in der Bedienungsanleitung Ihres Blitzgerätes.

8.6 Beeindruckende Nachtporträts gestalten

Bei Streifzügen durch die nächtlich beleuchtete Stadt ergeben sich viele Möglichkeiten für Erinnerungsfotos mit schöner Lichtstimmung. Fragt sich nur, wie solche Nachtporträts am besten an-

Nachtporträts

gefertigt werden können. Nun, wie immer gibt es auch hierfür mehrere Möglichkeiten, die alle ihre Vor- und Nachteile mit sich bringen (siehe Tabelle).

Modus	Vorteile	Nachteile
Porträt	■ Kurze Belichtungszeit, daher kein Stativ notwendig. ■ Alle zentralen Belichtungseinstellungen werden automatisch justiert.	■ Aufgrund der kurzen Verschlusszeit kann der Hintergrund bei wenig Licht dunkel bis fast schwarz werden.
Nachtporträt	■ Relativ kurze Verschlusszeit, dennoch Stativ empfehlenswert. ■ Alle zentralen Belichtungseinstellungen werden automatisch justiert.	■ Der ISO-Wert kann stark ansteigen, was erhöhtes Bildrauschen und eine reduzierte Detailauflösung mit sich bringt. ■ Das Blitzlicht kann zu dominant wirken, der Blitz lässt sich aber nicht korrigieren.
Blendenvorwahl A	■ Die Schärfentiefe kann nach eigenem Ermessen gesteuert werden. ■ Die Intensität des Blitzlichts kann korrigiert werden. ■ Der ISO-Wert kann auf eine niedrige Stufe gestellt werden, um Bildrauschen zu vermeiden. ■ Belichtungskorrekturen sind möglich, um den Hintergrund z. B. etwas stärker abzudunkeln, als es die Halbautomatik vorschlägt. ■ Blitzmodus ⚡👁SLOW empfohlen.	■ Bei niedrigen ISO-Werten und erhöhtem Blendenwert wird die Belichtung so lang, dass unbedingt ein Stativ eingesetzt werden sollte. ■ Die abgelichtete Person sollte bei langer Belichtungszeit sehr still stehen, da sonst trotz Blitz starke Wischeffekte zu sehen sind (das kann aber auch ein Stilmittel sein). ■ Etwas weniger spontan, da die zusätzlichen Einstellungen zeitaufwendiger sind.
Manueller Modus M	■ Über die Blende kann die Schärfentiefe selbst gesteuert werden. ■ Mit dem ISO-Wert kann das Gleichgewicht aus Lichtempfindlichkeit und Bildkörnung präzise gesteuert werden. ■ Über die Zeiteinstellung lässt sich die Helligkeit des Hintergrunds genau justieren. ■ Die Intensität des Blitzlichts kann korrigiert werden. ■ Blitzmodus ⚡👁SLOW empfohlen.	■ siehe Nachteile bei Blendenvorwahl (Modus A)

Aus unserer persönlichen Sicht würden wir Ihnen den Modus M ans Herz legen. Damit können Sie zunächst die Schärfentiefe über die Blende festlegen. Als Nächstes stellen Sie die Belichtungszeit so ein, dass der Hintergrund optimal hell erscheint.

Fehlt nur noch der Blitz. Steuern Sie ihn einfach automatisch hinzu. Sollte er zu dominant wirken, regulieren Sie die Intensität um ⅔ bis 1 Stufe herunter. Ist er zu schwach, erhöhen Sie den ISO-Wert auf 400 oder 800, passen die Belichtungszeit an und versuchen es erneut.

Aber egal, welches der Programme Sie verwenden, in jedem Fall sollte im Bild eine angenehme Mischung aus Blitzlicht und Umgebungsbeleuchtung entstehen, und zwar nicht nur bei Porträts, sondern z. B. auch bei Bildern von angestrahlten Statuen oder bei Fassaden hübsch beleuchteter Cafés und Bars.

Denken Sie also immer daran, die Grundbelichtung optimal zu justieren, wenn es darauf ankommt, dass auch der Bildbereich hinter dem anzublitzenden Hauptmotiv ausreichend hell wiedergegeben werden soll. Allerdings wird die Belichtungszeit in solchen Fällen meist recht lang sein. Daher ist ein Stativ auf jeden Fall zu empfehlen. Es gelingen zwar oft auch ohne Stativ einigermaßen scharfe Fotos, da das Blitzlicht alle Bewegungen für einen Sekundenbruchteil einfriert. Für beste Qualität ist das Stativ oder eine andere Aufstützmöglichkeit aber immer noch die erste Wahl.

▼ *Bei Nachtporträts kommt es besonders darauf an, die Blitz- und Hintergrundbeleuchtung harmonisch aufeinander abzustimmen. Die Modi A oder M sind den Automatiken darin meist überlegen (⅙ Sek. | f6.3 | ISO 1600 | 40 mm | A | Blitzmodus ⚡👁SLOW).*

8.7 Sicheres Blitzen bei Gegen- und Seitenlicht

Wenn das Licht mehrheitlich von hinten oder von der Seite auf das Motiv scheint, kann der Blitz ein sehr wertvoller Helfer sein. Das Zusatzlicht aus der Kamera stellt quasi ein Gegengewicht zum Sonnenlicht dar. Es hellt die Schatten bei Porträts oder Gegenständen auf und sorgt auf diese Weise für weniger Kontrast und eine ausgewogenere Gesamtausleuchtung.

Die Frage ist nur, mit welchem Belichtungsprogramm gelingen solche Fotos am besten? Nun, an sich eignen sich die Vollautomatik und der Porträtmodus sehr gut dafür, vorausgesetzt, der Blitz klappt in der jeweiligen Situation automatisch aus dem Gehäuse.

Allerdings soll eines an dieser Stelle nicht unerwähnt bleiben: Die Automatiken steuern auch die Blitzlichtmenge automatisch, und das kann in vielen Situationen zu viel oder zu wenig des Guten sein. Daher ist zu empfehlen, es auf alle Fälle auch mal mit dem Modus A zu versuchen. Dann können Sie erst die Hintergrundbeleuchtung abstimmen, indem Sie wie gewohnt eine Belichtungskorrektur durchführen.

Bei der hier gezeigten Figur habe ich beispielsweise im Aufnahmeprogramm A um ⅔ Stufen unterbelichtet, um die weiße Fassade im Hintergrund weniger prägnant darzustellen. Die Blende hatte ich auf f4.5 gestellt, damit sich die Figur optisch gut vom Hintergrund abhebt.

Anschließend steuern Sie den Blitz hinzu und drosseln oder intensivieren ihn je nach Wunsch um ein oder zwei Stufen, wie zuvor gezeigt. Bei der Figur musste ich den Blitz in seiner Intensität um eine Stufe erhöhen, damit die Aufhellung des schattigen Vordergrunds stark genug wurde.

▲ Um den Hintergrund etwas dunkler zu gestalten, habe ich um ⅔ Stufen unterbelichtet. Der Blitz sorgt für eine Aufhellung der Schatten auf der Figur (¹/₁₆₀ Sek. | f4.5 | ISO 200 | A | 50 mm).

> **✓ Im Hochformat auf die Blitzrichtung achten**
>
> Wenn Sie mit dem internen Blitz im Hochformat fotografieren, achten Sie auf die Blitzrichtung. Je nachdem, auf welcher Seite die Schatten zur Aufhellung angestrahlt werden sollen, muss auch der Blitz darauf ausgerichtet werden.

8.8 Kabellos blitzen leicht gemacht

Systemblitzgeräte können entweder am Blitzschuh der Kamera befestigt oder als individuell positionierbare, von der Kamera getrennte Blitzgeräte verwendet werden.

Diese Blitzmethode wird auch als entfesseltes Blitzen oder Blitzen im Remote-Betrieb bezeichnet, weil das Blitzgerät nicht mehr in direktem Kontakt zur Kamera steht. Bei Nikon wird diese Art zu blitzen mit dem Begriff Advanced Wireless Lighting beschrieben.

▲ Die SU-800-Steuerungseinheit blitzt selbst nicht, kann aber z. B. einen SB-600 fernsteuern (Bilder: Nikon).

Die D5200 kann Remote-Blitzgeräte auf vier grundlegende Weisen steuern:

1. Kombination aus Master-Blitz (an der Kamera) und Remote-Blitz (entfesselt): Es werden also zwei Systemblitze benötigt, wobei als Master-Blitz im Nikon-System nur die Modelle SB-700, SB-800, SB-900 oder SB-910 infrage kommen. Als Remote-Gerät können Sie die genannten und zusätzlich noch den SB-600 sowie den SB-R200 verwenden.

▲ SB-900 als Master und SB-600 als Remote bilden ein super funktionierendes Pärchen (Bilder: Nikon).

2. Kombination aus Master-Steuerungseinheit SU-800 (besitzt selbst keinen Blitz) und Remote-Blitzgerät: Als Remote-Gerät können der SB-R200, SB-600, SB-700, SB-800, SB-900 oder SB-910 verwendet werden.

3. Das zweite Blitzgerät wird über den integrierten Blitz ausgelöst, was allerdings nur mit Geräten funktioniert, die das sogenannte Servo-Blitzen unterstützen (z. B. Sigma EF-610 DG Super oder Metz mecablitz 28 CS-2 digital oder mecablitz 52 AF-1 digital). Die Blitzintensität muss am Blitzgerät manuell einstellbar sein. Wenn der integrierte Blitz kaum Licht beisteuern soll, reduzieren Sie dessen Intensität mit einer Blitzbelichtungskorrektur und schirmen ihn mit der Hand oder dem Infrarotfiltervorsatz SG-3IR von Nikon ab (siehe auch Seite 178).

▲ Servo-Blitzauslösung.

4. Fernauslösesystem plus Blitzgerät: Hierbei verbinden Sie die Kamera mit einem Funksender und den Blitz mit einem Funkempfänger (alternativ geht es auch per Kabelverbindung über ein i-TTL-fähiges Blitzkabel). Bei dem Funksys-

tem ist es egal, welchen Blitz Sie verwenden, auch Geräte von Fremdherstellern, die nicht für Nikon adaptiert sind, lassen sich einsetzen. Die i-TTL-Blitzsteuerung steht aber nicht zur Verfügung. Die Blitzdosis muss am Blitzgerät manuell justiert werden.

▲ Funkfernauslösersystem für Blitzgeräte machen aus nahezu jedem Gerät einen entfesselten Blitz (hier gezeigt ist das System GY880A PT-01).

Blitzen mit dem Advanced Wireless Lighting System

Um die Vorgehensweise beim entfesselten Blitzen mit dem Nikon Advanced Wireless Lighting System zu demonstrieren, habe ich die gezeigte Holzfigur gewählt. Das Ziel war es, diese harmonisch auszuleuchten. Um die Beleuchtung komplett selbst in die Hand zu nehmen, sollte die Figur nur durch Blitzlicht aufgehellt werden. Das Raumlicht spielte somit keine Rolle – übrigens eine Vorgehensweise, die auch bei Porträts im Studio gang und gäbe ist. Hierbei diente mir ein Speedlight SB-900 als Master und ein SB-600 als Remote- oder Slave-Gerät.

1

Damit das Tageslicht aus der Aufnahme ausgeschlossen wird, fotografieren Sie einfach im manuellen Modus mit einer kurzen Verschlusszeit. Die Blende stellen Sie je nach Schärfentiefewunsch flexibel ein. Das Bild sollte ohne Blitz ganz dunkel erscheinen.

▲ Bildergebnis ohne Blitz (dieses und alle folgenden Bilder: 1/50 Sek. | f11 | ISO 100 | 110 mm | Stativ | 2-Sek.-Selbstauslöser).

2

Nun wird der Master-Blitz aktiviert. Beim SB-900 schalten Sie dazu den Blitz ein, drücken dann den Knopf am Einschalter und drehen den Hebel gleichzeitig auf die Master-Position. Mit der Taste unter der Bezeichnung SEL ❶ wählen Sie sodann die oberste Steuerzeile M(aster) an. Um die i-TTL-Blitzsteuerung zu nutzen, wählen Sie über den MODE-Knopf ❷ und das Drehrad ❸ den Eintrag *TTL* und bestätigen dies mit der OK-Taste am Blitz.

Wenn Sie jetzt ein Bild auslösen, wird es zunächst nur durch den Master ausgeleuchtet, quasi so, als würde im ganz normalen Blitzmodus fotografiert werden.

08 Richtig blitzen mit der D5200

◀ Aktivieren des Master-Blitzes, der mit seinem Licht zur Bildaufhellung beitragen soll.

der Plus- oder Minus-Taste gehen Sie zur Drahtlosfunktion mit dem geschlängelten Pfeilsymbol und wählen mit der MODE-Taste die Einstellung *On*. Bestätigen Sie dies durch einen kurzen Druck auf die ON/OFF-Taste. Der Blitz wartet jetzt auf das Zündungssignal des Masters.

▲ Remote-Einstellung: Der Blitz wird automatisch der Blitzgruppe A (Slave A) zugeteilt und empfängt Signale über Kanal 1 (CH 1).

> **!** **Sichtkontakt ist wichtig**
>
> Damit der Remote-Blitz das Signal des Masters ordentlich empfangen kann, muss der Lichtsensor (siehe Pfeilmarkierung) Sichtkontakt zum Master haben. Daher kann es unter Umständen notwendig sein, den Blitz so zu verdrehen, dass der Sensor zur Kamera „schaut".

◀ Lichtsensor des Nikon Speedlight SB-600.

▲ Aufhellung nur durch den Master-Blitz indirekt über die Zimmerdecke.

3

Aktivieren Sie nun den i-TTL-Drahtlosbetrieb Ihres Remote-Blitzgerätes. Beim Speedlight SB-600 drücken Sie dazu die Zoom- und die Minustaste so lange, bis die Individualfunktionen erscheinen. Mit

Kabellos blitzen

4

Wenn Sie möchten, dass der Master zwar andere Blitzgeräte auslösen kann, selbst aber nichts zur Belichtung beisteuert, wählen Sie wie in Schritt 2 beschrieben statt des Modus TTL die Angabe --- aus.

◄ Deaktivieren des Master-Blitzes, danach wird nur der Remote-Blitz zünden.

▲ Die Holzfigur wird nur durch den Remote-Blitz von hinten links angestrahlt.

5

Wenn beide Geräte auslösen sollen, wählen Sie am Master bei *M* ebenfalls die Einstellung *TTL*. Wenn Sie nun auslösen, blitzen beide Geräte und steuern das Licht automatisch über die i-TTL-Technik, sodass eine ausgewogene Beleuchtung entsteht.

> ✓ **Dauerbereitschaftsdienst**
>
> Die meisten Blitzgeräte schalten sich nach kurzer Zeit ab, um Strom zu sparen. Beim entfesselten Blitzen kann das aber sehr nervig sein, denn wenn der Blitz offline ist, müssen Sie jedes Mal wieder zum Blitz gehen und ihn aktivieren. Setzen Sie die Geräte während der kabellosen Session entsprechend der jeweiligen Bedienungsanleitung auf Dauerbetrieb bzw. deaktivieren Sie den Ruhezustand.

Um das Master-Blitzlicht in seiner Intensität zu regulieren, damit es schwächer oder stärker in die Gesamtbelichtung eingreift, drücken Sie nach Auswahl von *M: TTL* gleich die Belichtungskorrekturtaste ❹. Stellen Sie den abweichenden EV-Wert mit dem Einstellrad ein und bestätigen Sie mit OK ❺. Gleiches ließe sich auch für das Remote-Gerät einstellen, indem Sie einfach die Zeile *A: TTL* auswählen.

◄ Belichtungskorrektur für den Master-Blitz.

▲ Der Master-Blitz leuchtet gegenüber dem Remote-Gerät schwächer, wodurch das Licht des Remote-Blitzes die Figur von hinten etwas stärker aufhellt und nach vorne rechts einen sanften Schatten erzeugt, wodurch wiederum die plastische Wirkung der Figur verstärkt wird.

Lichtformer für Systemblitzgeräte

Trifft das Blitzlicht unverändert auf einen Gegenstand, wirkt es meist sehr hart. Der Kontrast zwischen den angestrahlten Flächen und den Schatten ist sehr hoch und die Schattenränder sind hart umgrenzt. Mit Blitzdiffusoren lässt sich das Licht dagegen weicher gestalten. Es entsteht eine sanftere Ausleuchtung, die sowohl bei Porträts als auch bei Verkaufsgegenständen für ein harmonischeres Ergebnis sorgt.

Der Fotofachhandel bietet Blitzdiffusoren inzwischen in nahezu allen erdenklichen Formen und Größen an. Sicherlich auch deshalb, weil dieses Hilfsmittel für eine professionell wirkende weiche Blitzausleuchtung oftmals essenziell notwendig ist. Manchmal hilft es aber auch, einfach einen Handdiffusor zwischen den Blitz und das Objekt zu halten, am besten möglichst dicht ans Fotomotiv, dann wird die Ausleuchtung am weichsten.

Für das Fotostudio, vor allem wenn Sie die Blitze entfesselt betreiben, sind aber auf die Dauer professionellere Lösungen vorteilhafter. Besonders sanft wird die Ausleuchtung mit Softboxen, da diese Art von Blitzvorsatz das Blitzlicht über eine größere Fläche verteilt und gleichzeitig extrem stark streut.

Um in den Genuss der Lichtwirkung einer Softbox zu gelangen, müssen Sie sich jedoch nicht gleich eine teure Lichtanlage zulegen, denn inzwischen gibt es verschiedene Hersteller, die sich auf Softboxen für handelsübliche Systemblitzgeräte spezialisiert haben.

Hierbei wird der Kompaktblitz über einen Adapter mit der Softbox verbunden. Das Gewicht der Softbox liegt dabei auf dem Adapter und nicht auf dem Blitz, sodass das Blitzgerät auch ohne Weiteres entfernt werden kann. Angeboten werden solche

▲ Softbox 50 x 70 cm mit Adapter von flash2softbox mit angeschlossenem Speedlight SB-600.

Systeme z. B. von flash2softbox (*www.flash2softbox.com*), Brenner Foto Versand GmbH (Magic Square Softbox, *www.alles-foto.de*) oder Lastolite (Ezybox Hotshoe, *www.lastolite.com*). Die Vorsätze passen teilweise sogar auf kleinere Studioblitze, sodass sie auch dann noch verwendbar sind, wenn später vielleicht doch noch ein Studioblitz angeschafft werden sollte.

Ist der Softbox-Blitzadapter auch für andere Aufsätze kompatibel, sind dem kreativen Spiel mit dem Licht kaum Grenzen gesetzt.

> **i** **Zwei oder mehr Remote-Geräte**
>
> Möchten Sie zwei oder mehr externe Blitze drahtlos steuern, gibt es prinzipiell zwei Möglichkeiten:
>
> 1. Alle Blitze werden gemeinsam reguliert.
> 2. Die Blitze werden in Gruppen eingeteilt und getrennt voneinander gesteuert.
>
> Sollen alle Blitze gemeinsam reguliert werden, stellen Sie an jedem Remote-Gerät die Gruppe A ein. Möchten Sie beispielsweise bei einem Porträt von rechts mehr Licht auf das Gesicht bekommen als von links, wählen Sie für das eine Gerät Gruppe A und für das zweite Gruppe B. Am Master-Blitz können Sie die Gruppen getrennt ansteuern und deren Intensität mittels Blitzbelichtungskorrektur regulieren, wie in Schritt 5 gezeigt (Seite 199).

▲ Der Spotlichtvorsatz (Snoot) erzeugt enge und klar umgrenzte Lichtkegel, die sich beispielsweise zur räumlich begrenzten Aufhellung der Haare (Stichwort: Haarlicht) gut eignen.

▲ Dieser Remote-Blitz wartet auf Signale im Kommunikationskanal 1 und gehört der Gruppe A an.

> **i** **Wozu verschiedene Kanäle?**
>
> Die Kanäle (Ch = Channel) spielen immer dann eine Rolle, wenn mehrere Fotografen drahtlos blitzen und sich nicht ins Gehege kommen wollen. Jeder entscheidet sich für einen Kanal, und schon können alle mit ihrem eigenen System arbeiten. Stellen Sie somit alle Blitzgeräte auf den jeweiligen Kanal ein, um ein geschlossenes System zu bilden.

KAPITEL 9
Praxistipps für bessere Bilder

Motive zu erkennen und sie ansprechend in Szene zu setzen, ist mindestens genauso wichtig wie die Beherrschung der grundlegenden Kameratechnik. Das fängt bei der Wahl des Bildausschnitts an und hört bei der Positionierung der Hauptelemente im Foto noch lange nicht auf. Wo liegen also die fotografischen Geheimnisse, mit deren Hilfe sich wirklich beeindruckende Bilder erzeugen lassen, die man auch gern mal herzeigt? Nun, es gibt derer natürlich viele, sodass man hierüber ganze Bücher schreiben könnte. Die wichtigsten Grundlagen aber finden Sie in diesem und dem nachfolgenden Kapitel.

Praxistipps für bessere Bilder

Um ein beeindruckendes Bild zu generieren, werden Sie um die wichtigsten gestalterischen Grundlagen nicht herumkommen. Aber keine Angst, ein Physikstudium ist wirklich nicht notwendig, um aus spannenden Motiven besondere Aufnahmen zu machen. Und denken Sie dabei ruhig auch mal daran:

An erster Stelle steht der Fotograf und nicht die Ausrüstung oder die inzwischen immer ausgeklügelteren elektronischen Helferlein der Kameramenüs. Verwenden Sie also lieber etwas mehr Zeit und Gehirnschmalz darauf, sich selbst für die Fotografie zu sensibilisieren. Dabei steht im Vordergrund immer das Motiv.

9.1 Grundlagen einer gelungenen Bildästhetik

Gitternetzlinien helfen bei der Ausrichtung

Bilder mit schiefem Horizont hat bestimmt jeder schon einmal produziert. Auch Profis halten im Eifer des Gefechts die Kamera nicht immer perfekt gerade. Wenn jedoch genügend Zeit für die Bildgestaltung bleibt, spricht nichts dagegen, den Horizont im Bild möglichst balanciert auszurichten. Die D5200 hat dafür mit den Livebild-Gitterlinien eine tolle Hilfe an Bord. Wird das Gitternetz aktiviert, kann die Kameraausrichtung besonders genau durchgeführt werden.

▼ Mit den Gitterlinien ließ sich der Blick auf den Horizont der Nordsee ganz einfach gerade ausrichten ($1/500$ Sek. | f8 | ISO 200 | A | 12 mm).

Grundlagen der Bildgestaltung

Um die Gitterlinien zu aktivieren, schalten Sie die Live View ein und drücken die Info-Taste so oft, bis das Linienmuster angezeigt wird. Das Bildfeld wird darüber in 16 Teilbereiche untergliedert. So können Sie ganz einfach den Horizont gerade halten. Auslaufende Seen und Meere gehören damit ab sofort der Vergangenheit an.

▲ Aufrufen der Gitternetzansicht im Livemodus.

Die Drittel-Regel als Gestaltungshilfe

Besonders harmonisch wirken viele Bilder, wenn nicht nur der Horizont oder senkrecht stehende Motivteile gut ausgerichtet sind, sondern auch die wichtigsten Bildelemente der Komposition ein ästhetisch ansprechendes Plätzchen im Bildausschnitt erhalten. Maler orientieren sich bei der Anordnung der zentralen Bildelemente zumeist an den Regeln des sogenannten Goldenen Schnitts. Da der Sensor der D5200 jedoch ein etwas abweichendes Format hat, als es dem Goldenen Schnitt zugrunde liegt, lassen sich die Gestaltungslinien besser mit dem Begriff Drittel-Regel beschreiben.

Hierbei werden interessante Punkte des Motivs in etwa auf die „Drittel-Schnittpunkte" des Bildausschnitts gelegt. Das Bild wirkt dadurch ausgeglichen und die Aufmerksamkeit des Betrachters wird unbewusst genau auf das oder die Hauptelemente gelenkt. Würde das Hauptobjekt einfach nur in der Bildmitte auftauchen, hätte das Auge des Betrachters erstens weniger „Mühe", es zu finden, und wäre zweitens ziemlich schnell gelangweilt. Auch der Horizont wird der Drittel-Regel nach in etwa auf die Linie des oberen oder des unteren

Drittels gelegt. Wenn Sie sich die Berglandschaft anschauen, werden Sie sehen, dass hier beide Kriterien erfüllt sind.

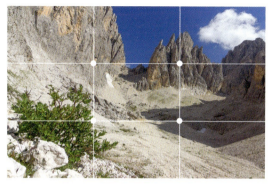

▲ Landschaft gestaltet nach der Drittel-Regel (¹/₄₀ Sek. | f11 | ISO 100 | A | 12 mm | Polfilter).

▲ Die Gitterlinien der Live View entsprechen nicht ganz der Drittel-Aufteilung, die Kreuzungspunkte markieren die Drittel-Schnittpunkte aber annäherungsweise.

▲ Die vier AF-Felder um die Mitte herum können ebenfalls zur Orientierung nach Drittel-Gesichtspunkten herangezogen werden. Zudem können Sie mit der Individualfunktion d2: Gitterlinien auch im Sucher Orientierungslinien einblenden lassen.

09 Praxistipps für bessere Bilder

✓ Gestaltungsregeln brechen

Wie meistens in der Fotografie sind Regeln nicht in Stein gemeißelt. Das gilt auch für die Horizontausrichtung und die Drittel-Regel. Denn es wäre schon fast unverschämt zu behaupten, dass Bilder mit verdrehtem Blickwinkel und Fotos ohne Beachtung der Drittel-Kriterien nicht tolle Werke sein können. Gerade ein mit Absicht schief gelegter Horizont oder eine radiär angeordnete Sonnenblumenblüte mit mittiger Positionierung haben ebenfalls ihren Reiz. Ausnahmen von den keinesfalls festgezurrten Regeln machen kreative Fotoeffekte ja oftmals erst möglich. Dennoch kann man sich der Wirkung einer klassisch gestalteten Fotografie nicht entziehen, sie gibt dem Bild nun mal eine perfekte Proportionierung mit auf den Weg.

▲ Dieses Bild ist zentralperspektivisch aufgebaut, die Diagonalen laufen auf die Bildmitte zu und rücken den Altar ins Zentrum der Aufmerksamkeit (¹/₃₀ Sek. | f3.5 | ISO 3.200 | A | 18mm).

▲ Eine absichtlich schräg positionierte Kamera kann vor allem Architekturaufnahmen mehr Spannung verleihen, das Bild wirkt weniger dokumentarisch (¹/₆₀ Sek. | f4.8 | ISO 125 | A | 55 mm | Polfilter).

Schärfespeicherung für den perfekten Bildausschnitt

Beim Gestalten einer Fotografie kommt der richtigen Schärfe an der richtigen Stelle eine ebenso große Bedeutung zu wie beispielsweise der Positionierung der einzelnen Elemente getreu der Drittel-Regel. Daher ist es gut zu wissen, wie sich die Schärfe gezielt an bestimmte Bildstellen lenken lässt.

Gut, vermutlich werden Sie jetzt sagen, das hatten wir doch schon: Man wähle einfach ein passendes AF-Messfeld, fokussiere und fertig ist die Sache. Stimmt auch, aber es gibt ein paar Situationen und Überlegungen, die gegen diese Methode sprechen:

Grundlagen der Bildgestaltung

1. Nur bei den mittigen neun AF-Messfeldern handelt es sich um sogenannte Kreuzsensoren. Diese sind lichtempfindlicher als die flankierenden 27 Sensoren. Bei wenig Licht, bei einem eher dunklen oder auch einem wenig kontrastierten scharf zu stellenden Bildbereich sind die mittleren Sensoren in der Regel schneller und zuverlässiger. Daher wäre es besser, das Hauptmotiv über die Bildmitte zu fokussieren und dann erst den endgültigen Bildausschnitt festzulegen.
2. Wer Motive häufig außerhalb der Bildmitte positioniert, empfindet es vielleicht – so wie wir – etwas umständlich, ständig über diverse Tastendrucke zwischen den Fokusfeldern hin- und herwechseln zu müssen.
3. Die Motivanordnung kann auch so sein, dass keines der AF-Felder das Objekt optimal erfassen kann.

Ein kurzes Zwischenspeichern der Schärfe wäre somit äußerst praktisch und ist bei der D5200 auch ohne Weiteres umsetzbar.

Den Schärfepunkt zwischenspeichern

1

Stellen Sie die Autofokusart AF-A und die Messfeldsteuerung *Dynamisch (9 Messfelder)* ein. Wählen Sie das mittlere Fokusmessfeld aus, die flankierenden Felder werden bei Bedarf automatisch von der Kamera mitgenutzt. Sie können die Schärfespeicherung aber auch auf ein Fokusmessfeld beschränken, indem Sie die Kombination AF-S und *Einzelfeld* verwenden.

2

Peilen Sie das Motiv Ihrer Wahl an und halten Sie den Auslöser halb gedrückt. Wichtig ist, dass das aktive oder die aktiven AF-Felder auch das Objekt im Fokus haben, das Sie scharf stellen möchten. Wenn alle AF-Felder aktiv sind, wird die Schärfe in der Regel auf das am nächsten zur Kamera gelegene Objekt gelegt. Im gezeigten Bild hatte ich nur das mittlere AF-Feld vorausgewählt und damit höchste Treffgenauigkeit erzielt.

3

Wenn die Schärfe sitzt, richten Sie den Bildausschnitt mit gehaltenem Auslöser neu ein und nehmen das Bild anschließend auf. Auf diese Weise lässt sich das Hauptmotiv schnell und einfach au-

▲ *Fokusmodus AF-S kombiniert mit Einzelfeld und Auswahl des mittleren AF-Feldes (Pfeil). In dieser Konstellation werden die flankierenden acht Kreuzsensoren bei Bedarf zur Scharfstellung mitgenutzt.*

▲ *Mit dem mittleren AF-Messfeld habe ich auf das Wirtshausschild fokussiert, bei gehaltenem Auslöser den finalen Bildausschnitt bestimmt und schließlich ausgelöst (¹⁄₆₀ Sek. | f5.6 | ISO 450 | A | 100 mm | Polfilter).*

09 Praxistipps für bessere Bilder

ßermittig positionieren. Die Belichtung wird hierbei automatisch an den veränderten Bildausschnitt angepasst.

Auch bei Hochzeiten oder anderen Feiern, bei denen es darauf ankommt, bestimmte Personen scharf abzubilden, kann diese Technik hervorragende Dienste leisten. Richten Sie das mittlere Autofokusfeld auf die Person, die scharf dargestellt werden soll, und bestimmen Sie dann den Bildausschnitt. So kann es nicht passieren, dass Personen fokussiert werden, die Sie gar nicht in den Bildmittelpunkt stellen wollten, zum Beispiel jemand, der gerade im Vordergrund steht oder hinten durchs Bild läuft.

> ### ✓ Schärfespeicherung über mehrere Bilder hinweg
>
> Wenn Sie die gespeicherte Schärfe für mehrere Bilder aufrechterhalten möchten, lassen Sie den Auslöser nach der ersten Aufnahme nicht ganz los, sondern gehen Sie nur bis zum ersten Druckpunkt. Wenn Sie den Auslöser dann erneut ganz durchdrücken, landet auch das zweite Bild mit dem zuvor gespeicherten Schärfepunkt im Kasten.

Selbst bestimmen, was gespeichert werden soll

Es gibt noch eine andere Methode, mit der Sie ganz genau festlegen können, welche Werte die D5200 in den Zwischenspeicher nehmen soll. Dazu besitzt die Kamera auf der Rückseite extra die AE-L/AF-L-Taste.

Die Funktionsweise der AE-L/AF-L-Taste lässt sich über das Individualmenü *f2: AE-L/AF-L-Taste* wie folgt steuern:

▲ Tastenbelegung der AE-L/AF-L-Taste über das Individualmenü f2.

▲ AE-L/AF-L-Taste zum Speichern von Belichtung und/oder Schärfe.

- **Belichtung & Fokus speichern** : Mit dieser Einstellung können Sie sowohl den Fokuspunkt als auch die Belichtung speichern. Sprich, wird der Bildausschnitt geändert, passt sich die Belichtung nicht an – sie ist auf das erste Bild festgelegt, genauso wie der Fokus. Das kann beispielsweise hilfreich sein, wenn Sie spontan Bilder für ein Panorama aus der Hand schießen möchten. Die Fotos sollten hierbei mit den gleichen Aufnahmeeinstellungen fotografiert werden, damit keine Fokus- und Helligkeitssprünge auftreten, die das Zusammenfügen der Bilder erschweren.
- **Belichtung speichern**: Hier wird nur die Belichtung zwischengespeichert und das auch nur, solange die AE-L/AF-L-Taste gedrückt wird. Dies kann hilfreich sein, um die Belichtung mithilfe der Spot- oder Integralmessung auf den Hintergrund abzustimmen und gegebenenfalls über mehrere Bilder hinweg stabil zu halten.

Bildwirkung mittels Schärfentiefe

Über den Auslöser kann weiterhin fokussiert werden, und auch der Fokusspeicher über den gehaltenen Auslöser funktioniert. Somit erfolgen die Belichtungsspeicherung und die Fokusspeicherung getrennt voneinander.

- **Fokus speichern** AF: Diese Einstellung entspricht der zuvor beschriebenen Methode mit dem gehaltenen Auslöser, nur dass Sie den Fokus hier durch Drücken der AE-L/AF-L-Taste speichern. Auch diese Bedienungsart ist somit für das außermittige Positionieren von Hauptmotiven geeignet, bei denen die Belichtung an den veränderten Bildausschnitt angepasst werden soll.
- **Belichtung speichern ein/aus** : Diese Einstellung entspricht der Einstellung *Belichtung speichern* – mit dem Unterschied, dass Sie die AE-L/AF-L-Taste nicht permanent gedrückt halten müssen. Die gespeicherte Belichtung wird nämlich erst wieder aufgehoben, wenn Sie die Taste erneut betätigen.
- **Autofokus aktivieren** AF-ON: Für schnelle Action, bei der sich das Motiv in konstanter Entfernung zur Kamera befindet, sodass kein erneutes Scharfstellen notwendig wird, ist diese Einstellung nützlich. Legen Sie den Fokus mit der AE-L/AF-L-Taste auf das Motiv und lassen Sie die Taste los. Sobald der Zeitpunkt gekommen ist, lösen Sie schnell eine Bilderserie aus. Die Kamera steht auf Auslösepriorität und zeigt keinerlei Fokusverzögerung. Wenn Sie möchten, dass auch die Belichtung über die Bilder hinweg konstant sein soll, setzen Sie die Individualfunktion *c1: Bel.speichern mit Auslöser* auf *Ein*. Beim Drücken des Auslösers wird dann die Belichtung des ersten Bildes auf alle nachfolgenden angewendet. Hell-Dunkel-Sprünge können die D5200 nicht ausbremsen.

> ✓ **Schärfespeicherung über den manuellen Fokus**
>
> Eine andere Methode der Schärfespeicherung besteht darin, das Motiv mit dem Autofokus scharf zu stellen und dann auf den manuellen Fokus umzustellen.
>
> Der Vorteil liegt darin, dass Sie nicht erst die Tastenbelegung umstellen oder Knöpfe drücken bzw. halten müssen, während Sie den Bildausschnitt neu definieren.

9.2 Bildwirkung mittels Schärfentiefe verändern

Die Schärfentiefe könnte mit Fug und Recht zur Königin unter den Gestaltungsmitteln gekürt werden. Denn sie beeinflusst absolut jedes Bild. Über die Schärfentiefe legen Sie fest, wie viele Bildanteile um den fokussierten Bereich herum noch detailgenau erkennbar sind. Bei einer geringen Schärfentiefe ist fast nur noch das scharf gestellte Bildareal detailliert zu erkennen, alles davor und dahinter läuft in deutlicher Unschärfe aus.

Zum einen wirkt dies gut, weil eine Konzentration auf den gewünschten Bildinhalt ermöglicht wird, zum anderen, weil wir durch unseren Sehsinn daran gewöhnt sind, dass bei anvisierten Objekten der Hintergrund in Unschärfe verschwimmt. Damit ist dann auch ganz klar, dass eine geringe Schärfentiefe für alle Motivarten oberste Devise ist, die optisch freigestellt werden sollen:

- Porträts, egal ob Mensch oder Tier, werden daher in aller Regel mit geringer Schärfentiefe ansprechend in Szene gesetzt.
- Fotos von Produkten oder architektonische Details, bei denen der Blickpunkt des Betrachters konkret auf eine ganz bestimmte Stelle gelockt werden soll.

09 Praxistipps für bessere Bilder

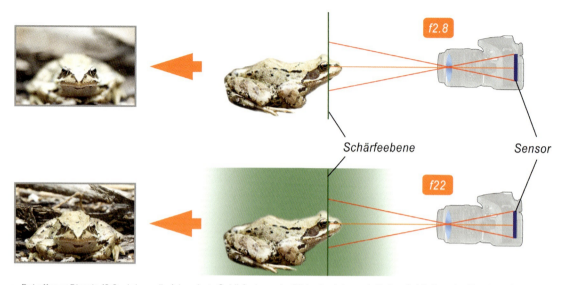

▲ Bei offener Blende f2.8 wird nur die fokussierte Schärfeebene im Bild scharf dargestellt. Das Schließen der Blende auf f22 bewirkt, dass auch noch Motivbereiche vor und hinter der Schärfeebene detailliert abgebildet werden.

- Auch in der Naturfotografie ist die geringe Schärfentiefe ein wichtiges Gestaltungsmittel. So manches Blütendetail lässt sich mit wenig Schärfentiefe schön herauslösen und bekommt dadurch eine besonders romantische Note.

Um eine geringe Schärfentiefe zu erzielen, werden niedrige Blendenwerte benötigt, zum Beispiel f1.8 oder f3.2.

Umgekehrt wird bei einer geschlossenen Blende, zum Beispiel mit Werten von f8 oder f11, ein größerer Bereich vor und hinter der Schärfeebene detailliert erkennbar. Häufig ist dies ein Gestaltungsmittel für Landschaftsaufnahmen und Architekturbilder. Alle Details sollen möglichst scharf zu erkennen sein, damit die Struktur der architektonischen und natürlichen Formen besonders prägnant in Szene gesetzt wird.

▲ Die Schärfe liegt auf dem Auge des Schwarzstorchs. Durch die offene Blende wird der Vogel vor einem extrem unscharfen Hintergrund schön freigestellt (¹⁄₄₀₀ Sek. | f2.8 | ISO 800 | A | 200 mm).

▲ Vom Stamm vorne links bis in die Blätterkrone sollte alles möglichst detailliert abgebildet werden, um die grafische Wirkung des Motivs zu unterstreichen. Daher habe ich hier mit Blende 16 fotografiert (¹⁄₂₀ Sek. | f16 | ISO 1600 | A | 18 mm | Polfilter).

Bildwirkung mittels Schärfentiefe

Wie Sie die Schärfentiefe selbst steuern können, haben Sie bestimmt schon in einem der vorangegangenen Kapitel erfahren: Die Modi A und M sind hier die Stichwörter.

Objektfreistellung mit Telebrennweiten

Auch die Objektivbrennweite übt einen Einfluss darauf aus, wie scharf bzw. unscharf der Hintergrund eines Bildes erscheint. Sicherlich, die Blende hat den größten Einfluss auf die Schärfentiefe, aber die Brennweite spielt eben auch nicht unwesentlich mit.

Genau genommen ist es so, dass der scharf erkennbare Bildbereich mit steigender Brennweite abnimmt, wenn ein Motiv etwa gleich groß abgebildet wird. Vergleichen Sie dafür einmal verschiedene Zoomeinstellungen an demselben Motiv und belassen Sie die Blende im Modus A auf einem festen Wert. Beim Betrachten der Bildergebnisse wird Ihnen schnell auffallen, dass die Schärfentiefe der Bilder variiert. Im Weitwinkelbereich wird sie höher ausfallen und sich über mehrere Meter erstrecken, während sie im Telebereich auf wenige Zentimeter zusammenschrumpft.

Merke: Bei gleicher Blende nimmt die Schärfentiefe mit zunehmender Brennweite ab.

An den Bildern mit dem gemütlich in der Sonne dösenden Murmeltier, das sich von meinen Brennweiten-Testaufnahmen erstaunlicherweise nicht aus der Ruhe bringen ließ, ist dies beispielhaft zu sehen.

Diese habe ich mit zwei verschiedenen Zoomstufen fotografiert, der Fokus liegt jeweils auf dem Gesicht des Nagers und die Blendeneinstellung ist unverändert. Wenn Sie das Gras im Hintergrund vergleichen, fällt sofort auf, dass die Strukturen bei der höheren Brennweite unschärfer aussehen.

Das Wissen über den Zusammenhang von Schärfentiefe und Brennweite können Sie sich zunutze machen, indem Sie zum Beispiel für Porträtaufnahmen oder andere „Freisteller" eher zu Telebrennweiten von 85 mm und mehr greifen.

Soll bei Landschafts-, Architektur- oder Reportageaufnahmen dagegen viel Schärfentiefe im Bild sein, empfehlen sich die kleinen Brennweiten von 30 mm und darunter.

Unter anderem ist das ein Grund, weshalb Weitwinkelobjektive um die 18 mm Brennweite vorwiegend in der Landschafts-, Architektur- und Reportagefotografie Verwendung finden

▲ Mit der Brennweite von 225 mm ist die Schärfentiefe zwar schon sehr gering (links), durch die Erhöhung auf 500 mm ließ sich der Hintergrund aber noch mal unschärfer abbilden (beide Bilder: f5.6 | ISO 400 | A | Stativ).

09 Praxistipps für bessere Bilder

> **!** **Schärfentiefebegrenzung auch bei Makroaufnahmen**
>
> In der Nah- und Makrofotografie wird häufig eine hohe Schärfentiefe benötigt, um kleine Insekten, Blüten oder technische Gegenstände komplett scharf abbilden zu können. Allerdings ist das Erreichen einer hohen Gesamtschärfe gerade im Nahbereich eine besondere Herausforderung.
>
> Denn je größer das Motiv abgebildet wird, je mehr man sich dem Objekt also nähert, desto geringer wird die erreichbare Schärfentiefe sein.
>
> Hinzu kommt, dass man sich auch nicht einfach damit behelfen kann, die Blende bis zum Anschlag zu schließen, da einem die Beugungsunschärfe dann einen Strich durch die Rechnung macht (siehe Seite 85). Mit einer gewissen Begrenzung muss man im Nah- und Makrobereich also leben können.
>
>
> ▲ Aufgrund der starken Vergrößerung ist selbst bei Blende 16 noch nicht alles scharf abgebildet (1/25 Sek. | ISO 250 | A | 105 mm Makro | Stativ).

9.3 Arbeiten mit verschiedenen Perspektiven

Die Vorstellung eines Bildes entsteht zumeist als Erstes im Kopf des Fotografen, noch bevor der Auslöser gedrückt wird. Die Idee, was an dem Bildausschnitt attraktiv ist, wie die einzelnen Elemente darin positioniert werden könnten und welche Perspektive am besten ist, spielt sich gleich beim Betrachten der Szene vor dem geistigen Auge ab. So findet sich schnell eine gute Position für ein gelungenes Bildergebnis.

Ein wenig Einfühlungsvermögen und Kreativität sind also auf jeden Fall gefragt. Jedoch kann es auch nicht schaden, ein paar grundlegende Fakten über die wichtigsten bildgebenden Komponenten und gestalterischen Grundlagen wie Sensor, Cropfaktor, Bildwinkel und Perspektive im Hinterkopf zu haben.

Sensorgröße und Cropfaktor

Auf dem Sensor der Nikon D5200 sind 27,71 Millionen Pixel untergebracht, davon sind 24,1 Megapixel bildgebend. Die Pixel tummeln sich alle auf einer Fläche von 23,5 x 15,6 mm.

Mit der Größe des Sensors gehört die D5200 übrigens zum sogenannten APS-C-Kameratyp, oder, um im Nikon-eigenen Duktus zu bleiben, zum DX-Typ. Im Vergleich zum FX-Vollformatsensor ist der DX-Sensor der D5200 in seiner Diagonalen 1,5-fach kleiner. Bezeichnet wird dieser Unterschied mit dem Begriff Crop- oder Verlängerungsfaktor.

Was bedeutet das eigentlich? Nun, einerseits ermöglicht das kompaktere Sensorformat die Konstruktion kleinerer Gehäuse sowie leichterer und günstigerer Objektive, die bei Nikon ebenfalls das Kürzel DX im Namen tragen. Andererseits erfasst der DX-Sensor aufgrund der geringeren Bildfläche auch einen kleineren Bildausschnitt.

Würden Sie für das gezeigte Motocross-Bild mit dem FX-Sensor beispielsweise 200 mm Brennweite

Perspektive

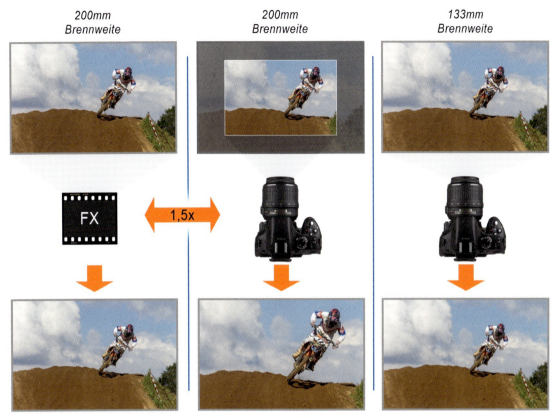

▲ Der Sensor der D5200 bildet einen kleineren Bildausschnitt ab als FX-Vollformatsensoren. In den Seitenlängen unterscheiden sich die Formate um den Cropfaktor 1,5. Daher erscheint ein Motiv bei gleicher Brennweite 1,5-fach vergrößert (mittlere Spalte). Umgekehrt wird der gleiche Bildausschnitt erzielt, wenn ein Objektiv mit 1,5-fach geringerer Brennweite an der D5200 eingesetzt wird (rechte Spalte).

benötigen, reichen bei der D5200 bereits 133 mm Brennweite aus, um einen vergleichbaren Bildausschnitt zu erhalten (200 mm / 1,5 = 133 mm).

Die Wirkung, die eine bestimmte Brennweite an der D5200 erzielt, lässt sich dabei immer auf die Wirkung an einer Kleinbildformatkamera umrechnen. Dazu wird die Brennweite mit dem Cropfaktor 1,5 multipliziert. Auf diese Weise würden für das 18-105-mm-Kit-Objektiv die Werte 27–158 mm zustande kommen. An einer Kleinbildkamera würde somit ein 27-158-mm-Objektiv die gleichen Bildausschnitte liefern wie das 18-105-mm-Objektiv an der D5200.

Das ist freilich nur eine Spielerei. Sie kann aber dem ein oder anderen vielleicht das Abschätzen der Wirkung verschiedener Brennweiten erleichtern. Denn wer früher schon häufiger mit ±27 mm fotografiert hat, weiß in etwa, welchen Bildausschnitt er mit 18 mm Brennweite an der D5200 erwarten kann (27 mm / 1,5 = 18 mm).

Übrigens: Alle Brennweiten in diesem Buch sind ohne Umrechnung angegeben, sie entsprechen den Werten des jeweiligen Objektivs, und diese Werte beziehen sich alle auf das Kleinbildformat.

09 Praxistipps für bessere Bilder

ℹ️ Der Sensor der D5200

Der CMOS-Sensor der D5200 ist, wie bei klassischen Spiegelreflexkameras üblich, hinter dem Schnellrücklaufspiegel angeordnet. Daher ist er nach dem Abnehmen des Objektivs nicht direkt zu sehen. Wenn Sie die in Kapitel 13.8 beschriebene Sensorreinigung durchführen, können Sie jedoch einen Blick auf die Sensoreinheit erhaschen.

▲ Links: Der Spiegel verdeckt den Sensor, rechts: D5200-Sensor freigelegt.

Einfluss der Brennweite auf den Bildausschnitt

Wenn Sie durch den Sucher oder auf das Livebild der D5200 blicken, sehen Sie bereits den Bildausschnitt, der nach dem Drücken des Auslösers vom Kamerasensor erfasst und aufgezeichnet wird. Zur Beschreibung der Ausdehnung dieses fotografier-

▲ 50 mm.

▲ 18 mm.

▲ 100 mm.

▲ 35 mm.

▲ 200 mm (alle Bilder: f10 | ISO 100 | A | Polfilter).

Perspektive

baren Bildfeldes wird häufig auch der Begriff Bildwinkel verwendet. Sie sehen also so viel vom angepeilten Motiv, wie es der Bildwinkel des Objektivs bei der gewählten Brennweite gerade zulässt.

An den Ansichten der winterlichen Alpenlandschaft habe ich die Wirkung verschiedener Bildwinkel einmal durchexerziert. Dabei kommt die Szenerie in ihrer Gänze bei 18 mm Weitwinkeleinstellung bestens zur Geltung. Mit steigender Brennweite gibt der Ausschnitt immer mehr Details preis, sodass bei 200 mm nur noch ein Teil des gegenüberliegenden Bergmassivs ins Bild passt. Mit zunehmender Brennweite fahren Sie somit, fast wie mit einer Filmkamera, immer näher ins Motiv hinein.

Den Bildwinkel könnte man sich vereinfacht auch als Tortenstück vorstellen, das aus einem Kuchen geschnitten wird. Der ganze „Kuchen" ist nie zu sehen, da die Kamera ja keine Rundumsicht bietet. Je nach Bildwinkel gibt es aber mal mehr und mal weniger Motiv auf den Sensor. Je höher die Brennweite wird, desto enger wird das verbleibende Sichtfenster. Das Motiv erscheint dabei immer stärker vergrößert.

Wenn Sie vom gleichen Standort aus fotografieren, können Sie somit allein durch Ändern des Bildwinkels zu ganz unterschiedlichen Sichtweisen derselben Szene kommen, obwohl sich die Perspektive hierdurch nicht ändert.

Die Perspektive verändern

Die Fotografierposition zu variieren, ist eine der einfachsten Möglichkeiten, um die eigenen Bildergebnisse auf kreative Weise zu verbessern und immer wieder neue Perspektiven des anvisierten Fotoobjekts zu entdecken.

Wenn Sie ein Motiv zunächst einmal aus verschiedenen Blickwinkeln betrachten, bevor Sie den Auslöser drücken, werden Sie schnell spannendere Ansichten finden als die, die oftmals intuitiv im Stand und aus der Augenhöhe heraus festgehalten werden.

Beschäftigen Sie sich daher mit Ihrem Motiv, bevor Sie auslösen. Gehen Sie näher heran oder weiter davon weg, kippen Sie die D5200 aus der horizontalen Ebene nach oben oder nach unten, wechseln Sie zwischen Hoch- und Querformat oder nutzen Sie einen höheren oder tieferen Standpunkt.

Ohne das Objektiv dabei wechseln zu müssen, kann dies allein schon die perspektivische Wirkung ändern. Denn die Perspektive wird nicht durch die Brennweiteneinstellung am Objektiv beeinflusst, sondern durch den Aufnahmestandort.

▲ Darstellung des horizontalen Bildwinkels der Nikon D5200 bei Verwendung unterschiedlicher Objektivbrennweiten.

09 Praxistipps für bessere Bilder

▲ Bei gleichem Kamerastandpunkt verändert sich die Perspektive durch unterschiedliche Brennweiten nicht. Das vergrößerte Detail des Bildes bei 21 mm Brennweite (Mitte) ist deckungsgleich mit dem Bild ganz rechts, das ich bei 85 mm Brennweite aufgenommen habe (beide Bilder: 1/60 Sek. | f8 | A).

Betrachten Sie einmal die beiden Bilder mit der Fassade des „Zur Mühli-Hof" in Luzern. Die beiden Detailausschnitte sind perspektivisch identisch, obwohl ich das eine Foto mit 21 mm und das andere mit 85 mm Brennweite aufgenommen habe.

Genauso gut könnten Sie das Telefoto verkleinern und es wäre deckungsgleich mit dem Teilbereich des Weitwinkelfotos. Durch Zoomen kommt man dem Objekt zwar näher, ändert die perspektivische Anordnung aber keinesfalls, sondern erhält einfach nur eine vergrößerte Ansicht. Anders verhält es sich, wenn der eigene Standort verlagert wird, denn dann ändert sich auch die perspektivische Darstellung. Um dies zu verdeutlichen, habe ich mich um die Siegessäule in Berlin herum bewegt und verschiedene Sichtweisen ausgelotet. Ohne dabei an den Kamera-Objektiv-Einstellungen zu schrauben, entstanden drei unterschiedliche perspektivische Ansichten desselben Motivs. Experimentierfreude ist also gefragt, um neue Bildideen in kreative Aufnahmen münden zu lassen.

▲ Vom Licht her sehr schön, aber ansonsten ist das eher eine dokumentarische Ansicht der Siegessäule.

Perspektive

▲ Auch eher dokumentarisch, aber die Perspektive wirkt durch das angeleuchtete Straßenschild „Großer Stern" interessanter als das erste Bild und stellt die Siegessäule in den Kontext ihrer Umgebung.

Hier wird die Säule von dem benachbarten Zugang ▶ umrahmt. Das Geländer führt das Auge vom Bildvordergrund bis hinauf zur goldenen Viktoria. Die Säule steht zwar in der Bildmitte, das asymmetrisch aufgenommene Treppenhaus bringt jedoch genügend Spannung ins Bild, und die klare Linienführung erzeugt eine schnörkellose grafische Wirkung (alle Bilder: ISO 100 | A | 18 mm | Polfilter).

KAPITEL 10

Fototipps zu den beliebtesten Motiven

Welche Möglichkeiten bietet die D5200 und wie können Sie die Kamera am besten in verschiedenen Situationen einsetzen? In diesem Kapitel erfahren Sie Tricks und Kniffe, mit deren Hilfe Sie die Anforderungen typischer Einsatzgebiete mit Bravour meistern können. Ob dokumentarische Reisefotografie, Menschen vor der Linse oder spezielle Herausforderungen wie die anspruchsvolle Makrofotografie – dieses Kapitel vermittelt Ihnen das notwendige Know-how.

10 Fototipps zu den beliebtesten Motiven

10.1 Mit der D5200 im Urlaub unterwegs

Wer in den Urlaub fährt, der hat nicht nur anschließend viel zu erzählen, sondern sicherlich auch jede Menge schöne Fotos zu zeigen. Es müssen aber nicht gleich größere Fernreisen sein, um der Urlaubs- und Reisefotografie zu frönen. Auch kleinere Ausflüge in die nähere Umgebung laden dazu ein, das Gesehene in spannende Bilder umzusetzen und mal im Internet, mal bei einer Diashow oder im eigenen Fotobuch zu präsentieren. Also, packen Sie die wichtigsten Sachen zusammen und gehen Sie „on tour".

Allzu viel Equipment ist dafür auch gar nicht notwendig, denn beispielsweise mit dem 18-55- oder 18-105-mm-Zoomobjektiv sind Sie schon bestens ausgerüstet. Von der Weite einer städtischen Architekturanlage über dramatische Landschaften, spannende Perspektiven über Kopf oder aus der Vogelperspektive bis hin zu allerlei schönen Details am Wegesrand stehen Ihnen sehr vielseitige Gestaltungsmöglichkeiten offen. Klar, wenn Sie noch ein Telezoom mit Höchstbrennweiten zwischen 200 und 300 mm dabeihaben, erweitern sich die Möglichkeiten, aber wichtiger ist doch immer noch die Kreativität und was man aus dem Motiv herausholen kann. Wer auf alles gefasst sein möchte und stets Wert auf hohe Bildqualität legt, sollte Stativ und Fernauslöser natürlich auch mit-

▲ Grundausstattung für die ausgedehntere Reise- bzw. Urlaubsfotografie.

Sightseeing

nehmen. Es kommt schneller als gedacht, dass längere Belichtungszeiten gemanagt werden müssen. Das (Klammer-)Stativ wäre da zum Beispiel ein probates Mittel, leicht, nicht sperrig und flexibel einzusetzen.

Zu guter Letzt können Sie mit einem Polfilter im Gepäck für satte Farben, weniger Spiegelungen und gemilderte Kontraste sorgen.

Spezialeinstellungen für Bustouren

Auf einer Bustour gibt es naturgemäß nicht immer ausreichend Zeit fürs Fotografieren, und an vielen schönen Motiven fährt man einfach vorbei. Außerdem ruckelt und zuckelt das Gefährt teils heftig durch den Straßenverkehr. Daher kann es nicht schaden, sich aufs Fotografieren unter diesen Bedingungen etwas vorzubereiten, um ein paar gute Aufnahmen während der Fahrt machen zu können. Am wichtigsten ist es, dass die Belichtungszeit kurz genug ist, um ein Verwackeln der Aufnahme selbst beim Fotografieren während der Fahrt auszuschließen.

▲ Auf dem Oberdeck eines Doppelstock-Sightseeing-Busses hat man eine gute Übersicht, aber es wackelt auch extrem (1/250 Sek. | f5.6 | ISO 100 | 18 mm).

▲ Vom erhöhten Standort des offenen Doppeldeckerbusses wird es möglich, den imposanten Figuren auf den Dächern der Stadt etwas näher zu kommen, und dank der kurzen Verschlusszeit ist alles schön scharf geworden (1/250 Sek. | f5.3 | ISO 125 | A | 70 mm | Polfilter).

Unsere bevorzugte Kameraeinstellung für solche Situationen ist das Blendenvorwahlprogramm A in Kombination mit der ISO-Automatik. Die ISO-Automatik wird mit einer maximalen Empfindlichkeit von 1600 und einer längsten Belichtungszeit von ¹/₂₅₀ Sek. programmiert.

▲ Aufnahmeprogramm und spezielle ISO-Automatik-Einstellungen für das Fotografieren aus fahrenden Vehikeln heraus.

Der A-Modus hat den Vorteil, dass der Blendenwert in heller Umgebung schnell auf f8 bis f11 erhöht werden kann, um mit mehr Schärfentiefe und besserer Objektivleistung fotografieren zu können. Fährt der Bus aber in eine schattige Straße, kann die Blende schnell geöffnet werden, damit mehr Licht ins Objektiv gelangt und der ISO-Wert nicht so stark ansteigt. Noch flexibler die Kontrolle zu behalten, ist fast nicht möglich. Daher haben wir diese Einstellungskonstellation wirklich schätzen gelernt.

Sollten Sie Fotos durch Busscheiben hindurch anfertigen wollen, kommt noch hinzu, dass der Blitz am besten deaktiviert sein sollte. Ansonsten können Reflexionen auf der Glasscheibe unschön im Bild erscheinen. Außerdem würde der Blitz die meist entfernten Motive ohnehin nicht erreichen. Nutzen Sie also die Blitz-aus-Automatik oder ebenfalls den A-Modus mit besagten ISO-Einstellungen.

Apropos Glasreflexionen, diese können Sie mit einem Polfilter reduzieren und gleichzeitig die Farben und Kontraste trimmen. Jedoch schluckt der Filter Licht und sollte daher nur angewendet werden, wenn die Reflexionen sehr störend sind und gleichzeitig ausreichend Licht für eine Freihandaufnahme vorhanden ist. Auch hängt es sehr vom Winkel der Lichtreflexionen ab, ob die reflexionsreduzierende Wirkung eintritt oder nicht, daher ist der Polfilter nicht in allen Fällen erfolgreich. Gehen Sie außerdem dicht an die Scheibe heran.

VR mit Aktivmodus

Nikon bietet bei einigen Objektiven einen zweistufigen Bildstabilisator an. Die Einstellung *Normal* gilt für Freihandaufnahmen, *Active* hingegen kann stärkere Wackler ausgleichen, wenn sich der Fotograf selbst auf wackligem Terrain befindet wie in besagtem Bus oder auch auf einem Boot. Objektive mit zweistufigem Bildstabilisator sind beispielsweise:

AF-S DX Nikkor 16-85mm 1:3.5-5.6G ED VR
AF-S DX Nikkor 18-200mm 1:3.5-5.6G ED VR II
AF-S Nikkor 24-120mm 1:4G ED VR
AF-S Nikkor 28-300mm 1:3.5-5.6G ED VR

Bildgestaltung: Rahmen und Tiefenwirkung

Das schönste Motiv kann flach und langweilig wirken, wenn der Raum als dritte Dimension im Bild nicht zu sehen ist. Geben Sie Ihren Fotos daher eine Tiefenwirkung. Dazu können Sie beispielsweise Folgendes tun:

- Integrieren Sie Wege, Flüsse, Alleen oder Zäune in die Bilder, die im Vordergrund breit anfangen und sich in die Tiefe gehend verjüngen oder geradewegs auf das Hauptmotiv hinführen. Je breiter der Weg am unteren Bildrand beginnt und je enger er bis zum Hauptmotiv zusammenläuft, desto stärker wird die räumliche Tiefe wahrgenommen.

Sightseeing

- Gestalten Sie das Bild mit einem natürlichen oder architektonischen Rahmen aus Bäumen, Hecken oder Torbögen.

- Bauen Sie im Vordergrund interessante Objekte oder Personen ein, die zum Kontext des Bildes zählen.

- Arbeiten Sie bei Szenen mit Haupt- und Vordergrundobjekt ruhig auch mal mit geringer Schärfentiefe. Fokussieren Sie gezielt das Hauptobjekt und blenden Sie das Vordergrundobjekt unscharf aus oder umgekehrt.

Wichtig ist stets, dass die Schärfe am richtigen Platz im Bild liegt. Überlegen Sie sich also, was das wichtigste Element der Szene ist, und legen Sie die Schärfe dorthin. Am besten wählen Sie dafür ein passendes Autofokusmessfeld. Oder Sie nehmen einfach das mittlere und wenden den Trick mit dem Kameraschwenk bei halb heruntergedrücktem Auslöser an.

✓ Kreativfilter einsetzen

Mit der D5200 können Sie auch nach der Aufnahme noch kreativ sein. So könnten Sie eine Städteansicht, die beispielsweise aus der Vogelperspektive von einem Aussichtsturm aufgenommen wurde, im Nu in eine Miniaturwelt verwandeln. Oder Sie peppen die Ansicht einer Reisegruppe mit dem Farbzeichnungseffekt auf. Welche Kreativfilter die D5200 parat hält, erfahren Sie in Kapitel 14.2.

Gebäude im Visier

Beim Einsatz von Weitwinkelbrennweiten ist bei der Aufnahme von Gebäuden, die sich meist mit klaren geometrischen Formen und geraden Linien präsentieren, ein wenig Vorsicht geboten. Denn wenn das Weitwinkelobjektiv aus der horizontalen Betrachtungsebene nach oben oder unten gekippt wird, erscheinen eigentlich gerade Linien im Bild unnatürlich gekippt. So streben die Linien auseinander, wenn die Kamera nach unten geneigt wird, beim Kippen nach oben laufen sie dagegen aufeinander zu.

Diese stürzenden Linien gilt es immer dann zu vermeiden, wenn es darum geht, Abbildungen von Gebäuden mit korrekten Proportionen zu erstellen. Spezialisierte Architekturfotografen verwenden dafür sogenannte Tilt-Shift-Objektive. Es geht in gewissem Rahmen aber auch einfacher.

Stürzende Linien meiden
Der Trick besteht darin, die D5200 möglichst parallel zur Gebäudefront auszurichten. Und das funktioniert gut, wenn sich vor dem Gebäude ein weiter Platz, eine Straße oder Ähnliches befindet. So konnte ich Bild ❶ des mit wechselnden Motiven angestrahlten Berliner Doms aus einer größeren Entfernung und von einem erhöhten Standort mit einer etwas längeren Brennweite fotografieren. Die Verzerrung ließ sich damit abschwächen, aber nicht ganz entfernen.

Bild ❷ ist hingegen deutlich verzerrt, weil es von einer Position relativ dicht vor dem Gebäude aufgenommen wurde. Um das Motiv ganz aufs Bild zu bekommen, musste ich die Kamera nach oben kippen, was die Verzerrung verursacht hat.

Da es nicht immer möglich ist, ein Gebäude aus größerer Distanz auf den Sensor zu bannen oder gar vom zweiten Stock eines gegenüberliegenden Hauses zu fotografieren, muss man in der Realität bei Architektur- oder Sightseeing-Motiven zu einem gewissen Teil mit den stürzenden Linien auskommen.

Oder auch nicht, denn es gibt ja noch die Möglichkeit einer nachträglichen digitalen Perspektivkorrektur, die von vielen RAW-Konvertern und den meisten gängigen Bildbearbeitungsprogrammen wie z. B. Photoshop (Elements), GIMP, FixFoto

▲ Bei größerer Entfernung lässt sich die Kamera meist parallel zur Häuserfront aufstellen, sodass die stürzenden Linien nahezu komplett verschwinden (4 Sek. | f6.3 | ISO 400 | M | 24 mm | Stativ | Fernauslöser).

▲ Wird das Weitwinkelobjektiv aus der horizontalen Ebene nach oben gekippt, stürzen die eigentlich senkrechten Gebäudelinien optisch aufeinander zu (8 Sek. | f5 | ISO 100 | M | 14 mm | Stativ | Fernauslöser).

▲ Der Dom nach der Korrektur der leicht stürzenden Linien mit Photoshop Elements.

Sightseeing

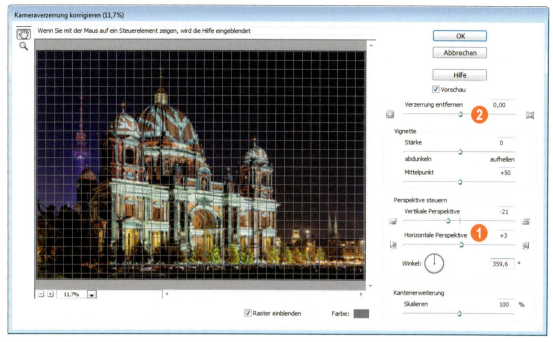

▲ Photoshop(Elements)-Filter »Kameraverzerrung korrigieren« mit den Reglern für die Perspektivkorrektur ❶ und einem Regler zur Korrektur von tonnen- oder kissenförmigen Objektivverzeichnungen ❷.

oder ShiftN angeboten wird. Bild ❸ des Berliner Doms zeigt, was ich mit Photoshop Elements aus der Aufnahme ❶ herausholen konnte. Der Dom steht jetzt tatsächlich gerade. Extrem stürzende Linien kann jedoch auch die Software nicht ganz ausgleichen, weshalb man größtenteils mit ein wenig gewinkelten Linienverläufen rechnen muss. In jedem Fall ist es vorteilhaft, beim Fotografieren um

✓ Objektivverzeichnungen mindern

Auch das Objektiv selbst kann Verzerrungen hervorrufen. So besitzen viele Weitwinkelobjektive leider die Eigenschaft, tonnenförmig zu verzeichnen, viele Telezooms verzeichnen dagegen kissenförmig. Daher ist es oftmals besser, sich nicht direkt vor dem Motiv aufzubauen oder es im umgekehrten Fall aus extrem weiter Ferne zu fotografieren. Positionieren Sie die Kamera so, dass der gewünschte Bildausschnitt bei einer mittleren Brennweite um die 30–60 mm aufgenommen werden kann. Die D5200 verfügt zudem über eine *Auto-Verzeichnungskorrektur*, mit der die Verzerrungen objektivspezifisch begradigt werden (siehe ab Seite 306). Alternativ bieten auch einige RAW-Konverter objektivspezifische Verzerrungskorrekturen an (z. B. Nikon Capture NX 2, Adobe Lightroom, DxO Optics Pro).

▲ Eigentlich gerade Linien krümmen sich bei der tonnenförmigen Verzeichnung nach außen (links) und bei der kissenförmigen Verzeichnung nach innen (rechts).

10 Fototipps zu den beliebtesten Motiven

das gewünschte Motiv herum genügend Platz zu lassen. Dann können die überzähligen Bildränder, die nach der Entzerrung auftreten, ohne den Verlust wichtiger Motivbereiche abgeschnitten werden. Die meisten Softwareprogramme, die eine Perspektivkorrektur anbieten, können auch zur nachträglichen Reduktion objektivbedingter Verzeichnungen verwendet werden. Übrigens: Bei Naturmotiven fallen die stürzenden Linien in der Regel nicht so deutlich auf. Denn in der Natur gibt es nur wenige Elemente, die so schnurgerade aufgestellt sind wie vom Menschen geschaffene Bauwerke. Am ehesten sind noch Waldaufnahmen mit vielen geraden Baumstämmen davon betroffen.

10.2 Menschen gekonnt in Szene setzen

Im Urlaub, zu Hause, bei einer Feier oder für Präsentationen in der Firma: Es gibt viele Gelegenheiten, Menschen vor die Linse zu nehmen. So unterschiedlich die Situationen sind, so vielseitig sollten Sie auch mit der Nikon D5200 darauf reagieren. Das hat aber wenig mit komplizierter Wissenschaft zu tun. Eigentlich bedarf es nur ein paar grundlegender Herangehensweisen, dann steht der gekonnten People-Fotografie nichts im Wege.

Grundeinstellungen perfekt gewählt

Die abgebildeten Personen stehen bei der People-Fotografie naturgemäß im Bildmittelpunkt. Das können Einzelpersonen oder ganze Gruppen sein und dementsprechend wird der Bildausschnitt enger oder weiter zu gestalten sein. Daher müssen zunächst das Objektiv und die Brennweite auf die Situation abgestimmt werden.

▲ Mit dem Standardzoom lassen sich Porträts und Gruppen prima in Szene setzen (1/250 Sek. | f5.6 | ISO 280 | A | 50 mm).

People-Fotografie

Wenn Sie die D5200 mit dem 18-55mm- oder dem 18-105-mm-Set-Objektiv erworben haben oder schon ein Zoomobjektiv mit ähnlichem Brennweitenbereich besitzen, sind Sie bereits bestens präpariert für Gruppen- und Einzelporträts. Mit Brennweiten im Bereich von 18 mm bis etwa 40 mm werden Sie größere Gruppen schön in Szene setzen können.

Für Einzelporträts sind 50–100 mm Brennweite gut geeignet. Objektive mit höheren Brennweiten von 70–200 mm sind generell sehr vorteilhaft für Porträts. Denn mit steigender Brennweite sinkt die Schärfentiefe, sodass die Person oder Gruppe bei offener Blende besonders prägnant vor einem unscharfen Hintergrund freigestellt werden kann.

Fotografieren Sie Porträts am besten mit der Blendenvorwahl A. Stellen Sie den Blendenwert auf eine niedrige Stufe von f1.4 bis maximal f5.6, und schon kann es losgehen, je lichtstärker das Objektiv ist, desto besser gelingt die Freistellung. Gute Porträt-Kombinationen aus Brennweite und Blende wären beispielsweise:

- f1.4 bis f2 bei 50 mm
- f1.4 bis f2.8 bei 85 mm
- f2.8 bis f6.3 bei 200 mm

Was tun bei starkem Sonnenschein?

Da man sich das natürliche Licht in der Regel nicht aussuchen kann, wird es häufig Situationen geben, bei denen Sie im prallen Sonnenschein fotografieren müssen. Hierbei empfiehlt sich folgende Vorgehensweise:

- Suchen Sie sich für die Person ein schattiges Plätzchen aus, unter einem Baum, einem Dachvorsprung oder Ähnlichem.
- Ist kein Schatten zu finden, erzeugen Sie mithilfe eines Diffusors selbst Schatten. Passende Diffu-

▲ Ein professionelles Fotoshooting, das nur mit natürlichem Licht arbeitet. Man sieht den großen Schattenspender Sun-Swatter Pro von California Sunbounce sowie einen großen Reflektor (Bild: California Sunbounce).

soren „am Galgen" oder am Lampenstativ gibt es beispielsweise von California Sunbounce.

- Positionieren Sie die Person so, dass sie nicht direkt ins grelle Licht schauen muss, sonst sind die Augen eng zusammengekniffen. Erzeugen Sie vielmehr eine Gegenlichtsituation.
- Hellen Sie das Gesicht mit Blitzlicht auf. Das Zusatzlicht mindert nicht nur die Schatten, sondern zaubert obendrein schöne Lichtreflexe in die Augen. Diese sogenannten Spitzlichter lassen den Blick sehr lebendig erscheinen. Die Blitzlichtmenge sollte jedoch gering dosiert sein, um auf keinen Fall etwas von der Tageslichtstimmung zu versäumen oder gar Überstrahlungen zu produzieren. Am besten fotografieren Sie daher mit dem Blitzmodus SLOW und reduzieren die Blitzlichtmenge gegebenenfalls um 1–2 Stufen. Sollte die benötigte Belichtungszeit kürzer sein als $\frac{1}{200}$ Sek., schrauben Sie einen lichtschluckenden Neutralgraufilter vors Objektiv oder reduzieren den ISO-Wert und/oder erhöhen den Blendenwert.
- Statt des Blitzlichts können Sie auch Handreflektoren einsetzen, um das Sonnenlicht auf das Gesicht umzulenken. Besonders schönes Licht erzeugen hierbei Reflektoren mit Sunlight- bzw. Sunflame-Beschichtung.

10 Fototipps zu den beliebtesten Motiven

▲ Sunlight-Oberfläche des 5-in1-Faltreflektorsets von ProTec.

Schöne Selbstauslöserfotos

⏲ Bekanntlich haben die meisten Fotografen von sich selbst kaum ein Bild. Dabei bietet die Funktion des Selbstauslösers doch eine schöne Möglichkeit, sich selbst allein oder in einer Gruppe mit auf dem Bild zu verewigen.

Die Selbstauslöserfunktion der D5200 kann die Zeit zwischen dem Drücken des Auslösers und der Aufnahme des Bildes immerhin um bis zu 20 Sek. verzögern. Und das reicht meist aus, um sich auch einmal vor der Kamera in Position zu bringen.

Der 10-Sek-Selbstauslöser im Einsatz

Die einfachste Möglichkeit, um die Selbstauslöserfunktion der D5200 zu nutzen, ist mindestens eine weitere Person auf dem Foto. Am besten stellen Sie die Kamera auf ein Stativ oder legen sie auf eine andere passende Ablagefläche, eine Mauer, einen Tisch oder Ähnliches.

1

Stellen Sie den Selbstauslöser ⏲ über die Taste für die Aufnahmebetriebsart ein. Die Funktion steht Ihnen in allen Belichtungsprogrammen zur Verfügung.

▲ Auswahl des Selbstauslösers aus dem Menü der Aufnahmebetriebsart, in dem auch die Funktionen zur Fernsteuerung und leisen Auslösung zu finden sind.

2

Über die Individualfunktion *c3: Selbstauslöser* können Sie die *Selbstauslöser-Vorlaufzeit* selbst wählen.

▲ Vier unterschiedlich lange Vorlaufzeiten stehen zur Verfügung.

3

Legen Sie zudem die Anzahl an Aufnahmen fest, die nach Ablauf der Vorlaufzeit automatisch und im Abstand von ca. 4 Sek. aufgenommen werden sollen.

Dies erhöht die Chance auf gute Bilder, und Sie müssen nicht nach jedem Foto zur Kamera rennen.

▲ Mit dem Autofokus habe ich die Schärfe auf Christian eingestellt. Nach dem Auslösen vom Stativ aus musste ich nur noch meine Position finden ($1/200$ Sek. | f10 | ISO 400 | 13 mm | Stativ | Selbstauslöser | Polfilter | Aufhellblitz).

▲ Bis zu neun Bilder können nach Ablauf der Vorlaufzeit aufgenommen werden.

Der Vorteil weiterer Personen im Bild liegt darin, dass Sie die Bildschärfe bequem per Autofokus auf die zweite Person einstellen können. Danach muss nur noch ausgelöst und innerhalb der verstreichenden Zeit die eigene Position im Bild eingenommen werden. Das Ablaufen der Sekunden macht die D5200 durch ein gelbes Blinken und einen Signalton kenntlich. 2 Sek. vor der Aufnahme leuchtet die Lampe dauerhaft und es piept schneller.

Wenn Sie nur sich selbst im Bild haben, gibt es verschiedene Möglichkeiten der Fokussierung. Entweder die Schärfe wird per Autofokus auf einen Gegenstand eingestellt, der sich auf der gleichen Ebene befindet, in der Sie sich positionieren möchten, oder Sie stellen manuell auf die entsprechende Entfernung scharf.

✓ Auslösen mit der Fernsteuerung

Leider wird der Selbstauslöser nach jeder abgeschlossenen Bildaufnahme(serie) wieder deaktiviert. Daher ist es häufig komfortabler, mit einer kabellosen Fernsteuerung zu fotografieren. Die können Sie auch bei Selbstporträts unbemerkt in der Hand halten.

Aktivieren Sie in diesem Fall die Fernsteuerungsfunktion 🔘. Die Schärfe können Sie dann per Autofokus, manuell oder bei Selbstporträts beispielsweise auch mit dem Porträt-AF [◉] über das Livebild einstellen. Der Fernsteuerungsmodus wird auch nicht nach jedem Bild deaktiviert.

Die Fernsteuerung mit der 2-sekündigen Wartezeit 🔘 2s ist übrigens dann ganz praktisch, wenn Sie die Fernsteuerung schnell aus der Hand legen möchten, bevor das Bild auslöst.

✓ Leise auslösen

Ist es Ihnen vielleicht auch schon mal passiert, dass Ihnen das Auslösegeräusch der Kamera unangenehm war? In der Kirche, im Museum oder bei einer festlichen Rede kann es teilweise recht störend sein, wenn die D5200 laut vor sich hin klackert oder piept.

Ein wenig Abhilfe schafft hier der Leise-auslösen-Modus [Q]. Dieser sorgt für eine verzögerte Auslösung. Sprich, man hört beim Auslösen nur ein Klacken. Das zweite Klappgeräusch wird erst dann ausgesendet, wenn Sie den Auslöser wieder loslassen.

Außerdem sind die Signaltöne unterdrückt. Der Zeitpunkt, wann die Auslösung hörbar wird, kann von Ihnen gesteuert werden. Lassen Sie es z. B. bei einer Rede erst dann klicken, wenn jemand hustet oder die Zuhörer applaudieren.

Fernsteuerung per Funkadapter

Noch komfortabler wird die Aufnahme von Selbstporträts, wenn Sie die Kamera mit dem Funkadapter WU-1a koppeln (siehe Kapitel 13.7). Dann können Sie sich im Bildausschnitt positionieren und das Ganze optisch verfolgen.

1

Bereiten Sie die Kamera hinsichtlich Belichtungsprogramm etc. vor, denn solche Änderungen sind vom Smartphone/Tablet-PC aus nicht möglich.

Auch wird der Fokus nur über die Bildmitte erfolgen, eine Gesichtserkennung ist derzeit nicht implementiert. Daher sollten entweder Sie sich im Bildmittelpunkt positionieren oder ein Gegenstand/eine andere Person sollte in der Mitte auftauchen, der/die den gleichen Abstand zu Ihrer geplanten Bildposition hat.

Alternativ stellen Sie den Fokus einfach manuell mit dem Fokusring des Objektivs.

2

Rufen Sie die Software Wireless Mobile Adapter Utility auf und wählen Sie die Option *Bilder ferngesteuert aufnehmen*.

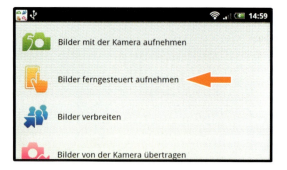

3

Das Livebild wird nun auf dem Smartphone/Tablet-PC angezeigt, sodass Sie sich im Bildausschnitt

Blaue Stunde

anordnen können. Da es keine verzögerte Auslösung gibt, halten Sie das Smartphone/Tablet-PC außerhalb des Bildes oder verstecken es. Lösen Sie über das Auslöser-Icon aus.

Das Bild landet automatisch sowohl auf der Speicherkarte als auch auf dem Smartphone/Tablet-PC.

Fotografenteam bei der Arbeit (links) und was dabei herauskommen kann (rechts).

10.3 Spannende Aufnahmen nachts und in der Dämmerung

Die Dämmerung und die sogenannte blaue Stunde gehören für viele Fotografen zu den reizvollsten Tageszeiten. Bevor die Schwärze der Nacht hereinbricht, explodieren die natürlichen Farben noch einmal.

Die Sonne färbt alles kräftig rot-orange, bevor der Himmel kurz nach Sonnenuntergang dann in einem wunderbar kräftigen Blauton erstrahlt. Zu dieser Zeit sind die Kontraste noch nicht sehr hoch, aber die meisten Bauwerke schon beleuchtet. Perfekt, um auch in der Stadt beeindruckende Bilder zu erzielen.

Die wichtigsten Voraussetzungen, um mit der D5200 zu diesen Tages- und Nachtzeiten tolle Bilder machen zu können, sind ein solides Stativ und ein Fernauslöser bzw. der Funkadapter. Meist werden Sie mit Belichtungszeiten von mehreren Sekunden arbeiten, was nur mit einem standfesten Dreibein wirklich verwacklungsfrei zu bewerkstelligen ist.

Auch eine Taschenlampe kann in manchen Situationen ganz hilfreich sein. Entweder, um in der Dunkelheit selbst den Weg zu finden, oder auch, um die Einstellungsknöpfe der D5200 nicht erst lange suchen zu müssen.

> ✓ **Genau wissen, wann die blaue Stunde vorherrscht**
>
> Wenn Sie nicht auf gut Glück losziehen wollen, können Sie den Sonnenauf- und -untergang sowie die blaue Stunde einplanen. Es gibt interessante und zum Teil kostenfreie Tools für Smartphones, wie z. B. PhotoBuddy, Sundroid, SunCalculator Golden Photo, The Photographer's Ephameris u. v. m. Eine gut gemachte Website mit den gleichen Funktionen finden Sie hier: *http://jekophoto.de/tools/daemmerungsrechner-blaue-stunde-goldene-stunde/*

Grundausstattung für die Fotografie bei Dämmerung und blauer Stunde.

Fototipps zu den beliebtesten Motiven

Voraussetzungen für hervorragende Bildqualität

Mit dem SCENE-Modus Nachtaufnahme ▨ oder der Blitz-aus-Automatik ⓕ besitzt die D5200 bereits passende Programme für Bilder zur blauen Stunde oder in der Nacht.

Damit lassen sich schon viele gute Fotoergebnisse erzielen. Wer jedoch die Qualität seiner Bilder darüber hinaus weiter steigern möchte, ist, wie so oft, mit einem der Modi P, S, A oder M besser bedient.

Voraussetzungen für qualitativ hochwertige Nachtaufnahmen sind ein niedriger ISO-Wert zur Vermeidung von Bildrauschen, ein gelungener Weißabgleich für die richtige Farbgebung, eine korrekte Belichtung und eine ausreichend hohe Gesamtschärfe im Bild.

All dies können Sie gar nicht oder nur unzureichend mit den Automatiken beeinflussen, aber zum Beispiel mit der Blendenvorwahl A oder dem manuellen Modus sehr flexibel steuern.

Für viele Fotosituationen sind daher die folgenden Kameraeinstellungen absolut empfehlenswert:

- Programm A oder M mit Blendenwert f5.6 bis f11
- ISO 100–200
- Messmethode: Matrixmessung
- Aufnahmeformat NEF/RAW, um Weißabgleich und Belichtung nachträglich noch optimieren zu können
- Stativ, Fernsteuerung oder 2-Sek.-Selbstauslöser

Am Beispiel der Kapellbrücke in Luzern, aufgenommen im perfekten Licht der blauen Stunde, sind die Unterschiede zwischen den Ergebnissen der Blitz-aus-Automatik, des Modus Nachtaufnahme und des manuellen Modus (M) gut zu erkennen:

- Der Weißabgleich ließ sich bei ⓕ und ▨ nicht selbst steuern. Die Wirkung ist vor allem bei ⓕ für unseren Geschmack ein wenig zu kühl ausgefallen. Durch die nachträgliche RAW-Bearbeitung könnte dies jedoch ausgeglichen werden.
- Der ISO-Wert von 3200 hat bei ⓕ zu einer erhöhten Bildkörnung geführt, die zwar von der Rauschunterdrückungsfunktion ordentlich gemindert wurde, jedoch auf Kosten der Detailauflösung. Das Bild wirkt bei genauer Betrachtung etwas schwammig.
- Bei ▨ hat die D5200 mit der ISO-Einstellung auf Automatik den Wert 800 gewählt, was einen guten Kompromiss zwischen den Werten 3200 (ⓕ) und 100 (M) darstellt. Hier hätten wir auch auf ISO 100 reduzieren können, wollten aber mal testen, wie sich die Motivautomatik schlägt, wenn nichts manuell abgeändert wird.
- Die Blende lag sowohl bei ⓕ als auch bei ▨ nur bei f3.5 bzw. f4, dementsprechend gering ist die Schärfentiefe. Darunter kann die Detailauflösung des Bildes leiden, vor allem, wenn es sich um Aufnahmen im Telebereich oder solche mit Vordergrundobjekten dicht vor der Kamera handelt.
- Im manuellen Modus konnte die Zeit durch das Schließen der Blende verlängert werden, was bei diesem Motiv zu der angenehm verwischten Wasseroberfläche geführt hat. Bei den kürzeren Zeiten von ⓕ und ▨ wirkt das Seewasser zu unruhig, sodass sich auch die Lichtquellen weniger harmonisch darin spiegeln. Außerdem können Sie über die Blende steuern, wie stark abgebildete Lichtquellen sternförmig strahlen.

Blaue Stunde

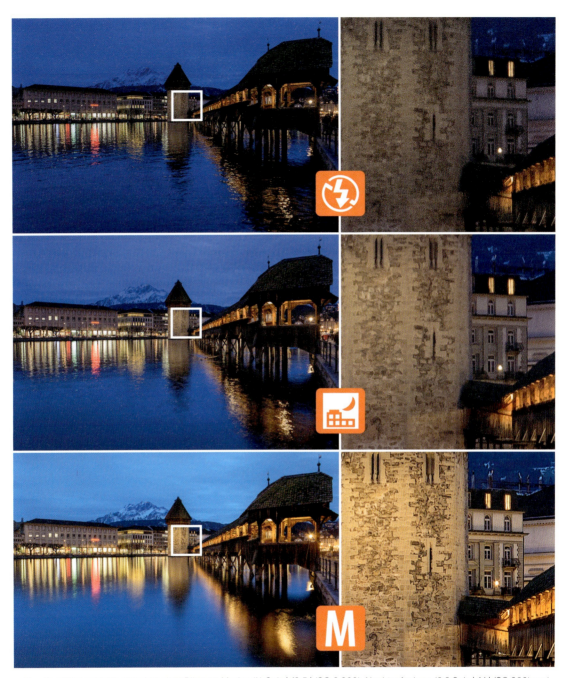

▲ Den Qualitätsvergleich zwischen dem Blitz-aus-Modus (¹⁄₈ Sek. | f3.5 | ISO 3.200), Nachtaufnahme (0,8 Sek. | f4 | ISO 800) und dem manuellen Modus (15 Sek. | f8 | ISO 100 | alle Bilder: 18 mm | Stativ | Fernsteuerung) gewinnt unseres Erachtens der M-Modus, obwohl sich das Nachtaufnahmeprogramm auch gut schlägt.

Je geschlossener die Blende, desto stärker der Strahleneffekt.

- Die Bildhelligkeit ist bei und für unser Empfinden einen Tick zu schwach, im manuellen Programm konnte sie über die Zeit-Blende-ISO-Kombination perfekt auf das Motiv abgestimmt werden.

Klar, mit dem Blitz-aus-Modus wäre das Bild auch ohne Stativ einigermaßen scharf auf dem Sensor gelandet, aber aus Qualitätsgründen wäre das ein für unsere Ansprüche ungünstiger Kompromiss gewesen.

Der Nachtaufnahmemodus wäre die zweite Wahl, weil sich darin wenigstens der ISO-Wert einstellen lässt und der Weißabgleich eine schönere Farbstimmung erzeugt.

Die meisten Nachtaufnahmen fotografieren wir aber mit den zu Beginn erwähnten Einstellungen in den Modi A oder M. Auf Dauer gewöhnt man sich einfach an die qualitativ hochwertigeren Ergebnisse und nimmt dann ein wenig Stativschleppen gerne in Kauf.

Sternchenlichter erzeugen

Wenn Sie die Blende stark schließen, strahlen punktuelle Lichtquellen wie Straßenlaternen oder Gebäudebeleuchtungen ihr Licht sternförmig aus. Probieren Sie ruhig einmal verschiedene Blendenwerte aus, z. B. f4.5, f11 und f22, um den Effekt zu testen.

Feinjustierung der Farbe

Der Sonnenuntergang oder die Nachtaufnahme könnte ein wenig intensiver erscheinen, vielleicht mit erhöhtem Rot-Violett-Anteil? Kein Problem, der lässt sich in seiner Farbgebung anpassen.

So wurde hier beispielsweise der Weißabgleich *Direktes Sonnenlicht* verwendet und die blauroten Farbtöne wurden durch eine Feinabstimmung mit der Abkürzung A3, M3 variiert.

 Belichtungseinstellungen verschiedener Szenarien

Um Ihnen ein paar weitere Anhaltspunkte für das Fotografieren nächtlicher Szenen zu geben, haben wir die folgende Tabelle zusammengestellt. Die Werte sind selbstverständlich nicht in Stein gemeißelt. Denken Sie stets daran, verschiedene Belichtungsschritte mit einer kleinen Belichtungsreihe abzudecken, um am Ende wirklich beeindruckende Resultate zu erhalten.

Motiv	Zeit	Blende	ISO
Dämmerung mit Sonne	¼₀₀₀–¹⁄₂₅ Sek.	8–16	100–200
Dämmerung ohne Sonne	⅕–10 Sek.	8–11	100–200
Stadt oder Landschaft zur blauen Stunde	0,5–20 Sek.	8–11	100–200
Stadtansicht bei Nacht	4–30 Sek.	8–11	200
Beleuchtete Einkaufsstraße	1–2 Sek.	8–11	200
Befahrene Straße (Lichtspuren)	>30 Sek.	20	100
Schaufenster	⅙–1 Sek.	8	100

Blaue Stunde

▲ Ergebnis mit der Weißabgleichvorgabe »Direktes Sonnenlicht«.

▲ Weißabgleich »Direktes Sonnenlicht« mit den veränderten Werten A3, M3 (beide Bilder: 10 Sek. | f9 | ISO 100 | M | 18 mm | Stativ | Fernsteuerung).

Um eine solche Farbverschiebung zu bewerkstelligen, führen Sie einfach folgende Schritte durch:

1

Um die Feinabstimmung anzuwenden, müssen Sie sich in einem der Aufnahmeprogramme P, S, A oder M befinden.

2

Navigieren Sie nun ins Aufnahmemenü zur Rubrik *Weißabgleich* und wählen Sie eine grundlegende Vorgabe aus.

Drücken Sie dann die rechte Pfeiltaste.

3

Im Feinabstimmungsmenü können Sie den eingeblendeten Cursor mit den Pfeiltasten innerhalb der Koordinaten bewegen, wie hier auf die Position A3, M3.

Mit der OK-Taste bestätigen Sie die Eingabe. Neben dem Weißabgleichsymbol erscheint jetzt ein Sternchen.

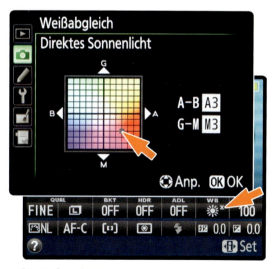

▲ Die vier Grundfarben werden folgendermaßen abgekürzt: A = Amber (Gelb), B = Blau, G = Grün, M = Magenta.

10 Fototipps zu den beliebtesten Motiven

> **Automatische Weißabgleichreihe**
>
> Um schnell eine Reihe von Bildern aufnehmen zu können, die sich im Weißabgleich um Nuancen unterscheiden, bietet die D5200 eine automatische Belichtungsreihenfunktion an. Damit entstehen ein unverändertes Bild und eines mit erhöhtem Orange- sowie eines mit erhöhtem Blauanteil. Eine Feinabstimmung in Richtung Grün und Magenta findet nicht statt. Auch fallen die Unterschiede meist marginal aus und das NEF-/RAW-Format kann nicht genutzt werden. Dennoch, wer die Reihe ausprobieren möchte, aktiviert im Individualmenü *e2: Autom. Belichtungsreihen* den Eintrag *Weißabgleichsreihe* ❶. Im Aufnahmebildschirm legen Sie über die i-Taste bei *BKT* die Stärke der Weißabgleichstufen (*WB1–WB3*) ❷ fest. Lösen Sie dann einmal aus. Es entstehen automatisch drei JPEG-Bilder.

Wenn die Sonne im Bild erscheint

Die Sonne mit im Bild darzustellen, ist nicht ganz so trivial, weil sie mit einer so ungeheuren Energie auf die Erde strahlt. Daher ist es meist nicht möglich, sie ohne Überstrahlungen auf den Sensor zu bannen. Der Dynamikumfang des Bildwandlers reicht einfach nicht aus, um gleichzeitig die superhelle Lichtquelle und die Motivumgebung durchzeichnet wiederzugeben.

Gut, mit einem extremen Teleobjektiv (an der D5200 wären da 700 mm Brennweite notwendig) ließe sich die sehr tief stehende Sonne formatfüllend ablichten und dann auch durchzeichnet darstellen. In den meisten Situationen wird die Sonne aber nicht das gesamte Bildfeld ausfüllen.

Also, was tun, um zur guten Belichtung zu kommen? Prinzipiell würden wir Ihnen drei Methoden empfehlen:

- Möglichkeit A: Fotografieren Sie im Modus P, S oder A und führen Sie je nach der Situation eine Belichtungskorrektur von –0,3 bis etwa –1,7 Stufen durch.
- Möglichkeit B: Zielen Sie im Modus P, S oder A mit der Spotmessung auf einen Bildausschnitt neben der Sonne. Es sollte ein Bereich sein, der an sich schon etwa mittelhell ist. Die Belichtung wird dann so auf die Szene ausgerichtet, dass dieser Bereich auch im Bild mittelhell erscheint. Speichern Sie diesen Wert mit der AE-L/AF-L-Taste, schwenken Sie auf den finalen Bildausschnitt, fokussieren Sie neu und lösen Sie aus.
- Möglichkeit C: Verwenden Sie die manuelle Belichtungssteuerung, stellen Sie die Blende ein und legen Sie den ISO-Wert fest (100–400). Regulieren Sie die Bildhelligkeit dann einfach über die Zeit. Dann können Sie ganz flexibel jeden beliebigen Motivbereich fokussieren, die Belichtung ist ja fixiert.

Gut, das war die Belichtung. Aber was gibt es sonst noch zu beachten? Nun, vorsichtshalber sollte die Kamera nicht unbedingt minutenlang

▲ Die Intensität der Sonne lässt sich gut managen, wenn sich ein Motivbereich so günstig platzieren lässt, dass er das glühende Licht teilweise abdeckt. Kommt eine geschlossene Blende hinzu, wird das Licht strahlenförmig abgebildet (0,5 Sek. | f25 | ISO 400 | –1,3 EV | A | 40 mm | Stativ | Fernsteuerung).

auf die Sonne gerichtet werden, da der Sensor aufgrund der intensiven Lichteinstrahlung Schaden nehmen kann. Dies ist aber eigentlich nur bei Bildern mit sehr groß abgebildeter Sonne von Bedeutung. Uns ist jedenfalls noch kein Sensor „geschmolzen". Aber ein wenig Vorsicht ist natürlich nicht verkehrt.

Lens Flares sind ein weiteres Stichwort, das bei Sonnenfotos sofort aufkommt. Denn ist der Winkel ungünstig, in dem die Sonne in die Linse scheint, können im Objektivinneren Reflexionen entstehen, die sich im Bild als bunte Spiegelungen breitmachen. Diese sind meist unerwünscht, vor allem bei

Bildern in der Dämmerung. Daher schatten Sie das Objektiv vorsichtig mit der Hand ab oder ändern den Aufnahmewinkel. Wenn Sie eine Streulichtblende am Objektiv anbringen, lassen sich die Lens Flares meist recht gut managen.

Wenn die Sonne noch nicht ganz am Versinken ist, können Sie sich zur Abmilderung der Intensität einen Motivbereich aussuchen und die Sonne damit teilweise verdecken.

Wenn Sie dann auch noch die Blende auf Werte von f16 bis f25 schließen, erhalten Sie eine schöne strahlenförmige Darstellung des Sonnenlichts.

10 Fototipps zu den beliebtesten Motiven

Mit der Belichtungsreihe schnell zur richtigen Helligkeit

Motive in den Abendstunden sind häufig Gegenlichtaufnahmen oder enthalten helle Lampenbeleuchtung vor dunklem Hintergrund. Daher sollte der Belichtung besondere Aufmerksamkeit geschenkt werden. Eine Belichtungsreihe kommt da gerade recht, damit das Foto auch tatsächlich die Stimmung transportiert, die während der Aufnahme vorherrschte. Dazu können Sie wie folgt vorgehen:

1

Wählen Sie als Belichtungsprogramm am besten M oder A aus. Prüfen Sie nun, ob die Individualfunktion *e2: Autom. Belichtungsreihen* auf *AE* steht (AE = **A**uto **E**xposure = automatische Belichtungsanpassung).

2

Gehen Sie dann über die i-Taste zur Belichtungsreihenfunktion *BKT* (BKT = Bracketing = Reihenautomatik) und wählen Sie einen Wert für die Belichtungsdifferenz. Für deutliche Helligkeitssprünge in den Bildern ist die Einstellung auf *AE1.0* zu empfehlen, dann variiert die Belichtung jeweils um ± eine ganze Lichtwertstufe (EV = **E**xposure **V**alue).

3

Wenn das Motiv großflächig dunkel ist, wie die gezeigten Aufnahmen hier, ist es sinnvoll, die Belichtungsreihe insgesamt hin zu mehr Dunkelheit zu verschieben. Dazu drücken Sie die Belichtungskorrekturtaste und drehen gleichzeitig am Einstellrad.

Die drei Markierungsstriche wandern dann in die gewünschte Richtung. So könnten Sie beispielsweise eine Reihe mit den Korrekturstufen –2, –1 und 0 aufnehmen.

4

Wenn Sie nicht möchten, dass die Bilder mit unterschiedlichen ISO-Werten aufgenommen werden, deaktivieren Sie die ISO-Automatik und bestimmen eine feste ISO-Zahl.

5

Peilen Sie schließlich Ihr Motiv an, stellen Sie scharf und lösen Sie dreimal hintereinander aus. Es landen automatisch drei unterschiedlich belichtete Aufnahmen auf der Speicherkarte.

Makrofotografie

▲ *Belichtungsreihe im manuellen Modus mit den auf der Belichtungsskala ablesbaren Korrekturstufen –1, –2 und 0 (3 bzw.1,6 bzw. 6 Sek. | f11 | ISO 100 | M | 16 mm | Stativ | Fernauslöser | Spiegelvorauslösung).*

✓ Wenn es schnell gehen soll

Kombinieren Sie die BKT-Funktion doch auch mal mit dem Serienaufnahmemodus 🖳L oder 🖳H. So können die drei unterschiedlich belichteten Fotos mit einem längeren Druck auf den Auslöser ganz schnell fotografiert werden. Das ist beispielsweise dann praktisch, wenn Sie die Bilder später zur HDR-Bearbeitung übereinanderlegen möchten, aber kein Stativ zur Hand haben. Mit einer schnellen Vorgehensweise sinkt die Gefahr deutlicher Motivverschiebungen, die beim Überlagern häufig Probleme bereiten.

10.4 Kleine Dinge ganz groß in Szene gesetzt

Kleines ganz groß abzubilden, ist eine sehr reizvolle fotografische Betätigung. Die faszinierenden Facettenaugen einer Libelle oder Detailaufnahmen von Landkartenflechten können beim Betrachter Begeisterungsstürme hervorrufen, weil auf solche Dinge im normalen Leben selten geachtet wird und viele Details mit bloßem Auge häufig gar nicht so genau zu erkennen sind. So werden wir von guten Makroaufnahmen doch immer wieder von Neuem überrascht.

Die D5200 für Makros vorbereiten

In der Nah- und Makrofotografie werden die Objekte möglichst stark vergrößert. Dazu nähern Sie sich mit der D5200 so nah wie möglich an das Motiv an.

Bei dem 18-55-mm-Standardobjektiv beträgt der kürzestmögliche Abstand zwischen der Sensorebene (siehe Markierung oben links auf dem Kameragehäuse ⊖) und dem Objekt 28 cm. Das ist die sogenannte Naheinstellgrenze.

10 Fototipps zu den beliebtesten Motiven

Aufgrund des kurzen Motivabstands gilt es, zwei Punkte besonders zu beachten:

- Die Belichtungszeit verlängert sich in der Regel. Rechnen Sie daher öfter mit einem Stativeinsatz oder alternativ mit einer notwendigen Erhöhung des ISO-Wertes, um Verwacklungen zu vermeiden.
- Die Schärfentiefe ist im Makrobereich sehr begrenzt. Aus diesem Grund ist es von Vorteil, den Blendenwert selbst justieren zu können. Das bevorzugte Belichtungsprogramm für die Makrofotografie ist daher der Modus A. Alternativ können Sie natürlich auch im Motivprogramm Nahaufnahme ✿ fotografieren, auf die Gestaltung der Schärfentiefe im Bild haben Sie dann aber keinen Einfluss mehr, und der Blitz steuert, sofern er nicht über den Blitzmodus ⚡ ausgeschaltet wird, auch automatisch sein Licht hinzu, was nicht immer gewünscht ist.

Manueller Fokus mit oder ohne Live View

Die stark vergrößerte Darstellung der Motive bringt es in der Makrofotografie mit sich, dass die automatische Fokussierung nicht immer zum besten Ergebnis führt. Denn häufig ist der Bildbereich, der die Hauptschärfe bekommen soll, recht dunkel oder wenig strukturiert. Daher kommt der manuelle Fokus in der Praxis des Öfteren zum Zuge. Bei uns läuft das dann beispielsweise so ab: Wenn ich möglichst nah ans Motiv heran möchte, fo-

◀ Die Blendenvorwahl im Modus A und ein ISO-Wert von 200 sind gute Grundvoraussetzungen für die kreative Makrofotografie. Stativ und Fernauslöser zählen bei längeren Belichtungszeiten ebenso dazu.

Mithilfe des manuellen Fokus konnte ich die Schärfeebene genau auf das Auge der Grünen Wasseragame legen (1/60 Sek. | f4 | ISO 200 | A | 105 mm Makro).

Makrofotografie

kussiere ich manuell auf die Nähe. Dann bewege ich mich mitsamt der Kamera vorsichtig auf das Insekt oder ein anderes Motiv zu und löse aus, sobald die Schärfe im Sucher gut aussieht. Wichtig ist, dass die Hauptschärfe bei Tieren auf den Augen liegt, denn darüber läuft der größte Teil der Kommunikation zwischen Tier und Betrachter ab. Es folgen dann noch ein paar weitere Aufnahmen zur Sicherheit, bei denen ich die Schärfe über den Fokusring nachjustiere, dann ist das Motiv im Kasten.

Was auch gut funktioniert, allerdings dann eher vom Stativ aus, ist das manuelle Fokussieren in der Live View.

▲ *Wird das Motiv in seiner realen Größe auf dem Sensor abgebildet, liegt der Abbildungsmaßstab 1:1 vor.*

Durch die Lupenfunktion lässt sich die Schärfeebene ganz präzise legen, vorausgesetzt, das Motiv ist nicht allzu agil und läuft Ihnen aus dem Bildfeld.

Der Abbildungsmaßstab

Nach allgemeinem Gusto kann eigentlich erst dann von Makrofotografie gesprochen werden, wenn das Fotomotiv in seiner realen Größe oder noch größer dargestellt wird. Die reale Größe entspricht hierbei dem Abbildungsmaßstab 1:1.

Bei dieser Vergrößerung wird das Motiv auf dem Sensor genauso groß dargestellt, wie es in der Realität ist, quasi so, als würden Sie den Sensor daraufkleben und einen Abdruck vom Motiv nehmen.

Mit einem speziellen Makroobjektiv lässt sich der Abbildungsmaßstab 1:1 ohne Probleme erreichen. Bei einem Maßstab von 2:1 wird das Objekt doppelt so groß abgebildet und bei 1:2 nur halb so groß. Achten Sie daher bei Objektiven, die die Bezeichnung „Makro" tragen, auf die Angaben

Fototipps zu den beliebtesten Motiven

zum Abbildungsmaßstab. Steht dort beispielsweise 1:3.9, handelt es sich nicht wirklich um ein Makroobjektiv.

Nahlinsen für Makros mit jedem Objektiv

Vielleicht möchten Sie ja erst einmal testen, ob die Nah- und Makrofotografie für Sie ein interessantes Fotogebiet ist, ohne sich gleich ein Makroobjektiv zuzulegen. Hierfür eignen sich beispielsweise Nahlinsen, die einfach an das Objektiv geschraubt werden. Man könnte sie als Lesebrillen für Normalobjektive bezeichnen.

Mit einer Nahvorsatzlinse rücken Sie dem Motiv dichter auf den Leib, sprich, Sie verringern den Abstand zwischen Kamera und Objekt. Dadurch wird das Motiv größer dargestellt. Auf diese Weise lässt sich durch eine Nahlinse selbst mit einem Standardzoomobjektiv schon eine ordentliche Vergrößerung erreichen.

Das Schöne an den Nahlinsen ist, dass sich die Automatikfunktionen der D5200 wie gewohnt nutzen lassen. Es ist auch möglich, mehrere Nahlinsen zu kombinieren. Dies führt aber normalerweise zu erheblichen qualitativen Einbußen und ist deshalb nicht unbedingt zu empfehlen.

▲ 18-105-mm-Objektiv mit 3-Dioptrien-Vorsatzachromat (oben). Einfache Nahvorsatzlinsen mit den Vergrößerungsstärken 1, 2 und 4 Dioptrien (unten).

Die qualitativ besten Ergebnisse erzielen Sie im Übrigen mit sogenannten Achromaten. Diese sind teurer in der Anschaffung als einfache Nahlinsen, bieten aber aufgrund ihrer Vergütung und ihres zweiglasigen Aufbaus deutlich bessere Bildqualitäten. Farbsäume und Randunschärfen werden damit viel besser unterdrückt.

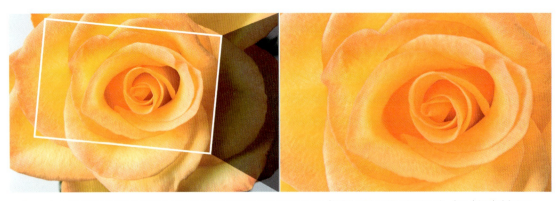

▲ Rose ohne Vorsatzachromat (links) und mit einem Vorsatzachromaten der Stärke 5 Dioptrien (rechts: 1/80 Sek. | f11 | ISO 200 | 55 mm | Achromat Marumi DHG +5 | zwei Systemblitze mit Softboxen | Blitz-Funkfernauslöser).

Makrofotografie

Damit die Nahlinse perfekt zum Objektiv passt, muss der Durchmesser des Filtergewindes übereinstimmen. Bei dem 18-55-mm-Standardzoom wären das beispielsweise 52 mm.

Es kann aber durchaus sinnvoll sein, eine größere Linse mit einem Adapterring anzubringen. Dann treten eventuelle Randschwächen der Vorsatzlinse verringert zutage, weil sie sich schlichtweg außerhalb des Objektiv-Bildkreises befinden.

Ganz nah ran mit Zwischenringen

Eine ebenfalls erschwingliche Alternative zum Makroobjektiv bietet der Einsatz von Zwischenringen. Sie werden zwischen Gehäuse und Objektiv geschraubt. Zwischenringe enthalten kein optisches System, sind also in der Mitte hohl. Dies verleiht ihnen gegenüber Nahlinsen den unschätzbaren Vorteil, keinen Einfluss auf die Abbildungsleistung des Objektivs zu haben. Dagegen ist die Bildqualität beim Einsatz von Nahlinsen sehr von deren Fertigungsqualität abhängig.

Zwischenringe gibt es in verschiedenen Längen, die auch problemlos miteinander kombiniert werden können. So ergeben sich bei den handelsüblichen Sets aus drei verschiedenen Ringen (12, 20 und 36 mm) sieben verschiedene Auszugslängen.

Werden alle drei Ringe kombiniert, kommen Sie ohne Weiteres in den Vergrößerungsbereich eines Makroobjektivs, wohlgemerkt jedoch nicht mit der gleichen Qualität, die ein Spezialobjektiv für die Makrofotografie bei gleicher Vergrößerung bietet.

▲ *Oben links: maximale Vergrößerung bei 55 mm;* ❶ *Ergebnis mit dem 20-mm-Zwischenring;* ❷ *Resultat mit der Kombination aus 12- und 20-mm-Zwischenring. Die Frontlinse stößt damit fast ans Objekt, daher ist hier besondere Vorsicht vor Kratzern auf dem Glas geboten (alle Bilder: 1/50 Sek. | f11 | ISO 100 | M | manueller Fokus im Livebild | Stativ | zwei Systemblitze mit Softboxen | Blitz-Funkfernauslöser).*

10 Fototipps zu den beliebtesten Motiven

Vor allem zu den Rändern hin treten meist stärkere Unschärfen auf.

▲ 12-, 20- und 36-mm-Zwischenring von Kenko.

Warum Zwischenringe die Belichtungszeit verlängern

Objektive projizieren eine kreisrunde Fläche ins Kamerainnere, was als Objektivbildkreis bezeichnet wird. In diesen Bildkreis passt die Sensorfläche normalerweise genau hinein. So wird garantiert, dass möglichst alles zur Verfügung stehende Licht auch vom Bildwandler umgesetzt werden kann, der Lichtverlust ist somit gering.

Durch die Zwischenringe wird der Abstand zwischen Sensor und Objekt jedoch vergrößert. Dadurch vergrößert sich auch der Bildkreis des Objektivs.

Die Sensorfläche ist nun deutlich kleiner als der Objektivbildkreis. Dadurch bleibt einiges an Licht ungenutzt, und die Belichtungszeit muss verlängert werden, um diesen Lichtverlust auszugleichen.

Achten Sie beim Fotografieren aus der Hand daher stets auf die Belichtungszeit. Sonst gibt es schnell mal einen Verwackler. Das Programm A oder die komplett manuelle Belichtungsfunktion

 Was Balgengeräte leisten

Erstaunliche Vergrößerungen lassen sich auch mit einem Balgengerät realisieren. Das Balgengerät funktioniert vom Prinzip her wie ein variabler Zwischenring. In Verbindung mit einer Makroschiene lässt es sich stufenlos einstellen. Das hat vor allem Vorteile bei der Scharfstellung, die bei starken Vergrößerungen meist recht knifflig ist.

Am besten arbeiten Balgengeräte mit Objektiven zusammen, die eine spezielle Makrooptik besitzen, also für kurze Distanzen zum Motiv ausgelegt sind. Aber auch mit dem Standardzoomobjektiv lassen sich mit dem Balgengerät erstaunliche Vergrößerungen erzielen. Viele Balgengeräte sind aufgrund von Größe und Gewicht etwas unhandlich. Für Naturfotografen sehr zu empfehlen ist jedoch der Automatikbalgen von Novoflex.

Das Gerät ist kompakt, liegt gut in der Hand und ist sogar für Freihandaufnahmen problemlos zu gebrauchen.

▲ Ausgezogener Automatikbalgen von Novoflex.

Makrofotografie

M sind ideale Kameraeinstellungen für Nah- und Makroaufnahmen mit Zwischenringen.

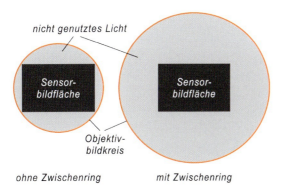

Makroobjektive: das Nonplusultra

Die Makrofotografie lässt sich am besten erschließen, wenn Sie sich dafür ein Makroobjektiv zulegen. Wer sich wirklich ernsthaft mit diesem fotografischen Gebiet auseinandersetzen möchte, kommt um eine solche Speziallinse schlichtweg nicht herum. Denn Makroobjektive sind speziell für die geringen Aufnahmeabstände konstruiert, die Sie benötigen, um ein Insekt oder ein Blütendetail lebensgroß und mit eindrucksvoller Qualität abbilden zu können.

Makroobjektive sind jedoch nicht nur für die Fotografie kleinster Motive interessant. Die vielseitigen Makrolinsen mit typischen Brennweiten von 60, 70, 90 oder 100 mm eignen sich auch bestens als leichtes Teleobjektiv für Aufnahmen aus der Distanz, ein Landschaftsdetail oder ein Porträt. Denn auch für diesen Einsatzbereich besitzen sie sehr gute Abbildungsleistungen und bieten zum Freistellen der Motive vor einem unscharfen Hintergrund eine hohe Lichtstärke von f2 oder f2.8. Vielseitiger als zunächst gedacht, nehmen sie damit als lichtstarke Festbrennweite mit zusätzlichen

▲ Mit dem Makroobjektiv in Szene gesetzt, werden die filigranen Blattadern im Maßstab 1:1 bis ins kleinste Detail sichtbar (¼ Sek. | f22 | ISO 100 | A | manueller Fokus per Livebild | Stativ | Fernauslöser | Spiegelvorauslösung).

10 Fototipps zu den beliebtesten Motiven

Makroeigenschaften eine sehr nützliche Rolle im Fotoequipment ein.

Worauf achten bei einem Makroobjektiv?
Es gibt eine ganze Reihe von Makroobjektiven, die sich für den Einsatz an der D5200 eignen. Die wichtigsten Fragen, die Sie sich zu Beginn stellen sollten, sind:

- Welche Arten von Motiven interessieren mich am meisten?
- Wie häufig werde ich das Makroobjektiv einsetzen?

Die erste Frage zielt auf die benötigte Brennweite ab. Wenn Sie häufig unbewegte Objekte, Stillleben oder Reproarbeiten anstreben, wären Linsen um die 60 mm gut geeignet. Diese Linsen haben aufgrund der kürzeren Brennweite eine etwas höhere Schärfentiefe, verglichen mit längerbrennweitigen Objektiven und gleicher Blende.

Möchten Sie hingegen Insekten oder andere scheuere Tiere aus der Nähe ablichten, empfehlen sich Brennweiten um die 100 mm oder mehr, denn diese Objektive erlauben bei gleicher Vergrößerungsleistung einen erweiterten Abstand

Brennweite	Objektivbezeichnung	Fokustyp	Stabilisator	Naheinstellgrenze bei Maßstab 1:1	Motor
60 mm	Nikon AF-S Micro Nikkor 60mm 1:2.8G ED	Innenfokussierung	Nein	22 cm	Ja
85 mm	Nikon AF-S DX Micro Nikkor 85mm 1:3.5G ED VR	Innenfokussierung	Ja	28,6 cm	Ja
105 mm	Nikon AF-S Micro Nikkor 105mm 1:2.8G VR	Innenfokussierung	Ja	31 cm	Ja
70 mm	Sigma Makro 70mm F2.8 EX DG	Tubus fährt aus	Nein	25,7 cm	Ja
105 mm	Sigma 105mm F2.8 EX DG OS HSM Makro	Innenfokussierung	Ja	31,2 cm	Ja
60 mm	Tamron SP AF 60mm F/2.0 Di II LD [IF] Macro 1:1	Innenfokussierung	Nein	23 cm	Ja
90 mm	Tamron SP 90mm F/2.8 Di VC USD Macro 1:1	Innenfokussierung	Ja	30 cm	Ja
100 mm	Tokina AT-X M100 AF PRO D	Tubus fährt aus	Nein	30 cm	Nein

▲ *Interessante Autofokus-Makroobjektive für die D5200. Mit der Innenfokussierung bleibt die Länge des Objektivs beim Scharfstellen gleich, der Autofokus ist daher in der Regel schneller. Je geringer die Naheinstellgrenze ist, desto näher muss man ran ans Insekt. Das haben nicht alle gern und lassen sich daher leichter verscheuchen.*

Makrofotografie

zum Motiv. Persönlich empfehlen wir immer die ±100-mm-Variante. Sie liegt als toller Allrounder in der Mitte des Spektrums, das Objektiv ist leicht genug, um auch aus der Hand noch gute Makros zu gestalten, und die Fotoentfernung ist für die meisten Insekten ausreichend weit.

Die zweite Frage hat mit dem Budget zu tun. Wer nur gelegentliche Makrofotografie betreibt, benötigt nicht unbedingt die kostenintensivste Lösung. Mit einer hervorragenden Abbildungsleistung wären das 100-mm-Makroobjektiv von Tokina oder das 70-mm-Makro von Sigma beispielsweise sehr gut. Der Nachteil ist, dass erstens der Tubus beim Fokussieren ausfahren muss, was beim Scharfstellen wertvolle Zeit kostet. Und zweitens besitzen sie keinen Bildstabilisator und keinen Motor, sodass an der D5200 nur manuell scharf gestellt werden kann.

Wer sich allerdings der Makrofotografie voll und ganz verschreibt, dem können wir die 105-mm- oder die 85-mm-Makrolinse von Nikon uneingeschränkt empfehlen. Der Fokus ist schnell und leise und die Bildqualität auch bei offener Blende sehr überzeugend. Der Vorteil des 85-mm-Modells liegt im geringeren Gewicht und günstigeren Preis, nachteilig ist die eingeschränktere Lichtstärke von f3.5.

▲ Nikon-Makroobjektiv mit Bildstabilisator (AF-S Micro Nikkor 105mm 1:2.8G VR, Bild: Nikon).

✓ Präzise Motivwahl über den Einstellschlitten

In der Makrofotografie wird häufig mit langen Belichtungszeiten fotografiert. Daher ist die Verwendung eines Stativs in Kombination mit einem Fernauslöser unverzichtbar.

Besonders flexibel und leicht lässt sich die D5200 in Position bringen, wenn Sie sich eine lange Schnellwechselschiene oder einen speziellen Einstellschlitten gönnen.

Mit Letzterem lässt sich die Kamera ganz leicht um Nuancen nach vorne oder hinten verschieben, bei einem Kreuz-Einstellschlitten sogar seitlich.

▲ Beispiel eines vielseitigen Kreuz-Einstellschlittens, der Castel-Cross Q von Novoflex.

KAPITEL 11

Besonders herausfordernde Fotoszenarien meistern

Wer hätte sie nicht gerne, rauscharme, richtig belichtete und perfekt durchzeichnete Bilder mit optimaler Schärfe – von denen träumt doch jeder Fotograf, oder? Hier zeigen wir, wie es Ihnen unter realen Fotobedingungen (Gegenlicht, hoher Kontrast, rasante Bewegungen etc.) gelingt, solche qualitativ hochwertigen Aufnahmen zu realisieren. Lernen Sie die wirkungsvollsten Tricks und Kniffe für besonders herausfordernde Fotosituationen kennen.

11 Besonders herausfordernde Fotoszenarien meistern

11.1 Hohe Kontraste? Kein Problem

Unsere Augen sind in der Lage, ein sehr großes Spektrum an hellen und dunklen Farben auf einmal wahrzunehmen. Daher können wir kontrastreiche Situationen wie eine Person im Gegenlicht, schneebedeckte Berge mit dunklen Waldpartien darin oder Ähnliches ohne Fehlbelichtung wahrnehmen. Es erscheint uns natürlich, alles sieht durchzeichnet aus. Gut, dass wir uns für die tolle Performance unserer Augen nicht einmal großartig anstrengen müssen, vom Blinzeln mal abgesehen.

Der Kamerasensor ist da leider weniger dynamisch veranlagt. So kommt es häufig vor, dass ein kontrastreiches Motiv als Foto deutlich von der eigenen Wahrnehmung abweicht. Meist macht sich dies in zu hellen oder total unterbelichteten Bildpartien bemerkbar. Doch es gibt ein paar Praxistipps, mit denen selbst hoch kontrastierte Motive ausgewogen auf dem Kamerasensor landen.

Kontrastmessung mit der Spotmessung

Starke Kontraste oder Gegenlicht stellen nicht nur für die Kamera, sondern häufig auch für den Fotografen eine hohe Herausforderung dar. Es gilt, den Kontrastumfang zu bestimmen und die Belichtung auf Basis der erhaltenen Werte einzustellen.

1

Dazu verwenden Sie am besten die Blendenvorwahl A mit einem festen ISO-Wert und einer Blende Ihrer Wahl.

Aktivieren Sie außerdem die Spotmessung [•] am besten in Kombination mit dem Einzelautofokus **AF-S** und der Einzelfeldsteuerung [⊡].

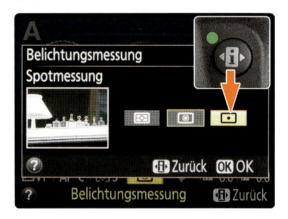

i Der Dynamikumfang

Mit dem Dynamikumfang wird beschrieben, wie gut das Aufnahmemedium in der Lage ist, alle Helligkeitsstufen eines Motivs differenziert wiederzugeben. Sprich, je mehr Helligkeitsstufen vergleichbar gut dargestellt werden können, desto größer ist der Dynamik- oder Kontrastumfang. Angegeben wird der Dynamikumfang in der Fotografie in Blendenstufen.

Die Natur hat in etwa einen Dynamikumfang von 25 Blendenstufen. Unser Auge erfasst davon etwa 14–15 Blendenstufen. Der Kamerasensor der D5200 bewältigt etwa sieben (≥ISO 6400) bis elf Stufen (ISO 100), daher werden einige Zwischentöne schlichtweg nicht dargestellt und die ganz hellen oder ganz dunklen Partien werden gekappt.

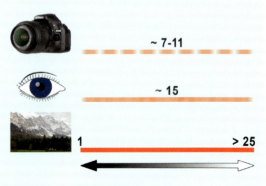

▲ Vergleich des Dynamikumfangs Natur – Auge – Kamera.

Hohe Kontraste

2

Wenn Sie nun z. B. das mittlere Fokusfeld auswählen, können Sie die Helligkeitswerte über die Bildmitte bestimmen, indem Sie einmal auf einen sehr hellen und anschließend auf einen sehr dunklen Bildbereich zielen.

Merken Sie sich dabei die angezeigten Belichtungszeiten. So konnte ich bei der verschneiten Berglandschaft im Gegenlicht eine längste Zeit von 1/160 Sek. (dunkle Felswand) und eine kürzeste von 1/800 Sek. (helle Wolke) messen.

▲ *Deckt das Spotmessfeld einen sehr hellen Bereich ab, erscheint die ganze Szene sehr dunkel und die Kamera wählt eine kurze Zeit (1/800 Sek.).*

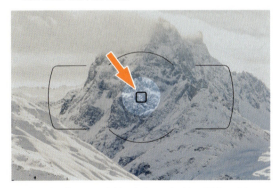

▲ *Liegt das Spotmessfeld auf einem dunklen Bildbereich, wird das Motiv sehr hell dargestellt mit einer entsprechend längeren Zeit (1/160 Sek.).*

Nun können Sie auf zwei Arten fortfahren:

Möglichkeit A: Messwert speichern und Belichtungskorrektur

3

Um die Messwertspeicherung durchführen zu können, muss die AE-L/AF-L-Taste mit der entsprechenden Funktion verknüpft sein. Gehen Sie daher ins Individualmenü und wählen Sie unter der Rubrik *f2: AE-L/AF-L-Taste* die Option *Belichtung speichern ein/aus*.

4

Richten Sie die Kamera nun auf einen der beiden Motivbereiche von zuvor, entweder den hellen oder den dunklen. In diesem Fall habe ich die helle Wolke gewählt (1/800 Sek.).

Drücken Sie die AE-L/AF-L-Taste. Die gemessenen Belichtungswerte sind jetzt im Speicher. Im Sucherbild leuchtet daraufhin unten links das AE-L-Zeichen auf.

5

Führen Sie eine Belichtungskorrektur durch. Bei dem gezeigten Beispiel habe ich dazu als Erstes die Belichtungskorrekturtaste 🇪 (⊗) gedrückt und das Einstellrad so viele Stufen nach rechts gedreht, bis ich auf den Zeitwert des dunklen Motivbereichs von 1/160 Sek. kam.

11 Besonders herausfordernde Fotoszenarien meistern

▲ Mit sieben Rasterstufen von ⅛₀₀ auf ¹⁄₁₆₀ Sek. (Wert: +2.3).

Dann habe ich das Rädchen um ca. die Hälfte, also um vier Drittelstufen, wieder nach links zurückgedreht (Wert – 1.0). Die Zeit stand nun mit ¹⁄₄₀₀ Sek. in der Mitte zwischen ¹⁄₁₆₀ und ⅛₀₀ Sek.

6

Legen Sie den endgültigen Bildausschnitt fest. Fokussieren Sie bei halb gedrücktem Auslöser neu und lösen Sie aus.

Das Bild wird nun mit den zuvor gemessenen Belichtungswerten aufgenommen. Prüfen Sie das Ergebnis: Sind keine größeren Überstrahlungen zu sehen? Wenn doch, belichten Sie noch ein bis zwei Drittelstufen unter.

7

Nehmen Sie mehrere Bilder mit den gespeicherten Belichtungswerten auf oder drücken Sie die AE-L/AF-L-Taste erneut, damit die Speicherung aufgehoben wird.

Möglichkeit B: Manuelle Belichtung

3

Übertragen Sie die Blende und den ISO-Wert in das manuelle Belichtungsprogramm und stellen Sie die Zeit ein, die zwischen den beiden zuvor gemessenen Spitzen (¹⁄₁₆₀ und ⅛₀₀ Sek.) liegt, im Beispiel also wieder ¹⁄₄₀₀ Sek. Nehmen Sie das Bild auf und prüfen Sie es in der Histogrammanzeige oder der Lichter-Darstellung. Um sicherzugehen, können Sie natürlich auch noch mit kürzeren oder längeren Zeitwerten experimentieren, vor allem, wenn die hellen Bereiche doch zu stark überstrahlen sollten.

Die Ermittlung des Kontrastumfangs ist auf alle Fälle als grundlegende Orientierung sehr hilfreich. Das Prozedere können Sie natürlich auch bei anderen Motiven durchführen. Da die Messung aber etwas Zeit in Anspruch nimmt, wird das in der Realität vermutlich nicht so häufig der Fall sein.

▲ Die gemessenen Grenzwerte der ersten beiden Bilder stellen den Kontrastumfang dar, aus denen mit ¹⁄₄₀₀ Sek. eine mittelhelle Belichtung erzielt werden konnte, die für die Szene optimal war (¹⁄₄₀₀ Sek. | f10 | ISO 100 | A | 120 mm).

Hohe Kontraste

Der Immer-dabei-Diffusor

Was bei großflächigen Motiven in der Natur oder auch in großen Innenräumen fast unmöglich erscheint, ist im Bereich der Studio-, People- und Nah- bzw. Makrofotografie gang und gäbe.

Hier lassen sich recht einfache Hilfsmittel einsetzen, um den Kontrastumfang zu verringern und eine optimale, weiche Belichtung des Motivs zu erzielen.

▲ Handdiffusor mit 30 cm Durchmesser.

Ein sehr wirkungsvolles Hilfsmittel ist der Diffusor. Mit ihm lässt sich selbst das gleißende Mittagslicht effektiv abmildern, sodass auch Aufnahmen bei starker und direkter Sonneneinstrahlung zur Mittagszeit realisierbar sind. Halten Sie den Diffusor am besten so dicht wie möglich über das Objekt. Dann gelangt genug Licht hindurch, die Kontraste werden aber dennoch stark gemildert.

Faltreflektoren, klein und praktisch

Sehr leicht, günstig und flexibel sind Faltreflektoren, die aus verschieden beschichteten Oberflächen und einem Diffusor als Grundkörper bestehen. Der Rahmen ist so biegsam, dass sie sich auf eine äußerst handliche Größe zusammenfalten lassen und dann in jede Fototasche passen. Für kleinere Gegenstände sind Durchmesser von ca. 50 cm ausreichend, für Porträts empfehlen sich Modelle mit 80 cm Durchmesser oder mehr.

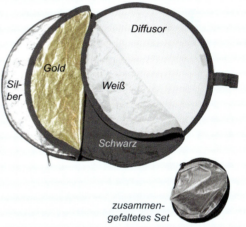

▲ Faltreflektor-Sets, wie hier eine 5-in-1-Variante, gibt es günstig im Fachhandel (zum Beispiel bei Foto Walser, eBay, Isarfoto).

▲ Ohne Diffusor.

▲ Mit Diffusor.

Die Bildwirkung mit Diffusor ist weniger hart, zeigt sanftere Schattenverläufe (¹/₁₀₀ Sek. | f11 | ISO 200 | A | 105 mm Makro).

11 Besonders herausfordernde Fotoszenarien meistern

Kontraste verbessern mit Active D-Lighting

Mit der Funktion *Active D-Lighting* hat die D5200 eine weitere gute Hilfe an Bord, die bei kontrastreichen Motiven für eine ausgewogenere Beleuchtung sorgt. Vergleichen Sie dazu einmal die beiden Beispiele. Mit aktivierter Funktion konnte deutlich mehr an strukturellen Details herausgekitzelt werden, sodass die Aufnahme besser belichtet wirkt.

▲ Ohne Active D-Lighting wirkt das Motiv aufgrund der vielen dunklen Waldflächen etwas düster.

▲ Mit Active D-Lighting kann die Detailzeichnung in den Schattenpartien verbessert und eine angenehm kräftige Wirkung erzielt werden (beide Bilder: 1/250 Sek. | f8 | ISO 125 | A | 18 mm | Polfilter).

Active D-Lighting sorgt dafür, dass die Schattenpartien etwas aufgehellt werden, dunkelt zu helle Flächen leicht ab und passt den Kontrast motivbezogen an. Dazu orientiert sich die kamerainterne Bildverarbeitung an den aktuellen Aufnahmeeinstellungen. Active D-Lighting wird somit während des Aufnahmeprozesses angewendet. Erwarten Sie jedoch keine Wunder. Hoffnungslos überstrahlte oder extrem unterbelichtete Bildflächen werden auch damit nicht gerettet werden können.

Achten Sie daher stets auf die Bildanzeige mit dem Histogramm, so können Sie Belichtungsfehler schnell erkennen und die Grundbelichtung optimieren. Active D-Lighting muss dann nur noch marginal eingreifen, das schont die Bildqualität.

Die Funktion ist zudem wirklich nur bei sehr kontrastreichen Motiven oder Gegenlichtsituationen sinnvoll und sollte sonst eher abgeschaltet werden. Denn sie kann ein etwas erhöhtes Bildrauschen in den dunkleren Bildpartien und seltener auch ungleichmäßige Schattierungen bzw. Halo-Effekte um dunkle Motive herum mit sich bringen, und darauf kann man gut verzichten, wenn das Motiv ohnehin wenig kontrastiert ist.

Allerdings können Sie Active D-Lighting nur in den Modi P, S, A und M deaktivieren. Im EFFECTS-Modus ist die Funktion ohnehin deaktiviert. Alle anderen Programme verwenden die automatische Einstellung.

> ✓ **Nachträgliche Kontrastoptimierung mit D-Lighting**
>
> Während die Bilder mit Active D-Lighting direkt bei der Aufnahme optimiert werden, besteht auf der anderen Seite auch die Möglichkeit, die Kontrastoptimierung mit D-Lighting nachträglich durchzuführen. Dies können Sie entweder über das Bildbearbeitungsmenü der Kamera (siehe Kapitel 14.2) oder mit der Nikon-Software (ViewNX 2, Capture NX 2) erledigen. Allerdings entspricht der Effekt nicht 1:1 dem Ergebnis von Active D-Lighting, weil mit D-Lighting in erster Linie nur die Schatten aufgehellt werden.

Hohe Kontraste

Active D-Lighting selbst justieren

Die Stärke des Active-D-Lighting-Effekts können Sie übrigens selbst dosieren. Bei kontrastreichen (Stadt-)Landschaften ist die Einstellung *Normal* 🎛 N bis *Extrastark* 🎛 H⁺ oftmals gut geeignet.

Bei Porträts kann zu viel Active D-Lighting eine künstliche Wirkung erzeugen, daher können Sie den Effekt beispielsweise auf *Moderat* 🎛 L oder *Automatisch* 🎛 A setzen oder die Funktion auch ganz deaktivieren. *Automatisch* eignet sich auch immer dann gut, wenn nicht ganz klar ist, welche Stärke für das jeweilige Motiv geeignet ist.

1

Wählen Sie einen der Modi P, S, A oder M und stellen Sie die Matrixmessung als Belichtungsmethode ein, denn hiermit werden die besten Resultate erzielt.

Die Kamera gleicht die vorliegende Szene dann mit einer integrierten Motivdatenbank ab, sodass Active D-Lighting sehr genau gesteuert werden kann.

2

Gehen Sie per i-Taste zur gezeigten Schaltfläche. Wählen Sie im Menü die Einstellung *Aus* oder die gewünschte Stärke und bestätigen Sie wieder mit OK. Das war's schon.

▲ Auswahl der Effektstärke für Active D-Lighting.

✓ Schnellzugriff per Fn-Taste

Wer schneller umschalten möchte, kann Active D-Lighting auch auf die Fn-Taste legen (Individualfunktion *f1: Funktionstaste*), sofern Sie da nicht lieber die Selbstauslöser- oder die ISO-Funktionalität nutzen.

Schneller Active-D-Lighting-Wechsel

Sicherlich haben Sie die Belichtungsreihenfunktion für Active D-Lighting bereits im Menü erspäht, in der Rubrik *BKT* im Aufnahmemonitor. Damit können Sie mit jedem Auslösen im schnellen Wechsel zwischen der ein- und ausgeschalteten Funktion fotografieren und sich das bessere Ergebnis später aussuchen. Bei Schnappschüssen oder bewegten Motiven wäre das beispielsweise sehr praktisch, z. B. auch in Kombination mit der schnellen Serienaufnahme.

1

Um die sogenannte ADL-Belichtungsreihe (= ADL-BKT = **A**ctive **D**-Lighting **B**rack**et**ing) zu starten, muss zunächst im Individualmenü *e2: Autom. Belichtungsreihen* die entsprechende Option aktiviert werden.

2

Navigieren Sie dann im Aufnahmemonitor mit der i-Taste zum Eintrag *BKT* und wählen Sie *ADL*.

▲ Aktivieren der ADL-Belichtungsreihe über Individualmenü und i-Taste.

11 Besonders herausfordernde Fotoszenarien meistern

Stellen Sie zudem, wie in Schritt 2 des vorherigen Workshops gezeigt, die gewünschte ADL-Stärke unter der Rubrik *ADL* ein, z. B. *Automatisch* 🅰.

3

Die D5200 zeigt Ihnen nun im Aufnahmemonitor stets an, mit welcher Einstellung das nächste Bild aufgenommen wird. Dazu wird der Begriff **OFF** oder **AUTO** bzw. die von Ihnen gewählte Stärke, z. B. **H+** für Extrastark, unterstrichen abgebildet.

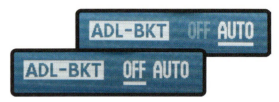

▲ *Anzeige der aktiven ADL-Belichtungsreihe (ADL-BKT) mit der automatischen ADL-Stärke.*

11.2 Kontrastmanagement mit HDR

In diesem Abschnitt wird dem hohen Dynamikumfang mit der sogenannten HDR-Technik ein Schnippchen geschlagen. Erstellen Sie aus mehreren Einzelfotos ein Bild mit einer beeindruckenden Durchzeichnung, ein sogenanntes HDR-Bild oder HDR-Image (HDRI).

Geeignete Motive

Welche Motive sind fürs HDR-Vorhaben denn am besten geeignet? Nun, im Grunde sind Szenen, bei denen hohe Kontrastunterschiede zwischen den sehr hellen (Lichtern) und den sehr dunklen (Tiefen) Bildbereichen auftreten, prädestiniert dafür. Hierzu gehören zum Beispiel:

- Landschaften oder Architekturmotive bei Gegenlicht,
- Sonnenauf- und -untergänge,
- Bilder zur blauen Stunde oder Nachtaufnahmen sowie

▲ *HDR-Darstellung auf Basis von vier Ausgangsbildern (0,8 bzw. 1,6 bzw. 3,2 bzw. 6 Sek. | f4 | ISO 100 | M | 15 mm | Stativ | Fernsteuerung).*

HDR-Technik

- Innenaufnahmen mit hellen Fenstern oder hellen Lampen im Bild.

Was logischerweise nicht so gut funktioniert, sind Aufnahmen bewegter Objekte, da eine Grundvoraussetzung für HDR die absolute Deckungsgleichheit der einzelnen Ausgangsbilder ist. Damit ist zum Beispiel die Tier- und People-Fotografie nicht das beste Feld, um HDR-Aufnahmen anzufertigen.

Mit der D5200 haben Sie prinzipiell vier Möglichkeiten, HDR-Bilder zu erstellen:

- Erzeugen Sie ein HDR-Ergebnis direkt in der Kamera ohne zusätzliche Software.
- Fertigen Sie manuell beliebig viele Ausgangsbilder einzeln an und verarbeiten Sie diese mit einer speziellen Software zur HDR-Fotografie.
- Kombinieren Sie die Serienaufnahme ⌐H oder ⌐L mit der AE-Belichtungsreihe und fertigen Sie eine Reihe von drei unterschiedlich hellen Bildern an, die nachträglich zum HDR verarbeitet werden können.
- Entwickeln Sie unterschiedlich helle Bildvarianten aus einer NEF-/RAW-Datei und verarbeiten Sie diese zum HDR-Image.

Was die kamerainterne HDR-Technik leistet

Bei der kamerainternen HDR-Verarbeitung nimmt die D5200 automatisch zwei Bilder mit unterschiedlicher Belichtung auf und verschmilzt diese zu einem Ergebnis mit erhöhtem Dynamikumfang. Dazu können Sie wie folgt vorgehen:

1

Wählen Sie einen der Modi P, S, A oder M in Kombination mit der Belichtungsmessmethode Matrixmessung .

Nutzen Sie zudem JPEG-Formate als Speichertyp, da die HDR-Funktion mit dem NEF-/RAW-Format nicht zu betreiben ist. Auch bei eingeschaltetem Blitz ist die Funktion nicht verfügbar.

2

Aktivieren Sie die Funktion HDR im Aufnahmemenü und suchen Sie sich eine der angebotenen Effektstärken aus.

▲ Aktivieren der HDR-Funktion über die i-Taste.

3

Lösen Sie aus und halten Sie die Kamera dabei möglichst ruhig, denn es werden automatisch zwei Bilder aufgenommen, die anschließend kameraintern miteinander verschmolzen werden. Danach ist die HDR-Funktion deaktiviert und muss erneut ausgewählt werden, wenn das nächste Foto ebenfalls als HDR-Variante auf dem Sensor landen soll.

> ✓ **HDR per Fn-Taste starten**
>
> Um die HDR-Funktionalität schneller aktivieren zu können, können Sie die Fn-Taste im Individualmenü *f1: Funktionstaste* mit der Option HDR belegen. Durch Drücken der Fn-Taste und Drehen am Einstellrad lassen sich die Effektstärken nun ganz schnell auswählen.

Bei hoch kontrastierten Motiven eignen sich die Vorgaben AUTO, NORM oder HIGH für natürlich wirkende Ergebnisse am besten, wobei bei HIGH immer die Gefahr besteht, dass sich hell oder dunkel scheinende Lichthöfe an den Kontrastkanten (Halos) abzeichnen.

11 Besonders herausfordernde Fotoszenarien meistern

▲ Wirkung der verschiedenen HDR-Stärken: Die Unterschiede sind an der Gesamthelligkeit und am Kontrastunterschied zwischen dem hellen Nussknacker und dem roten Fensterladen am besten zu erkennen (alle Bilder: $^1/_{60}$ Sek. | f6.3 | ISO 720–900 | P | 270 mm).

Wer den typischen, teils etwas künstlich wirkenden HDR-Stil bevorzugt, wählt *HIGH+*. Hier werden die Lichter besonders deutlich abgesenkt und die Tiefen aufgehellt, weshalb Halo-Effekte auch recht deutlich auftreten.

Wege zu professionellen HDR-Ergebnissen

Wer professioneller in die HDR-Gestaltung eintauchen und den Stil des Ergebnisses obendrein selbst bestimmen möchte, nimmt die Ausgangsbilder am besten wie nachfolgend beschrieben auf und verschmilzt sie dann mit spezieller HDR-Software. Dazu sollte die D5200 bestenfalls auf einem Stativ stehen und mit der Fernsteuerung oder dem 2-Sek.-Selbstauslöser ausgelöst werden.

1

Zunächst gilt es, die Belichtung des ersten Fotos festzulegen. Am besten nehmen Sie dazu ISO 100–200, um das Bildrauschen gering zu halten.

2

Legen Sie den Picture-Control-Stil und den Weißabgleich fest. Das ist notwendig, damit alle Bilder mit den gleichen Grundvoraussetzungen aufgenommen werden. Wenn Sie im NEF-/RAW-Format fotografieren, lässt sich dies natürlich auch später noch erledigen.

3

Schalten Sie Active D-Lighting am besten aus, damit es nicht bereits bei den Ausgangsbildern zu unerwünschten Halo-Effekten kommen kann.

4

Wählen Sie nun den manuellen Modus und stellen Sie zum Beispiel Blende 8 ein. Danach justieren Sie die Zeit, und zwar so, dass die hellen Bildbereiche nicht überstrahlen. Machen Sie ein Probefoto und überprüfen Sie das Bild in der Lichter-Ansicht.

5

Stellen Sie scharf. Schalten Sie das Objektiv dann auf den manuellen Fokus um und lösen Sie das

HDR-Technik

▲ HDR-Ergebnis, erstellt aus fünf Einzelaufnahmen, die sich in ihrer Belichtung um jeweils eine ganze Belichtungsstufe unterscheiden (1/50 bzw. 1/100 bzw. 1/200 bzw. 1/400 bzw. 1/800 Sek. | f11 | ISO 100 | 55 mm | Polfilter | Stativ | Fernsteuerung). Im Vergleich dazu sehen Sie klein das Einzelbild mit der mittleren Standardbelichtung.

erste Bild aus, es ist das dunkelste Foto der HDR-Reihe.

▲ Grundeinstellungen für HDR-Ausgangsbilder vom Stativ aus.

6

Verlängern Sie nun die Zeit um ⅔ oder eine ganze Stufe und nehmen Sie das nächste Foto auf. Im letzten – dem hellsten – Foto sollten die Schattenpartien gut durchzeichnet zu erkennen sein.

Die Ausgangsbilder werden im nächsten Schritt softwaregestützt miteinander verschmolzen. Je nach Motiv werden unterschiedlich viele Einzelfotos benötigt, um eine optimale Durchzeichnung aller hellen und dunklen Bildpartien zu gewährleisten.

In der Tabelle auf der nächsten Seite finden Sie ein paar Anhaltspunkte für beliebte HDR-Fotosituationen. Fertigen Sie generell lieber ein paar Bil-

▲ HDR-Ergebnis auf Basis einer automatischen Belichtungsreihe mit zweistufiger Spreizung und Bearbeitung in Photomatix (⅛ Sek. | f4.2 | ISO 200–3200 | A | 38 mm | freihändig fotografiert).

der zu viel an als zu wenig. Weglassen kann man eventuell überzählige Fotos später immer noch.

Motiv	Bilder	Belichtungs-schritte
Landschaften, Motive mit indirekter Beleuchtung	3	je 1–2 EV
Innenraum mit Blick auf helles Fenster	5	je 1 EV
direkte Lichtquelle im Bild (Sonne, Lampen)	9–12	je 1 EV

▲ Empfohlene Anzahl an Einzelbildern und Belichtungsabstufungen für gängige HDR-Szenarien.

Belichtungsreihe vollautomatisch

Bei der Erstellung der Ausgangsbilder kann auch die automatische Belichtungsreihe (siehe Seite 238) gute Dienste leisten. Stellen Sie dazu die gewünschte Blende im Modus A ein. Aktivieren Sie die Serienaufnahme ⌘H oder ⌘L und wählen Sie die gewünschte Lichtwertdifferenz der AE-Belichtungsreihe. Drücken Sie den Auslöser durch, bis die drei Aufnahmen im Kasten sind. Auf diese Weise können Sie schnell agieren. Und wenn Sie sich beim Auslösen abstützen, gelingen sogar ordentlich deckungsgleiche Bilder ohne Stativ.

Schärfeprobleme meistern

HDR-Software in der Übersicht

Für das Verschmelzen der Einzelaufnahmen zum finalen HDR-Ergebnis wird spezialisierte Software benötigt, die in der Lage ist, die verschieden hellen Bildbereiche der Ausgangsfotos lokalgenau miteinander zu fusionieren und eine insgesamt harmonische Gesamtbeleuchtung zu erzeugen. Die folgende Tabelle gibt Ihnen eine Übersicht zu den empfehlenswerten Spezialprogrammen.

Software	Photomatix	Oloneo PhotoEngine	Luminance HDR	Fhotoroom HDR
Anbieter	www.hdrsoft.com/de/	www.oloneo.com	http://qtpfsgui.sourceforge.net	www.fhotoroom.com
Testversion	ja	30-Tage-Demo	Freeware	ja (mit Wasserzeichen)
Sprache	deutsch	englisch	deutsch	englisch
autom. Bildausrichtung	ja	ja	ja (langsam)	ja (langsam)
32-Bit-Tonemapping	ja	ja	ja	ja
HDR aus RAW-Datei	zur Drucklegung nicht mit D5200-NEF nutzbar	ja	zur Drucklegung nicht mit D5200-NEF nutzbar	in Pro-Version ohne Wasserzeichen
individuelle HDR-Stile	ja	ja	ja	ja
Geisterbilder unterdrücken	ja	ja	ja	ja
Stapelverarbeitung	in Pro-Version	ja	nein	ja

11.3 Typische Schärfeprobleme meistern

Für die meisten Fotografen können Aufnahmen nicht scharf genug sein, zumindest wenn es aus künstlerischen Gründen nicht anders gewünscht ist. Daher sollten Sie alles daransetzen, die besten Voraussetzungen für Schärfe zu schaffen. Das können einerseits geeignete Kameraeinstellungen sein.

Andererseits gibt es aber auch Fotosituationen, die einfach total ungünstig sind, bei denen also mit etwas Unschärfe gerechnet werden muss. Diese gilt es zu umgehen oder man sollte zumindest wissen, was vor Ort am besten zu tun ist.

Typische Schärfeprobleme und ihre Lösung

Die Ursachen für Unschärfe sind wahrlich sehr vielfältig. Welche das sein können und wie Sie aus der Unschärfefalle wieder herauskommen, erfahren Sie nachfolgend. Danach gibt es eigent-

11 Besonders herausfordernde Fotoszenarien meistern

lich keine Ausrede mehr, die Kamera sei defekt oder das Objektiv sei schlecht – von Einzelfällen einmal abgesehen.

Situation: Gegenlicht
Problem: Das Hauptmotiv wirkt unscharf, nicht unbedingt an den Rändern, aber in der Fläche.

Ursache: Schatten auf dem Hauptmotiv und dadurch verringerter Kontrast lassen einen Unschärfeeindruck entstehen.

Lösung: Hellen Sie die Schatten mittels Reflektoren auf oder verwenden Sie ein Blitzgerät.

▲ Ohne Blitzaufhellung wirkt die Mohnblüte nicht nur zu dunkel, auch der Schärfeeindruck ist wesentlich geringer (unten). Der Blitz konnte die Schatten aufhellen und zudem das leichte Zittern der Blüte im Wind einfrieren (1/5 Sek. | f8 | ISO 800 | A | 105 mm | integrierter Blitz –1 EV | Stativ).

Situation: Nebel
Problem: Das gesamte Bild wirkt etwas schwammig und wenig kontrastiert.

Ursache: Die Wassertröpfchen in der Luft senken durch ihre Lichtreflexion den Kontrast und lassen das Motiv unscharf erscheinen.

Lösung: Bei nicht allzu weit entfernten Objekten können Sie die Schärfe mit einem Aufhellblitz erhöhen. Bei Landschaften bleibt einem meist nur die nachträgliche Erhöhung des Kontrastes im Bildbearbeitungsprogramm. Die Bildstile *Landschaft* LS oder *Vivid* VI können ebenfalls den Kontrast ein wenig erhöhen und somit den Schärfeeindruck steigern.

▲ Der diesige Bildüberzug des Nebels ließ sich durch eine Kontrasterhöhung im RAW-Konverter Adobe Lightroom deutlich abschwächen (1/40 Sek. | f7.1 | ISO 200 | 170 mm).

Situation: Spiegelungen
Problem: Der Autofokus fährt immer wieder hin und her und findet keinen Fokuspunkt.

Ursache: Reflexionen in Glasscheiben beeinträchtigen den Autofokus, da er nicht ahnen kann, ob Sie die Spiegelung oder die Objekte hinter dem Glas fokussieren möchten.

Lösung: Fokussieren Sie manuell auf die gewünschte Distanz. Mindern Sie die Reflexion gegebenenfalls mit einem Polfilter.

Schärfeprobleme meistern

Situation: Hitze

Problem: Die Sonne scheint, die Luft ist rein und die Kontraste sind an sich hoch. Weit entfernte Motive wirken dennoch unscharf.

Ursache: Bei starker Sonneneinstrahlung ist die Luft über dem Boden so heiß, dass sie sich verdünnt und nach oben steigt. Dort mischt sie sich mit der dichteren kälteren Luft.

Steht die Sonne ungünstig, wird das eintreffende Licht von den dichteren Luftschichten reflektiert. Vor allem weit entfernte Objekte erscheinen dadurch unscharf. Auf Teerstraßen entsteht zudem der Eindruck von Wasserflächen, was durch die Spiegelung des Himmels kommt.

Lösung: Wenn möglich, gehen Sie näher ans Motiv heran. Ansonsten hilft es nur, die Mittagsstunden auszusparen und das Motiv morgens oder abends aufzunehmen.

Situation: Hohe Schärfentiefe

Problem: Das Bild ist auch im fokussierten Bereich unscharf. Es liegt aber weder eine Verwacklung seitens des Fotografen noch eine Bewegungsunschärfe des Fotoobjekts vor.

Ursache: Die Blende ist für das jeweilige Objektiv zu stark geschlossen worden. Dadurch entsteht Beugungsunschärfe.

Lösung: Öffnen Sie die Blende auf einen Wert von 8 bis 11. Gehen Sie nach Möglichkeit näher ans Objekt heran und verwenden Sie geringere Brennweiten, um die höchstmögliche Schärfentiefe zu erzielen (siehe Bilder auf Seite 85).

Situation: Geringe Schärfentiefe

Problem: Das Bild ist nur in einem eng begrenzten Bereich scharf, der Rest erscheint deutlich verschwommen. Irrtümlich könnte ein Schärfeproblem diagnostiziert werden.

Ursache: Die Blende ist zu weit geöffnet, dadurch wird nur ein sehr geringer Bereich, nämlich fast ausschließlich die Schärfeebene, detailgenau dargestellt.

Lösung: Legen Sie die Schärfeebene manuell auf den bildwichtigen Bereich, z. B. die Augen.

▲ In der Mittagshitze war bei der Entfernung an ein scharfes Foto kaum zu denken (links), am späten Nachmittag stimmte die Schärfe hingegen (beide Bilder: f8 | ISO 200 | A | 500 mm | Bohnensack auf Autoscheibe).

▲ Bei dem weit entfernten Meereshintergrund konnte ich ohne Probleme etwas abblenden, um die optimale Schärfeleistung aus dem Objektiv herauszuholen (1/500 Sek. | f7.1 | ISO 125 | 250 mm).

263

11 Besonders herausfordernde Fotoszenarien meistern

Schließen Sie die Blende eventuell um ⅓ oder ⅔ Stufen. Die Gesamtschärfe steigt und die Detailschärfe im Fokusbereich nimmt zu, denn die meisten Objektive erreichen erst bei mittleren Blendenwerten ihre optimale Abbildungsleistung. Achten Sie aber darauf, dass der Hintergrund nicht zu unruhig wird. Wenn er ohnehin wenig strukturiert ist, wie z. B. bei Tieraufnahmen gegen den blauen Himmel, kann die Schärfentiefe ruhig noch stärker erhöht werden.

Situation: Freihandaufnahmen
Problem: Das Bild ist komplett unscharf, auch im fokussierten Areal.

Ursache: Die Belichtungszeit ist zu lang für eine Freihandaufnahme.

Lösung: Verkürzen Sie die Belichtungszeit oder verwenden Sie Stativ, Fernauslöser und gegebenenfalls auch die Spiegelvorauslösung. Ist es sehr windig, beschweren Sie das Stativ mit einem Gewicht oder suchen Sie einen windgeschützten Platz auf. Stellen Sie sich als Windschutz neben der Kamera auf.

Situation: Schnelle Bewegungen
Problem: Großteile des aufgenommenen Fotos sind unscharf, sie wirken manchmal mehr, manchmal weniger stark verwischt. Einige kleinere Bildstellen sind wiederum scharf.

Ursache: Die Belichtungszeit ist zu lang für die Bewegungen des Objekts. Windbedingtes Schwanken des Objekts oder die Aktivität des Motivs verursachen Wischeffekte.

Lösung: Verkürzen Sie die Belichtungszeit oder setzen Sie den Blitz als Aufheller ein. Er friert die Bewegung ein und erhöht so den Schärfeeindruck.

Situation: Wenig Licht I
Problem: Die Detailschärfe ist über das ganze Bild hinweg recht gering. Der ISO-Wert liegt bei 1600 oder mehr.

Ursache: Mit steigender Sensorempfindlichkeit nimmt die Detailschärfe ab.

Lösung: Fotografieren Sie mit ISO-Werten zwischen 100 und 800. Setzen Sie ein Stativ ein, wenn die Zeit zu lang für Freihandaufnahmen werden sollte.

Situation: Wenig Licht II
Problem: Alles wirkt etwas schwammig, Rasenflächen oder Ähnliches zeigen zu wenig Strukturen.

◀ *Stative, deren Mittelsäule einen Haken besitzt, können mit dem Fotorucksack, einem Bohnensack oder anderen schweren Dingen stabilisiert werden, damit sie bei Wind weniger vibrieren.*

Schärfeprobleme meistern

Ursache: Die Rauschunterdrückung ist zu stark, dadurch gehen feine Strukturen verloren.

Lösung:
Möglichkeit **1**: Fotografieren Sie mit ISO 100 vom Stativ aus und deaktivieren Sie die *Rauschunterdrückung bei ISO+*.

Möglichkeit **2**: Fotografieren Sie mit höherem ISO-Wert und stellen Sie die *Rauschunterdrückung bei ISO+* auf *Schwach* oder *Normal* und die *Rauschunterdrückung bei Langzeitbelichtung* auf *Aus*.

Spiegelvorauslösung: Mehr Schärfe geht nicht

Wenn Ihr Foto, zumindest im Fokusbereich, bis ins kleinste Detail wirklich scharf werden soll, müssen Sie alle Register ziehen. Dann sind nicht nur Stativ und Fernauslöser gefragt, sondern auch die Spiegelvorauslösung. Denn ob man es glaubt oder nicht, das Umklappen des Spiegels am Beginn der Belichtung kann leichte Erschütterungen auslösen, die zu Unschärfen im Bild führen.

Allerdings ist die Spiegelvorauslösung auch nur bei Belichtungszeiten von ¹⁄₃₀ Sek. und länger notwendig, kann aber bei langen Telebrennweiten auch schon bei kürzeren Zeiten sehr sinnvoll sein.

Ich selbst handle nach dem Motto: Steht die Kamera auf dem Stativ und ist genügend Zeit für die Aufnahme, dann wird die Spiegelvorauslösung auch genutzt.

1

Um die Spiegelvorauslösung zu aktivieren, gehen Sie zur Individualfunktion *d5: Spiegelvorauslösung* und setzen diese auf *Ein*.

2

Platzieren Sie die Kamera auf jeden Fall auf einem Stativ, sonst brauchen Sie die Spiegelvorauslösung gar nicht erst einzusetzen.

3

Starten Sie die Belichtung am besten mit einem Fernauslöser, um wirklich jegliche Verwacklungsgefahr zu vermeiden. Der Spiegel klappt daraufhin

▲ Mit aktivierter Spiegelvorauslösung wird das Bild bis ins Detail gestochen scharf (¹⁄₄ Sek. | f8 | ISO 100 | A | 105 mm | Stativ | Fernsteuerung | Spiegelvorauslösung).

11 Besonders herausfordernde Fotoszenarien meistern

hörbar hoch. Warten Sie etwa 1 Sek. und lösen Sie dann erneut aus. Am Ende der Belichtungszeit klappt der Spiegel wieder herunter.

Mit der Spiegelvorauslösung verhindern Sie also eine Erschütterung der Kamera bis ins kleinste Detail sehr zuverlässig. Denken Sie vor allem bei Aufnahmen von unbewegten Objekten mit langen Teleobjektiven, bei Situationen mit wenig Licht und bei der Pflanzen- und Makrofotografie an diese Methode. Übrigens: Wer wie ich die Spiegelvorauslösung häufig braucht, legt sie am besten ins eigene Menü, um schnelleren Zugriff darauf zu haben (siehe Seite 38).

11.4 Tipps und Tricks für tolle Actionfotos

Das Fotografieren bewegter Motive macht unheimlich viel Spaß. Die Bilder wirken einerseits weniger statisch und langweilig, wenn die Bewegung darin auch tatsächlich sichtbar wird. Andererseits können scharf abgebildete Momentaufnahmen spannende Details einer rasanten Bewegung aufdecken. Und mit ein paar grundlegenden Regeln haben Sie die Dynamik schnell in Ihr fotografisches Repertoire aufgenommen.

Bewegungen einfrieren – in perfekter Schärfe

Vielleicht sind Sie demnächst bei einer Greifvogelflugshow, bei einer Motocross-Veranstaltung oder Sie möchten die eigenen Kinder beim Spielen und Toben fotografieren. Egal, um welche Actionmotive es sich handelt, es wird Ihnen sicherlich wichtig sein, rasante Bewegungsabläufe mit der D5200 scharf im Bild einfangen zu können. In diesem Abschnitt erfahren Sie daher, wie Sie die Kamera am besten auf derlei Fotoaction vorbereiten. Um schnelle Bewegungen einzufrieren, ist die Einstellung kurzer Verschlusszeiten von zentraler Bedeutung. Gehen Sie dazu am besten wie folgt vor:

- Stellen Sie das Funktionswählrad auf das Programm S und geben Sie die gewünschte kurze Verschlusszeit vor. Alternativ können Sie auch mit dem Modus A und einem geringen Blendenwert agieren. Damit ist eine konstant niedrige Schärfentiefe garantiert. Alternativ können Sie auch das Motivprogramm Sport ✹ wählen, das aber keinen Einfluss auf die Belichtungszeit zulässt.

- Über die Taste für die Fokusbetriebsart ⌷ wählen Sie den Modus Serienaufnahme. Wenn Sie den Auslöser länger durchdrücken, können Sie mit ⌷H ca. 5 und mit ⌷L etwa 3 Bilder/Sek. aufnehmen und sich zum Schluss das beste aus der Serie aussuchen oder wie hier, die Bilder miteinander verschmelzen.

- Aktivieren Sie die ISO-Automatik in der Rubrik *ISO-Empfindl.-Einst.* im Aufnahmemenü und stellen Sie je nach Helligkeit eine maximale

▲ Mit der Serienaufnahme konnte ich in zwölf aufeinanderfolgenden JPEG-Bildern eine detaillierte Bewegungsstudie einfangen (¹/₁₂₅₀ Sek. | f5.6 | ISO 220 | S | +1 EV | ⌷H | AF-A | 3D-Tracking | 100 mm | Bilder fusioniert mit Photoshop).

Actionfotografie

Empfindlichkeit von ISO 800 oder auch 1600 ein.

- Bewegt sich das Fotoobjekt von Ihnen weg, seitwärts oder zur Kamera hin, ist es zudem hilfreich, den Fokusmodus AF-A oder AF-C mit der Messfeldsteuerung *Dynamisch* [⋅]39 oder [3D] zu verwenden. Die Geschwindigkeit sinkt dann aber auf ca. 3 Bilder/Sek., es sei denn, Sie schalten die Individualfunktion *a1: Priorität bei AF-C* auf *Auslösepriorität*.

- Als Belichtungsmessmethode leistet die mittenbetonte Messung [◉] gute Dienste, denn die bewegten Objekte werden meist nicht das gesamte Bildfeld ausfüllen. Sie ist vor allem bei Flugaufnahmen mit blauem Himmel geeignet.

Mit den gezeigten Kameraeinstellungen für schnelle Actionaufnahmen entstand beispielsweise die Bewegungsstudie beim Skifahren.

✓ Verschlusszeiten zum Einfrieren einer Bewegung

Es ist ganz hilfreich, sich ein paar Belichtungszeiten einzuprägen, um in der jeweiligen Fotosituation schnell handeln zu können. Daher gibt Ihnen die Tabelle ein paar Anhaltspunkte für häufig fotografierte Actionmotive und die dazu passenden Belichtungszeiten, die für das Einfrieren verschiedener Bewegungen geeignet sind.

Objekt	Bewegung auf Kamera zu	Bewegung quer zur Kamera	Bewegung diagonal
Fußgänger	1/30 Sek.	1/125 Sek.	1/60 Sek.
Jogger	1/180 Sek.	1/750 Sek.	1/300 Sek.
Radfahrer	1/250 Sek.	1/1000 Sek.	1/500 Sek.
fliegender Vogel	1/500 Sek.	1/1500 Sek.	1/1000 Sek.
Auto (ca. 120 km/h)	1/750 Sek.	1/2000 Sek.	1/1000 Sek.

▲ Belichtungszeiten, die für das Einfrieren verschiedener Bewegungen geeignet sind.

! Diese Einstellungen kosten Geschwindigkeit

Wenn Sie eine oder mehrere Serien mit schnellen Bildabfolgen planen, gilt es, einige Funktionen auszuschalten, die die Geschwindigkeit negativ beeinflussen. So setzen Sie bei Verwendung des Fokusmodus AF-A und AF-C die Individualfunktion *a1: Priorität bei AF-C* auf *Auslösepriorität*. Zudem sollten Sie die *Auto-Verzeichnungskorrektur* ausschalten, weil sonst weniger Bilder in schneller Folge aufgenommen werden können. Auch variiert die Geschwindigkeit in Abhängigkeit vom gewählten Bildformat und von der Schnelligkeit der Speicherkarte (siehe Tabelle). Eine Karte der Class 6 oder höher ist daher unbedingt zu empfehlen.

Format	Aufnahmen am Stück		Zeit, bis Pufferspeicher wieder frei ist
	⊒H	⊒L	
⬜ FINE	16	24	ca. 16–20 Sek.
RAW	6	7	ca. 8 Sek.
RAW+F	5	5	ca. 10–13 Sek.

▲ Serienaufnahmegeschwindigkeit, abhängig vom gewählten Aufnahmeformat, getestet mit einer Class-10-SDHC-Karte.

11 Besonders herausfordernde Fotoszenarien meistern

Actionszenen mit Blitzlicht

Bewegungen lassen sich nicht nur, wie im vorherigen Abschnitt gezeigt, durch die Wahl einer kurzen Verschlusszeit einfrieren, sondern beispielsweise auch durch das Hinzufügen einer extrem kurzen Lichtphase. Denken Sie an zerplatzende Luftballons, an Wein, der in ein schönes Glas fließt, oder an springende Wassertropfen.

Dadurch, dass der Blitz die Szene wirklich nur für einen Sekundenbruchteil ausleuchtet, können Sie selbst superschnelle Abläufe gestochen scharf auf den Sensor der D5200 bannen.

Der Trick ist eigentlich auch ganz einfach. Sorgen Sie dafür, dass die Belichtung ohne Blitz ein sehr dunkles oder fast schwarzes Foto ergibt. Steuern Sie dann einen externen Blitz (oder mehrere) hinzu. Dessen Leistung stellen Sie so ein, dass das Bild gut belichtet wird.

Für das Tropfenbild bin ich beispielsweise so vorgegangen: Die D5200 stand auf dem Stativ. Die Belichtung habe ich manuell auf 0,5 Sek. bei Blende 16 und ISO 400 eingestellt. Dadurch, dass ich den Raum abgedunkelt hatte, wurde das Bild ohne Blitz schwarz.

Nun habe ich die Schärfe manuell auf die ins Wasser gehaltene Plastikpipette gestellt ❶ und den Fernsteuerungsmodus aktiviert, um bequem mit dem ML-L3-Fernauslöser ❷ agieren zu können. Der externe Blitz wurde kabellos per Funkfernauslöser ❸ gezündet, und zwar im Blitzmodus ⚡REAR, also immer erst am Ende der Belichtung.

▲ Aus dem Wasser aufspringende Tropfen, eingefroren durch den kurzen Blitzimpuls am Ende der halbsekündigen Belichtung. Ohne Blitz wäre das Foto schwarz geworden, wie der kleine Ausschnitt zeigt (0,5 Sek. | f16 | ISO 400 | M | 55 mm | Stativ | Fernauslöser | Systemblitz mit Softbox und manueller Leistung von ⅛ | Funkfernauslöser | Blitzmodus ⚡REAR).

Actionfotografie

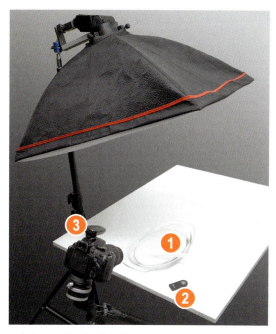

▲ Setup des Tropfen-Shootings.

Die Bewegungsgeschwindigkeit kommt hier sehr deutlich zum Ausdruck. Tolle Motive für Mitzieher sind beispielsweise fahrende Autos, übers Wasser rasende Boote, rennende Hunde, Radrennfahrer, Vögel im Flug oder Pferde im Galopp.

Um einen Mitzieher zu gestalten, nehmen Sie Ihr Fotoobjekt mit der D5200 ins Visier, verfolgen es und nehmen eine Bilderserie auf, während Sie das Fotoobjekt mit der Kamera weiterhin verfolgen. Sehr hilfreich ist dabei die Kombination der Serienaufnahme mit dem kontinuierlichen Autofokus AF-C und der dynamischen Messfeldsteuerung [:::]9. Wählen Sie also einfach das AF-Feld aus, an dessen Stelle Sie das Objekt gerne im Bild positionieren und scharf stellen möchten. Bei dem Skifahrer war das beispielsweise eines links der Mitte.

Für das Mitziehen wird es nun sehr wichtig sein, die Kamera exakt mit der Schnelligkeit zu bewegen, in der das Fotomotiv vorbeisaust, und dabei nicht nach oben oder unten zu wackeln.

Mit dem Fernauslöser habe ich schließlich die Belichtung gestartet. Nach 0,5 Sek. wurde die Belichtung durch den Blitz beendet. Um den Tropfen ins Bild zu bekommen, musste ich also genau zu der Zeit einen Tropfen ins Wasser fallen lassen, wenn es das zweite Mal blitzte. Das erforderte natürlich etwas Geduld, aber nach kurzem Üben hatte ich den Rhythmus drauf.

Am besten funktioniert das, wenn die D5200 parallel zum Objekt aufgestellt und vom Stativ aus horizontal zur Bewegung mitgedreht wird. Wie die Bilder hier zeigen, geht es aber auch aus der Hand wunderbar, vor allem, wenn die Bewegung des Motivs nicht exakt horizontal verläuft.

Jetzt könnte das Ganze mit noch ausgefeilteren Tropfmethoden optimiert werden, zum Beispiel mit einer Lichtschranke und einer Stativhalterung für die Pipette. Aber wir wollten Ihnen einfach mal demonstrieren, dass solche Fotos auch schon mit recht simplen Mitteln möglich sind. Auf jeden Fall lohnt es sich, ein wenig zu experimentieren.

Als Verschlusszeiten eignen sich Werte zwischen $1/250$ und $1/60$ Sek. prima. Dann wird das Objekt weitgehend scharf erkennbar abgebildet. Bei längeren Belichtungszeiten von $1/40$ bis $1/8$ Sek. wird dagegen auch das fokussierte Objekt teilweise unscharf werden.

Die Kamera mit dem Motiv mitziehen

Das Mitziehen ist eine sehr kreative Art, die Dynamik bewegter Objekte in Bildern einzufangen.

Dabei ist es günstig zu wissen, dass die Zeit umso kürzer sein muss, je näher das Objekt an der Kamera vorbeirast. Was am Ende am besten gefällt, ist schlichtweg Geschmackssache oder die Vorgabe eines potenziellen Auftraggebers.

11 Besonders herausfordernde Fotoszenarien meistern

▲ Skifahrer mit buntem Outfit oder spannendem Equipment eignen sich hervorragend für Mitzieher. Hier habe ich die Kamera bei dem mittleren Bild aus der Serie am exaktesten mitgezogen (¹/₄₀ Sek. | f29 | ISO 100 | S | 270 mm | AF-C | ⸬9 | aus der Hand mitgezogen).

▲ Geeignete Einstellungen für Mitziehbilder.

Der Bildstabilisator sollte dabei übrigens vorsichtshalber ausgeschaltet werden. Es gibt nämlich Stabilisatoren, die versuchen, die Schwenkbewegung zu kompensieren, ihr also entgegenzuwirken, als handele es sich um einen Riesenverwackler. Das werden sie natürlich nicht schaffen, sodass am Ende komplett unscharfe Bilder entstehen können.

Die Nikon-Stabilisatoren der zweiten Generation (VR II) oder Nikkore mit zweistufiger Variante (Option *VR Normal* für Schwenkbewegungen wählen) sind hingegen auch für solche Situationen

Actionfotografie

gewappnet. Sie können unterscheiden zwischen den leichten Verwacklungsbewegungen der Hand und einem kräftigen Kameraschwenk. Schauen Sie am besten gleich einmal in der Bedienungsanleitung Ihres Objektivs nach, ob der Bildstabilisator für Kameraschwenks geeignet ist. Wenn nicht, dann schalten Sie ihn beim Mitziehen einfach aus.

✓ Am Ende kommt der Blitz

Dem mitgezogenen Objekt lässt sich noch ein wenig mehr Schärfe entlocken, wenn Sie in Blitzreichweite sind und den Blitz erst am Ende der Belichtung zünden, also auf den zweiten Verschluss blitzen. Die Einstellung finden Sie sowohl für den internen als auch für die externen Nikon-Geräte in der Blitzsteuerung in Form des Blitzmodus ⚡REAR oder ⚡SLOW REAR.

Übrigens, wenn sich das Fotoobjekt nicht schnurgerade auf einer Linie bewegt, weil es beispielsweise über Bodenwellen holpert oder sich selbst in verschiedene Richtungen begibt, sollte die Mitziehzeit nicht zu lang sein. Sonst verwischt auch der exakt mitgezogene Bereich bis zur Unkenntlichkeit. Das exakte Mitziehen bedarf schon etwas Übung, zugegeben. Dafür lässt sich aber wirklich viel Dynamik ins Bild zaubern.

Intervallaufnahme: Bewegung über mehrere Bilder hinweg aufzeichnen

Haben Sie sich schon einmal die einzelnen Stadien einer aufblühenden Knospe näher angeschaut? Wenn ja, dann haben Sie eine bemerkenswerte Geduld. Wenn Sie diesen Aufwand verständlicherweise nicht betreiben möchten, dann kommt die Intervallaufnahmefunktion gerade recht.

Mit ihr können an sich sehr langsame Prozesse ohne großartigen Aufwand in einer Reihe von Bildern sichtbar gemacht werden. Die Anzahl der Fotos und die zeitlichen Abstände der Aufnahme bestimmen Sie. Hier ist beispielsweise das Aufblühen einer Orchidee zu sehen, aufgenommen über einen Zeitraum von 24 Stunden mit jeweils einer Aufnahme alle zwei Stunden.

▲ Eine Orchidee blüht auf. In diesem Fall hat der Vorgang ziemlich genau 24 Stunden gedauert. Alle 2 Stunden wurde ein Bild aufgezeichnet (⅕ Sek. | f5.6 | ISO 100 | M | Stativ | zwei Tageslichtlampen | ein Diffusor).

11 Besonders herausfordernde Fotoszenarien meistern

1

Am besten halten Sie die Szene unter konstanten Lichtbedingungen, so wurde die Orchidee mit zwei Tageslichtlampen aufgehellt. Damit sich zwischen den Bildern der Fokus nicht verschiebt oder gar sein Ziel einmal verfehlt, ist es sinnvoll, den manuellen Fokus zu nutzen. Bei konstanten Lichtbedingungen empfiehlt sich zudem die manuelle Belichtungssteuerung.

2

Navigieren Sie nun über das Aufnahmemenü und dort zum Eintrag *Intervallaufnahme*. Entscheiden Sie, ob die Aufnahmeserie sofort beginnen ❶ oder erst zu einem bestimmten Zeitpunkt starten soll ❷. Die Startzeit orientiert sich an der Uhrzeit, die in der Kamera eingestellt ist, und kann minutengenau eingestellt werden ❸.

▲ Hier soll die Intervallaufnahme nicht sofort, sondern zur Startzeit 18:00 Uhr beginnen.

3

Navigieren Sie mit der rechten Pfeiltaste weiter zur Einstellung des Zeitintervalls zwischen den Bildern ❹ und dann zur Anzahl der Bilder, die insgesamt aufgezeichnet werden sollen ❺.

▲ Auswahl von Zeitintervall und Bildanzahl.

4

Mit der Schaltfläche *Ein* geht es los, lassen Sie die D5200 einfach machen. Nach jeder Aufnahme wechselt die Kamera in den Ruhezustand, sodass der Akku während der Aufnahmepausen nicht belastet wird. Die Bereitschaft ist aber an der blinkenden grünen Schreibanzeige oberhalb der Löschtaste zu erkennen.

5

Soll die Serie früher gestoppt werden, schalten Sie die Kamera einfach über den ON/OFF-Schalter aus.

11.5 Lichtspuren der Nacht

Wenn die Nacht hereinbricht, gewinnen die künstlichen Lichtquellen die Oberhand – okay, einmal abgesehen vom eventuell vorhandenen Vollmondlicht oder Gewitterblitzen. Straßenlaternen, Gebäudebeleuchtungen, vorbeifahrende Autos oder das Feuerwerk einer Abendveranstaltung können ihre Spuren dabei besonders effektvoll auf dem Sensor der D5200 hinterlassen. Fragt sich nur, wie man's denn am besten anstellt, die Lichter der Nacht bunt und formvollendet in Szene zu setzen. Nun, bis auf ein paar situationsbedingte Besonderheiten liegt dem Einfangen von Lichtspuren aller Art eigentlich nur eine Kameratechnik zugrunde. Und die sieht Folgendes vor:

1

Befestigen Sie die D5200 auf einem stabilen Stativ.

2

Wählen Sie den manuellen Modus und stellen Sie die Blende auf Werte zwischen 8 und 22 ein.

▼ *Auf dem Rummel gibt es unzählige Möglichkeiten für spannende Lichtspurexperimente (1 Sek. | f8 | ISO 100 | M | 28 mm | Stativ | Fernsteuerung).*

11 Besonders herausfordernde Fotoszenarien meistern

3

Fixieren Sie den ISO-Wert auf 100 und deaktivieren Sie die ISO-Automatik.

4

Regeln Sie die Zeit nun abhängig vom Motiv.

- Für Lichtspuren empfehlenswert ist eine Zeit, bei der der Hintergrund der Szene ausreichend hell erscheint.
- Im Fall von Gewittern und Feuerwerk ist es sinnvoll, die Zeit auf *Bulb* bzw. *Time* zu stellen (eine Stufe hinter 30 Sek.). Jetzt wird das Bild so lange belichtet, wie Sie den Auslöser oder Fernauslöser gedrückt halten bzw. bis Sie bei der kabellosen Fernsteuerung (z. B. ML-L3) den Auslöseknopf erneut drücken. Das können mehrere Sekunden bis hin zu Minuten sein.

▲ *Einstellungen für die Lichtspurfotografie. Bei Wahl der Betriebsart »Fernsteuerung«* *ändert sich die Zeitanzeige von »Bulb« in »Time«.*

5

Verwenden Sie, vor allem bei Aufnahmen mit individuell gesteuerter Zeit (Bulb/Time), in jedem Fall einen Fernauslöser, der für Langzeitbelichtungen tauglich ist.

6

Fotografieren Sie im RAW+F-Format, um entweder das JPEG-Foto gleich zu verwenden oder die Farbgebung des Bildes später genau nachjustieren zu können. Gerade bei Gewittern, bei denen der Blitz mal intensiver, mal schwächer in Erscheinung tritt, können Sie sich damit rotstichige oder viel zu violette Enttäuschungen ersparen.

7

Legen Sie die Schärfe manuell fest. Bei Feuerwerken auf die Raketenabschussebene oder die erste gezündete Rakete, bei Gewittern auf die Stadt- oder Naturlandschaft am Horizont und bei Lichtspuren von Karussells oder Autos auf den bildwichtigen Motivbereich.

> ✓ **Günstige Zeit für Lichtspuren**
>
> Am besten gelingen Bilder mit Lichtspuren zum Ende der blauen Stunde. Zu dieser Zeit ist es bereits so dunkel, dass sehr lange Belichtungszeiten möglich werden. Der Himmel ist gleichzeitig aber noch nicht ganz rabenschwarz. Die Kontraste lassen sich dadurch besser managen. Sollte die Belichtungszeit aufgrund der Helligkeit dennoch zu kurz sein, erhöhen Sie den Blendenwert oder schrauben einen lichtschluckenden Filter ans Objektiv (z. B. Polfilter, 4-fach-Neutraldichtefilter).

8

Starten Sie die Belichtung per Fernauslöser. Bei Bulb-/Time-Aufnahmen beenden Sie die Belichtung nach Verstreichen der gewünschten Zeit.

> ✓ **Bildmontage**
>
> Die kamerainterne Bildbearbeitung verfügt über die Funktion *Bildmontage*. Sprich, unterschiedliche Fotos können nachträglich überlagert werden. Das bietet die Möglichkeit, zwei Feuerwerkssequenzen zu verbinden und die Anzahl an Lichtspuren im Bild zu erhöhen. Probieren Sie's mal aus.

Lichtspuren

> **i Okularabdeckung anbringen**
>
> Bei langen Verschlusszeiten kann es sinnvoll sein, die Okularabdeckung (DK-5) am Sucher zu befestigen. Dann kann es nicht passieren, dass Licht durch den Sucher eindringt und zu einer ungewollten Unterbelichtung führt. Schieben Sie die Augenmuschel dazu nach oben und stecken Sie anschließend die Okularabdeckung von oben auf die seitlichen Sucherschienen. Wem das zu umständlich ist, der kann den Sucher aber auch einfach mit der Hand, einem Brillenputztuch oder etwas Ähnlichem abdunkeln. Übrigens, auch bei Selbstauslöserfotos mit langer Vorlaufzeit kann die Okularabdeckung nützlich sein.

▲ Anbringen der Okularabdeckung am Sucher der D5200.

Flammende Fontänen: Feuerwerke in Szene setzen

Nachdem Sie sich die wichtigsten Informationen über die Feuerwerksveranstaltung besorgt haben, stehen Sie nun an Ort und Stelle. Die Kamera ist fixiert und zeigt im manuellen Modus *Bulb* oder *Time* an, das Weitwinkelobjektiv ist schon mal grob auf die Szene ausgerichtet. Wie geht's jetzt weiter? Nun, ganz einfach. Wenn die erste Rakete hochgeht, bestimmen Sie den Bildausschnitt final und fokussieren auf die Raketenlichter. Schalten Sie danach den Fokus auf Manuell um.

Wenn jetzt die nächste Rakete zündet, starten Sie die Belichtung und warten so lange, bis sich die Feuerwerkslichter entfaltet haben. Beenden Sie die Belichtung, und schon ist die Aufnahme im Kasten.

Natürlich können so auch mehrere Raketenschweife in einem Bild zusammenlaufen (siehe Bild auf der nächsten Seite).

Übrigens: Wenn mehrheitlich helle oder weiße Raketen hochgehen oder Sie eine größere Zahl an Raketen in einem Bild in Szene setzen möchten, sind höhere Blendenwerte von 16 bis 22 sinnvoll. Und belichten Sie bei viel bodennahem Spektakel nicht zu lange. Die quirligen Fontänen überstrahlen im Bild sehr schnell und wirken dann nicht mehr schön.

Achten Sie überdies darauf, dass Ihnen kein heller Scheinwerfer direkt ins Bild strahlt, was bei Feuerwerken im Rahmen von Konzerten leicht vorkommen kann. Bei der langen Verschlusszeit machen sich die hellen Kleckse und die damit verbundenen Linsenreflexionen (Lens Flares) einfach nicht gut im Bild.

> **Rauschreduzierung ausschalten**
>
> Schalten Sie die Rauschunterdrückung bei Langzeitbelichtungen im Aufnahmemenü am besten aus, sonst müssen Sie nach der Aufnahme etwa genauso lange warten, wie die Belichtung gedauert hat, bis die nächste Aufnahme möglich ist.

Mit der Mehrfachbelichtung ans Ziel

Bei Aufnahmen von Gewittern, Lichtspuren oder Feuerwerken sind lange Belichtungszeiten gang und gäbe. Aber nicht immer taucht dann auch die gewünschte Dichte an Lichteffekten im Bild auf. Doch auch dafür hat die D5200 einen passenden Trick parat, die Mehrfachbelichtung.

Hierbei fotografieren Sie zwei oder drei Bilder hintereinander und lassen diese in der Kamera direkt übereinanderlegen. So gelangen viel mehr Licht-

11 Besonders herausfordernde Fotoszenarien meistern

Hier habe ich die Belichtung mit der Fernsteuerung gestartet und so lange gewartet, bis die Raketen sich entfaltet hatten. Durch den tiefen Kamerastandpunkt verschwindet der mir entgegenstrahlende helle Scheinwerfer hinter dem Häuschen (8,6 Sek. | f16 | ISO 100 | M | 18 mm | Stativ | Fernsteuerung ML-L3).

Lichtspuren

spuren ins Bild, ohne dass Sie Bildrauschen durch extrem lange Belichtungszeiten riskieren müssen.

Die Mehrfachbelichtung eignet sich aber natürlich genauso für Aufnahmen von romantischen Blütenmotiven, bei denen ein oder zwei unscharfe Bilder mit einer scharfen Aufnahme kombiniert werden. Oder belichten Sie Stadtarchitektur mit Graffiti über. Kreative Möglichkeiten gibt es viele ...

1

Um die Mehrfachbelichtung einsetzen zu können, wählen Sie eines der Programme P, S, A oder M.

2

Aktivieren Sie den Eintrag *Mehrfachbelichtung* im Aufnahmemenü.

3

Wählen Sie die Anzahl der Bilder aus, maximal drei sind möglich ❶. In heller Umgebung sollten Sie zudem die Belichtungsanpassung einschalten.

Wenn der Hintergrund dunkel ist und das auch bleiben soll, wie beispielsweise bei der hier ge-

▼ Durch eine Doppelbelichtung lässt sich die Anzahl an Lichtspuren von Autos und U-Bahnen erhöhen (jeweils 10 Sek. | f7.1 | ISO 100 | M | 12 mm | Stativ | Fernsteuerung).

zeigten Aufnahme, kann die Belichtungsanpassung ausgeschaltet werden ❷.

4

Nehmen Sie die Bilder wie gewohnt auf, wobei Sie zwischen den Fotos 30 Sek. Zeit haben für das nächste Bild, sonst löst die Kamera von allein aus. Die Mehrfachbelichtung ist aktiv, solange das Zeichen 🔳 im Monitor blinkt. Auch können Sie die Serienaufnahme 🖳L mit dem Selbstauslöser aktivieren, beispielsweise mit 2-Sek.-Vorlauf 🔂 2s. Dann werden die Bilder automatisch hintereinander belichtet. Nach Beenden eines Durchgangs muss die Funktion übrigens für jede weitere Mehrfachbelichtung erneut über das Aufnahmemenü (Schritt 2) aktiviert werden.

> **i Bilder später montieren**
>
> Auch das nachträgliche Überlagern von Bildern, allerdings nur von zweien und auch nur von NEF-/RAW-Dateien, ist möglich. Diese Option finden Sie im Bildbearbeitungsmenü 🖋 unter der Rubrik *Bildmontage*.

11.6 Beeindruckende Panoramen professionell erstellen

Was könnte das Gefühl für Weite besser transportieren, wenn nicht ein schönes Panoramafoto? Wie ließe sich ein breiter Platz mit historischen Gebäuden eindrucksvoller einfangen, wenn nicht mit einem alle Bauwerke umspannenden Breitbildformat? Oder denken Sie an kleinere Räume, die sich mit nur einem Einzelfoto meist nicht komplett in Szene setzen lassen. Kurz und gut, für Panoramafotos gibt es viele Anlässe. Also, packen Sie das Weitwinkel oder auch die mittlere Telebrennweite aus und gehen Sie's gleich mal an, das Projekt Panorama.

Die einfache Lösung: freihändige Panoramen

Für ein wirklich gutes Panorama müssen die Ausgangsbilder auch wirklich gut gemacht sein. Sonst kann nichts Vernünftiges daraus werden. Also heißt es mal wieder: Selbst ist der Fotograf! Übertragen Sie am besten die nachfolgenden Einstellungen auf Ihre Kamera, und schon kann es losgehen.

1

Wählen Sie das manuelle Belichtungsprogramm und stellen Sie Blende 8 bis 11 ein. Stellen Sie den ISO-Wert so ein, dass die Belichtungszeit für Freihandaufnahmen kurz genug ist.

In dunklen Innenräumen passen Sie die Werte an, indem Sie die Blende ganz öffnen (z. B. f3.5) und den ISO-Wert auf bis zu 3200 erhöhen.

2

Justieren Sie dann die Zeit, und zwar so, dass die hellste Stelle in Ihrem Panorama richtig belichtet wird und nicht komplett überstrahlt. Das können die weißen Wolken am Himmel sein oder ein Kronleuchter im Kirchenschiff. Prüfen Sie dies am besten anhand eines Probefotos.

3

Nun legen Sie noch den Weißabgleich auf eine bestimmte Vorgabe fest, zum Beispiel *Direktes Sonnenlicht* bei Außenaufnahmen mit Sonne. Wenn

Panoramafotografie

▲ *Zweireihiges Landschaftspanorama, erstellt mit PTGui aus 20 hochformatigen und freihändig aufgenommenen Ausgangsfotos (¹⁄₂₅₀ Sek. | f11 | ISO 100 | M | 60 mm).*

Sie im NEF-/RAW-Format arbeiten, lässt sich das natürlich auch später noch festlegen.

4

Fokussieren Sie schließlich auf den Bildbereich, der Ihnen am wichtigsten ist. Danach stellen Sie den Fokusschalter auf Manuell um. Damit sind die Vorbereitungen auch schon getroffen.

▲ *Belichtungseinstellungen für Panoramafotos.*

5

Halten Sie die Kamera am besten hochformatig, damit das Panorama mehr Höhe bekommt. Drehen Sie sich nun wie ein Roboter um die eigene Achse und nehmen Sie schrittweise Bilder auf, die sich etwa um ein Drittel bis zur Hälfte überlappen.

Übersicht empfehlenswerter Panoramasoftware

Nachdem nun eine entsprechende Anzahl von Bildern erstellt wurde, müssen diese mithilfe spezieller Software zusammengesetzt werden. Zu diesem Zweck werden verschiedene Programme angeboten. In der Tabelle finden Sie hierzu eine entsprechende Übersicht. Jedes Programm bringt seine Vor- und Nachteile mit sich, die Auswahl fällt daher nicht unbedingt leicht. Am besten überlegen Sie sich zunächst einmal, welche Art von Panorama Sie am meisten interessiert, wobei – einzeilige Panoramen gelingen eigentlich mit allen Programmen sehr gut.

11 Besonders herausfordernde Fotoszenarien meistern

Allerdings können Probleme auftreten, wenn die Bilder freihändig aufgenommen wurden. Photoshop (Elements) und PTGui können mit Freihandpanoramabildern aber prima umgehen.

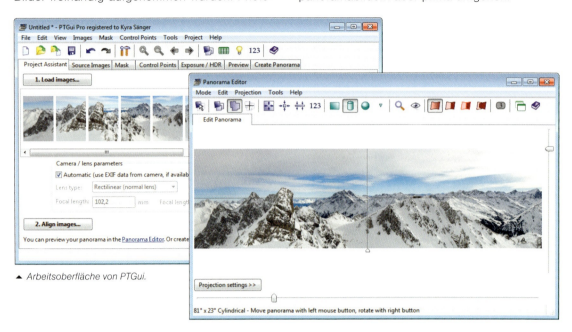

▲ Arbeitsoberfläche von PTGui.

Software	PTGui 9	Autopano Pro	Panorama-Studio 2	Photoshop Elements 11
Anbieter	www.ptgui.com	www.kolor.com/panorama-software-autopano-pro.html	www.tshsoft.de	www.adobe.com/de/
Testversion erhältlich	ja	ja	ja	ja
Sprache	Englisch	Deutsch	Deutsch	Deutsch
einzeilige Panoramen	ja	ja	ja	ja
mehrzeilige Panoramen	ja	ja	in Pro-Version	ja
manuelle Korrektur der Überlappung	ja	ja	in Pro-Version	per Ebenentechnik
Korrektur perspektivischer Verzerrungen	ja	ja	ja	ja
Vignettierungskorrektur	in Pro-Version	ja	ja	ja
verarbeitet Einzelbilder ohne Nodalpunkteinstellung	ja	ja	ja	ja
Ausgabe interaktiver Panoramen fürs Internet	ja	Panotour Software	ja	nein
HDR-Verarbeitung	in Pro-Version	ja	nein	nein

▲ Panorama-Software in der Übersicht (eine deutsche Anleitung für PTGui gibt es unter www.dffe.at/panotools/ptgui5-01d.html).

Panoramafotografie

Im Fall mehrreihiger Panoramen möchten wir Ihnen aus persönlicher Erfahrung heraus PTGui ans Herz legen. Diese Software verarbeitet die Einzelbilder für mehrreihige Panoramen sehr zuverlässig und schafft sogar vollsphärische Panoramen aus nicht per Nodalpunkt justierten Einzelfotos, mit Bildern also, die nicht wirklich optimal überlappen und zudem perspektivisch verschoben sind (siehe nächster Abschnitt). Die Verarbeitung erfolgt in der Regel völlig automatisch, nur bei ganz schlechtem Ausgangsmaterial kann der Eingriff in die Steuerung der Kontrollpunkte notwendig werden, die für das genaue Überblenden der Fotos zuständig sind.

Bevor Sie sich aber schließlich entscheiden, testen Sie die gewünschten Programme anhand der erhältlichen Demoversionen am besten mit Ihren eigenen Bildern einmal durch. So wird schnell klar, welche Software für Ihre Bedürfnisse passend ist.

Professionelle Panoramen mit Nodalpunkt, Wechselschiene und Panoramakopf

Wer die Panoramafotografie noch professioneller angehen möchte, sollte nicht achtlos über einen wichtigen Punkt hinwegsehen, den Nodalpunkt respektive die richtige Drehachse.

Was ist das eigentlich und wozu muss ich dies beachten? Nun, ohne die Einstellung des Nodalpunktes laufen Sie schlichtweg Gefahr, ein nicht zufriedenstellendes Ergebnis zu produzieren. Denn der Nodalpunkt ist entscheidend dafür, dass die Einzelbilder perfekt miteinander überlappen und keine Verschiebungen zwischen Vorder- und Hintergrundobjekten entstehen. Das gilt insbesondere für Panoramen, bei denen Motive im Vordergrund dicht vor der Kamera erscheinen, also zum Beispiel bei Panoramen in Innenräumen. Nicht immer ist der Nodalpunkt ein K.-o.-Kriterium, aber für professionelle Panoramen eindeutig ein Muss.

Bei Freihandpanoramen besteht immer das Risiko, dass sich die Einzelbilder perspektivisch zu stark verschieben und die Software dies nicht ausgleichen kann.

Also stellen Sie die Drehachse wie nachfolgend beschrieben ein, dann wird das Panorama garantiert ein Erfolg. Was Sie dazu benötigen, ist ein Panoramakopf oder zumindest ein Schnellwechselsystem mit Schwalbenschwanzklemmung, auf dem Sie eine Stativplatte anbringen und diese vor- und zurückschieben können. Solche Arca-Swiss-kompatiblen Systeme gibt es beispielsweise von Novoflex (Schnellkupplung Q=Mount Mini und Klemmplatte QPL2) oder Cullmann (Justiereinheit MX465 mit Platte MX496).

▲ ❶ Libelle zur exakten Horizontalausrichtung, ❷ verschiebbare Klemmplatte, ❸ Schnellkupplung (hier eine Panoramaplatte), ❹ Kugelkopf (Dreiwegeneiger wäre auch möglich).

11 Besonders herausfordernde Fotoszenarien meistern

1

Richten Sie die Kamera exakt horizontal aus. Dazu eignet sich beispielsweise eine kleine Wasserwaage. Stellen Sie die gewünschte Brennweite am Objektiv ein.

2

Peilen Sie zwei vertikale Objekte an, zum Beispiel eine Stehlampe etwa 1,5 m von der Kamera entfernt und einen Türrahmen noch mal etwa 1,5 m dahinter.

Stellen Sie die Kamera dann so auf, dass beide Objekte übereinanderliegen.

3

Drehen Sie die Kamera nun nach rechts und links. Wenn sich die Objekte dabei gegeneinander verschieben, stimmt die Drehachse nicht.

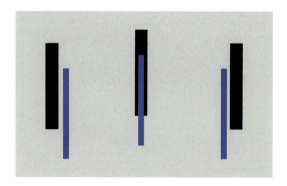

4

Schieben Sie die Kamera auf der Wechselschiene nach hinten. Der Abstand, bei dem die Objekte sich nicht mehr verschieben, ist der Nodalpunkt.

Markieren Sie den Punkt an der Schiene oder notieren Sie sich den Abstand. Dieser Punkt gilt allerdings nur für diese spezielle Kamera-Objektiv-Brennweiten-Kombination.

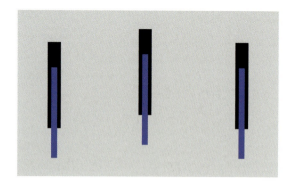

5

Nun können Sie die Bilder der Reihe nach aufnehmen. Am besten überschneiden sich die Fotos um etwa ein Drittel. Sehr hilfreich bei der Einschätzung der Überlappung sind die einblendbaren Gitterlinien in der Live View.

Panoramaköpfe in der Übersicht

„Einfache" Panoramaköpfe, bestehend aus einer Winkelschiene und einem Einstellschlitten, ermöglichen die hoch- oder querformatige Anbringung auf dem Einstellschlitten. Der Nodalpunkt wird durch Verschieben des Einstellschlittens justiert. Solcherlei Panoramaköpfe gibt es beispielsweise von Novoflex (VR-System II) oder Manfrotto (Panoramakopf 303).

Sollten Sie sich eingehender mit der Panoramafotografie beschäftigen wollen, empfiehlt sich gleich ein sphärischer Panoramakopf. Der besteht aus zwei drehbaren Panoramaplatten. Mit einem solchen System kann die Kamera hochformatig eingesetzt und dann nach oben oder unten geneigt werden. Auf diese Weise entstehen mehrreihige Einzelbildabfolgen, sogenannte Multi-row-Panoramen. Geeignete sphärische Panoramaköpfe gibt es beispielsweise von Novoflex (VR-System PRO II), Manfrotto (303SPH oder 303PLUS), Nodal Ninja (3 MKII) oder der Walimex (Pro-Panoramakopf mit Nodalpunkt-Adapter).

Panoramafotografie

▲ Praktischer gestalten sich eigens für die Panoramafotografie ausgelegte Panoramaköpfe, wie z. B. das Panorama VR-System II von Novoflex (Bild: Novoflex).

▲ Sphärischer Panoramakopf, hier am Beispiel des Novoflex Panorama VR-Systems PRO dargestellt.

KAPITEL 12

Filmaufnahmen mit der D5200

In der prall ausgestatteten Nikon D5200 finden sich neben den vielen Funktionen fotografischer Art natürlich auch einige Optionen zur Aufnahme von Filmen. Damit lassen sich Urlaubserinnerungen aufpeppen oder die fotografische Begleitung einer Hochzeit noch abwechslungsreicher gestalten. Erfahren Sie in diesem Kapitel alles Wissenswerte über das Videografieren mit der D5200.

12 Filmaufnahmen mit der D5200

12.1 Unkomplizierte Filmaufnahmen realisieren

Die Filmfunktion der D5200 lässt sich aus jedem Belichtungsmodus heraus starten. Der Filmmodus verhält sich dabei im Prinzip so wie die Live View. Um eine Filmsequenz aufzuzeichnen, können Sie ganz einfach wie folgt vorgehen:

1

Aktivieren Sie die Live View mit dem entsprechenden Hebel auf der Kameraoberseite.

2

Wählen Sie die Scharfstellungsoptionen abhängig von Ihrem Motiv genauso, wie Sie es bei der Fotografie mit der Live View auch tun würden (siehe Kapitel 5.7). Drücken Sie dazu die i-Taste und navigieren Sie zu den entsprechenden Menüs.

▲ Aktivieren des Einzelautofokus AF-S mit der AF-Messfeldsteuerung »Porträt-AF«.

3

Mit dem Zoomring am Objektiv können Sie den Bildausschnitt wie gewohnt verändern. Stellen Sie dann mit halb gedrücktem Auslöser scharf. Wenn der Fokus richtig sitzt, ertönt das Signal und der AF-Rahmen leuchtet grün auf.

4

Starten Sie den Film, indem Sie die Filmaufnahmetaste auf der Kameraoberseite drücken. Sogleich erscheint ein blinkendes *REC*-Zeichen oben links im Display, das die laufende Filmaufnahme anzeigt. Außerdem sehen Sie oben rechts die rückwärts ablaufende Zeit. Sie können ca. 20 Minuten am Stück filmen oder so lange, bis eine Datei von 4 GByte entstanden ist. Die D5200 legt dann eine Pause ein und Sie müssten die Aufnahme erneut starten, um fortzufahren – vorausgesetzt die Speicherkarte ist groß genug.

✓ Die Blende steuern

Wenn Sie mit einer bestimmten Blendeneinstellung filmen möchten, um die Schärfentiefe gestalten zu können, dann filmen Sie am besten im Modus A (oder M). Wichtig ist, dass Sie eine der beiden folgenden Vorgehensweisen durchführen:

1. Stellen Sie den Blendenwert ein, **bevor** Sie das Livebild einschalten.

2. Justieren Sie die Blende, während das Livebild aktiv ist, nehmen Sie dann ein Foto auf und starten Sie anschließend die Videoaufnahme mit der gleichen Blendeneinstellung.

5

Um die Filmsequenz zu beenden, drücken Sie die Filmaufnahmetaste erneut. Die Aufzeichnung wird

Unkomplizierte Filmaufnahmen

dann sofort beendet. Schalten Sie zudem das Livebild wieder aus, sonst verbraucht die Kamera unnötig viel Strom. Auch können Sie die Aufnahme und das Livebild direkt durch Ziehen am Live-View-Hebel beenden.

Während des Filmens können Sie den Bildausschnitt natürlich verändern. Die Belichtung und die Farbe werden der neuen Situation angepasst.

Gehen Sie jedoch stets mit Bedacht vor und führen Sie die Kamera lieber ein wenig wie in Zeitlupe. Ein schnelles Schwenken kann nämlich vorübergehende Verzerrungen im Film hervorrufen (siehe Rolling-Shutter-Effekt) und wirkt sehr unruhig.

Auch das Erweitern oder Verengen des Bildausschnitts über den Zoomring am Objektiv ist möglich. Meistens ist das jedoch mit einem ziemlichen Gewackel verbunden. Besser ist es daher, sich selbst dem Objekt zu nähern, um es größer ins Bild zu bekommen, anstatt den Zoomring zu bemühen.

Die Belichtung optimieren

Die Bildhelligkeit passt sich beim Kameraschwenk ganz von selbst an die veränderte Situation an.

✓ Rolling-Shutter-Effekt vermeiden

Schnelle Kameraschwenks sind nicht die Sache der D5200. Bedingt durch die Verschlusstechnik des Bildsensors verbiegen sich bei schnellen Schwenks die eigentlich geraden Linien eines Hauses, einer Säule oder Ähnlichem für kurze Zeit. Nehmen Sie mal Ihre Kamera und zielen Sie auf eine Häuserzeile oder einen Pfosten.

Wenn Sie während des Filmens schnell hin- und herschwenken, beginnen die senkrechten Bauelemente an den Bildrändern hin- und herzuwippen wie Tannen im Wind. Dieser Rolling-Shutter-Effekt lässt sich nur dadurch eliminieren, dass beim Filmen langsam geschwenkt wird.

▲ *Schiefe Pfeiler durch Rolling-Shutter-Effekt.*

12 Filmaufnahmen mit der D5200

Sollte die Belichtung jedoch einmal nicht stimmen, gibt es die Möglichkeit einer Belichtungskorrektur um ±5 Stufen.

Um eine Belichtungskorrektur durchführen zu können, müssen Sie sich allerdings in einem der Modi P, S, A oder *Nachtsicht* befinden.

Nach dem Starten des Livebildes drücken Sie dann gleichzeitig die Belichtungskorrekturtaste und drehen am Einstellrad. Sowohl vor als auch während der Videoaufnahme können Sie damit Einfluss auf die Videohelligkeit nehmen.

▲ *Mit einer leichten Korrektur der Belichtung um –0,3 Stufen ließ sich die Szene mit angenehmer Helligkeit aufzeichnen.*

i Vergleichbare Funktionen von Foto und Film

Viele Funktionen, die Sie vom Fotografieren her kennen, lassen sich auch beim Filmen anwenden. Welche Einstellungen möglich sind, hängt allerdings vom gewählten Belichtungsprogramm ab. So können Sie beim Videografieren mit der Vollautomatik beispielsweise den Weißabgleich oder den Picture-Control-Stil nicht ändern.

Funktion	Kapitel
Belichtungskorrektur	4.7
Weißabgleich	6.2
Picture Control	6.4
Fokusmodus	5.7
AF-Messfeldsteuerung	5.7
Porträt-AF	5.7

▲ *Funktionen, die beim Fotografieren und Filmen vergleichbar sind.*

12.2 Die Filmformate im Überblick

Bevor das Filmen so richtig ausgiebig praktiziert wird, ist es ganz sinnvoll, sich ein paar Gedanken über das Filmformat zu machen. Die D5200 bietet dazu die in der Tabelle gezeigten Möglichkeiten an.

Zu den Kriterien für die Formatwahl zählt das Medium, auf dem die Movies später betrachtet werden sollen. So wäre die Full-HD-Qualität zum Beispiel für einen Fernseher mit entsprechender Full-HDTV-Technik prima geeignet, während bei Fernsehern

Format	Aufnahmepixel	Bitrate (MByte pro Sekunde)		Seitenverhältnis
		hoch	normal	
Full HD (1080)	1.920 x 1.080	24 Mbps	12 Mbps	16:9
HD (720)	1.280 x 720	24 Mbps	12 Mbps	16:9
Standard (424)	640 x 424	8 Mbps	5 Mbps	3:2

▲ *Bildgröße, Qualität und Seitenverhältnis der wählbaren Filmformate.*

Filmformate

mit HD-ready-Technologie die kleinere HD-Variante schon formatfüllend ist.

Da Sie die Filme mit dem Movie Editor der Nikon-Software ViewNX 2 oder mit anderen Videoschnittprogrammen, wie z. B. Adobe Premiere Elements, jedoch problemlos von Full HD auf HD-Größe umwandeln können, spricht nichts gegen die Verwendung des Full-HD-Formats, zumal auf HD-ready-Fernsehern natürlich auch Full-HD-Filme laufen.

Außerdem ist die Kapazität der Speicherkarte von Bedeutung, da das größte Format natürlich auch am meisten Platz beansprucht. Durch die Wahl der Qualität *Normal* mit einer geringeren Bitrate können Sie die Speicherkapazität aber auch im Full-HD-Format etwas drosseln, ohne nennenswert an Bildqualität zu verlieren.

Die Aufnahmeformate für den Film verstecken sich übrigens im Aufnahmemenü unter der Rubrik *Videoeinstellungen* und *Bildgröße/Bildrate*.

▲ *Auswahl der Filmaufnahmequalität.*

Ansichtsoptionen

Sobald das Livebild aktiviert wurde, können Sie, wie beim Fotografieren auch, mit der Info-Taste verschiedene Ansichtsoptionen auswählen. Drei davon geben Ihnen mit weißen Markierungsstrichen

▲ *Filmgrößen der D5200.*

Filmaufnahmen mit der D5200

oder halb transparenten Balken am Bildrand einen Hinweis auf die Abmessungen des Films. Das Seitenverhältnis ist aufgrund des 16:9-Formats der Full-HD- und HD-Formate schmaler als das Fotoformat bzw. die SD-Videovariante.

Aufgrund der anderen Bildrate wird der Filmausschnitt bei der Wahl des Aufnahmeformats 1080/50i (1080/60i bei Videonorm NTSC) zudem insgesamt etwas kleiner sein. Nach dem Starten der Videoaufnahme erscheint das Motiv daher auch leicht vergrößert auf dem Monitor.

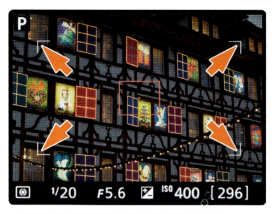

▲ Anzeige der Filmgröße durch weiße Strichmarkierungen, hier im Fall des Aufnahmeformats 1080/50i.

Was bedeutet eigentlich Bildrate?

 Neben dem Aufnahmeformat spielt die Bildrate, das heißt die Anzahl an Bildern, die pro Sekunde aufgezeichnet werden, eine wichtige Rolle. Denn die Videos sollen auf dem jeweiligen Ausgabegerät möglichst ruckel- und flimmerfrei wiedergegeben werden und obendrein optimal zum Videosystem passen (PAL in Europa, NTSC z. B. in Amerika). Die Bildrate, die auch als Framerate oder fps (**f**rames **p**er **s**econd) bezeichnet wird, ist bei den Aufnahmeformaten der D5200 daher immer mit angegeben. Im Fall des PAL-Systems in Europa können Sie Bildraten von 50i, 25p, 24p und beim HD-Format 50p wählen.

Als guter Standard für die meisten Situationen empfiehlt sich 25p. Hierbei werden 25 Vollbilder pro Sekunde aufgezeichnet, die für eine hohe Auflösung und Bildqualität sorgen und für langsamere Motive und Kameraschwenks bestens geeignet sind. Bei schneller Action kann es sein, dass die Bewegungsabläufe nicht ganz so flüssig aussehen.

Das 24-fps-Format entspricht der Bildfrequenz gängiger Kinofilme. Da es weniger Bilder pro Sekunde aufzeichnet, ist die Wirkung eines 24-fps-Videos meist etwas weicher. Wichtig ist, die Kameraschwenks bei 24 fps ruhig durchzuführen, da sonst schneller mal Ruckler entstehen.

Die höheren Frameraten 50i in Full HD bzw. 50p im HD-Format eignen sich gut für actionreichere Szenen, da die Bewegungen aufgrund der höheren Anzahl an Einzelbildern pro Sekunde flüssiger

---

✓ Neutraldichtefilter beim Filmen

Eine flüssige Darstellung von Bewegungen im Video kommt immer dann zustande, wenn eine zur Bildrate passende Belichtungszeit gewählt wird. Wie so oft gibt es hierfür auch eine Faustformel: Die Verschlusszeit sollte gleich oder doppelt so schnell sein wie die Framerate, also zum Beispiel ¹⁄₂₅ oder ¹⁄₅₀ Sek. bei 25p. Glücklicherweise wählt die D5200 automatisch solch passende Werte.

Wenn Sie jedoch in besonders heller Umgebung filmen, kann es sein, dass die Kamera die Zeit nicht mehr auf den geforderten langen Werten halten kann. Dann ist es sinnvoll, einen Neutraldichtefilter anzubringen (siehe Kapitel 13.4). Dieser verringert den Lichteinfall und sorgt dafür, dass Sie auch bei Sonnenschein weiche und flüssige Bewegungen und Videoschwenks realisieren können.

Automatisch oder manuell fokussieren?

ablaufen. Auch für die verlangsamte Wiedergabe von Sequenzen in Zeitlupe sind diese Frameraten besser geeignet.

Bei 50i werden jedoch nur Halbbilder aufgezeichnet, die bei der Wiedergabe in Vollbilder konvertiert werden müssen. Daher ist die Detailschärfe gegenüber den anderen Bildraten leicht reduziert. 50p bietet hingegen zwar 50 Vollbilder/Sek., dafür aber mit der geringeren Auflösung des HD-Formats. Diese Filme müssen auf einem Full-HD-TV hochgerechnet werden, was ebenfalls Qualitätsverlust bedeutet.

Generell ist auch wichtig zu wissen, dass sich Filmschnipsel verschiedener Bildraten nicht immer problemlos zusammenschneiden lassen. Daher ist es sinnvoll, in einem Format zu bleiben oder zumindest mit Formaten zu arbeiten, die die gleiche oder eine sich um den Faktor 2 unterscheidende Framerate besitzen (z. B. 25p und 50i).

Fazit: Da 1080/50i sowohl für schnellere Action als auch für normale Bewegungsgeschwindigkeiten geeignet ist, somit eine hohe Flexibilität zusammen mit einer sehr guten Qualität bietet, ist dieses Format als Standardeinstellung auf alle Fälle empfehlenswert.

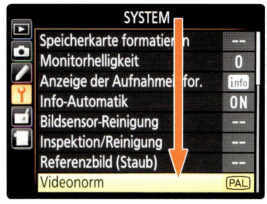

▲ Um das Videosystem umzustellen, gehen Sie ins Systemmenü zur Rubrik »Videonorm«. Wenn Sie das amerikanische Videosystem NTSC eingestellt haben, können Sie mit 60i, 30p, 24p oder 60p (HD) filmen.

12.3 Automatisch oder manuell fokussieren?

Die Aufnahme bewegter Bilder erfordert einen Autofokus, der das anvisierte Motiv zuverlässig scharf stellt. Da kommt der permanente Autofokus (AF-F) der D5200 doch ganz gelegen.

Die Nachführung ist zwar nicht immer schnell genug, um die bewegten Motive stets optimal im Fokus zu halten, jedoch können Sie den Fokus immerhin in gewissem Rahmen automatisch nachführen oder auf neue Situationen einstellen lassen.

1

Schalten Sie die Live View ein. Wählen Sie über die i-Taste die Autofokusbetriebsart AF-F aus. Bestimmen Sie zudem die Messfeldsteuerung, z. B. den Porträt-AF oder die Motivnachführung.

2

Stellen Sie scharf, sodass der eingeblendete Rahmen grün aufleuchtet. Bei der Motivnachführung drücken Sie zudem die OK-Taste, um den Rahmen mit dem Motiv zu koppeln. Starten Sie anschließend den Film. Um den Fokus während der Aufnahme noch einmal nachzujustieren, drücken Sie den Auslöser einfach halb durch. Die Kamera stellt sogleich auf das nun vorhandene Motiv scharf.

12 Filmaufnahmen mit der D5200

▲ Scharfstellen während des Filmens: Der Rahmen leuchtet grün und die Aufnahmezeit läuft weiter ab.

Die beschriebene Art des Fokussierens kann beim Filmen leider etwas nachteilig sein, denn der Autofokus ist hier oftmals nicht gerade der schnellste. So schwankt er beim Druck auf den Auslöser erst ein paar Mal hin und her, bis das Motiv richtig getroffen ist. Und das ist später im Film natürlich alles zu sehen.

Ein weiterer Nachteil besteht in der Geräuschentwicklung, denn alle Geräusche, die das Objektiv beim Fokussieren produziert, sind im Film später in aller Deutlichkeit zu hören.

Die Nachteile des automatischen Fokussierens können Sie jedoch teilweise umgehen, indem Sie manuell fokussieren. Dann können Sie die Schärfe im Verlauf der Aufnahme über den Fokusring nachregulieren, um beispielsweise von einer Person in der Nähe wegzuschwenken auf eine andere Person etwas weiter hinten oder davor. Das Drehen am Fokusring des Objektivs kann dabei ganz langsam erfolgen. Das wirkt meist viel ruhiger und Schärfesprünge bleiben aus, es erfordert aber auch ein wenig Übung.

Am besten funktioniert das manuelle Scharfstellen, wenn die Kamera auf dem Stativ steht. Mit einem Videoneiger kann die D5200 dann sehr ruhig geschwenkt werden, und das Bild wackelt nicht, wenn am Fokusring gedreht wird. Allerdings wird auch das Drehen am Fokusring später im Film zu hören sein. Es gibt aber noch eine weitere Alternative: Wenn Sie nicht viel hin- und herzoomen, sondern den Film im Weitwinkelformat aufzeichnen und im Modus A eine Blende von f8 oder f11 wählen, ist ein erneutes Fokussieren oftmals nicht notwendig. Die Schärfentiefe der Aufnahme sollte per se hoch genug sein, um alles detailliert aufzuzeichnen.

> **i** **Während des Filmens Standbilder fotografieren**
>
> Aus dem Film können zwar später Standbilder extrahiert werden, diese haben jedoch nicht die volle Größe und Auflösung, die die D5200 normalerweise bietet. Daher gibt es die Möglichkeit, auch während des Filmens ein Foto aufzunehmen, indem Sie einfach den Auslöser ganz durchdrücken und abwarten, bis der Verschluss auslöst. Die Filmaufnahme wird dann allerdings unterbrochen.
>
> Mit der Filmstarttaste können Sie die Videoaufnahme jedoch gleich wieder in Betrieb nehmen. Die Größe und Qualität des Fotos entspricht übrigens der Einstellung, die Sie vor dem Filmstart verwendet hatten.

12.4 Mit konstanter Belichtung filmen

Die automatische Anpassung der Bildhelligkeit ist ja an sich ganz schön und gut, führt aber häufig auch zu starken Schwankungen, die zum Beispiel einen Kameraschwenk sehr unausgeglichen wirken lassen können. Gerade bei kontrastreichen Situationen mit Gegenlicht oder bei einem Schwenk

Mit konstanter Belichtung filmen

▲ Ausschnitte aus zwei Filmen eines Kameraschwenks. Ohne Belichtungsspeicherung wird die Schneefläche am Ende des Schwenks zu dunkel wiedergegeben (rechte Spalte), weil das Motiv aufgrund der überwiegend hellen Farben kräftig abgedunkelt wurde. Nach Aktivierung der manuellen Videoeinstellung und Wahl des Modus M gibt es keine Helligkeitsschwankungen (linke Spalte).

über hell und dunkel eingefärbte Gegenstände kann die Helligkeitsschwankung störend wirken. Also legen Sie die Belichtung am besten fest. Hierfür gibt es zwei Möglichkeiten.

- Komplett manuelle Belichtung.
- Belichtungsspeicherung per AE-L/AF-L-Taste.

Manuelle Videobelichtung

Mit der manuellen Videobelichtung können Sie sowohl die Blende als auch die Zeit und den ISO-Wert für die Filmaufnahme selbst bestimmen.

1

Aktivieren Sie im Aufnahmemenü *Videoeinstellungen* die Option *Manuelle Video-Einst.*

2

Stellen Sie anschließend auf das manuelle Belichtungsprogramm M um, denn nur damit wird das vollmanuelle Filmen möglich.

3

Wählen Sie nun die Blende und aktivieren Sie anschließend erst den Livebildmodus.

4

Jetzt können Sie die Bildhelligkeit über die Zeiteinstellung (Einstellrad) und den ISO-Wert (i-Taste) bestimmen. Die ISO-Automatik ist nicht verfügbar, auch wenn sie aktiviert wurde. Zudem können in Abhängigkeit von der Bildrate keine längeren Belichtungszeiten als maximal 1/30 Sek. (24p, 25p) oder 1/50 Sek. (50i, 50p) gewählt werden.

Belichtungsspeicherung per AE-L/AF-L-Taste

Für die zweite Möglichkeit des Filmens mit konstanter Belichtung wählen Sie den gewünschten

◀ Die manuelle Videobelichtung ist nur in Kombination mit dem Belichtungsprogramm M nutzbar.

12 Filmaufnahmen mit der D5200

Aufnahmemodus aus außer AUTO, ⚡ und M. Geben Sie nun im Individualmenü *f2: AE-L/AF-L-Taste* die Vorgabe *Belichtung speichern ein/aus* ein AE (siehe Seite 208).

Richten Sie die Kamera auf einen Bildbereich, bei dem der Filmausschnitt eine für Ihren Zweck angenehme Helligkeit bekommt. Drücken Sie die AE-L/AF-L-Taste, um diese Belichtung zu speichern.

Beginnen Sie an einer beliebigen Stelle Ihrer Szene mit dem Filmen, die Belichtung bleibt nun so lange konstant, bis Sie die AE-L/AF-L-Taste erneut betätigen und die Belichtungsspeicherung damit aufheben. Das Ein- und Ausschalten der Speicherung ist somit auch bei laufender Videoaufnahme problemlos möglich.

! **Vorsicht beim Zoomen**

Das Filmen mit konstanter Belichtung ist bei starkem Zoomen meist nachteilig, weil der enger oder weiter werdende Bildausschnitt in der Regel eine Belichtungsanpassung erfordert.

12.5 Die Flimmerreduzierung

Was ist mit Flimmern eigentlich gemeint? Nun, im Zusammenhang des Filmens bezieht sich das Stichwort „Flimmern" auf eine Eigenschaft von Leuchtstofflampen, gemeinhin auch als Neonröhren bekannt, nicht 100-prozentig konstant zu leuchten. Denn zur Lichterzeugung wird das in den Leuchtmitteln enthaltene Gas rhythmisch entzündet. Dies geschieht in Europa in der Regel mit einer Frequenz von 50 Hertz.

Sprich, die Lampe entzündet sich 50-mal in der Sekunde. Mit bloßem Auge ist das meist kaum wahrzunehmen. Wenn Sie jedoch mit der Kamera bei einer ungünstigen Verschlusszeit filmen oder fotografieren, wird dieses Flimmern in Film und Bild sichtbar. Es zeigt sich in Form unschöner grünlich-gelber Streifen (Banding-Effekt) und macht sich im Video als Hell-Dunkel-Flackern bemerkbar.

Um das Flimmern zu reduzieren, können Sie die Flimmerreduzierung der D5200 an das jeweilige Stromnetz anpassen. Dazu können Sie im Systemmenü unter der Rubrik *Flimmerreduzierung* den Wert *50 Hz* (Europa) oder *60 Hz* (Nordamerika, Japan) einstellen. Meist ist aber die automatische Steuerung prima geeignet.

▲ *Die Voreinstellung der Flimmerreduzierung auf »Automatisch« kann ruhig beibehalten werden.*

Das reduziert das Phänomen aber leider nicht, wenn die Belichtungszeit schlecht gewählt ist. Nutzen Sie daher unter Flimmerbeleuchtung am besten die Zeiteinstellung $1/50$ Sek., die die Kamera entweder schon selbst gewählt hat oder die Sie mit der manuellen Videoeinstellung im Modus M nutzen können.

Auch für Fotos nehmen Sie am besten diese Zeit, indem Sie in den Modi S oder M $1/50$ Sek. vorgeben und die Bildhelligkeit mit Blende und ISO-Wert anpassen.

Flimmerreduzierung

▲ *Deutliches Flimmern bei ¹⁄₂₀₀ Sek.*

▲ *Kein Flimmern bei ¹⁄₅₀ Sek.*
Das Auto habe ich mit zwei Tageslichtlampen (Leuchtmittel Dulux S, 11 W) beleuchtet. Die Flimmerreduzierung war in beiden Fällen aktiviert.

12.6 Ton jetzt auch in Stereo

Zu den bewegten Bildern gehört natürlich auch ein Ton. Daher besitzt die D5200 auf der Oberseite vor dem Blitzschuh ein eingebautes Mikrofon, das die Geräusche in Stereo aufzeichnet, und links neben dem Blitz einen Lautsprecher.

Die Qualität der Tonaufzeichnung ist zwar recht ordentlich, die Position im Gehäuse bringt es jedoch mit sich, dass das Hantieren am Zoomring des Objektivs oder das Betätigen von Tasten die Tonqualität schon extrem stören kann.

Für alle, die viel filmen, ist daher die Anschaffung eines externen Mikrofons zu empfehlen, das auf dem Blitzschuh der Kamera befestigt werden kann.

Es sollte einerseits das Grundrauschen gut unterdrücken und wenig anfällig für die Geräusche der Kamera sein. Andererseits sollte das externe Gerät auch zu dem Einsatzzweck passen, für den es am meisten gebraucht wird. Geeignete Modelle gibt es beispielsweise von Nikon, Røde, Sennheiser oder Beyerdynamic.

Für Sprachaufnahmen, Interviews, gerichtete Naturaufnahmen etc. eignen sich Richtmikrofone sehr gut (zum Beispiel das Røde VideoMic, VideoMic Pro oder das Beyerdynamic MCE 86 S II), weil sie darauf ausgelegt sind, frontal eintreffende Schallwellen stärker aufzufangen und seitliche (Störgeräusche) zu dämpfen. Wer den Sound dagegen aus allen Richtungen einfangen möchte, wobei in unruhiger Umgebung auch Störgeräusche stärker zu hören sein werden, ist mit einem Stereomikrofon gut beraten (zum Beispiel das Røde Stereo VideoMic Pro oder das Beyerdynamic MCE 72 PV CAM).

▲ Empfehlenswertes, aber nicht ganz kleines Richtmikrofon, das Røde VideoMic Pro (Bild: Røde).

▲ Mikrofon ❶ und Lautsprecher ❷.

▲ Über den MIC-Anschluss lassen sich externe Mikrofone koppeln, die einen 3,5-mm-Klinkenstecker (auch als Minijack bzw. Minibuchse bezeichnet) besitzen.

Ton jetzt auch in Stereo

Auch Nikon bietet ein passendes und recht kompaktes Mikrofon an, das ME-1. Es ist darauf ausgelegt, Geräusche aus der Richtung aufzuzeichnen, in die es zeigt. Zudem vermag es, niederfrequente Störgeräusche etwas zu unterdrücken (Lowcut-Filter). Das ME-1 bietet ein recht ordentliches Preis-Leistungs-Verhältnis, kann aber vom Sound her mit den anderen vorgestellten Tonspezialisten nicht in jedem Fall mithalten.

▲ Nikons Stereomikrofon ME-1 (Bild: Nikon)

Für alle, die eine kleinere Mikrofonlösung suchen und das Gerät auch nicht unbedingt an die Kamera anschließen möchten, wären externe Mikrofone interessant, bei denen der Ton unabhängig von der Kamera auf einer eigenen Speicherkarte aufgezeichnet wird. So könnten Sie beispielsweise das Zoom-H2n-Mikrofon vor ein Rednerpult stellen und den Ton ganz unabhängig von der Filmaufnahme festhalten. Weder die Kamerageräusche noch die unterschiedliche Distanz zum Redner, die beim Wechseln der Filmposition entsteht, beeinflussen dann den Ton. Anschließend muss die Tonspur nur noch mit der Filmspur im Schneideprogramm zusammengeführt werden. Auch das Aufzeichnen unabhängiger Geräusche, mit denen Sie eine Diashow oder einen Film untermalen könnten, sind damit ganz leicht möglich.

▲ Das Zoom H2n überzeugt durch seine Vielseitigkeit und eine sehr gute Tonqualität (Bild: Zoom).

Und noch ein Tipp am Rande: Nehmen Sie trotz unabhängiger Tonaufnahme den Ton auch mit der Kamera auf. Es gibt nämlich spezielle Software, die den Ton aus der Kamera dazu verwenden kann, um den externen Ton perfekt damit zu synchronisieren (z. B. DualEyes von Singular Software).

Den Ton selbst steuern

Im automatischen Tonaufnahmemodus reguliert die D5200 die Tonaufzeichnung entsprechend der Lautstärke. Zeichnen Sie beispielsweise laufende Musik auf und klatschen dann ein paar Mal in der Nähe der Kamera laut in die Hände, so wird die Lautstärke kurzzeitig heruntergeregelt.

Das Klatschen ist dann zwar leiser, aber auch die Musik im Hintergrund wird weniger gut hörbar, und die ganze Aufnahme schwankt hinsichtlich der Lautstärke merklich.

12 Filmaufnahmen mit der D5200

Dies können Sie unterbinden durch die manuelle Wahl des Lautstärkepegels. Diese finden Sie im Systemmenü in den *Videoeinstellungen* unter *Mikrofon/Pegel manuell steuern*.

Beobachten Sie darin die Dezibel-Skala ein paar Sekunden und stellen Sie den Pegel so ein, dass die lauten Töne den Wert 12 nur selten erreichen. Die Lautstärke sollte nicht bei 0 anschlagen, da der Ton sonst verzerrt wird.

Wer gar keinen Sound aufnehmen möchte, kann die Tonaufnahme über das Menü aber auch komplett untersagen (*Mikrofon/Mikrofon aus*).

▲ *Manuelle Lautstärkeregelung.*

12.7 Filme abspielen

Natürlich macht die Betrachtung der aufgezeichneten Videos erst am größeren Monitor so richtig Spaß. Das kann der Computermonitor sein, auf dem die MOV-Dateien beispielsweise mit Anwendungen wie dem Windows Media Player prima abgespielt werden können. Oder Sie schließen die Kamera ans TV-Gerät an und starten den Film einzeln oder lassen eine Diashow mit Filmen, Videos oder beidem gemischt ablaufen (siehe Kapitel 14.1).

Die Wiedergabe einzelner Filme in der Kamera läuft über die Wiedergabetaste ab. Wählen Sie die Ansicht mit dem Histogramm, um die nachfolgend gezeigte Filmsteuerung einzublenden. Drücken Sie anschließend OK. Der Film wird gestartet. Mit den Filmsteuerungsfunktionen können Sie den Film pausieren, vorspulen und zurückspulen. Die Lautstärke wird über die Tasten ⊕ und ⊖ geregelt oder einfach über die Fernbedienung Ihres TV-Gerätes.

✓ Filme bearbeiten

Bereits in der Kamera lässt sich der aufgezeichnete Film zuschneiden. Dabei können Sie allerdings nur den Anfangs- und den Endpunkt setzen oder ein Standbild speichern.

Für weitergehende Bearbeitungen sei an dieser Stelle auf entsprechende Filmbearbeitungssoftware verwiesen, wie zum Beispiel Photoshop Premiere Elements, MAGIX Video deluxe oder VideoStudio und etwas eingeschränkter auch die Funktion *Movie Editor* von ViewNX 2.

▲ *Um einen Film zu schneiden oder Standbilder zu extrahieren, pausieren Sie das Video ❶ und drücken die AE-L/AF-L-Taste ❷. Anschließend können Sie den Start- und Endpunkt wählen ❸.*

Filme abspielen

	Funktion	Taste
❶	Abspielbalken	
❷	Lautstärke verringern	Verkleinerungstaste
❸	Lautstärke erhöhen	Vergrößerungstaste
❹	Vor-/Zurückspringen um 10 Sek.	Einstellrad
❺	Pause	untere Pfeiltaste
❻	2x-Vorspulen (bei Mehrfachdrücken 4-, 8- und 16-fache Geschwindigkeit wählbar)	rechte Pfeiltaste
❼	Filmwiedergabe beenden	obere Pfeiltaste
❽	Wiedergabe	OK-Taste
❾	2x-Zurückspulen (bei Mehrfachdrücken 4-, 8- und 16-fache Geschwindigkeit wählbar)	linke Pfeiltaste
❿	verstrichene Zeit/Filmlänge	

▲ *Funktionen der Filmsteuerung.*

KAPITEL 13

Objektivratgeber, Equipment und Kamerapflege

Dieses Kapitel nimmt Sie mit auf einen Streifzug durch die Welt des sinnvollen und erschwinglichen Ergänzungsequipments, vom passenden Weitwinkel-, Normal- oder Teleobjektiv über ein solides Stativ bis hin zu Filtern, Funkadaptern und Speicherkarten. Damit steht Ihnen das gesamte Spektrum der modernen Digitalfotografie offen. Und damit die Steuerzentrale Ihrer D5200 auch immer auf dem aktuellen Stand bleibt, erfahren Sie zudem, wie Sie die neuesten Firmware-Updates auf der Kamera installieren.

13 Objektivratgeber, Equipment und Kamerapflege

Seit die digitale Fotografie boomt, hat auch das Spektrum an Zubehör eine enorme Steigerungsrate erfahren. Vom Objektiv über Stative mit allen nur erdenklichen Köpfen bis hin zu Funkfernauslösern und GPS-Empfängern ist heute für den Digitalfotografen fast alles zu haben, was das Herz begehrt.

Fragt sich nur, was brauche ich eigentlich wirklich? Nun, zunächst einmal hängt das natürlich von den eigenen Interessen ab. Wer hauptsächlich Porträts aufnehmen möchte, braucht kein 500-mm-Teleobjektiv, dafür aber anständige Blitzgeräte, und wer der Makrofotografie näherkommen möchte, sollte über ein Makroobjektiv nachdenken. Auch das hauseigene Budget spielt eine nicht unerhebliche Rolle, da es in der Welt der Fotografie problemlos möglich ist, den Gegenwert eines gut ausgestatteten Kleinwagens in Zusatzkomponenten zu investieren.

In diesem Kapitel geht es daher in erster Linie um sinnvolles Zusatzequipment, das für besonders interessante Bereiche der Fotografie zu empfehlen ist. Jedenfalls werden Sie feststellen, dass Sie Ihr Auto nicht verkaufen müssen, um Ihre D5200-Grundausrüstung mit einigen interessanten und leistungsfähigen Zusatzkomponenten aufzupeppen.

13.1 Alles rund ums Objektiv

Die Güte der Objektivlinsen ist, genauso wie die Linsenqualität unserer eigenen Augen, wesentlich für die Qualität der Abbildung verantwortlich. Daher sollte das Hauptaugenmerk beim Erstkauf oder der Erweiterung Ihres D5200-Systems auf der Wahl eines geeigneten Objektivs liegen. Objektiv und Sensorsystem sollten dabei immer ein gut aufeinander abgestimmtes Team bilden.

Fotozeitschriften und speziell darauf ausgerichtete Onlineportale testen daher regelmäßig verschiedene Kamera-Objektiv-Kombinationen und geben in ihren Bestenlisten gute Überblicke über geeignete Objektive. Wie vielseitig die Möglichkeiten sind, Ihre Kamera mit einem qualitativ hochwertigen „Auge" zu versehen, erfahren Sie in den folgenden Abschnitten.

Objektive

▲ Das Objektiv wird an der weißen Punktmarkierung am F-Bajonett angesetzt und durch einen Dreh bis zum Einrasten am Kamerabody befestigt. Am F-Bajonett sind die Objektivtypen AF-I, AF-S und DX voll funktionsfähig. Ältere Objektive mit AI-P, AF oder AF-D-Anschluss können ebenfalls verwendet werden, allerdings nur mit manueller Schärferegelung.

Bajonetttypen und Objektivarten

Der Bajonettanschluss ist die Verbindungsstelle zwischen Kamerabody und Objektiv. Seit 1987 verwendet Nikon kameraseitig das sogenannte F-Bajonett. An der D5200 können darüber alle aktuellen Nikkor-Objektive sowie kompatible Modelle von Drittherstellern wie zum Beispiel Sigma, Tamron oder Tokina angebracht werden.

Das Gegenstück zum Kameraanschluss bildet das Objektivbajonett. Hier hat Nikon seit 1996 den sogenannten AF-S-Anschluss (**A**utofokus **S**ilent **W**ave) im Programm. Diese Objektive besitzen einen eigenen Ultraschallmotor, über den die Scharfstellung leise, schnell und präzise erfolgt.

Mit der Einführung der digitalen Spiegelreflexkameras kam ein weiteres Objektivspezifikum hinzu, das sogenannte DX-Aufnahmeformat. Objektive mit dem Kürzel DX in der Namensbezeichnung sind speziell auf die kleinere Sensorfläche der D5200 und vergleichbarer Kameras ausgerichtet. Sie können daher leichter und kürzer gebaut und meist günstiger produziert werden. Das Set-Objektiv AF-S **DX** Nikkor 18-105mm 1:3.5-5.6G ED VR ist beispielsweise ein solches DX-Modell.

Wichtig zu wissen ist, dass DX-Objektive nur an Kameras mit Cropfaktor 1,5 (D40 bis D90, D100 bis D300s, D3000 bis D7000, D1-Serie, D2-Se-

❗ Vorsicht bei Objektiven ohne eigenen Autofokusmotor

Da die D5200 keinen eigenen Autofokusantriebsmotor im Kameragehäuse beheimatet, können Objektive, die selbst keinen Autofokusmotor besitzen, nur mit manueller Scharfstellung betrieben werden. Dies trifft beispielsweise auf Sigma-Objektive zu, die im Namen nicht das Kürzel HSM tragen oder die im Sigma-Produktkatalog nicht das Kürzel (H) bzw. (M) tragen, wie z. B. das Makroobjektiv 105mm F2.8 EX DG. Am besten informieren Sie sich vorher genau beim Hersteller, ob Ihr Wunschobjektiv einen eingebauten Motor hat.

Objektivratgeber, Equipment und Kamerapflege

rie) voll einsetzbar sind. An FX-Modellen führen sie hingegen zu starken Randabschattungen, weil das Bildfeld der Objektive nicht den gesamten Vollformatsensor abzudecken vermag (oder die Vollformatkamera muss in einen DX-Modus geschaltet werden, bei dem sie nur einen Bildausschnitt aufnimmt).

Kurze Vorstellung der wichtigsten Abkürzungen

Um die zahlreichen Objektive mit vielfältigen Technologien für den Anwender zu charakterisieren, hat sich Nikon eine Menge unterschiedlicher Abkürzungen einfallen lassen, die den Uneingeweihten oft doch etwas ratlos zurücklassen. Damit Ihnen das nicht passiert, haben wir hier alle relevanten Abkürzungen mit den zugehörigen Bedeutungen zusammengefasst.

- **AF** = Autofocus: automatische Scharfstellung.
- **AF-I** = Integral Autofocus: AF-Objektiv mit eingebautem Fokussiermotor.
- **AF-S**: Objektiv mit eingebautem Silent-Wave-Motor (SWM) = dabei handelt es sich um einen lautlosen, auf Ultraschall basierenden Motor.
- **AS** = Asphärische Linsen: Mit asphärischen Linsen lassen sich Abbildungsfehler besonders gut korrigieren, vor allem bei offener Blende. Auch für die Verzeichnungskorrektur bei Weitwinkelobjektiven sind sie sehr nützlich. Darüber hinaus ermöglichen sie den leichten und kompakten Objektivbau.
- **CRC** = Close Range Correction, Nahbereichkorrektur: Durch bewegliche Linsengruppen werden sehr gute Abbildungsleistungen bei kurzen Fokusabständen ermöglicht. Eingesetzt wird diese Technik bei Makro-, Weitwinkel- und Fischaugenobjektiven.
- **D**: Objektive vom Typ D und G übermitteln Informationen über die Objektentfernung an das Kameragehäuse. Diese Information erhöht die Präzision der 3D-Color-Matrixmessung II und der i-TTL-Blitzbelichtungssteuerung. D-Objektive verfügen über einen Blendenring und sind somit auch mit alten Kameragehäusen verwendbar. Sie unterstützen aber ebenso die moderne kameraseitige Blendeneinstellung. G-Objektive haben keinen Blendenring. Die Blendeneinstellung erfolgt ausschließlich über das Kameragehäuse.
- **DX**: Nikons DX-Objektive sind speziell für das DX-Sensorformat von ca. 24 x 16 mm entwickelt worden, das in vielen digitalen Spiegelreflexkameras von Nikon, auch in Ihrer D5200, verwendet wird. DX-Objektive sind kompakter gebaut und ergänzen das Objektivprogramm vor allem im Weitwinkelbereich.
- **ED** = Extra Low Dispersion Glass: Glas, mit dem Farbfehler wie chromatische Aberrationen besonders effektiv korrigiert werden können.
- **IF** = Innenfokussierung: Beim Fokussieren wird lediglich eine kleine Linsengruppe im Innern des Objektivs bewegt. Dadurch bleibt die Objektivlänge konstant und es kann schneller fokussiert werden, was z. B. bei der Makrofotografie einen nicht unerheblichen Vorteil darstellt.
- **N** = Nanokristallvergütung: Antireflexbeschichtung, die für eine sehr gute Reduktion von Linsenreflexionen (Lens Flares) und Geisterbildern sorgt.
- **SIC** = Super Integrated Coating, Mehrschichtvergütung: Sie sorgt auf Linsenoberflächen für eine sehr gute Reduktion von Reflexionen und Geisterbildern.
- **VR** = Vibration Reduction, Bildstabilisator: erkennt Verwacklungsbewegungen und kompensiert diese mithilfe einer beweglichen Linsengruppe im Objektivinneren. Damit ist es dem Fotografen möglich, Freihandaufnahmen auch bei relativ wenig Licht verwacklungsfrei zu erstellen.

Objektive

Tipps zur richtigen Objektivwahl

Leider gibt es nicht das eine perfekte Objektiv, das alle gewünschten Brennweiten vereint und Bilder in höchster Qualität zu erzeugen vermag. Finden wir uns also damit ab, dass wir in gewissem Maße mit Kompromissen leben müssen. Welche Mankos gilt es aber zu kennen und welches Gewicht sollte den unterschiedlichen Schwachpunkten beigemessen werden? Nun, zu den Hauptmerkmalen, die sich qualitätsmindernd auf das Foto auswirken können, zählen vor allem folgende Eigenschaften:

- Vignettierung: dunkle Bildecken.

▲ Türkisfarbene und rote Farbsäume am Bildrand.

▲ Vignettierung in allen vier Bildecken.

- Verzeichnung: tonnenförmig im Weitwinkel-, kissenförmig im Telebereich.

- Detailauflösung: Bildmitte (Detailausschnitt links) meist besser als am Rand (Detailausschnitt rechts).

▲ Scharfe Bildmitte (links), Unschärfe am Rand (rechts).

▲ Tonnenförmige Verzeichnung.

- Chromatische Aberration: Farbsäume an kontrastreichen Kanten, meist Richtung Bildrand verstärkt.

Bei der Entscheidung für oder gegen ein Objektiv spielen all diese Punkte, einmal abgesehen vom Brennweitenspektrum oder dem Vorhandensein eines Bildstabilisators, eine wichtige Rolle.

Sie lassen sich allerdings auch unterschiedlich gewichten. Denn die Vignettierung, die Verzeichnung und in Maßen auch die chromatische Aberration können heutzutage in allen gängigen Bildbearbeitungsprogrammen sehr gut korrigiert werden. Löst das Objektiv jedoch die Motivdetails nicht ordentlich auf und lässt am Rand alles verwaschen erscheinen, so lässt sich die Qualität auch nachträglich nicht mehr verbessern.

13 Objektivratgeber, Equipment und Kamerapflege

Aus diesem Grund gewichten wir persönlich die Objektivschwächen von wichtig nach weniger wichtig ganz subjektiv folgendermaßen: Detailauflösung > chromatische Aberration > Verzeichnung > Vignettierung.

 Spezielle Filter für Weitwinkelobjektive

Wenn „übliche" Filter an einem Weitwinkelobjektiv angebracht werden, kann auch dies zu Randabschattungen (Vignettierung) führen, weil der Objektivrand durch den Filter zu hoch geworden ist.

Deshalb gibt es spezielle dünne Filter, sogenannte Slim-Versionen. Achten Sie darauf, dass der Filter die Anbringung des Objektivdeckels zulässt, das tun nämlich nicht alle.

▲ Slim-Version (oben), normal dicker Filter (unten).

Die Auto-Verzeichnungskorrektur anwenden

Wenn Sie Nikon-Objektive vom Typ G und D verwenden, können Sie bei Weitwinkelbrennweiten die tonnenförmige Verzeichnung und bei langen Brennweiten die kissenförmige Verzeichnung bereits in der Kamera korrigieren lassen.

 Verzeichnungskorrektur führt zu Bildbeschnitt

Durch die Verzeichnungskorrektur werden die Bildränder möglicherweise etwas abgeschnitten, sodass im fertigen Foto weniger Motiv zu sehen ist als beim Blick durch den Sucher.

Aktivieren Sie dazu den Eintrag *Auto-Verzeichnungskorrektur* im Aufnahmemenü. Das fertige JPEG-Foto ist somit von diesen Schwächen weitestgehend befreit.

▲ *Bei kompatiblen Nikon-Objektiven können die Verzeichnungen aus den JPEG-Fotos automatisch herausgerechnet werden.*

 Geschwindigkeit sinkt

Bei aktiver Auto-Verzeichnungskorrektur kann sich die Zeit für die kamerainterne Bildverarbeitung verlängern. Das ist vor allem bei Serienaufnahmen spürbar. So sinkt die Anzahl der Aufnahmen, die im Modus ⚞H mit 5 Bildern/Sek. aufgenommen werden kann, im JPEG-Format L-Fine von 16 auf ca. 4. Wer volle Serienpower benötigt, schaltet die Verzeichnungskorrektur daher besser aus.

Bei NEF-/RAW-Dateien funktioniert die Objektivfehlerkorrektur auch, allerdings nicht direkt nach der Aufnahme automatisch in der Kamera.

Die Datei muss entweder erst in der Kamera in eine JPEG-Datei konvertiert und anschließend mit einer Verzeichnungskorrektur behandelt werden (siehe Seite 357 und 354).

Objektive

▲ Links: ohne Verzeichnungskorrektur. Rechts: mit Auto-Verzeichnungskorrektur. Die D5200 konnte die tonnenförmige Verzeichnung, erkennbar an den leicht nach außen gebogenen Gitarrensaiten des linken Bildes, gut reparieren. Der Randbereich (siehe Pfeil) wurde dadurch aber etwas beschnitten (beide Bilder: 2,5 Sek. | f4 | ISO 100 | 18 mm | Stativ | Fernsteuerung).

Oder Sie bearbeiten die NEF-/RAW-Datei mit einem geeigneten RAW-Konverter, der Objektivkorrekturdaten zur Bildfehlerbehebung anwenden kann. Dazu gehören beispielsweise Nikon Capture NX 2, Adobe Lightroom oder DxO Optics Pro. Im Fall von Objektiven anderer Hersteller können Verzeichnungskorrekturen ausschließlich nachträglich am PC erledigt werden.

In jedem Fall hat das NEF-/RAW-Format auch hier wieder seine Vorteile. Denn erstens können Sie auf die zeitraubende kamerainterne Verzeichnungskorrektur verzichten und damit die volle Serienaufnahmefunktionalität aufrechterhalten.

Zweitens sind, mit dem passenden Konverter, eben auch Korrekturen der Objektive anderer Hersteller möglich.

i Objektivdaten updaten

Um die Verzeichnungskorrekturdaten für neu erscheinende Objektive später einmal mit der D5200 synchronisieren zu können, bietet Nikon spezielle Updates an, die Sie sich im Onlinesupportcenter aus der Rubrik *Firmware-Updates* herunterladen können.

Für das Updaten der Objektivdaten gehen Sie dann einfach so vor wie beim Erneuern der Kamerasoftware (siehe Kapitel 13.9). Zur Drucklegung des Buches lag aber noch kein Update für die D5200 vor.

Empfehlenswerte Objektive in der Übersicht

Um Ihnen die eventuell anstehende Wahl einer Zusatzlinse ein wenig zu erleichtern, finden Sie in den folgenden Abschnitten eine kleine Auswahl empfehlenswerter Objektivtypen und qualitativ hochwertiger Modelle.

AF-S DX Nikkor 16-85mm 1:3.5-5.6G ED VR

Bild: Nikon.

Typ: reisetaugliches Normalzoom
Brennweite: 16–85 mm
Lichtstärke: 3.5–5.6
Filter-Ø: 67 mm
Stabilisator: ja (VR II)
Streulichtblende: inklusive

Mit einem speziell auf die kleinere Sensorgröße abgestimmten Aufbau deckt dieses Objektiv einen sehr attraktiven Brennweitenbereich ab, der in etwa einem 24-128-mm-Objektiv bei FX-Vollformatkameras entspricht. Es besitzt einen Bildstabilisator der zweiten Generation (VR II), mit dem freihändig etwa drei Stufen längere Belichtungszeiten möglich werden. Mit dem Active Mode kann die Stabilisierung zudem in Situationen stärkerer Kamerabewegungen genutzt werden, z. B. bei Aufnahmen aus einem fahrenden Auto heraus.

Die Schärfeleistung ist sehr gut und die Vignettierung sowie die chromatische Aberration halten sich in Grenzen. Bei 16 mm muss allerdings mit etwas Verzeichnung gerechnet werden.

Die mit 485 g verhältnismäßig leichte 16-85-mm-Linse ist somit ein wirklich zu empfehlender Allrounder, der auch prima als Reiseobjektiv genutzt werden kann.

AF-S DX Nikkor 18-105mm 1:3.5-5.6G ED VR

Bild: Nikon.

Typ: reisetaugliches Normalzoom
Brennweite: 18–105 mm
Lichtstärke: 3.5–5.6
Filter-Ø: 67 mm
Stabilisator: ja (VR I)
Streulichtblende: inklusive

Es kommt ja nicht so häufig vor, dass ein Kit-Objektiv in die Liste der Objektivempfehlungen gelangt, bei der 18-105-mm-Linse ist eine Ausnahme aber durchaus angebracht. Schließlich ist die Detailauflösung über den gesamten Brennweitenbereich sehr gut und lässt auch zu den Rändern nicht so stark nach wie bei manch anderen Objektiven dieser Preisklasse.

Objektive

▲ ¹⁄₁₀ Sek. | f8 | ISO 100 | S | 18 mm. ▼ ¹⁄₁₀₀₀ Sek. | f5.6 | ISO 400 | S | 105 mm.

▲ *Standardzooms wie das AF-S DX Nikkor 18-105mm 1:3.5-5.6G ED VR, mit dem diese Bilder entstanden sind, ermöglichen zwar nicht den Vorstoß in die extremen Bildwinkel, decken aber als tolle Allrounder einen sehr großen Bereich fotografischer Möglichkeiten ab.*

13 Objektivratgeber, Equipment und Kamerapflege

Chromatische Aberrationen treten zwar auf, genauso wie Vignettierungen bei offener Blende (bei 105 mm am stärksten), aber dies lässt sich in der Nachbearbeitung ohne Weiteres korrigieren bzw. wird bei JPEGs bereits in der Kamera entfernt.

Mit 420 g ist die Linse leicht, liegt gut in der Hand, ist aber, wie zu erwarten, natürlich nicht so robust gebaut. Der günstige Preis gepaart mit einem extrem attraktiven Brennweitenspektrum macht es zum wirklich empfehlenswerten Standardzoom für die D5200.

AF-S DX Nikkor 10-24mm 1:3.5-4.5G ED

Bild: Nikon.

Typ: Weitwinkelzoom
Brennweite: 10–24 mm
Lichtstärke: 3.5–4.5
Filter-Ø: 77 mm
Stabilisator: nein
Streulichtblende: inklusive

Dieses Objektiv ist speziell für die Sensorgröße der D5200 und vergleichbarer Kameras konzipiert worden, um extreme Perspektiven oder das Aufnehmen weiter Landschaften möglich zu machen. Es besitzt einen schnellen und leisen Autofokusmotor, speziell vergütete Linsen und ist mit 460 g recht handlich.

Überzeugend ist die Schärfeleistung des Weitwinkelzooms. Aber wie zu erwarten, treten sichtbare Verzeichnungen vor allem im unteren Brennweitenbereich auf. Diese stören jedoch meistens nur bei Motiven mit geometrischen Linien und können überdies softwaregestützt reduziert werden, sodass die Linse insgesamt eine tolle Performance an den Tag legt.

Tokina AT-X 124 AF Pro DX II AF 12-24mm f/4

Bild: Tokina.

Typ: Weitwinkelzoom
Brennweite: 12–24 mm
Lichtstärke: 4
Filter-Ø: 77 mm
Stabilisator: nein
Streulichtblende: inklusive

Auch das 540 g schwere Tokina-Objektiv ist für die kleinere Sensorgröße der D5200 ausgelegt.

Objektive

Es besitzt einen eingebauten Motor für das automatische Fokussieren. Zudem ist das Umschalten vom Autofokus in den manuellen Betrieb sehr angenehm gelöst, einfach durch Vor- und Zurückschieben des Fokusrings. Das geht meist schneller und unkomplizierter als die Suche nach dem A/M-Schalter.

Die Schärfeleistung ist sehr gut. Wie zu erwarten, treten aber auch hier bei 12 mm stärkere Verzeichnungen und chromatische Aberrationen auf, die sich jedoch vor allem bei RAW-Bildern gut korrigieren lassen. Das erneuerte Modell mit der Nummer II im Namen ist zudem besser gegen Linsenreflexionsflecken geschützt. Prädikat: sehr empfehlenswert.

AF-S Nikkor 70-200mm 1:2.8G ED VR II

Bild: Nikon.

Typ: Telezoom
Brennweite: 70–200 mm
Lichtstärke: 2.8
Filter-Ø: 77 mm
Stabilisator: ja (VR II)
Streulichtblende: inklusive

Fernes näher heranzuholen und dabei im Bildausschnitt flexibel zu bleiben, das ist die Domäne der 70-200-mm-Zooms. Kein Wunder, dass alle namhaften Objektivhersteller eine lichtstarke 70-200-mm-Brennweite im Angebot haben. Absolut empfehlenswert sind hier die Modelle AF-S Nikkor 70-200mm 1:2.8G ED VR in der Version I oder II. Gegenüber ihren Pendants von Sigma und Tamron ist die Schärfe- und Kontrastleistung bereits bei offener Blende sehr gut. Zudem bieten die Nikkore Bildstabilisatoren mit zwei Einstellungen (Normal, Active). Alle Modelle sind auch für Vollformatkameras tauglich, die Brennweite bei der D5200 beträgt umgerechnet also 105–300 mm.

Die hohe Lichtstärke von durchgehend f2.8 hat allerdings ihren Preis und schlägt auch deutlich aufs Gewicht (~1.540 g). Daher sollte bei Stativaufnahmen auf ausreichende Stabilität des Systems geachtet werden.

Tamron AF 70-300mm F4-5.6 Di VC USD SP

Bild: Tamron.

Typ: Telezoom
Brennweite: 70–300 mm
Lichtstärke: 4–5.6
Filter-Ø: 62 mm
Stabilisator: ja
Streulichtblende: inklusive

Wer sein Budget nicht ganz so stark belasten möchte, ist sicherlich mit dem Tamron SP 70-300 F4-5.6 Di VC USD sehr gut beraten. Auf das Kleinbildformat umgerechnet liefert diese Linse ein Brennweitenspektrum von 105 bis sage und schreibe 450 mm. Es bietet über den gesamten Brennweitenbereich eine sehr gute Schärfe- und Kontrastleistung und Verzeichnung sowie chromatische Aberration halten sich in Grenzen.

13 Objektivratgeber, Equipment und Kamerapflege

Bei schlechteren Lichtbedingungen lässt sich die geringere Lichtstärke durch den effektiven Bildstabilisator (VC) kompensieren, der etwa 3 Stufen Zeitgewinn bringt und auch für Mitziehaufnahmen geeignet ist. Die geringe Schärfentiefe der 2.8er-Linsen wird aber logischerweise nicht erreicht.

Der neue Tamron-Autofokus (Ultrasonic Silent Drive) arbeitet schnell und leise. Und mit einem Gewicht von nur 765 g kann das Objektiv auch etwas länger ohne Schulterverspannung gehalten werden. Für den Stativbetrieb gibt es jedoch keine Stativschelle. Insgesamt ist die Linse auf jeden Fall eine empfehlenswerte Erweiterung zum Standardzoom.

AF-S Nikkor 85mm 1:1.8G

Bild: Nikon.

Typ: Porträtobjektiv
Brennweite: 80 mm
Lichtstärke: 1.8
Filter-Ø: 67 mm
Stabilisator: nein
Streulichtblende: inklusive

Im Bereich der klassischen Porträtbrennweite von 85 mm kristallisieren sich drei sehr empfehlenswerte Objektive heraus: das AF-S Nikkor 85mm 1:1.8G, das AF-S Nikkor 85mm 1:1.4G und das Sigma 85mm F1.4 EX DG HSM. Optisch liegen alle auf höchstem Niveau. Die höhere Lichtstärke von 1.4 muss man sich allerdings teuer erkaufen. Alternativ wären ein 85-mm- oder 105-mm-Makroobjektiv mit Lichtstärke 2 bzw. 2.8 sicherlich auch überdenkenswerte Alternativen.

AF-S Nikkor 50mm 1:1.8G

Bild: Nikon.

Typ: Porträtobjektiv
Brennweite: 50 mm
Lichtstärke: 1.8
Filter-Ø: 58 mm
Stabilisator: nein
Streulichtblende: inklusive

Eine weitere, sehr interessante Alternative ist das AF-S Nikkor 50mm 1:1.8G. Zum günstigen Preis gibt es eine sehr gute Abbildungsqualität, einen leisen Autofokus und einen größeren Bildwinkel, mit dem gerade bei der DX-Sensorgröße der D5200 Ganzkörperporträts mit weniger Abstand zur Person realisierbar sind. Vor allem in engeren Räumen ist das ein großer Vorteil. Für die D5200 ist der nur 185 g schwere 50-mm-Lichtriese also eine absolut empfehlenswerte Festbrennweite.

Objektive

> **ℹ Porträtbrennweite oder Makro?**
>
> Die sogenannte Porträtbrennweite, ein lichtstarkes Festwinkelobjektiv mit 50 oder 85 mm Brennweite, ist darauf ausgelegt, Personen in einem als angenehm empfundenen Abstand fotografieren zu können. Außerdem sorgt dieser Mindestabstand für eine besonders natürliche Wiedergabe der Gesichtsproportionen. Obendrein ist die Porträtbrennweite bestens geeignet, um bei offener Blende einen unscharfen Hintergrund zu gestalten. Für alle, die gerne Porträts und Makrofotos machen möchten, aber noch ein Gedanke. Warum nicht zwei Fliegen mit einer Klappe schlagen? Hochwertige Makroobjektive im Brennweitenbereich von 70–105 mm bieten ebenfalls eine hohe Lichtstärke und stellen damit eine interessante Alternative zur speziellen Porträtbrennweite dar. Das ist eine Überlegung wert, nicht wahr?

Superzoomobjektive: (fast) alles in einem

Superzoomobjektive besitzen einen sehr großen Brennweitenbereich und sind daher für die Reise mit der D5200 sehr interessant, da vor allem Objektivwechsel weniger häufig nötig werden.

Von Nikon gibt es zum Beispiel das AF-S DX Nikkor 18-200mm 1:3.5-5.6G ED VR II mit Bildstabilisator (Modi *Normal* und *Active* verfügbar), von Sigma das 18-250mm F3.5-6.3 DC OS HSM oder das neue 18-200mm F3.5-6.3 II DC OS HSM und von Tamron das Megazoom AF 18-270mm F3.5-6.3 Di II VC LD Asp IF Makro und das 18-200mm F3.5-6.3 Di III VC.

▲ *Nikon D5200 mit dem 18-270mm 3.5-6.3 Di II VC LD Asp IF Makro von Tamron.*

Die Abbildungsleistungen von Megazooms sind hinsichtlich Auflösung, Linsenqualität und Lichtstärke jedoch meist nicht ganz so gut. Ambitionierte Fotografen greifen daher lieber zu Zoomobjektiven mit kleinerem Brennweitenumfang. Aber als gewichtsreduzierte Reisebegleitung oder in Situationen, in denen es um schnelles Umschalten der Brennweite geht, können diese Objektive sehr wertvoll sein. Bei Objektiven von Drittherstellern ist es empfehlenswert, die Bilder im RAW-Format aufzunehmen und sie unter Zuhilfenahme der Objektivkorrekturmöglichkeiten des RAW-Konverters (z. B. Adobe Camera Raw oder Lightroom) zu entwickeln, um die bestmögliche Bildqualität herauszuholen.

13 Objektivratgeber, Equipment und Kamerapflege

▲ Im Weitwinkelbereich liefert das 18-270-mm-Megazoom von Tamron eine wirklich tolle Bildqualität ab (¹⁄₂₅₀ Sek. | f6.3 | ISO 100 | A | 18 mm).

▼ Den hoch über uns kreisenden Weißkopfseeadler konnte ich mit 270 mm Brennweite formatfüllend einfangen, wobei die Qualität im Telebereich etwas nachlässt. Das NEF-/RAW-Bild wurde mit Adobe Lightroom entwickelt, um objektivbedingte Fehler und Unschärfen möglichst gut entfernen zu können (¹⁄₁₆₀₀ Sek. | f7.1 | ISO 200 | S | 270 mm).

Mit dem Telekonverter noch näher ran

Viele Telezoomobjektive, so beispielsweise auch das AF-S VR 70-200mm 1:2.8G IF-ED, können mit einem Telekonverter verbunden werden. Mit diesen kleinen Zwischenobjektiven holen Sie die Motive noch näher heran. Telekonverter lassen sich allerdings nicht mit jedem Objektiv verbinden.

Passende Modelle gibt es z. B. von Nikon in den Stärken 1,4-, 1,7- und 2-fach, von Kenko (1,4-fach) oder von Soligor (1,7-fach). Telekonverter lassen sich allerdings nicht mit jedem Objektiv verbinden. Informieren Sie sich daher im Fachhandel, ob Ihr Objektiv mit einem Telekonverter kompatibel ist, und wenn ja, mit welchem. Nikon stellt im Internet extra eine Kompatibilitätstabelle zur Verfügung (*http://nikoneurope-de.custhelp.com/app/answers/detail/a_id/19072*).

Auch sollten Telekonverter nur mit lichtstarken Tele(-zoom-)objektiven (f2.8 oder maximal f4) verbunden werden, da die Bildqualität sonst noch massiver abnimmt und der Autofokus obendrein nicht mehr funktioniert. Je geringer der Vergrößerungseffekt, desto besser ist das für die Qualität. Daher verwende ich persönlich fast ausschließlich 1,4-fach-Telekonverter und nur im Notfall auch mal ein 2-fach vergrößerndes Modell.

▲ Mit dem Telekonverter TC-14E II verlängert sich die Brennweite um den Faktor 1,4 und die Lichtstärke nimmt um eine Blende ab (Bild: Nikon). Aus einem 2.8/70-200-mm-Telezoom wird sozusagen ein 4/98-280-mm-Objektiv.

▲ Entfernte Objekte lassen sich mit Telekonverter viel näher heranholen und größer abbilden ($^1/_{320}$ Sek. | f6.3 | ISO 200 | 200 mm + 1,4-fach-Telekonverter).

13.2 Fester Stand für perfekte Bilder – Stative

Es ist zwar zumeist etwas unhandlich und man wird als Fotograf auch sofort „enttarnt", aber ein brauchbares Stativ sollte eigentlich in keinem Fotoequipment fehlen. Denn das wichtigste Hilfsmittel überhaupt erweitert die Einsatzmöglichkeit Ihrer Kamera enorm – und verbessert die Bildergebnisse im Allgemeinen erheblich.

Die Wahl eines geeigneten Stativs für Ihre D5200

Welche Grundanforderungen gilt es nun an ein vernünftiges Stativ zu stellen? Zuallererst sollte es schwer und solide genug sein, um ein Mindestmaß an Stabilität zu bieten. Andererseits darf es auch nicht zu viel wiegen, vor allem, wenn es für den

13 Objektivratgeber, Equipment und Kamerapflege

Einsatz in der freien Natur dienen soll. Tun Sie sich oder Ihrem Träger also einen Gefallen und achten Sie auf das Gewicht. Karbonstative erfreuen sich aufgrund ihres geringen Gewichts als Reisestative großer Beliebtheit, sind aber auch etwas teurer als ihre Pendants aus Alu.

Achten Sie auch darauf, dass sich die Beinauszüge möglichst flexibel verstellen und von der Mittelsäule aus unterschiedlich weit abspreizen lassen. Damit wird die Positionierung auf unebenem Boden oder am Hang zum Kinderspiel.

Damit das Stativ beispielsweise die D5200 plus 18-105-mm-Objektiv mit ihren etwa 975 g stabil halten kann, sollte es mindestens eine Nutzlast von 2 kg aufweisen. Besitzt es noch mehr Stabilität, ist die Stabilisierung noch besser und Sie haben überdies Reserven für schwerere Telezoomobjektive und eventuell zusätzliche Systemblitzgeräte. Am besten planen Sie nicht allzu knapp.

Zum Glück ist die Auswahl sehr groß geworden, und selbst Karbonstative gibt es inzwischen zu erschwinglichen Preisen. So bieten alle namhaften Stativhersteller für die D5200 geeignete und vielseitig einsetzbare Alu- oder Karbonstative an. Eine kleine Auswahl empfehlenswerter Modelle haben wir Ihnen in der Tabelle einmal zusammenstellt.

▲ Unsere ganz persönliche Traumkombination eines leichten Reise-Makro-Allround-Stativs möchten wir Ihnen nicht vorenthalten: Gitzo GK2580TQR mit kurzer Mittelsäule GS2511KB und dem Arca-Swiss Monoball p0 plus Novoflex Schnellkupplung Q=Mount. Alles nicht günstig, aber nach langer Suche für uns genial, da auch Brennweiten bis 200 mm sicher gehalten werden. Selbst mit dem 500-mm-Teleobjektiv sind uns auf Reisen damit sehr scharfe Bilder gelungen, aber dann darf es nicht stark winden.

▲ Das Manfrotto 055CXPro3 ist aus Kohlefaser und daher sehr leicht (1,65 kg), die Stativbeine sind flexibel ausfahr- und verstellbar, die Mittelsäule lässt sich kippen, und die Arbeitshöhe beträgt maximal 175 cm (Bild: Manfrotto).

Übrigens, für alle die gerne und viel Makrofotografie betreiben möchten, ein kleiner Tipp: Aufnahmen knapp über dem Erdboden werden leichter möglich, wenn sich die Mittelsäule des Stativs umgekehrt oder waagerecht montieren lässt und sich die Stativbeine sehr weit abspreizen lassen.

Stative

	Hersteller	Stativ	Material	Gewicht (kg)	Nutzlast (kg)	Kopf inklusive	max. Höhe (cm)	Mittelsäule kippbar oder kippbar
Reisezoom, Weitwinkel, Normalzoom (Kameragewicht bis 1,5 kg)	Bilora	Perfect Pro A253	Aluminium	1,6	4,5	nein	153,5	nein
		Perfect Pro C253	Karbon	1,35	4,5	nein	153,5	nein
	Giottos	MTL9351B	Aluminium	2,1	5	nein	159	ja
	Manfrotto	294 mit Kopf 496RC2	Aluminium	2,28	5	ja	161,5	nein
mittleres Teleobjektiv, Telezoom, Makroobjektiv (Kamera-Objektiv-Gewicht etwa 2–3 kg)	Gitzo	GK2580TQR	Karbon	1,72	7	ja	154	ja
	Manfrotto	190XProB	Aluminium	1,8	5	nein	146	ja
		055CXPro3	Karbon	1,65	8	nein	175	ja
	Sirui	M-3204	Karbon	1,7	18	nein	177	ja
	Velbon	Sherpa Plus 630	Aluminium	1,67	4	nein	163	teilbare Mittelsäule
	Feisol	CT-3441SB	Karbon	1,25	10	ja (z. B. CB-40D)	178	ja

▲ Eine kleine, keinesfalls allumfassende Auswahl interessanter Stative für die Nikon D5200.

Reisestativ: klein, leicht und schnell aufgebaut

Wer viel unterwegs ist und dabei möglichst wenig Gepäck mit sich herumtragen möchte, ist mit einem Reisestativ gut beraten. Diese zeichnen sich dadurch aus, dass die Stativbeine um 180° gedreht werden können, wodurch sich das Packmaß auf 30–40 cm verringert.

Interessante Reisestative für die D5200 gibt es zum Beispiel von Feisol (CT-3441SB, 43 cm Packmaß), Gitzo (GK2580TQR, 43 cm Packmaß, Manfrotto (M-Y 732CY + 484RC2), Sirui (T-1004X mit 40 cm Packmaß oder T-005K mit 30 cm Packmaß) oder Velbon (REXi L, 30 cm Packmaß).

▲ Das Feisol CT-3441S mit dem Kugelkopf CB-40D bietet eine sehr gute Kombination aus Flexibilität, hoher Traglast, kompaktem Packmaß und Leichtigkeit (Bild: Feisol).

13 Objektivratgeber, Equipment und Kamerapflege

Alternativ können auch sehr kurze Mittelsäulen verwendet werden, oder Sie bringen, wenn möglich, die Kamera ohne Stativmittelsäule an, um bodennah fotografieren zu können.

Praktisch und unkompliziert: Einbeinstative

Einbeinstative sind praktische Hilfsmittel zur Stabilisierung der Kamera in allen Situationen, in denen der Fotograf entweder wenig Platz hat oder schnelle Ortswechsel notwendig sind. Daher werden sie gerne in der Eventfotografie und bei Sport- und actionreichen Naturaufnahmen eingesetzt.

Mit der D5200 auf einem Einbeinstativ lassen sich gut auch mitten im Gedränge von Konzertzuschauern noch verwacklungsfreie Bilder machen. Auch die Verfolgung eines bewegungsaktiven Insekts, einer Libelle am Teichufer beispielsweise, ist damit leichter als mit einem sperrigen Dreibein. Bestückt mit einem Teleobjektiv entlasten sie den Fotografen schlicht vom Gewicht, das ansonsten freihändig gehalten werden müsste.

Wie der Name es vermuten lässt, besitzt das Einbeinstativ nur eine Säule, deren Elemente sich durch Schraubgewinde oder Klemmverschlüsse variabel einstellen lassen.

Die Länge des Säulenelements bestimmt die minimale Einsatzhöhe und liegt meist zwischen 50 und 80 cm, für bodennahes Fotografieren sind Einbeinstative daher weniger geeignet.

Einbeinstative werden meist mit einem Neigekopf verwendet, wie z. B. das Cullmann Outdoor 3082 (Bild: Cullmann).

▲ Bei dem 1,7 kg leichten Sirui-Karbonstativ M-3204 kann ein Bein abgeschraubt und als Einbeinstativ verwendet werden (siehe Pfeil). Es hat ein Packmaß von nur 51 cm, ist leicht, kann aber dennoch bis 1,77 cm Höhe ausgefahren werden (Bild: Sirui).

Den passenden Stativkopf finden

Stative werden meist ohne Stativkopf angeboten. Das eröffnet Ihnen die Möglichkeit, sich gleich ein passendes Modell für Ihre Ausrüstung und Anwendungsgebiete aussuchen zu können.

Stativkopfsysteme lassen sich generell in Neiger und Kugelköpfe unterteilen. Zwei- bzw. Dreiwegeneiger werden mithilfe von Drehgriffen verstellt, während bei Kugelköpfen meist nur ein Hebel zur Positionseinstellung notwendig ist. Daher lassen sich Kugelköpfe auch sehr intuitiv bedienen, jede gewünschte Position der Kamera ist schnell gefunden. Mit Kugelköpfen können zum Beispiel die feinen Justierungen, die bei der Aufnahme von Makromotiven notwendig sind, spielend vorgenommen werden.

Stative

Für die meisten fotografischen Aktivitäten mit der Nikon D5200 in Kombination mit Objektiven bis hin zu 200 mm gibt es einige wirklich empfehlenswerte Kugelköpfe, die eine Nutzlast von mindestens 4–5 kg aufweisen und zu Preisen von 60–100 Euro angeboten werden. Solche Köpfe mit Schnellwechselsystem gibt es beispielsweise von Manfrotto (494RC2 – Kugelkopf Mini mit Platte 200PL), Sirui (G-10), Cullmann (Magnesit MB4.1 plus Schnellkupplung MX465) oder Feisol (CB-40D).

Kugelkopf Cullman Magnesit MB4.1 mit Arca-Swiss-kompatiblem Schnellkupplungssystem MX-465 und austauschbarer langer Wechselschiene MX496 (Bilder: Cullmann).

▲ Sehr leichter Kugelkopf Sirui G-10 (300 g) mit Arca-Swiss-kompatibler Schnellwechselplatte, der bis zu 5 kg Equipment stabil halten kann (Bild: Sirui).

Neiger oder sogenannte Schwenkbügel bzw. Kardanköpfe, wie z. B. der Wimberly Head II, eignen sich vor allem für schwere Fotoausrüstungen, wie sie in Form starker Teleobjektive in der Sport- oder auch der Vogelfotografie eingesetzt werden. Dies natürlich in Kombination mit einem sehr stabilen Stativ.

▲ Schwenkbügel bzw. Kardanköpfe werden in der Natur- und Sportfotografie beim Einsatz großer Teleobjektive verwendet, da sich das Objektiv damit perfekt austarieren und bei bewegten Objekten perfekt mitziehen lässt.

Wer viel filmt, kommt um einen guten Videoneiger eigentlich nicht herum. Dieser sollte einen möglichst langen Griff besitzen, damit sich die Kamera während der Filmaufnahme ruhig und präzise lenken lässt. Hat er zudem eine sogenannte Fluid-Dämpfung, laufen die Schwenk- und Neigungsbe-

▲ Der Manfrotto MA 701 HDV Videoneiger trägt ca. 4 kg Gewicht, wiegt selbst 830 g und erlaubt sehr weiche Neige- und Schwenkbewegungen (Bild: Manfrotto).

13 Objektivratgeber, Equipment und Kamerapflege

✓ Schnellkupplungssystem und L-Winkel

Die D5200 lässt sich über das ¼-Zoll-Gewinde an der Unterseite direkt am Stativkopf befestigen. Das ist jedoch sehr zeitaufwendig und umständlich. Legen Sie sich lieber ein Schnellwechselsystem zu. Hierbei wird eine Platte an der Kamera befestigt. Diese rastet dann im Schnellwechselsystem auf dem Stativkopf ein. So lässt sich die Kamera schnell wieder vom Stativ lösen, um zum Beispiel ein bewegtes Motiv zu verfolgen, und wieder befestigen, um den vor einem sitzenden Schmetterling noch ohne Verwackler zu erwischen. Am flexibelsten sind sogenannte Arca-Swiss-kompatible Schnellkupplungen, die es ermöglichen, verschieden lange Schnellwechselplatten, Winkelschienen oder ganze Panoramaköpfe zu befestigen.

▲ Links: Schnellkupplungsplatte. Rechts: Universell einsetzbare Winkelschiene, bei der die beiden Stativplatten, eine 5 cm und eine 8 cm lang, abgenommen werden können (V-Holder von Arca Swiss).

wegungen sehr flüssig und butterweich ab. Der Manfrotto Videoneigekopf 701 HDV mit Schnellwechselplatte 501PL oder der Benro S4 wären beispielsweise sehr empfehlenswerte Modelle für Vielfilmer.

Stativ und Kopf sollten immer eine stabile Einheit bilden. Achten Sie daher auf die Gewichtsverhältnisse. Ein sehr schwerer Kopf auf einem extrem leichten Stativ erhöht die Kopflastigkeit des ganzen Systems, das windanfällig und instabil wird.

Bohnensack und GorillaPod

Nicht jeder möchte immer mit einem Drei- oder Einbeinstativ unterwegs sein. Sehr empfehlenswert sind dann flexible Stative wie zum Beispiel der GorillaPod SLR-Zoom (Traglast 3 kg) oder der Flexipod 300 von Rollei (Traglast 1 kg). Diese zeichnen sich durch ein geringes Eigengewicht und ziemlich viel Flexibilität in der Anbringung aus, weil die Stativbeine biegsam sind.

▲ Äußerst flexibel, der Flexipod 300 von Rollei, der für mittlere Telezooms aber zu schwach dimensioniert ist. Da wäre der GorillaPod SLR-Zoom besser geeignet.

Fernauslöser

So können Sie derlei Haltesysteme an Ästen, Geländern, Rückspiegeln von Autos, Fahrrädern und vielem mehr befestigen. Zugegeben, die Kamera hält damit nicht immer so bombenfest wie mit einem gängigen Stativ. Wenn Sie jedoch mit dem Fernauslöser, der Funkauslösung oder dem 2-Sek.-Selbstauslöser fotografieren, verwackelt trotzdem nichts – es sei denn, Sie fotografieren mitten im Orkan, aber dann wären auch die leichten Stative des vorherigen Abschnitts komplett überfordert.

Eine ganz andere Methode der Kamerastabilisierung bietet der Bohnensack. Wird die D5200 auf einem solchen Kissen platziert, lässt sie sich mitsamt Objektiv auch auf unebenem Untergrund flexibel ausrichten und für die Aufnahme fixieren. Den Bohnensack können Sie auch auf ein heruntergekurbeltes Autofenster legen und dann das Teleobjektiv darauf abstützen, um aus dem Tarnzelt auf vier Rädern ungestörte Tieraufnahmen zu machen. Zur Mitnahme auf Reisen ist der Bohnensack ebenfalls prädestiniert, da er fast „schwerelos" ist, wenn man ihn leer mit sich führt und erst vor Ort mit Bohnen, Reis, Vogelfutter oder was man sonst so bekommen kann, füllt.

▲ D5200 auf einem Double Bean Bag, der sich aufgrund der „Hosenform" besonders bequem und stabil auf Autoscheiben, Zäunen oder Stuhllehnen platzieren lässt (z. B. von Wildlife Watching).

13.3 Fernauslöser für die D5200

Das Stativ allein macht oftmals noch nicht das perfekt scharfe Bild. Denn wenn die Aufzeichnung mit dem Fingerdruck auf den Auslöser gestartet wird, können die dabei entstehenden Vibrationen dem Fotografen schnell einen Strich durch die Rechnung machen.

Das ist besonders dann von Bedeutung, wenn mit starken Vergrößerungen im Makrobereich gearbeitet wird, mit extremen Teleobjektiven fotografiert wird oder Motive bei wenig Umgebungslicht (Dämmerung, Nacht, Innenräume) auf dem Plan stehen. Sobald längere Belichtungszeiten als 1/30 Sek. vorliegen, können die Vibrationen die Bildschärfe zunichtemachen.

Um dies zu verhindern, ist es sinnvoll, einen Fernauslöser in Kombination mit dem Stativ zu verwenden oder die Kamera per Funk auszulösen, wie in Kapitel 10.4 gezeigt.

Als Kabelfernauslöser für die Nikon D5200 bieten sich der Nikon MD-DC2 oder der JJC MA-M mit 90 cm Kabellänge an.

▸ Der Kabelfernauslöser wird über die Zubehörbuchse mit der D5200 verbunden (Bild: Nikon).

13 Objektivratgeber, Equipment und Kamerapflege

▲ Wird der Auslöser nicht vorsichtig genug betätigt, kann der Fingerdruck sogar vom Stativ aus Verwacklungsunschärfe auslösen (Detail unten) – mit Fernauslöser ist das Bild dagegen gestochen scharf (⅓ Sek. | f10 | ISO 100 | 18 mm | Stativ).

Da die D5200 aber auch einen vorder- und rückseitigen Infrarotsensor besitzt, können sogar einfache kabellose Infrarotauslöser verwendet werden. Mit dem KT ML-L3 oder dem Nikon ML-L3 sind diese Wireless-Modelle recht günstig zu haben.

1

Um die kabellosen Infrarotempfänger nutzen zu können, muss die D5200 sich in der Fernsteuerungsbetriebsart befinden. Stellen Sie dazu über die Taste 🖳 entweder die *Fernauslösung ohne*

▲ Fernauslösung ohne Kabelsalat: Mit dem auch für Langzeitbelichtungen tauglichen ML-L3 wird's möglich.

▲ Aktivieren der Fernauslösungsmodi.

322

Fernauslöser

Vorlauf 🎮 oder die *Fernauslösung mit Vorlauf* 🎮 *2s* ein.

2

Achten Sie nun darauf, dass die Infrarotsensoren der Kamera durch nichts abgedeckt werden. Am besten positionieren Sie den Fernauslöser in geringerem Abstand als 5 m.

▲ *Infrarotsensor auf der Front- und Rückseite.*

3

Achten Sie darauf, innerhalb einer Minute aktiv zu werden, da sich die Fernsteuerung sonst wieder abschaltet. Oder verlängern Sie diese Wartezeit mit der Individualfunktion *c4: Wartezeit für Fernauslösung (ML-L3)* auf bis zu 15 Minuten.

Infrarotsysteme lösen in heller Umgebung und wenn der Sichtkontakt zwischen Fernauslöser und Infrarotsensor der Kamera unterbrochen ist, nicht immer zuverlässig aus. Daher gibt es natürlich immer auch die Möglichkeit, Funksysteme mit Sender und Empfänger zu verwenden.

Solche Geräte gibt es beispielsweise von Delamax (Delamax Cleon II Profi Funkfernauslöser 100 m für Nikon) oder Pixel (TW-282, 80 m Timer-Funkauslöser für Nikon MC-DC2).

Besonders flexibel präsentiert sich das Digital Camera Connecting System (DCC) von Hama, das dank verschiedener Adapter an unterschiedliche Kameras angeschlossen und überdies auch noch

---

❗ Langzeitbelichtungen

Wer sich die Option offenhalten möchte, Langzeitbelichtungen über 30 Sek. oder Aufnahmen mit selbst definierter Zeit machen zu können, sollte beim Kauf eines Fernauslösers darauf achten, dass das Modell für Langzeitbelichtungen geeignet ist. Dazu lässt sich der Fernauslöseknopf entweder arretieren oder die Steuerung erfolgt über die Elektronik in der Fernauslösereinheit.

Bei den Infrarotfernauslösern funktioniert die Langzeitbelichtung, indem Sie den Auslöseknopf ca. 1 Sek. herunterdrücken, ihn dann loslassen und ihn am Ende der gewünschten Zeit nochmals drücken, um die Aufnahme zu beenden. Dabei ist zu beachten, dass der ML-L3 die Belichtung nach 30 Minuten automatisch abbricht.

13 Objektivratgeber, Equipment und Kamerapflege

um einen Timer-Auslöser oder sogar eine Lichtschranke erweitert werden kann.

Den Selbstauslöser als Fernauslöserersatz verwenden

⟲2s Alternativ zu Fernauslöser oder Fernsteuerung können Sie den Selbstauslöser nutzen, um verwacklungsfreie Bilder vom Stativ aus anzufertigen. Besonders komfortabel ist hierbei die zweisekündige Vorlaufzeit, da man bis zur Aufnahme nicht so lange warten muss, Schwingungen aber

▲ Funkfernauslöser aus dem DCC-System (links: Auslöser, rechts: kameraseitiger Empfänger, an den das Kabel für den jeweiligen Kameratyp angeschlossen wird).

▲ Links: Ändern der Selbstauslöser-Vorlaufzeit, rechts: Auswahl des 2-Sek.-Selbstauslösers über die Taste 🗗.

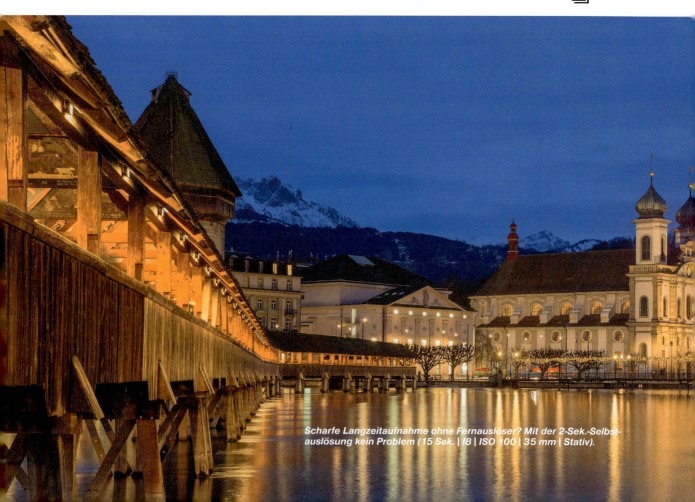

Scharfe Langzeitaufnahme ohne Fernauslöser? Mit der 2-Sek.-Selbstauslösung kein Problem (15 Sek. | f8 | ISO 100 | 35 mm | Stativ).

abgeklungen sein sollten. So können auch ohne Fernauslöser gestochen scharfe Fotos bei langer Belichtungszeit realisiert werden. Die Vorlaufzeit für den Selbstauslöser können Sie übrigens im Individualmenü *c3: Selbstauslöser* unter der Rubrik *Selbstauslöser-Vorlaufzeit* von den voreingestellten 10 Sek. auf 2 Sek. umstellen.

13.4 Die wichtigsten Filtertypen

In Zeiten der digitalen Fotografie sind Filter nicht mehr ganz so gefragt wie noch zu Analogzeiten. Dies liegt daran, dass zum Beispiel Farbfiltereffekte heute durch die Bildbearbeitung leicht ersetzt werden können. Eine sehr praktische und zudem kostensparende Sache. Es gibt aber auch heute noch zwei Filtertypen, die selbst die beste Software nicht wirklich nachstellen kann: den Polfilter und den Neutralgraufilter. Die Anschaffung dieser Filtertypen ist daher durchaus immer noch lohnenswert.

Polfilter: Reflexion, Sättigung und Kontrast optimieren

Einer der interessantesten Filter zur Veränderung der Bildwirkung in der (Digital-)Fotografie ist der zirkulare Polfilter. Anders als bei vielen anderen Filtern lässt sich die Wirkung des Polfilters durch digitale Nachbearbeitung nur unzureichend nachahmen. Vor allem der wichtigste Effekt dieses Filters, die Verringerung von Reflexionen und Spiegelungen, ist nachträglich nicht mehr möglich.

▲ *Neutralgraufilter (links) und zirkularer Polarisationsfilter (rechts) sind auch im digitalen Zeitalter nützliche Fotofilter. Hochwertige Modelle gibt es zum Beispiel von B+W, Hoya, Hama und Rodenstock.*

i Wie Polfilter funktionieren

Egal ob künstlich oder natürlich, die Lichtstrahlen bewegen sich nicht schnurgerade durch die Luft, sondern schwingen in Wellenform so vor sich hin. Und dies tun sie nicht nur in einer Ebene, sondern mehr oder weniger wild verdreht und durcheinander. Der Polfilter schafft es nun, Ordnung in das Chaos zu bringen, indem er wie ein Gitter aus Längsstäben wirkt. Nur die Wellen kommen durch, die parallel zu den Gitterstangen schwingen, sich also ganz schmal machen und hindurchrutschen. Die anderen bleiben außen vor und gelangen daher auch nicht durchs Objektiv bis zum Sensor durch. Polgefilterte Bilder zeigen somit nur einen Teil des während der Aufnahme eigentlich vorhandenen Lichts. Um die Filterwirkung möglich zu machen, werden eine grau eingefärbte und eine polarisierende Glasfläche gegeneinander verschoben, daher auch die Drehfunktion.

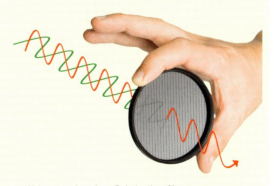

▲ *Wirkungsweise eines Polarisationsfilters.*

Objektivratgeber, Equipment und Kamerapflege

> **! Polfilter schlucken Licht**
>
> Polfilter schlucken einen Teil des Lichts. Bei Standardfiltern beträgt der Lichtverlust etwa 2–3 Blendenstufen, die Zeit verlängert sich also etwa um das Doppelte. Dies kann für die Darstellung kreativer Wischeffekte hilfreich sein. Es wird aber in vielen Fällen auch notwendig sein, mit einem Stativ zu fotografieren. Wer dies nicht möchte, kann zu sogenannten High-Transparency- oder High-Transmission-Polfiltern greifen (z. B. dem Hoya HD High Transparency Filter CIR-PL). Diese schlucken nur noch etwa eine halbe Blende Licht und sind daher für Fotografen, die hauptsächlich aus der freien Hand fotografieren, äußerst praktisch. Bei den hier gezeigten Bildern ist an der Verschlusszeit zu erkennen, dass der Filter nur eine Drittelstufe Licht geschluckt hat.

Polfilter nehmen auf die Darstellung einer Szene in vielerlei Hinsicht Einfluss:

- Spiegelungen von Glasscheiben werden gemindert, was z. B. beim Fotografieren aus dem Reisebus heraus sehr praktisch ist.
- Auch die Spiegelung des Himmels in Wasserflächen wird verringert, wodurch das Wasser dunkler und z. B. Wasserfälle imposanter wirken, weil dann auch die nassen Steine weniger glänzen.
- Bei Pflanzen wird die Reflexion des Lichts auf den Blattoberflächen reduziert. Als Folge steigt die Farbsättigung und die Wirkung wird ruhiger.
- Der blaue Himmel erscheint dunkler und die weißen Wolken heben sich plastischer davon ab.

Polfilter sind allerdings nicht immer wirksam, denn es hängt stark von der Richtung ab, aus der das natürliche Licht die Szene beleuchtet. Steht die Sonne hoch am Himmel, wird die Polfilterwirkung beispielsweise milde bis kaum sichtbar ausfallen.

▲ Bei dem Blick durchs Schaufenster konnte ich mit dem Polarisationsfilter die Reflexionen der Glasfläche mindern und die Farben intensivieren (¹/₄₀ bzw. ¹/₆₀ Sek. | f6 | ISO 1600 | A | 130 mm).

Filter

Graufilter für lange Belichtungszeiten

Der Graufilter funktioniert wie eine Art Sonnenbrille für das Objektiv. Er reduziert die Lichtmenge, die auf den Sensor trifft, und verlängert dadurch die Belichtungszeit. Damit werden kreative Langzeitaufnahmen selbst bei hellem Tageslicht möglich.

Bei den hier gezeigten Fotos konnte ich nur mithilfe des Neutraldichtefilters diese extrem weiche Darstellung des Themse-Wassers erzielen. Der Graufilter, in diesem Fall ein wirklich sehr viel Licht schluckender ND400-Filter von Hoya, hatte die Belichtungszeit um 9 Stufen auf satte 25 Sek. verlängert.

Dieser Filter ist so dunkel, dass man überhaupt nicht durch ihn hindurchsehen kann. Daher war es in diesem Fall auch am sinnvollsten, im manuellen Modus zu fotografieren. Die Verschlusszeit habe ich bei fester Blende und festem ISO-Wert zuerst ohne Filter bestimmt. Anschließend habe ich die Zeit um 9 EV-Stufen verlängert, damit das Bild die gleiche Helligkeit erhält wie ohne Filter.

In der Regel werden Sie aber auch mit weniger starken (z. B. vierfachen) Graufiltern sehr gute Ergebnisse erzielen können. Dieser ist dann auch in allen Belichtungssteuerungen nutzbar, und auch der Autofokus funktioniert wie gewohnt.

Übrigens: Auch bei Blitzaufnahmen können Graufilter hilfreich sein, denn der Verschluss der D5200 lässt als kürzeste Verschlusszeit mit Blitz nur $^1/_{200}$ Sek. zu, und die sind vor allem bei Porträts im Gegenlicht schnell unterschritten. Als Folge werden Überbelichtungen riskiert. Mit einem vierfachen Neutraldichtefilter wird jedoch die Lichtmenge herabgesetzt, sodass sich die Zeit verlängert und Blitzen wieder möglich wird.

Sollten Sie gerade keinen zum Objektivdurchmesser passenden Graufilter parat haben, können Sie auch einen Polfilter zur Lichtreduktion einsetzen. Allerdings verändern Polfilter die Farbwirkung des Bildes, sodass sie nur in Notfällen einen Ersatz für Neutralgraufilter darstellen.

✓ Auf Neutralität achten

Bei den etwas schwächeren vierfachen Graufiltern spielt es kaum eine Rolle, bei Filtern mit Stärken zwischen 6 und 10 Blendenstufen kann es aber Probleme mit den Farben geben. Das liegt daran, dass einige Filtertypen das Infrarotlicht nicht gut genug sperren. Bei der Langzeitbelichtung gelangt dann zu viel Infrarot auf den Sensor und das Foto wird rotstichig. Andere Filter erzeugen blaustichige Bilder. Daher sind wir nach einigen Tests bei dem gezeigten Hoya-Filter gelandet, der die Farben kaum verändert. Manchmal müssen die im NEF-/RAW-Format fotografierten Bilder per Weißabgleichkorrektur ein wenig angepasst werden. Bei den hier gezeigten Fotos war das aber zum Beispiel gar nicht nötig.

▲ *Der Hoya ND400 verlängert die Verschlusszeit um 9 Lichtwertstufen und sieht auf den ersten Blick komplett schwarz aus.*

13 Objektivratgeber, Equipment und Kamerapflege

▲ Ohne Filter lag die längstmögliche Belichtungszeit bei 1/20 Sek. Die Blende wollte ich aufgrund der Beugungsunschärfe nicht stärker als f16 schließen. Das Wasser wird daher kaum verwischt dargestellt und wirkt sehr unruhig.

▲ Dank des neunfachen Graufilters konnte ich die Belichtungszeit auf 25 Sek. verlängern. Dadurch wird der Wischeffekt des fließenden Wassers hier extrem deutlich (beide Bilder: f16 | ISO 100 | 18 mm | manueller Fokus | Stativ | Fernauslöser).

Speicherkarte und Akku

> **Adapterringe für Filter**
>
> Für die Anbringung von Pol- oder Neutralgraufiltern ist der Durchmesser des frontalen Objektivgewindes eine wichtige Größe. Das 18-55-mm-Standardobjektiv hat beispielsweise einen Durchmesser von 52 mm. Um sich nun nicht für jedes Objektiv extra einen teuren Filter anschaffen zu müssen, gibt es im Fotofachhandel verschiedene sogenannte Filteradapterringe. Damit könnten Sie beispielsweise einen 67-mm-Filter an die Gewindegröße von 52 mm anschließen (z. B. Step-up-Filteradapter 52–67 mm von KIWIFotos oder Quenox). Der Filter ragt dann zwar über das Objektiv hinaus, lässt sich aber ohne Probleme nutzen. Allerdings sollte der Filter nicht allzu viel größer sein, denn dann steigt das Gewicht und das belastet die Mechanik des Objektivs unnötig. Polfilter sind zudem nur bei Objektiven ratsam, deren Frontlinse sich beim automatischen Scharfstellen nicht mitdreht, sonst wird der Filter jedes Mal verstellt und die Polarisationswirkung dadurch unkontrolliert verändert.

13.5 Speicherkarte und Akku kurz beleuchtet

Zwei unentbehrliche Bestandteile der Ausrüstung, ohne die Ihre D5200 keinen Mucks von sich geben würde, sind Akku und Speicherkarte. Hier erfahren Sie, welche Optionen es zu den Themen gibt und wie Sie mit diesen wichtigen beweglichen Elementen Ihrer Kamera am besten umgehen.

Akkupflege

Der mitgelieferte Akku EN-EL14 liefert genügend Strom für ca. 700 Bilder. Danach muss er für rund 1,5 Stunden im Ladegerät aufgeladen werden. Denken Sie daran, dass sich die Anzahl möglicher Bilder reduziert, wenn beispielsweise auf einer Familienfeier die meisten Fotos mit Blitz gemacht werden und eventuell auch die Live View oder die Filmfunktion des Öfteren zum Einsatz kommt.

Für lange Akkupower sorgen

Für die Lebensdauer Ihres Akkus ist es von Vorteil, folgende Punkte zu beachten:

- Nehmen Sie den vollständig geladenen Akku gleich wieder aus dem Ladegerät. Er sollte nicht länger als 24 Stunden im Ladegerät verweilen, das kann sich negativ auf die Haltbarkeit und Performance des Energiespeichers auswirken.
- Entleeren Sie den Akku möglichst nicht vollständig. Laden Sie leere oder halb leere Akkus zügig wieder auf. Wenn Akkus häufig komplett entladen werden, können sie leicht Schäden davontragen und die Lebensdauer verkürzt sich zunehmend.

▲ Um den Akku zu laden, nehmen Sie die Akkuschutzkappe ab, legen ihn einfach in Pfeilrichtung in das mitgelieferte Ladegerät (MH-24) und verbinden das Ladegerät mit der Steckdose.

13 Objektivratgeber, Equipment und Kamerapflege

🔋 Bewahren Sie den Akku am besten mit aufgesetzter Schutzkappe auf, um die Kontakte zu schonen.

🔋 Bei sehr langer Aufbewahrung über ein Jahr oder mehr sollte der Akku zuvor entladen werden. Bei kürzeren Aufbewahrungszyklen ist es sinnvoll, den Akku zwischendurch einmal aufzuladen, damit er sich nicht von allein vollständig entlädt.

🔋 Wenn Sie einen Ersatzakku besitzen, verwenden Sie ihn am besten immer im Wechsel mit dem Erstakku. So ist gewährleistet, dass beide Akkus öfter geladen werden, was ihrer Lebensdauer guttut.

i Dauerpower per Netzadapter

Wer die Kamera häufig zu Hause im Heimstudio nutzt, kann auf einen Netzadapter, bestehend aus den Komponenten EH-5B und EP-5B, zurückgreifen und dann, allerdings angeleint, mit Steckdosenstrom fotografieren.

Reserveakkus

Sollten Sie längere Fototouren einplanen oder einfach nur sichergehen wollen, immer genügend Energiereserven für die D5200 parat zu haben, lohnt sich die Anschaffung eines Reserveakkus. Beachten Sie hierbei, dass der Reserveakku in Ihrer Fototasche kein Mauerblümchendasein fristet. Er sollte vielmehr immer abwechselnd mit dem Erstakku verwendet werden, sonst können auf Dauer Leistungsverluste oder gar Defekte auftreten.

! Fremdherstellerakkus

Zugegeben, der Originalakku ist nicht gerade der günstigste. Dennoch sollten Sie sich gut überlegen, auf No-Name-Produkte anderer Hersteller zurückzugreifen. Denn erstens gibt es keine Garantie für deren Zuverlässigkeit und Passgenauigkeit und zweitens kann es vorkommen, dass die D5200 den Akku gar nicht erst annimmt.

Geeignete Speicherkarten für die D5200

In der D5200 werden die Bilder auf sogenannten SD, SDHC oder SDXC Memory Cards gespeichert (SD steht für **S**ecure**D**igital, HC für **H**igh **C**apacity, XC für e**X**tended **C**apacity). Mit Modellen von SanDisk, Kingston, Lexar Media, Panasonic oder Toshiba sollten Sie in Sachen Zuverlässigkeit und Performance stets gut beraten sein.

In Bezug auf die Schnelligkeit, mit der die Karten die Daten sichern und auf den Computer übertragen können, würden wir Ihnen eine Karte der Class 10 mit 16 oder 32 GByte Volumen empfehlen. Erstens läuft die Videofunktion nur mit Karten ab der Class 6 wirklich ruckelfrei. Ist die Speicherkarte zu langsam, wird die Aufnahme gestoppt, sobald der Pufferspeicher voll ist.

Zweitens können Sie auf einer 16-GByte-Karte immerhin um die 450 RAW-Bilder unterbringen, und die kommen schnell mal zusammen, wenn Sie im Urlaub oder auf einer Feier auf viele schöne Motive treffen. Eine zusätzliche SDHC-Card bietet sich zudem als Reserve an.

Zwei mittelgroße Karten können gegenüber einer größeren Speicherkarte allerdings den unschätzbaren Vorteil haben, dass nicht gleich alle Bilder verloren gehen, wenn es tatsächlich einmal zu einer Beschädigung des Speichermediums kommen sollte. Daher wären auch zwei 8-GByte-Karten eine gute Wahl.

▸ Sehr schnelle und zuverlässige Speicherkarte mit 16 GByte Volumen mit entriegelter Speicherkartensperre (Bild: SanDisk).

Speicherkarte und Akku

> ⚠ **Formatieren nicht vergessen**
>
> Neue Karten oder solche, die zuvor in einer anderen Kamera verwendet wurden, sollten vor dem Gebrauch in der Nikon D5200 formatiert werden, wie auf Seite 33 beschrieben. Dann steht dem sicheren Abspeichern der Bilder nichts im Wege.

Kabellose Eye-Fi-Bildübertragung

Stellen Sie sich vor, Sie möchten im Studio ein paar Aufnahmen von Verkaufsgegenständen oder Porträtfotos machen. Da wäre es sehr praktisch, die Bilder gleich auf den PC oder das Notebook übertragen zu können, um sie in vergrößerter Form zu prüfen. Klar, nun könnten Sie die D5200 über das Schnittstellenkabel mit dem Computer verbinden und die Daten nach der Aufnahme auf den PC übertragen.

Eine tolle Sache, wären da nicht der Kabelsalat und die Notwendigkeit, die Kamera vom Stativ zu montieren. Eine kabellose Verbindung wäre daher äußerst praktisch. Wie wäre es also mit einer Eye-Fi- oder Wi-Fi-Karte?

Eye-Fi-Karten

Wenn Sie ein kabelloses Netzwerk besitzen, also über einen Wireless-Router ins Internet gehen, steht Ihnen die Eye-Fi-Funktionalität in vollem Umfang zur Verfügung.

Fehlt nur noch die Karte. Hier gibt es die Eye-Fi Wireless Memory Card, die inzwischen in Europa von SanDisk vertrieben wird. Zur Wahl stehen eine Version mit 4 GByte und eine mit 8 GByte Speicherkapazität.

▲ *SanDisk Eye-Fi 8 GB.*

Bezüglich der restlichen Spezifikationen unterscheiden sich die beiden Karten nicht. Die anderen teilweise auch noch interessanteren Karten der Firma Eye-Fi, z. B. die Class 10 Eye-Fi Pro X2 mit Geotagging-Funktion und 16 GByte, gibt es zurzeit leider nur auf dem amerikanischen Markt zu erstehen.

Übrigens, die Eye-Fi-Datenübertragung von der Kamera zum Zielort kann nur dann stattfinden, wenn Sie im Systemmenü die Rubrik *Eye-Fi-Bildübertragung* aktivieren. Nach dem Verlassen des Menüs ist das Eye-Fi-Symbol 📶 im Monitor nicht mehr durchgestrichen und beginnt zu pulsieren, wenn Daten aktiv übertragen werden.

▲ *Aktivieren der Eye-Fi-Bildübertragung.*

> ✓ **Bilder mit anderen teilen**
>
> Möchten Sie die Bilder mit anderen zu Hause teilen, obwohl Sie gerade Hunderte von Kilometern entfernt sind? Dann aktivieren Sie die entsprechenden Fotoplattformen Facebook, Flickr, YouTube & Co. im Eye-Fi Center. Die Option ist unter den Einstellungen im Karteireiter *Foto* oder *Video* und der Registerkarte *Online* zu finden. Sobald Sie im Hotel oder einem Café drahtlosen Internetzugang haben, können Sie die Bilder hochladen und Ihren Freunden zeigen, wie toll der Urlaubstag am Strand heute war.

Wi-Fi-Karten

Relativ neu ist die Wi-Fi-SD-Karte der Firma Transcend. Eine Class-10-Karte, die immerhin 16 oder sogar 32 GByte Speicherkapazität zur Verfügung stellt und außer über die Anbindung an einen drahtlosen Internet-Hotspot auch in der Lage ist, über den sogenannten Direct Share Mode Daten direkt auf ein WLAN-fähiges Endgerät zu übertragen.

▲ Transcend Wi-Fi SD 16 GB.

Ebenfalls für die drahtlose Wi-Fi-Übertragung geeignet ist die FlashAir-Technik von Toshiba, die beispielsweise in der gezeigten 8-GByte-SD-Karte steckt. Auch hiermit lassen sich Bilder auf das Smartphone, den PC oder Tablet-PC übertragen. Hierfür ist der WLAN Access Point bereits in die Karte integriert, die Karte benötigt also lediglich Strom von der Kamera.

▲ Toshiba FlashAir 8 GB.

Besonders schade ist, dass mit all diesen Karten nur JPEG-Bilder und Videos per WLAN aus der Kamera auf (Tablet-)PCs, Smartphones oder ins Internet transferiert werden können. Den Transfer von RAW-Dateien unterstützen diese Karten leider nicht und scheiden damit für uns als eingefleischte RAW-Knipser als Hilfsmittel leider aus.

13.6 Geotagging mit dem GPS-Empfänger

Geht es Ihnen auch so? Bei Bildern, die erst kürzlich entstanden sind oder die wir für besonders gut gelungen halten, können wir uns in der Regel recht gut daran erinnern, wo die Aufnahme gemacht wurde. Kommen jedoch bei verschiedenen kleineren Fotoausflügen Hunderte von Fotos zusammen, kann die Sache mit der Lokalisierung schon erheblich schwieriger werden. Da käme eine kleine, feine GPS-Hilfe doch gerade recht.

Das Schöne ist, dass das Einbinden von Ortsdaten, das sogenannte Geotagging, bei der D5200 schon vorweg mit eingeplant worden ist. So entpuppt sich die Kamera einmal mehr als multifunktionales Hightechgerät. Alles, was Sie benötigen, um die geografische Position bei der Aufnahme mitzuspeichern, ist ein passender GPS-Empfänger. Ein solches Gerät gibt es beispielsweise direkt im Zubehörbereich von Nikon für die D5200. Dieser Empfänger mit der Bezeichnung GP-1 wird einfach am Blitzschuh befestigt und sorgt dafür, dass die Koordinaten (Längen-, Breitengrad und geografische Höhe) zum Zeitpunkt des Auslösens erfasst und in das Foto hineingerechnet werden. Um den Empfänger zu verwenden, können Sie wie folgt vorgehen:

1

Schalten Sie die Kamera aus und befestigen Sie den GPS-Empfänger auf dem Blitzschuh. Stecken Sie das Anschlusskabel in die GPS-Buchse an der linken Kameraseite. Schalten Sie die Kamera ein.

▲ Nikon D5200 mit GPS-Empfänger GP-1 (Bilder: Nikon)

Geotagging

2 (optional)

Navigieren Sie ins Systemmenü zur Rubrik *Zubehöranschluss* und darin zum Eintrag *GPS*. Sollte die Funktion *Standby-Vorlaufzeit* nicht aktiviert sein, setzen Sie sie *ON*. Andernfalls misst das GPS-Gerät dauerhaft, was den Stromverbrauch der Kamera unnötig in die Höhe treiben würde.

Schlechter GPS-Empfang?

Unter ungünstigen GPS-Bedingungen kann es sehr lange dauern, bis das GP-1 Empfang hat. Daher ist es dann sinnvoller, die *Standby-Vorlaufzeit* zu deaktivieren (Schritt 2). Sonst muss man ständig lange warten, wenn die Kamera aus dem Ruhezustand wieder aktiviert wird. Allerdings geht dies zulasten der Akkukapazität.

Leider gibt es auch keinen Positionspuffer, der kürzere Verluste des GPS-Signals, z. B. wenn in einem Gebäude fotografiert wird, ausgleichen kann. Ohne Signal werden somit keine GPS-Daten gespeichert.

3

Bei dem Menüpunkt *Kamerauhr mit GPS stellen* ist es sinnvoll, die Voreinstellung auf *ON* beizubehalten. So stimmt die GPS-Zeit immer mit den Zeitwerten der Bilddaten überein.

4

Zurück im Aufnahmemodus, sollte nun ein GPS-Symbol im Display zu sehen sein. Beim Einschalten der Kamera dauert es in der Regel 40 bis 60 Sek., bis die GPS-Daten erfolgreich ermittelt werden.

Übrigens zeigt Ihnen das GP-1 ebenfalls an, ob der Empfang steht oder nicht. Hierbei bedeutet ein rotes Licht, dass die Verbindung unterbrochen wurde. Ein grün blinkendes Licht weist auf die GPS-Signalsuche und ein durchgehend grünes Licht auf eine bestehende Verbindung hin.

5

Wenn Sie die Koordinaten in der Kamera prüfen möchten, rufen Sie das Bild über die Wiederga-

▲ *Wiedergabeansicht eines Bildes mit GPS-Daten.*

13 Objektivratgeber, Equipment und Kamerapflege

betaste auf und drücken Sie dann die untere Pfeiltaste so oft, bis der Bildschirm mit den GPS-Daten erscheint.

6

Um die Koordinaten am PC einzusehen, suchen Sie sich das Bild z. B. in der Ordnerstruktur der mitgelieferten Software ViewNX 2 heraus. Wählen Sie in der oberen Menüleiste die Schaltfläche *Karte*.

Die GPS-Markierungen erscheinen daraufhin in der Kartenansicht und Sie können das Bild per Doppelklick auf die jeweilige Pinnnadel 📍 in einem Flyout-Fenster öffnen.

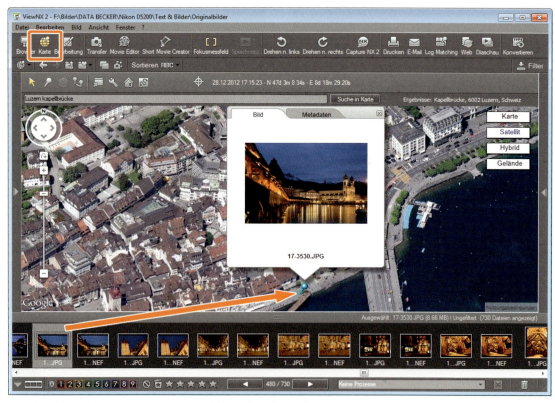

▲ *Bilder mit GPS-Daten werden in der Kartenansicht von ViewNX 2 markiert.*

13.7 Drahtlose Bildübertragung per Funkadapter

 Mal ehrlich, Vernetzung steht heutzutage doch ganz oben auf der Liste, wenn es um die moderne Anwendung technischen Geräts geht. Da mischt nun auch die Nikon D5200 mit. Der optional erhältliche Funkadapter WU-1a macht's möglich. Darüber lässt sich die Kamera mit allen Smartphones, Tablet-PCs oder Netbooks verbinden, die eine Möglichkeit zur drahtlosen Netzwerkverbindung besitzen. Anschließend können Sie:

- Bilder direkt nach der Aufnahme auf das Smartphone oder den Tablet-PC übertragen, ausgelöst wird per Kameraauslöser.

Drahtlose Bildübertragung per Funkadapter

- Den Livebildschirm im Smartphone/Tablet-PC aufrufen und von dort aus auslösen.
- Bilder von der Kamera auf das Smartphone/den Tablet-PC kopieren.
- Bilder auf Online-Sharing-Plattformen wie Facebook oder Flickr hochladen und per E-Mail versenden.

Das eigentliche Gerät, das für diese Zwecke benötigt wird, ist winzig, gerade mal so groß wie eine 20-Cent-Münze. Es wird einfach in den Zubehöranschluss auf der linken Kameraseite gesteckt und los geht's. Wobei, so einfach ist die Sache dann auch wieder nicht. Zunächst einmal muss eine entsprechende Software auf dem Empfängergerät installiert werden. Aber auch das ist natürlich keine Hexerei, wie der folgende kleine Workshop zeigt.

▲ Der Funkadapter (rechts) ist wirklich sehr klein, um ihn nicht zu verlieren, kann er in der Aufbewahrungsbox untergebracht werden (links), die sich wiederum am Tragegurt der D5200 befestigen lässt.

> **! Kompatibilitäten**
>
> Unterstützt werden Android ab Version 2.3 und iOS ab 6.0. Die Verbindung mit einem Hotspot, beispielsweise dem Heimnetzwerk, oder einem Computer ist bisher leider nicht möglich. Zu diesem Zweck eignen sich dagegen WLAN-fähige Speicherkarten (Eye-Fi, Toshiba FlashAir).

1

Navigieren Sie auf Ihrem Smartphone/Tablet-PC zum Google Play Store bzw. zum Mac App Store. Suchen Sie nach der kostenlosen App Wireless Mobile Adapter Utility und installieren Sie die App.

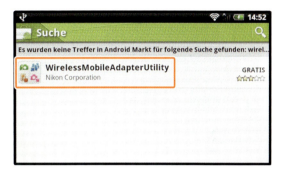

2

Stecken Sie anschließend den Funkadapter WU-1a in die Zubehörbuchse der D5200 und schalten Sie die Kamera ein. Aktivieren Sie die kabellose Verbindung zwischen der D5200 und dem Funkadapter, indem Sie im Systemmenü auf *Funkadapter/Aktivieren* gehen. Er fängt sogleich an, grün zu blinken, was die Bereitschaft zur Verbindungsaufnahme symbolisiert.

▲ Sind kabellose Geräte nicht erlaubt oder steckt der Adapter nicht in der Kamera, sollten Sie aus Sicherheitsgründen und zur Akkuschonung den Funkadapter wieder deaktivieren.

3

Starten Sie die App Wireless Mobile Adapter Utility und stimmen Sie den Lizenzbestimmungen zu.

4

Sollte nun die Meldung erscheinen, dass noch keine Verbindung zustande gekommen ist, stimmen Sie dem Öffnen der WLAN-Einstellungen Ihres Smartphones/Tablet-PCs zu.

Alternativ navigieren Sie manuell in das Menü für die WLAN-Einstellungen. Aktivieren Sie dort die WLAN-Verbindung. Wählen Sie aus den gefundenen Netzwerken den Adapter *Nikon_WU_* aus.

5

Über die Schaltfläche *Verbinden* wird der Kontakt zwischen Adapter und Smartphone/Tablet-PC hergestellt. Unter dem Eintrag *Nikon_WU_* sollte nun *verbunden* stehen und die grüne LED-Lampe am Adapter durchgehend leuchten.

6

Öffnen Sie nun die App Wireless Mobile Adapter Utility auf Ihrem Smartphone/Tablet-PC. Wählen Sie eine der vier Anwendungsoptionen aus und steuern Sie die D5200 darüber kabellos.

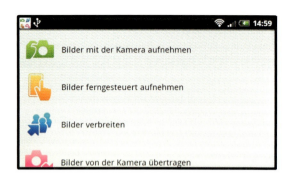

7

Um die Verbindung wieder zu trennen, ziehen Sie den Adapter ab oder schalten die Kamera aus oder beenden die WLAN-Aktivität Ihres Smartphones/Tablet-PCs.

Die Verbindung wird erneut hergestellt, wenn Sie WLAN am Smartphone/Tablet-PC aktivieren, die App Wireles Mobile Adapter Utility starten und die Verbindungsanfrage mit *Ja* beantworten.

> **! Erhöhter Strombedarf**
>
> Während der aktiven Verbindung zwischen Funkadapter und Smartphone/Tablet-PC ist die Belichtungsmessung der D5200 permanent aktiv, was deutlich an den Stromreserven zerrt. Zu merken ist dies auch an der Erwärmung der rechten Gehäuseseite. Trennen Sie die Verbindung daher, wenn Sie längere Zeit keine Aktionen durchführen, oder schalten Sie die Kamera aus.

Das Netzwerk verschlüsseln

Nach der einfachen Installation und dem Verbindungsaufbau zwischen Kamera und Smartphone/Tablet-PC ist das WLAN Netzwerk noch nicht verschlüsselt und damit für jeden zugänglich, der sich mit einem WLAN-fähigen Gerät in der Nähe befindet. Das lässt sich aber ganz einfach unterbinden.

Drahtlose Bildübertragung per Funkadapter

1

Stellen Sie die Verbindung zwischen Adapter und Smartphone/Tablet-PC her. Wird die Oberfläche der App Wireless Mobile Adapter Utility angezeigt, wählen Sie die Menü-Taste aus, also den Button oder die Taste, der/die generell als Menüschaltfläche benutzt wird und bei dem gezeigten Gerät beispielsweise am linken Displayrand leuchtet.

2

Gehen Sie auf *Funkadaptereinstellungen* ❶ und anschließend auf *Authentifizierung/Verschlüsselung* ❷. Wählen Sie *WPA2-PSK-AES* ❸ aus und bestätigen Sie dies mit *OK*. Navigieren Sie dann zum Eintrag *Passwort* ❹ und geben Sie ein aussagekräftiges Schlüsselwort ein.

3

Drücken Sie die Zurück-Taste Ihres Smartphones/Tablet-PCs. Es erscheint ein Hinweis auf den Neustart der Verbindung.

Bestätigen Sie diesen und warten Sie, bis die Verbindung zur Kamera unterbrochen und automatisch wiederhergestellt wird.

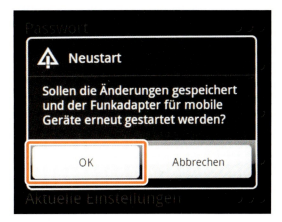

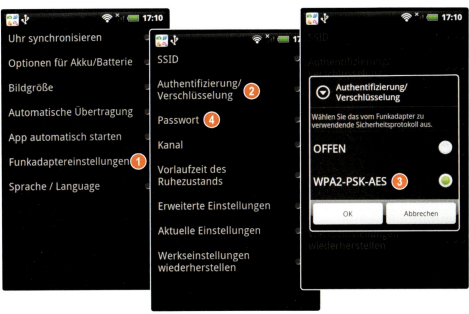

13 Objektivratgeber, Equipment und Kamerapflege

4

Wenn Sie die WLAN-Netzwerke aufrufen, wird das Adapternetzwerk nun als verschlüsselt aufgeführt.

> **i Signale des Funkadapters**
>
> Die unterschiedlichen Aktivitäten des Funkadapters werden durch unterschiedliches Blinken der LED-Lampe visualisiert:
>
> - Durchgehend leuchtend = Verbindung steht.
> - Blinken alle 2 Sek. = verbindungsbereit.
> - Schnelles Blinken = Datenübertragung.
> - Blinken alle 5 Sek. = Ruhemodus.
> - Blinken alle 0,5 Sek. = Verbindungsfehler.

13.8 Objektiv-, Sensorreinigung & Co.

Staub ist allgegenwärtig. Er setzt sich nicht nur gerne auf der gesamten Wohnungseinrichtung ab, sondern bahnt sich mit Vorliebe auch den Weg auf die Objektivlinsen oder in die Kamera, um sich genüsslich auf den Glaslinsen und dem Sensor zu platzieren. Daher wird es immer wieder einmal notwendig werden, die Gerätschaften behutsam, aber gründlich zu reinigen.

Sanfte Objektivreinigung

Eine klare Optik ist entscheidend für die Qualität des Bildes. Was nutzt das beste Objektiv, wenn es durch Staub oder gar einen Fingerabdruck nicht mehr die volle Detailauflösung liefern kann. Hin und wieder ist eine kleine Reinigung daher angesagt. Hierbei gehen Sie am besten wie folgt vor:

1

Zunächst pusten oder fegen Sie grobe Staubpartikel oder Sandkörnchen vorsichtig vom Objektiv, damit keine Kratzer entstehen können.

Dafür gibt es Blasebalge mit oder ohne Pinsel (sehr effektiv ist beispielsweise der Dust Ex von Hama oder der AgfaPhoto Profi Blasebalg).

▲ *Ein Blasebalg ist bei uns ständiger Begleiter im Fotogepäck.*

2

Nun kann es bei wenig Schmutz mit einer Trockenreinigung weitergehen. Sehr zu empfehlen ist hier ein Reinigungsstift, wie er zum Beispiel von Hama (Lenspen MiniPro II), Dörr (Lens Pen Mini Pro)

▲ *Mit dem Lens Pen lassen sich Objektivverunreinigungen sicher und leicht entfernen.*

Objektiv-, Sensorreinigung & Co.

oder Kinetronics (SpeckGrabber) angeboten wird. Damit kommt man auch gut bis zu den Rändern.

3

Sollten die Schlieren oder Fingerabdrücke damit nicht zu entfernen sein, helfen feine Mikrofasertücher, die nach Bedarf mit klarem Wasser etwas angefeuchtet werden können. Für hartnäckige Verschmutzungen sind spezielle Reinigungsflüssigkeiten für Objektive zu empfehlen, wie zum Beispiel eine Kombination aus Reinigungslösung und Linsen-Reinigungspapier von Calumet, das Carl Zeiss Lens Cleaning Kit oder das SpeckGrabber Pro-Kit SGK mit Reinigungsstift, -flüssigkeit und Antistatiktuch von Kinetronics.

▲ *Reinigungsset SpeckGrabber Pro Kit SGK (Bild: Kinetronics).*

Wann eine Sensorreinigung notwendig wird

Gerade wenn das Objektiv häufig gewechselt wird, erhöht sich die Gefahr, dass vermehrt Staubkörnchen unter den Schwingspiegel gelangen und den Sensor belagern. Aus diesem Grund hat Nikon der D5200 eine ausgeklügelte Technologie mitgegeben. Der Tiefpassfilter des Sensors wird für kurze Zeit in hochfrequente Ultraschallschwingungen versetzt. Locker sitzende Staubpartikel können dadurch regelmäßig vom Sensor geschüttelt werden. Damit dies auch wirklich geschieht, sollten Sie die entsprechende Reinigungsfunktion aktiviert haben.

Dazu gehen Sie folgendermaßen vor:

1

Stellen Sie die Kamera auf eine ebene Fläche und schalten Sie sie ein.

2

Navigieren Sie in das Systemmenü zur Rubrik *Bildsensor-Reinigung*.

3

Wählen Sie über den unteren Menüeintrag einen Zeitpunkt für die wiederholte Reinigung des Sensors aus, z. B. *Beim Ein-/Ausschalten reinigen*. Dann wird der Sensor ganz automatisch immer wieder gesäubert.

Alternativ können Sie die Reinigung aber auch dann vornehmen, wann Sie möchten. Hierzu wählen Sie einfach die Option *Jetzt reinigen*.

▲ *Optionen zur Bildsensor-Reinigung.*

Nicht immer reicht die kamerainterne Staubentfernungsmethode jedoch aus, um den Sensor komplett staubfrei zu bekommen. Wenn Sie den Eindruck haben, dass Ihre Bilder zu viele kleine, dunkle Staubflecken aufweisen, prüfen Sie einfach mal den Status Ihres Sensors mithilfe der folgenden Schritte:

1

Wählen Sie über das Funktionswählrad das Programm A. Stellen Sie Blende 22 ein. Setzen Sie den ISO-Wert auf 100.

13 Objektivratgeber, Equipment und Kamerapflege

2

Stellen Sie den A/M-Schalter des Objektivs auf M und drehen Sie den Fokusring auf die Unendlichkeitsstellung.

3

Nähern Sie sich einem strukturlosen, sehr hellen Motiv auf 10 cm, zum Beispiel einem weißen Blatt Papier. Die Aufnahme darf ruhig verwackeln. Die Staubpartikel werden Sie bei der Bildbetrachtung am Computer in der 100 %-Ansicht dennoch sehr genau erkennen oder – falls der Sensor sauber ist – eine unberührte Fläche sehen. Erhöhen Sie im Bildbearbeitungsprogramm (z. B. ViewNX 2 oder Photoshop Elements) gegebenenfalls den Bildkontrast, dann werden die Körnchen noch besser sichtbar.

▲ Der linke Bildausschnitt zeigt eine staubfreie Sensorfläche, rechts sind einige Staubpartikel zu sehen. Diese Flecken tauchen mehr oder weniger scharf an immer der gleichen Stelle im Bild auf.

Behutsame Sensorreinigungsmethoden

Prinzipiell können Sie drei Methoden anwenden, um dem Sensorstaub Herr zu werden:

- Computernachbearbeitung,
- berührungsfreie Staubentfernung per Blasebalg,
- feuchte Sensorreinigung mit speziellen Reinigungsmitteln.

Die erste Methode läuft absolut ohne Risiko für den Sensor ab. Dabei können Sie entweder JPEG- oder NEF-/RAW-Dateien mit den Retuschewerkzeugen Ihres bevorzugten Bildbearbeitungsprogramms bearbeiten.

Oder Sie nutzen die automatische Staubentfernung, die allerdings nur für NEF-/RAW-Dateien im Programm Nikon Capture NX 2 angeboten wird. Hierbei wird quasi in der Kamera eine Blaupause des Staubs angefertigt, die dann als Referenzbild für die softwaregestützte Staubentfernung dient.

1

Stellen Sie die Kamera so ein, wie im Workshop zuvor beschrieben. Wählen Sie dann im Systemmenü die Option *Referenzbild (Staub)*, gehen Sie auf *Bild aufnehmen* und bestätigen Sie dies mit OK.

Peilen Sie ein sehr helles Motiv an und nehmen Sie es wie zuvor beschrieben auf. Bei erfolgreicher Aktion erscheint der Vermerk *Referenzbild erstellt*.

2

Das Referenzbild bildet die aktuelle Staublage des Sensors ab und sorgt dafür, dass Nikon Capture NX 2 die Staubflecken automatisch aus Fotos herausrechnen kann. Danach sollte die Bilddatei weniger oder idealerweise keine Staubflecken mehr aufweisen. Hierzu öffnen Sie das zu entstaubende Foto in der Software.

Objektiv-, Sensorreinigung & Co.

Über die Funktion *Staubentfernung* können Sie nun das Referenzbild, das die Endung *.NDF* trägt, auf die Bilder, die im Anschluss entstanden sind, anwenden. Die Software rechnet die Staubflecken automatisch heraus.

▲ *Ein Blasebalg sollte (nicht nur zur Objektivsäuberung) immer mit im Fotogepäck sein, hier der Dust Ex von Hama.*

▲ *Aufgenommenes Referenzbild in der Wiedergabeansicht der D5200.*

Damit das Referenzbild stets die aktuelle „Staublage" abdeckt, ist es sinnvoll, bei häufigem Kameragebrauch und vielen Objektivwechseln wöchentlich ein Referenzbild anzufertigen.

Sensorreinigung mit dem Blasebalg

Die automatische Entstaubung per Software läuft zwar zuverlässig und spart vor allem viel Zeit. Bei fest sitzendem Staub oder größeren Flecken wird eine manuelle Reinigung aber dennoch notwendig werden.

Am einfachsten und sichersten blasen Sie den Staub mithilfe eines Blasebalgs vom Sensor. Eine solche manuelle Sensorreinigung sollten Sie allerdings immer nur bei gut geladenem Akku durchführen. Ansonsten könnte der Schnellrücklaufspiegel während der Reinigungsprozedur zurückklappen und Kamerateile könnten dabei beschädigt werden.

1

Schalten Sie die Kamera aus. Lösen Sie das Objektiv von der D5200 und schalten Sie die Kamera dann wieder ein.

2

Gehen Sie zur Systemmenürubrik *Inspektion/Reinigung*. Drücken Sie die rechte Pfeiltaste und bestätigen Sie die Schaltfläche *Spiegel hochklappen* mit der OK-Taste.

3

Drücken Sie nun den Auslöser ganz durch. Der Spiegel klappt daraufhin zurück und der elektronische Schlitzverschluss öffnet sich. Die Sensoreinheit ist nun freigelegt. Wobei Ihnen nicht der Sensor direkt entgegenschaut. Dieser ist nämlich noch vom gläsernen Tiefpassfilter überdeckt. Mit dem Sensor direkt kommen die Reinigungsgerä-

Objektivratgeber, Equipment und Kamerapflege

te somit auch gar nicht in Berührung. Dennoch bleibt Vorsicht geboten, um auch dieses Element nicht zu verkratzen.

4
Führen Sie das Ende des Blasebalgs in die Nähe des Sensors. Halten Sie dabei einen gewissen Sicherheitsabstand ein, damit er den Sensor in keinem Fall berührt. Pumpen Sie einige Male kräftig.

5
Schalten Sie nun die Kamera aus und bringen Sie das Objektiv wieder an.

6
Schalten Sie die Kamera ein und machen Sie am besten gleich eine Kontrollaufnahme des weißen

> ✓ **Staub absaugen**
>
> Alternativ zum Blasebalg gibt es die Möglichkeit, den Staub von der Sensoroberfläche abzusaugen. Verwenden Sie hierfür jedoch keinesfalls einen Handstaubsauger oder gar den großen Bodenstaubsauger.
> Selbst wenn Sie die Saugstärke dieser Geräte auf ein Minimum reduzieren, ist die Sogwirkung noch zu stark, die empfindlichen Teile des Kameraverschlusses werden mit hoher Wahrscheinlichkeit beschädigt. Nutzen Sie daher auf jeden Fall eigens für die Sensorreinigung konstruierte Instrumente.

Papiers, wie zuvor beschrieben. Sind noch immer Flecken zu erkennen, wiederholen Sie den Vorgang oder erwägen eine Feuchtreinigung.

Feuchtreinigung des Sensors

Tipps zur Feuchtreinigung gibt es viele, doch eine große Anzahl davon ist nicht wirklich geeignet, den Sensor sicher und ohne Rückstände sauber zu bekommen. Auf jeden Fall sollten Sie eine spezielle Reinigungsflüssigkeit verwenden, zum Beispiel von Green Clean, Eclipse oder VisibleDust. Die Mittel hinterlassen keine Schlieren. Ergänzend sollten nicht haarende Reinigungsstäbchen verwendet werden. Auch hier bietet der Markt leider

▲ *Einzeln verpackte Feucht- und Trockenreinigungsstäbchen sind vor allem auf Reisen sehr praktisch, da sie garantiert staubfrei transportiert werden können.*

◄ *Green Clean bietet ein Kit aus einer Druckluftflasche, passenden Sensor-Absaugutensilien und Reinigungsstäbchen an (Sensor Cleaning Kit Non Full Size Sensor).*

Kamerasoftware updaten

teure, aber effektive Stäbchen an, wie etwa die Sensor Swabs.

Der Reinigungsablauf entspricht praktisch dem zuvor beschriebenen Prozedere. Führen Sie immer zu Beginn eine Luftreinigung mit dem Blasebalg durch. Streichen Sie dann das feuchte Reinigungsstäbchen sanft und ohne Druck über den Sensor. Trocknen Sie den Sensor anschließend mit dem Trocknungsstäbchen, am besten von den Sensorrändern zur Mitte hin.

▲ Reinigung mit dem feuchten Reinigungsstäbchen.

▲ Das Trocknungsstäbchen nimmt die Reinigungsflüssigkeit vollständig wieder auf.

✓ Den Sensor günstig reinigen lassen

Auch mehrfache Feuchtreinigung hat unserer Erfahrung nach keine negativen Folgen für den Sensor. Aber wir können natürlich keine Garantie für Ihre Aktion abgeben. Sollten Sie unsicher sein und um das Wohl Ihres Sensors fürchten, können Sie Ihre D5200 auch zu Nikon senden bzw. eine Vertragswerkstatt oder einen Fotofachhändler mit dieser Aufgabe betrauen. Mit etwas Glück erwischen Sie aber auch den Nikon-Service, zum Beispiel auf einem Fotofestival, und können die Reinigung vor Ort umsonst durchführen lassen.

13.9 Die Kamerasoftware updaten

Die Kamerafunktionen der D5200 werden über eine kamerainterne Software gesteuert. Diese wird als Firmware bezeichnet und stellt quasi das „Gehirn" der D5200 dar. Ab und zu benötigt die zentrale Steuereinheit ein Update, mit dem eventuell auftretende Probleme behoben werden können. Im folgenden Workshop erfahren Sie daher, wie Sie Ihre Kamera wieder auf den neuesten Stand bringen können, sobald Nikon eine neue Firmware-Version zur Verfügung stellt. Achten Sie beim Updaten darauf, dass der Kameraakku vollständig geladen ist.

Die Stromzufuhr darf während des Updates auch nicht unterbrochen werden, schalten Sie die D5200 daher keinesfalls aus. Alternativ zum Selbst-Updaten können Sie die Prozedur natürlich auch vom Nikon-Service durchführen lassen.

13 Objektivratgeber, Equipment und Kamerapflege

1 Installierte Firmware-Version prüfen

Bevor Sie zum Updaten schreiten, informieren Sie sich erst einmal, welche Softwareversion auf Ihrer D5200 bereits installiert wurde. Drücken Sie dazu die MENU-Taste, gehen Sie ins Systemmenü und dort zur Rubrik *Firmware-Version*. Drücken Sie OK, um die Version anzuzeigen, und wieder OK, um die Anzeige zu verlassen.

▲ C = Kamerasoftware, L = Objektivsoftware, S = Blitz-software. Es können für die Kamerasoftware auch die Abkürzungen A und B auftauchen.

2 Update aufrufen

Auf der Internetseite von Nikon können Sie nun prüfen, ob für die D5200 eine aktuelle Software zur Verfügung steht. Wählen Sie dazu den Link http://nikoneurope-de.custhelp.com/app/. Rufen Sie über die Drop-down-Menüs *Digital-SLR/Con-sumer/D5200* auf ❶ (zur Drucklegung des Buches lag noch keine neue Firmware-Version vor, daher wird hier exemplarisch die Seite für die Nikon D5100 gezeigt). Klicken Sie auf den Karteireiter *Firmware-Updates* ❷ und dann auf den Update-Link ❸.

3 Update herunterladen

Auf der nächsten Seite finden Sie ganz unten die Schaltflächen zum Starten des Downloads, eine für Windows- und eine für Macintosh-Computer. Klicken Sie auf *Ich stimme zu – zum Download* und laden Sie die Datei herunter.

4 Update-Datei entpacken

Über einen Doppelklick auf die heruntergeladene EXE-Datei und die Schaltfläche *Ausführen* wird die Installation gestartet. Im Speicherverzeichnis der heruntergeladenen Datei sollte nun ein Ordner mit der Bezeichnung *D5200Update* vorliegen.

5 Speicherkarte formatieren

Bevor das Update auf die Speicherkarte übertragen werden kann, muss die Karte formatiert werden. Hierzu legen Sie die Speicherkarte in die Kamera ein, wählen im Systemmenü *Speicherkarte*

Kamerasoftware updaten

formatieren und drücken OK. Gehen Sie auf die Schaltfläche *Formatieren* und bestätigen Sie die Aktion mit OK.

6 Update auf Speicherkarte übertragen

Verbinden Sie die Speicherkarte nun mit Ihrem Computer, zum Beispiel über ein Kartenlesegerät. Gehen Sie in den Ordner *D5200Update* und kopieren Sie die darin enthaltene Datei mit der Endung *.bin* in die oberste Ordnerebene der Karte, keinesfalls in einen Unterordner, sonst wird die Datei von der Kamera nicht erkannt.

7 Firmware-Aktualisierung durchführen

Legen Sie die Speicherkarte wieder in die Kamera ein. Wählen Sie, wie in Schritt 1 gezeigt, im Systemmenü den Eintrag *Firmware-Version*. Gehen Sie auf *Firmware-Update* und bestätigen Sie dies mit OK. Markieren Sie die Schaltfläche *Ja* und drücken Sie wieder OK. Warten Sie, bis der Vorgang abgeschlossen ist.

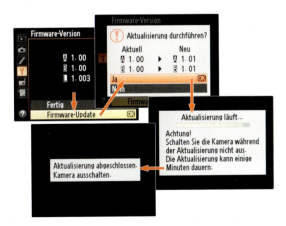

8 Firmware-Update überprüfen

Schalten Sie die Kamera aus und entnehmen Sie die Speicherkarte. Schalten Sie die Kamera dann wieder ein und prüfen Sie die Firmware-Version, wie in Schritt 1 beschrieben. War das Update erfolgreich, können Sie die Speicherkarte wieder in die Kamera stecken und sie formatieren, damit sie für neue Aufnahmen bereit ist. Die heruntergeladene Datei und den entpackten Ordner auf dem Computer können Sie löschen.

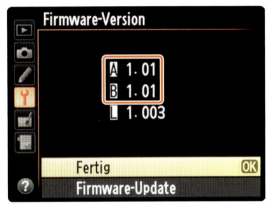

▲ *Erfolgreiches Update der Kamerasoftware A und B auf die Version 1.01 im Fall der Nikon D5100.*

i Updates für Objektiv und Blitz

Da die Nikkor-Objektive und externe Nikon-Blitzgeräte ebenfalls softwaregesteuert betrieben werden, können auch hierfür Aktualisierungen vorliegen. Vom Prinzip her läuft der Vorgang genauso ab wie beim Aktualisieren der Kamerasoftware. Suchen Sie sich die Downloadlinks daher ebenfalls im Onlinesupportcenter von Nikon heraus. Führen Sie das Update wie zuvor beschrieben durch. Wichtig ist, dass Sie das zu aktualisierende Objektiv oder den Blitz auch an die Kamera angeschlossen haben und der Blitz eingeschaltet ist. Im Fall einer Objektivaktualisierung sollte sich der L-Wert geändert haben, beim Blitz wäre es der S-Wert. Übrigens: Sollten Sie das jeweilige Objektiv oder den Blitz an einer anderen Nikon-Kamera verwenden, ist ein erneutes Updaten der Geräte an der anderen Kamera nicht mehr notwendig.

KAPITEL 14
Bilder präsentieren und optimieren

Alle Aufnahmen sind erfolgreich im Kasten verschwunden und sicher auf der Speicherkarte verewigt. Und nun, wie geht es weiter? In der Regel mit der technischen Nachbearbeitung, um aus Ihren Schätzen das bestmögliche Resultat herauszukitzeln. Wie Sie Ihre Fotos sogar schon in der Kamera optimieren können, bevor es dann zum Feinschliff in die digitale Dunkelkammer geht, zeigen wir auf den folgenden Seiten. Darüber hinaus werden wir vorstellen, wie die Übertragung der Bilder auf den PC vonstattengeht, damit auf der Speicherkarte rechtzeitig genügend Platz für Ihre neuen Fotoabenteuer bereitsteht.

14 Bilder präsentieren und optimieren

14.1 Bilder betrachten, schützen und löschen

Nach einer ausgiebigen Fotosession oder auch zwischendurch für die Bildkontrolle steht das Betrachten der aufgenommenen Fotos und Videos auf dem Programm. Hierbei unterstützt Sie die Nikon D5200 mit unterschiedlichen Wiedergabemöglichkeiten, die selbstverständlich auch vor der Präsentation Ihrer Aufnahmen in Form einer Diaschau auf dem großen Flachbild-TV nicht haltmachen.

1

Um die Fotos auf der Speicherkarte ansehen zu können, reicht ein Druck auf die Wiedergabetaste. Das Foto erscheint daraufhin auf dem Monitor.

Nun können Sie über die Pfeiltasten oder durch Drehen am Multifunktionsrad in beide Richtungen von Bild zu Bild springen und alles in Augenschein nehmen.

2

Drücken Sie die Taste ⊕, um in das Foto hineinzuzoomen. Mit den Pfeiltasten können Sie darin navigieren und genau die Stelle ansteuern, die Sie prüfen möchten. Ein Bild vor oder zurück geht es mit dem Einstellrad.

Erkennt die Kamera beim Einzoomen Gesichter, erscheinen weiße Quadrate in der Vollbildansicht unten rechts. Durch gleichzeitiges Drücken der Taste ⊕ und ▲ oder ▼ springen Sie von Gesicht zu Gesicht, mit der Taste ⊕ plus ◄ oder ► wird das Gesicht vergrößert oder verkleinert dargestellt. Um wieder herauszuzoomen, drücken Sie die Taste ⊖ oder die OK-Taste.

3

Wenn Sie die Taste ⊖ wählen, werden Ihnen erst vier, dann neun und schließlich 72 Bilder gleichzeitig angezeigt. Mit den Pfeiltasten lassen sich

einzelne Fotos auswählen und dann per OK auf Vollbildgröße ziehen.

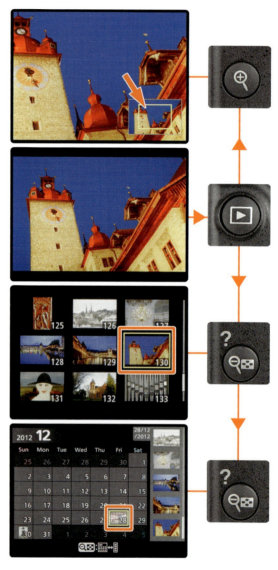

4

Gehen Sie noch eine Verkleinerungsstufe weiter als die 72 Aufnahmen, gelangen Sie in die Kalenderansicht. Das erste Foto des jeweiligen Tages wird bildlich dargestellt. Mit den Pfeiltasten kön-

Bilder betrachten, schützen und löschen

nen Sie das gesuchte Datum ansteuern und mit OK das erste Bild vergrößern. Dann geht es mit der Bildansicht dem Aufnahmedatum nach weiter vor oder zurück. Um in die rechte Laufleiste mit den Bildminiaturen zu gelangen, wählen Sie ein Datum und drücken die Taste ⊝▦ noch einmal.

5

Beendet wird die Bildwiedergabe durch Antippen des Auslösers oder einen erneuten Druck auf die Wiedergabetaste.

Anzeigen von Bildern und Filmen am TV

Für die Wiedergabe von Bildern und Filmen auf einem Fernseher benötigen Sie eine Kabelverbindung zwischen Kamera und TV-Gerät. Wenn Sie einen Fernseher mit Standardbildauflösung besitzen, können Sie das mitgelieferte A/V-Kabel EG-CP16 verwenden. Für (HD)TV-Geräte benötigen Sie hingegen ein Mini-HDMI-Kabel mit Typ-C-Stecker, wie das beispielhaft abgebildete Modell von Hama.

▲ HDMI-Kabel mit den Anschlusstypen C (kameraseitig, links) und A (TV-seitig, rechts).

Gehen Sie nun am besten folgendermaßen vor:

1

Schalten Sie die Kamera und den Fernseher aus. Verbinden Sie nun das einzelne Endstück des A/V-Kabels bzw. das kleinere Steckerende des HDMI-Kabels mit der Kamera.

Die anderen Kabelenden verbinden Sie mit den entsprechenden Steckplätzen Ihres Fernsehers.

▲ Gelber Stecker: Videoeingang, weißer Stecker: Audioeingang links, roter Stecker: Audioeingang rechts.

◀ HDMI-Anschluss am Fernseher.

14 Bilder präsentieren und optimieren

i Stimmen die TV-Einstellungen?

Um die Fotos und Videos auf dem Fernseher korrekt wiedergeben zu können, müssen die Einstellungen auf Ihr TV-Gerät abgestimmt sein. Dazu wählen Sie bei *Videonorm* die Einstellung *PAL*, die in Europa Standard ist (in den USA NTSC). Wenn Ihr TV-Gerät zudem die HDMI-CEC-Norm erfüllt, können Sie die Kamera mit der Fernbedienung steuern, sofern die Funktion *HDMI-Gerätesteuerung* auf *Ein* steht. Die Ausgabeauflösung kann ruhig auf *Automatisch* eingestellt bleiben.

2

Schalten Sie den Fernseher ein und wählen Sie den Kanal, der den verwendeten Anschlussbuchsen zugeordnet ist (hier: COMPONENT im Fall des A/V-Kabels bzw. HDMI im Fall des HDMI-Kabels).

3

Schalten Sie die Kamera ein. Rufen Sie die Bilder einzeln auf, starten Sie eine Diaschau oder lassen Sie die Filme abspielen. Dabei orientieren Sie sich am Fernsehbildschirm, denn der Kameramonitor bleibt in dieser Konstellation ausgeschaltet. Am Ende schalten Sie die Kamera und den Fernseher aus und ziehen die Kabel wieder ab.

Bilder betrachten, schützen und löschen

Präsentieren der Bilder als Diaschau

Sehr ansprechend ist die Wiedergabe der Bilder natürlich mit einer Diaschau, die Sie sowohl in der Kamera als auch am Computer oder über den großen Fernsehbildschirm ablaufen lassen können.

1

Gehen Sie hierzu ins Wiedergabemenü und dann weiter zur Option *Diaschau*. Drücken Sie die rechte Pfeiltaste.

2

Entscheiden Sie sich, welche Art von Mediendateien präsentiert werden soll.

Möchten Sie beispielsweise nur Fotos zeigen, wählen Sie bei *Dateityp* den entsprechenden Eintrag *Nur Fotos* und bestätigen dies mit der OK-Taste ❶.

3

Legen Sie zudem unter der Rubrik *Bildintervall* die Anzeigedauer fest ❷.

Starten Sie die Diaschau schließlich mit der Schaltfläche *Start* und einem Druck auf die OK-Taste ❸.

4

Während der Show springen Sie mit den horizontalen Pfeiltasten ein Bild weiter oder zurück. Wenn Sie OK drücken, wird die Diaschau pausiert.

Beenden können Sie die Schau, indem Sie *Beenden* wählen und mit OK bestätigen ❹ oder einfach den Auslöser antippen.

Schutz vor versehentlichem Löschen

Was gut ist, sollte geschützt werden, so auch Ihre besten Bilder. Dann kann es nicht passieren, dass die schönsten Bilder des Tages versehentlich von der Speicherkarte verschwinden.

Markieren Sie daher wichtige Fotos und Videos gleich mal mit dem Schlüssel-Symbol.

1

Suchen Sie sich das zu schützende Bild aus. Drücken Sie dann die AE-L/AF-L-Taste, um es mit einem Schlüssel-Symbol zu versehen. Je nach Ansichtsgröße erscheint auch der Hinweis *Bild ist geschützt*.

351

14 Bilder präsentieren und optimieren

2

Wiederholen Sie die Schutzaktion mit weiteren Bildern.

Alle markierten Fotos können nun mit den normalen Löschfunktionen nicht mehr entfernt werden.

3

Wenn der Schutz wieder aufgehoben werden soll, gehen Sie genauso vor wie beim Schützen, entfernen Sie die Häkchen mit der AE-L/AF-L-Taste.

Soll der Schutzstatus aller Bilder entfernt werden, drücken Sie die AE-L/AF-L-Taste und die Löschtaste gleichzeitig für etwa 2 Sek.

Bestätigen Sie die Aufhebungsfrage mit der Löschtaste.

> **Formatieren hebt Bilderschutz auf**
>
> Ein Formatieren der Speicherkarte löscht auch die geschützten Bilder und Filme. Nutzen Sie daher besser die nachfolgend beschriebene Löschfunktion zum Entfernen aller Dateien, wenn Sie alle nicht mehr benötigten Mediendateien in einem Schritt entfernen und nur die geschützten behalten möchten.

Löschfunktionen

Es liegt in der Natur der Sache, dass nicht jedes Bild gelingt. Das geht Amateuren genauso wie ausgebufften Profis. Daher ist es sinnvoll, die eindeutig vermasselten Fotos gleich in der Kamera zu löschen.

Das spart nicht nur Platz auf der Speicherkarte, man kann auch von vornherein einer Flut wenig brillanter Bilder vorbeugen, die sonst nur allzu schnell den Computer bevölkern.

Einzelbilder entfernen

Um einzelne Fotos in die ewigen Jagdgründe zu schicken, rufen Sie das Foto über die Wiedergabetaste auf und drücken dann einfach die Löschtaste. Wenn das Foto wirklich entfernt werden soll, drücken Sie die Löschtaste erneut. Haben Sie sich anders entschieden, drücken Sie die Wiedergabetaste.

Bildoptimierung in der Kamera

> **i Nach Vorgaben löschen**
>
> Manchmal betrifft die Unzufriedenheit des Fotografen eine ganze Bilderserie, die beispielsweise versehentlich total falsch belichtet wurde. Oder es sollen einfach gleich mehrere Einzelfotos gelöscht werden, ohne dabei jedes Bild umständlich über die Löschtaste entfernen zu müssen. Hierfür bietet die D5200 verschiedene Vorgaben an. Um diese zu erreichen, navigieren
>
> Sie ins Wiedergabemenü ▶ und dort zur Option *Löschen*. Wählen Sie nun eine der drei Löschvarianten aus.
>
>
>
> ▲ Ausgewählte Bilder werden mit der Taste markiert und dann mit der OK-Taste zum Löschen freigegeben.

14.2 Bildoptimierung in der Kamera

Wenn Sie nach einem schönen Fototag im Hotelzimmer, im Zug oder im Auto sitzen und ein wenig Zeit haben, die Bilder des Tages durchzusehen, fallen Ihnen eventuell hier und da einige Dinge auf, die verbesserungswürdig sind. Da passt es ganz gut, dass die D5200 bereits im Kameramenü einige Bearbeitungsoptionen bereithält. Vielleicht ist ja die richtige dabei, mit der Sie das Foto gleich optimieren können und sich damit einige Arbeit am Computer sparen.

> **✓ Erhalt der Originaldateien**
>
> Die kamerainterne Bildbearbeitung läuft ohne Verluste der Originaldateien ab, denn jedwede Veränderung wird in Form einer neuen Datei auf der Speicherkarte abgelegt. Die bearbeiteten Fotos können Sie anhand der neuesten laufenden Nummerierung und der Anfangsbezeichnung *CSC_* leicht aufstöbern.

Vom dunklen, schiefen Foto bis zum gelungenen Bildausschnitt

Bei manchen Bildern gehen einfach mehrere Dinge schief: Die Kontraste fallen zu stark aus oder die Belichtung stimmt nicht so ganz, das Bild ist nicht gerade ausgerichtet, objektivbedingt verzerrt und obendrein auch noch perspektivisch verzogen.

All dies können Sie mit der D5200 in einem Aufwasch korrigieren oder die nachfolgend beschriebenen Funktionen auch einzeln anwenden, ganz wie's beliebt.

1 Kontrast mit D-Lighting optimieren

Gehen Sie ins Bearbeitungsmenü und wählen Sie die *D-Lighting*-Funktion aus. Wählen Sie mit den Pfeiltasten das gewünschte Bild aus. Um es noch einmal genauer zu betrachten, können Sie die Vergrößerungstaste drücken. Bestätigen Sie die Wahl schließlich mit OK.

▲ Alle Bilder, die nicht bearbeitet werden können, weil sie z. B. mit einem EFFECTS-Filter aufgenommen wurden, markiert die D5200 mit einem gelben X-Symbol.

2 Effektstärke einstellen

Im nächsten Fenster lässt sich die Stärke des Effekts einstellen: *Moderat*, *Normal* oder *Verstärkt*. Meist reicht *Normal* aus. Vor allem bei Bildern, die mit höheren ISO-Werten aufgezeichnet wurden, erhöht sich sonst schnell einmal das Bildrauschen.

Haben Sie Ihre Wahl getroffen, schließen Sie den Vorgang mit OK ab. Das Bild wird nun als neue Kopie gespeichert. Erkennbar ist die Kopie an dem eingeblendeten Bearbeitungszeichen.

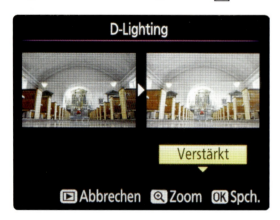

3 Gerade ausrichten

Wählen Sie im Bildbearbeitungsmenü die Option *Ausrichten* und suchen Sie sich das eben bearbeitete oder ein anderes Bild heraus. Drücken Sie die OK-Taste. Jetzt können Sie das Foto mit der linken oder rechten Pfeiltaste in die gewünschte Richtung drehen, bis es gerade ausgerichtet ist. Mit OK starten Sie die Bearbeitung.

4 Verzeichnungskorrektur

Steuern Sie die Funktion *Verzeichnungskorrektur* an, um eventuelle Objektivfehler auszugleichen. Hierbei können Sie die Option *Automatisch* wählen, das funktioniert allerdings nur bei zuvor unbearbeiteten Originalbildern und bei solchen, die mit kompatiblen Nikkor-Objektiven aufgenommen wurden.

In diesem Fall, in dem ein bereits bearbeitetes Foto weiter optimiert wird, gehen Sie auf *Manuell*. Stellen Sie über die Pfeiltasten ein, in welche Richtung die Korrektur erfolgen soll. Ein Wölben nach innen (rechts) korrigiert die tonnenförmige Verzeichnung von Weitwinkelobjektiven, nach links gestellt wird die kissenförmige Verzerrung von Teleobjektiven ausgeglichen. Starten Sie die Bearbeitung mit OK.

Bildoptimierung in der Kamera

 Auto-Verzeichnungskorrektur

Bitte beachten Sie, dass die Option *Automatisch* nicht zur Verfügung steht, wenn Bilder bereits mit der kamerainternen Auto-Verzeichnungskorrektur aufgenommen wurden.

5 Perspektivkorrektur

Navigieren Sie nun zur *Perspektivkorrektur* und wählen Sie das bearbeitete oder ein neues Bild aus.

Drücken Sie OK und richten Sie das Bild mit den Pfeiltasten perspektivisch gerade. Mit OK starten Sie die Bearbeitung.

6 Beschneiden und Seitenverhältnis ändern

Um das Foto zum Schluss noch ein wenig zurechtzuschneiden, wählen Sie *Beschneiden*. Drücken Sie OK und setzen Sie den gelben Rahmen mit den Pfeiltasten an die gewünschte Stelle.

Mit der Verkleinerungstaste können Sie den Bildausschnitt stärker begrenzen ❶, mit der Vergrößerungstaste wählen Sie einen weniger starken Beschnitt ❷. Über das Einstellrad können Sie das Seitenverhältnis ändern ❸.

Oben links werden Ihnen die Pixelmaße des fertigen Fotos angezeigt ❹. Drücken Sie OK, um die Bearbeitung durchzuführen.

▲ Unkompliziert und mit wenigen Arbeitsschritten ließ sich das Kirchenbild aufpeppen (¹/₁₀ Sek. | f5 | ISO 1600 | A | 18 mm).

14 Bilder präsentieren und optimieren

Noch mehr Kreativität mit Miniatureffekt, Fisheye und Farbkontur

Noch stärker verfremden können Sie Ihre Bilder mit speziellen Kreativeffekten, die Sie als separate Rubriken im Bearbeitungsmenü finden.

Wählen Sie einfach den gewünschten Effekt aus. Suchen Sie sich anschließend das passende Bild heraus. Stellen Sie die Effekte wunschgemäß ein und drücken Sie dann OK für den Bearbeitungsstart.

 Fisheye: Das Foto sieht aus, als hätten Sie es mit einem Fisheye-Objektiv, einem extremen Weitwinkelobjektiv, aufgenommen. Die Stärke kann mit den horizontalen Pfeiltasten variiert werden.

 Farbkontur: Das Bild wird so verfremdet, dass nur noch die Umrisskanten des Motivs erkennbar sind, fast so wie eine Strichzeichnung.

 **Farbzeichnung**: Das Bild wirkt wie eine Zeichnung mit Buntstiften. Die Konturen und die Sättigung können unterschiedlich intensiviert werden.

Miniatureffekt (Diorama-Effekt): Die Bilder wirken wie eine Miniaturwelt, nur ein dünner Streifen ist scharf zu erkennen, der Rest wird stark weichgezeichnet.

Bildoptimierung in der Kamera

 Selektive Farbe: Bis zu drei Farben können ausgewählt werden, der Rest des Bildes erscheint schwarz-weiß.

Entwickeln von NEF-/RAW-Bildern

RAW-Bilder müssen immer erst in der digitalen Dunkelkammer entwickelt werden, bevor sie ausgedruckt oder in anderen Medien, wie z. B. einer Internetpräsentation, verwendet werden können. Da ist es nur konsequent, dass die D5200 die Möglichkeit bietet, RAW-Fotos bereits in der Kamera mit den wichtigsten Schritten aufbereiten zu können. So lässt sich, zumindest wenn es schnell gehen soll, der Weg über den Computer sparen. Welche Optionen Ihnen die RAW-Bearbeitung bietet, finden Sie zusammengefasst in der Tabelle.

Icon	Funktion	Kapitel
FINE	Bildqualität	7.2/7.3
	Bildgröße	7.1
	Weißabgleich	6.2
0.0	Belichtungskorrektur	4.7
VI	Picture Control	6.4
ISO NR ON	Rauschunterdrückung bei ISO+	4.5
AdobeRGB	Farbraum	6.5
N	D-Lighting	11.1/14.2

▲ Optionen der RAW-Bearbeitung mit Kapitelverweis auf Hintergrundinformationen in diesem Buch.

1

Um die RAW-Bearbeitung durchzuführen, wählen Sie im Bildbearbeitungsmenü die Option *NEF-(RAW-)Verarbeitung* RAW.

Drücken Sie die OK-Taste, suchen Sie sich das gewünschte Bild aus und drücken Sie wieder OK.

2

Die Palette an Optionen wird nun angezeigt. Wählen Sie eine Option aus und gehen Sie dann mit der rechten Pfeiltaste ins jeweilige Menü.

> **i Einschränkungen**
>
> Zu beachten ist, dass der Weißabgleich nicht für Bilder zur Verfügung steht, die mit den Optionen *Mehrfachbelichtung* oder *Bildmontage* erstellt wurden.
>
> Außerdem kann die Belichtungskorrektur nur auf Werte zwischen –2 und +2 LW eingestellt werden.

Stellen Sie die Vorgabe wie gewünscht ein und bestätigen Sie die Aktion mit OK.

14 Bilder präsentieren und optimieren

▲ Auswahl des Weißabgleichs »Direktes Tageslicht« mit anschließender Feinjustierung (A6, M2).

3

Wenn alles eingestellt ist, navigieren Sie zur obersten Schaltfläche *Ausführen* und drücken OK, um die Bearbeitung zu starten.

14.3 Die Bilder mit Nikon Transfer 2 auf den PC übertragen

Für die Übertragung der Bilddaten gibt es prinzipiell zwei Möglichkeiten. Entweder Sie verbinden die D5200 über das mitgelieferte Schnittstellenkabel direkt mit einer USB-Buchse Ihres PCs. Oder Sie verwenden ein Kartenlesegerät, das ebenfalls über einen USB-Anschluss angekoppelt wird. Um die Bilder dann auf den Computer zu laden, können Sie entweder die angeschlossene Kamera bzw. die Speicherkarte im Explorer Ihres PCs aufrufen und die Dateien wie gewohnt in einen Festplattenordner kopieren. Oder Sie übertragen die Bilder mit der installierten Nikon-Transfer-Software direkt von der Kamera in ein bevorzugtes Computerverzeichnis, wie nachfolgend beschrieben.

1 Kamera anschließen

Stellen Sie die Kamera aus. Verbinden Sie die D5200 über das Schnittstellenkabel mit einer USB-Buchse Ihres Computers oder Notebooks.

> ✓ **Wenn Nikon Transfer 2 nicht automatisch startet**
>
> Sollte die Software nach dem Anschließen der Kamera nicht automatisch starten, können Sie sie manuell aufrufen, indem Sie das mitgelieferte Softwareprogramm ViewNX 2 öffnen und auf die Schaltfläche *Transfer* klicken.

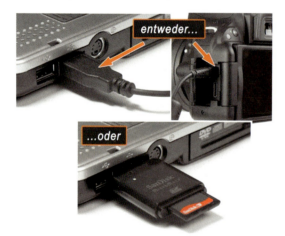

▲ Verbindung zwischen D5200 und Computer mittels Schnittstellenkabel oder Cardreader.

Bilder auf den PC übertragen

Stellen Sie den Power-Schalter der Kamera auf ON. Warten Sie eine Weile, bis auf dem Computermonitor das Fenster zur Programmauswahl erscheint. Wählen Sie Nikon Transfer 2.

2 Allgemeine Einstellungen

Im Startfenster von Nikon Transfer 2 sehen Sie die angeschlossene D5200. Um jetzt als Erstes einmal festzulegen, in welchen Ordner Ihrer Festplatte die Dateien kopiert werden sollen, klicken Sie auf die Registerkarte Primäres Ziel ❶. Im Drop-down-Menü können Sie auf Durchsuchen gehen und den Festplattenordner aufrufen ❷. Legen Sie zudem fest, ob die Bilder automatisch in Unterordnern sortiert werden oder alle im gleichen Verzeichnis landen sollen ❸.

Schließlich können Sie die Dateien auch noch umbenennen und sie so auf Ihr eigenes Nummernsystem umstellen oder aussagekräftige Bezeichnungen hinzufügen. Drücken Sie dazu auf die Schaltfläche Bearbeiten ❹.

3 Dateien umbenennen

Im Arbeitsbereich Dateinamensvergabe sehen Sie ganz oben den fertigen Namen des Bildes. Dieser setzt sich aus fünf veränderbaren Bausteinen zusammen. Hier sehen Sie beispielhaft, wie aus der ursprünglichen Bezeichnung _DSC1249.

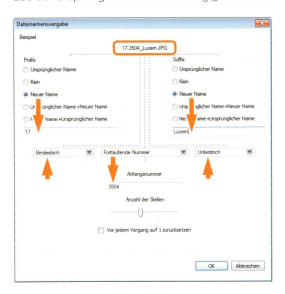

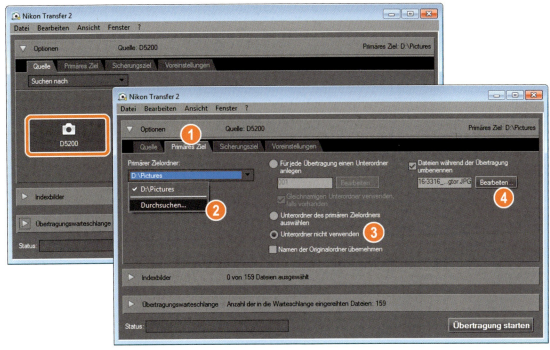

14 Bilder präsentieren und optimieren

jpg der neue Name *17-3504_Luzern.jpg* wird. Alle nachfolgenden Bilder werden die gleiche Bezeichnung erhalten, allerdings mit fortlaufender Nummer 3505 aufwärts.

4 Weitere Voreinstellungen

Über die Registerkarte *Voreinstellungen* können Sie weitere nützliche Optionen festlegen ❺. Dazu gehört beispielsweise die Rubrik *Nach der Übertragung automatisch trennen*.

Ist diese Option markiert, können Sie die Kamera einfach vom Computer abziehen, sobald alle Bilder übertragen wurden, ohne umständlich über die Auswerfen-Prozedur des Computers gehen zu müssen ❻.

Überdies können Sie festlegen, ob die Dateien nach der Übertragung direkt in ViewNX 2, Capture NX 2 oder im Explorer angezeigt werden sollen ❼.

5 Bilder auswählen

Im Arbeitsbereich *Indexbilder*, der sich unterhalb der *Optionen* befindet und mit einem Klick auf den hellgrauen Pfeil geöffnet werden kann, werden alle Bilder der Speicherkarte angezeigt. Durch einen Klick auf das Kästchen unten rechts können einzelne Fotos mit einem Häkchen versehen werden oder das Häkchen wird entfernt. Alternativ können Sie mit *Bearbeiten/Alles auswählen* alle Bilder markieren.

6 Bilder übertragen

Gehen Sie nun in den Arbeitsbereich *Übertragungswarteschlange*, der sich unterhalb der *Indexbilder* befindet. Hier sehen Sie noch einmal alle zu übertragenden Fotos aufgelistet, die Anzahl der Bilder steht rechts im Text der Überschrift. Klicken Sie nun auf die Schaltfläche *Übertragung starten*. Anhand der Warteschlange können Sie die Bildübertragung unmittelbar verfolgen.

Bilder auf den PC übertragen

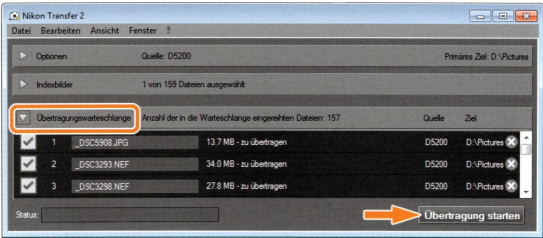

14 Bilder präsentieren und optimieren

7 Kamera trennen

Wenn Sie die Checkbox *Nach der Übertragung automatisch trennen* aktiviert haben (Schritt 4), kann die Kamera durch Abziehen des Schnittstellenkabels nun einfach wieder vom Computer getrennt werden. Wenn die Checkbox nicht aktiviert wurde, sollten Sie die Kamera über die Auswerfen-Funktion Ihres Computers trennen (*Hardware sicher entfernen* bei Windows , Desktop-Massenspeichersymbol auf Papierkorbsymbol ziehen bei Mac). Die übertragenen Bilder können nun mit der Nikon-Software ViewNX 2 betrachtet, weiterbearbeitet, sortiert und ausgedruckt werden.

> ✓ **Den Monitor ausschalten**
>
> Damit die Kamera während des Datentransfers nicht unnötig viel Strom verbraucht, können Sie den Bildschirm über die Info-Taste einfach ausschalten.

14.4 RAW-Konverter im Vergleich

Das NEF-/RAW-Format stellt ohne Zweifel das vielseitigste Dateiformat dar, mit dem Sie die beste Bildqualität aus den Aufnahmen herausholen können. Leichte Fehlbelichtungen bis hin zur Korrektur von Objektivschwächen, Farbstichen und vieles mehr lassen sich im Handumdrehen korrigieren.

Daher steht vielleicht gleich im Anschluss an die ersten Aufnahmen mit der frisch erworbenen Nikon D5200 die Wahl eines passenden RAW-Konverters auf dem Plan.

Wichtig zu wissen ist, dass jeder RAW-Konverter die Bilder in der Standardeinstellung einen Tick anders entwickelt. So kann das eine Programm die Farben flauer anzeigen, während ein anderes einen schon fast zu bunten Farbeindruck erzeugt.

Gleiches gilt für die Korrektur von Bildrauschen oder das Herauskitzeln von Details aus sehr hellen oder extrem dunklen Bildpartien. Gute RAW-Konverter lassen sich über die Standardkonfiguration hinaus aber auch intuitiv bedienen und bieten passende Voreinstellungen oder automatisierte Abläufe an. Der RAW-Konverter will also gut gewählt sein.

Nikon ViewNX 2

Der große Vorteil des Nikon-Programms ViewNX 2 liegt einerseits darin, dass es kostenlos mit der Kamera mitgeliefert wird, und andererseits darin, dass die Rohdatenverarbeitung perfekt auf die Bedürfnisse und Eigenschaften des RAW-Formats der Nikon D5200 abgestimmt ist.

Mit dem Programm können Sie Ihre Bilder hinsichtlich aller wichtigen Parameter optimieren, wozu beispielsweise die Korrekturen von Belichtung, Weißabgleich, Lichter/Schatten und Farbsättigung gehören. Hinzu gesellt sich die Möglichkeit, chromatische Aberrationen zu beheben.

Zum Nachschärfen gibt es jedoch nur einen Regler ohne weitere Feineinstellungen. Eine Optimierung von stürzenden Linien oder anderen geometrischen Verzerrungen ist ebenfalls nicht implementiert. Und ein Entrauschungstool gibt es auch nicht. Allerdings wird die zum Zeitpunkt der Aufnahme in der Kamera angewendete Rauschreduzierung erkannt und auf die RAW-Datei angewendet.

Die Rauschreduzierung läuft somit automatisch ab und unterdrückt extreme Fehlpixelbildung recht

RAW-Konverter

▲ *Bearbeitungsfenster für die NEF-/RAW-Datenentwicklung in ViewNX 2.*

ordentlich, ohne notwendiges Eingreifen. Vignettierungen werden im Übrigen ebenfalls automatisch entfernt.

ViewNX 2 liefert somit eine ordentliche Leistung, die ambitionierten Fotografen jedoch bald nicht mehr genügen wird. Daher haben wir im Folgenden vier weitere Programme näher unter die Lupe genommen.

Nikon Capture NX 2

Neben ViewNX 2 bietet Nikon einen umfangreicheren RAW-Konverter an, Capture NX 2. Der Konverter ist ebenfalls sehr gut auf die RAW-Dateien der D5200 abgestimmt und präsentiert das Foto meist bereits beim Öffnen in angenehmer Farb- und Helligkeitsdarstellung.

Neben den gängigen Bearbeitungsfunktionen, die sich auf das gesamte Bild auswirken, können auch lokale Feinanpassungen durch Klicken ins Bild durchgeführt werden (U-Point-Technologie). Es erscheinen dann verschiedene Regler-Balken, zum Beispiel für die Helligkeit, den Kontrast und die Sättigung. Werden diese verschoben, können einzelne Bildbereiche sehr intuitiv optimiert werden.

Nicht möglich sind hingegen perspektivische Korrekturen stürzender Linien. Die Bedienoberfläche im Palettenbereich kann zudem etwas unübersichtlich wirken, und die Verarbeitung ist nicht immer die schnellste. Insgesamt können die Nikon-eigenen RAW-Dateien aber auf sehr hohem Qualitätsniveau optimiert werden.

14 Bilder präsentieren und optimieren

▲ Arbeitsoberfläche von Capture NX 2, die Markierung zeigt einen Farbkontrollpunkt, den ich in den Schattenbereich gesetzt habe, um die dunkle Bildpartie lokal etwas aufzuhellen. Dazu werden die vier Schieberegler verwendet.

Adobe Lightroom und Adobe Camera Raw

Sehr weit verbreitet und von vielen Fotografen standardmäßig benutzt sind Adobe Camera Raw und Adobe Lightroom. Camera Raw ist Bestandteil von Photoshop (Elements) und wird beim Öffnen einer RAW-Datei automatisch gestartet.

Lightroom fungiert dagegen als eigenständiges Programm und verfügt neben der Rohdatenentwicklung auch noch über diverse Bildkatalogisierungs- und Archivierungsmöglichkeiten. Beide RAW-Konverter erlauben eine intuitive Bedienung und arbeiten schnell und zuverlässig.

Sehr angenehm ist die moderate Sättigungssteuerung über den *Dynamik*-Regler. Auch die spezifische Rettung sehr heller oder sehr dunkler Bildbereiche mit den Reglern *Tiefen/Lichter* (Camera Raw) bzw. *Lichter/Tiefen/Weiß/Schwarz* (Light-

room) ist sehr komfortabel gelöst. Überdies liefern die Rauschreduzierung und die Tools zum Nachschärfen überzeugende Resultate.

Außer bei Photoshop Elements gesellt sich ferner die Möglichkeit hinzu, Objektivfehler auf Basis gespeicherter Profile automatisch korrigieren zu lassen und eigene Profile abzuspeichern.

Bei neuen Kameramodellen ist man, wie bei allen anderen Drittanbieterprogrammen, jedoch zunächst auf das DNG-Format (siehe Infobox) angewiesen, bis ein entsprechendes Update zur direkten Verarbeitung der NEF-Dateien erhältlich ist, was in der Regel aber schnell geht und für die Nikon D5200 zur Drucklegung des Buches auch schon existierte.

RAW-Konverter

▲ RAW-Entwicklungsoberfläche von Adobe Lightroom 4.

DNG, das unabhängige digitale Negativ

Bei DNG (**D**igital **N**egative) handelt es sich um ein Archivformat für digitale Rohdaten. Erzeugt wird die DNG-Datei aus der NEF-/RAW-Datei mithilfe des frei verfügbaren DNG-Konverters von Adobe (*www.adobe.com/de/products/dng/*). Der Vorteil liegt darin, dass der DNG-Konverter immer kostenlos auf die neuesten Kameramodelle aktualisiert werden kann und DNG-Dateien von vielen RAW-Konvertern und Bildbearbeitungsprogrammen akzeptiert werden. DNG ist jedoch noch kein offizieller Standard. So werden DNG-Daten beispielsweise bei vielen restriktiveren Fotowettbewerben im Gegensatz zu Original-NEF-/ RAW-Dateien nicht angenommen. Daher gibt es die Möglichkeit, die NEF-/RAW-Originaldatei in die DNG-Datei einzubetten. Diese Einstellung erreichen Sie über die Schaltfläche *Voreinstellungen ändern* und die Checkbox *RAW-Originaldatei einbetten*. So lässt sich das NEF-/RAW-Original später problemlos wiederherstellen.

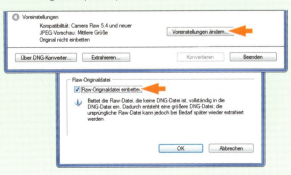

14 Bilder präsentieren und optimieren

Auch ist die Anschaffung nicht unbedingt günstig und die Updates für neue Kameramodelle sind nur eine gewisse Zeit erhältlich. Kommt eine neue Programmversion auf den Markt, hilft beim Erwerb einer neuen Kamera nur das Updaten des gesamten Programms oder das Umschwenken auf DNG.

DxO Optics Pro

DxO Optics Pro glänzt durch ausgereifte Voreinstellungen, sogenannte Presets, und gut funktionierende automatische Anpassungen. Darüber hinaus werden Objektivfehler und Bildrauschen in den RAW-Dateien automatisch und schnell optimiert. Zusätzlich lassen sich verschiedene Entwicklungsstile anwenden, z. B. *Landschaft-Postkarte*, und im rechten Bearbeitungsbereich stehen weitere Werkzeuge zur Farbanpassung und Belichtungskorrektur zur Verfügung. Der große Vorteil von DxO Optics Pro liegt darin, dass in vielen Fällen kaum noch selbst Hand an die Regler gelegt werden muss, obgleich dies ohne Weiteres möglich ist.

Die Korrektur objektivbedingter Fehler erfolgt ebenfalls auf Basis von downloadbaren Kamera-Objektiv-Kombinationen. Auch hier können Sie sich auf die automatische Bearbeitung gut verlassen. Genauso wie bei der Rauschreduzierung, die sehr leistungsstark ist, die Details wunderbar erhält und über vier Regler und zwei Auswahlkriterien manuell noch weiter optimiert werden kann. Einziges Manko: Der Konvertierungs- und Speichervorgang am Ende der Bearbeitung könnte etwas schneller ablaufen.

▲ *RAW-Entwicklungsoberfläche von DxO Optics Pro 8.*

RAW-Konverter

✓ Freeware RawTherapee

Wer das Entwickeln von RAW-Bildern erst einmal ohne weiteren Kostenaufwand bewerkstelligen möchte, sich aber mehr Optionen wünscht, als es ViewNX 2 liefern kann, findet mit dem Programm RawTherapee eine interessante Alternative. Die NEF-/RAW-Dateien aus der D5200 ließen sich damit prima öffnen. Allerdings kann es dazu kommen, dass Sie, zumindest zu Beginn, etwas geduldig sein müssen, bis alle Dateien eines gewählten Ordners eingelesen wurden. Die anschließende Bearbeitung, die komplett im 16-Bit-Modus läuft und für die Sie im rechten Fensterbereich alle notwendigen Werkzeuge finden, geht dann aber recht zügig vonstatten. Bei der nachfolgenden Verarbeitung des Einzelbildes oder mehrerer Fotos in der Stapelverarbeitung ist dann aber wieder etwas Geduld gefragt.

Fazit

Alle getesteten Programme erfüllen ihre Aufgabe wie erwartet, wobei Adobe Lightroom (und Adobe Camera Raw) sehr intuitiv bedienbare Regler und konstant sehr gute Resultate bei gleichzeitig guter Verarbeitungsschnelligkeit liefert und DxO Optics Pro durch tolle automatische Voreinstellungen und eine sehr gute Bildqualität glänzt.

ViewNX 2 fällt ein wenig ab, weil die Bearbeitungsoptionen insgesamt eingeschränkter sind und kei-

▲ Ergebnisse der verschiedenen RAW-Konverter. Der Weißabgleich wurde nicht verändert, die Farbunterschiede sind somit konverterspezifisch: ❶ ViewNX 2, ❷ Capture NX 2, ❸ Adobe Lightroom, ❹ DxO Optics Pro.

14 Bilder präsentieren und optimieren

ne Perspektivkorrektur integriert ist. Die Bildqualität an sich stimmt jedoch. Capture NX 2 glänzt durch eine sehr gute Bildqualität, die U-Point-Technologie und das integrierte Staubentfernungssystem, hat aber ebenfalls keine Perspektivkorrektur und ist nur für Nikon-RAW-Dateien verwendbar. DxO Optics Pro liefert wirklich sehr gute Resultate, aber an der Geschwindigkeit und Stabilität des Programms hapert es teilweise noch.

Daher bietet sich ViewNX 2 für all diejenigen an, die in die RAW-Bearbeitung erst einmal einsteigen und die Rohdateien ohne zusätzlichen finanziellen Aufwand entwickeln möchten. Wer mehr will und dabei vor allem auf viele Automatiken achtet, ist mit DxO Optics Pro gut beraten. Wer auch in absehbarer Zukunft nur Nikon-RAW-Dateien bearbeiten wird (abgesehen von JPEG und TIFF) und dabei einen auf das Nikon-System abgestimmten Konverter sucht, der kommt mit Capture NX 2 sicherlich bestens zurecht. Und für all diejenigen, die ein Höchstmaß an Flexibilität, Funktionsumfang und Bildqualität anstreben, ist Adobe Lightroom sicherlich am interessantesten.

14.5 Weitere Lesetipps und Links

Möchten Sie Ihr Wissen rund um die Digitalfotografie erweitern, mehr Informationen über geeignetes Zubehör finden, oder suchen Sie spezielle Informationen zu Nikon-Technologien? Möchten Sie vielleicht mit anderen Fotografen über Technik und Bildgestaltung diskutieren? Dann könnte die folgende Linksammlung ganz interessant sein ...

Häufige Fragen, Downloads, Handbücher, Firmware-Updates

- *http://nikoneurope-de.custhelp.com/app/answers/list*

Infoseiten zu Nikon-Technologien und Nikon-Software

- Deutschlandseite von Nikon: *www.nikon.de*
- Internationale Nikon-Seite mit technischen Hintergrundinformationen: *www.nikon.com/about/technology/index.htm*
- Herstellerinformationen zur D5200: *www.nikon.de/de_DE/product/digital-cameras/slr/consumer/d5200*
- Hintergrundinformationen zu Nikon-Technologien sind im Onlinesupportcenter durch Eingabe von Suchbegriffen auffindbar, z. B. „Nikon-Objektivtechnologien" oder „creative lighting system": *https://nikoneurope-de.custhelp.com/*

Kamera- und Objektiv-Reviews

- *www.dpreview.com/products/Nikon/*
  Sehr ausführliche Reviews zu Kameras, Objektiven und Zubehör (englisch).
- *www.colorfoto.de/test/bestenlisten/*
  Bestenlisten der Zeitschrift ColorFoto (deutsch).
- *www.photozone.de/Reviews/nikon–nikkor-apsc-lens-tests*
  Ausführliche Tests in englischer Sprache.

Rund um die (Digital-)Fotografie

- *www.digitalkamera.de/Fototipp/*
  Onlinemagazin zur Digitalfotografie mit News, Tests, Fototipps und mehr (deutsch).
- *www.elmar-baumann.de/fotografie/index.html*
  Technische und bildgestalterische Tipps sowie Fotoformeln zur Berechnung von Schärfentiefe, Abbildungsmaßstab u. v. m. (deutsch).
- *www.foto-net.de/net/frame.htm*
  Antworten auf technische und gestalterische Fragestellungen aller Art (deutsch).

Referenz Kameramenü

- *www.fototv.de/*
  Videos, Workshops und redaktionelle Beiträge zu fotografischen Themen (deutsch, kostenpflichtig).

Foren zur Digitalfotografie
- *www.dslr-forum.de/*
  Diskussionsforum zur digitalen Spiegelreflexfotografie, nicht nur Nikon (deutsch).
- *www.nikon-fotografie.de*
  Community speziell für Nikon-Fotografen.
- *www.nikonians.org/de/*
  Artikel, Foren, Testberichte und ein Onlinemagazin rund um Nikon-Produkte und -fotografie (deutsch und englisch).
- *www.nikonpoint.de/*
  Forum für Nikon-User mit einem extra eingerichteten Wissensbereich (*www.wissen.nikonpoint.de/*).

Software
- Photomatix: *www.hdrsoft.com/de*
- Oloneo: *www.oloneo.com*
- PTGui: *www.ptgui.com*
- Adobe DNG-Konverter: *www.adobe.com/products/photoshop/extend.displayTab2.html*
- Adobe Lightroom: *www.adobe.com/de/products/photoshop-lightroom.html*
- DxO Optics Pro: *www.dxo.com/de/photo*
- RawTherapee: *http://rawtherapee.com/blog/features*

Empfehlenswerte Bildentwicklungslabors
- *www.fotoexakt.de/*
- *www.fotobuchexpress24.de/*
- *www.jam-fineartprint.de/*
- *www.echtleinwand.at/*
- *www.tkexe.tk/*

14.6 Referenz Kameramenü

Das Wiedergabemenü
Das Wiedergabemenü bietet Optionen, was mit einem bereits aufgenommenen Bild geschehen soll bzw. wie dieses dargestellt werden soll.

Löschen
Löschen Sie das angezeigte Bild bzw. markieren Sie mehrere Bilder zum Löschen.

Wiedergabeordner
Hier wählen Sie, welche Bilder standardmäßig beim Drücken der Wiedergabetaste angezeigt werden sollen.

Option für Wiedergabeansicht
Stellen Sie hier ein, welche Informationen bei der Bildwiedergabe mit dargestellt werden sollen.

14 Bilder präsentieren und optimieren

Bildkontrolle
Wählen Sie, ob die Bilder direkt nach der Aufnahme kurz angezeigt werden sollen.

Anzeige im Hochformat
Stellen Sie ein, ob die Bilder automatisch gedreht werden sollen oder nicht.

Diaschau
Starten Sie eine automatische Wiedergabe der Bild- und/oder Videodaten.

DPOF-Druckauftrag
Starten Sie einen direkten Druckauftrag an einen mit PictBridge kompatiblen Drucker.

Das Aufnahmemenü
Im Aufnahmemenü stellen Sie alle Parameter ein, die für Ihre Aufnahme relevant sind.

Zurücksetzen
Stellt die Einstellungen auf die Standardvorgaben zurück.

Ordner
Hier erstellen oder löschen Sie Ordner auf der Speicherkarte oder benennen diese um.

Bildqualität
Wählen Sie hier die Optionen zwischen JPEG und NEF(RAW).

Bildgröße
Wählen Sie die Bildgröße S, M oder L für JPEG aus.

Weißabgleich
Wählen Sie hier zwischen den verschiedenen Voreinstellungen für den Weißabgleich der Kamera oder messen Sie den Wert manuell.

Picture Control konfigurieren
Stellen Sie in diesem Menü eine der Standard-Picture-Control-Konfigurationen ein.

Referenz Kameramenü

Konfigurationen verwalten
Dient der Steuerung und Verwaltung von benutzerdefinierten Picture-Control-Konfigurationen.

Auto-Verzeichnungskorrektur
Nutzen Sie diese Option, um tonnen- bzw. kissenförmige Verzeichnungen automatisch bereits bei der Aufnahme korrigieren zu lassen.

Farbraum
Wählen Sie hier zwischen sRGB oder Adobe RGB für Ihre Bilder.

Active D-Lightning
Stellen Sie ein, ob und wie stark die kamerainterne Kontrastoptimierung eingreifen soll.

HDR (High Dynamic Range)
Nutzen Sie diese Option, wenn Sie eine automatische Mehrfachbelichtung zur Tonwerterweiterung erstellen möchten.

Rauschunterdr. bei Langzeitbel.
Wenn Sie Aufnahmen mit mehr als 1 Sek. Belichtungszeit aufnehmen, stellt das Einschalten dieser Option sicher, dass das Rauschen durch eine zweite, ebenso lange Aufnahme vermindert wird.

Rauschunterdrück. bei ISO+
Wenn Sie Aufnahmen mit höheren ISO-Werten aufnehmen, reduziert diese Option das ISO-Rauschen durch interne Berechnung.

ISO-Empfindlichkeits-Einst.
Stellen Sie hier die unterschiedlichen ISO-Werte ein und konfigurieren Sie die Arbeitsweise der ISO-Automatik.

Aufnahmebetriebsart
Wählen Sie unter den Optionen für Serienbildmodi oder den Einzelbildoptionen.

Mehrfachbelichtung
Konfigurieren Sie hier die Arten der Mehrfachbelichtung.

Intervallaufnahme
Erstellen Sie mit dieser Option Aufnahmen in festgelegten Zeitabständen.

Videoeinstellungen
Stellen Sie hier die Parameter wie Bildgröße, Bildrate und Filmqualität ein sowie die Pegelung des Mikrofons.

14 Bilder präsentieren und optimieren

Individualfunktionen

Mit den Individualfunktionen passen Sie die D5200 noch genauer an Ihre Bedürfnisse an. Folgende sechs Kategorien stehen Ihnen zur Verfügung:

a: Autofokus
a1: Priorität bei AF-C (kont. AF)
Legen Sie hier die Auslösepriorität oder Schärfepriorität fest.

a2: Anzahl der Fokusmessfelder
Stellen Sie für die manuelle Fokusmessfeldauswahl 39 oder elf Messfelder ein.

a3: Integriertes AF-Hilfslicht
Legen Sie fest, ob das unterstützende Autofokuslicht ein- oder ausgeschaltet wird.

a4: Fokusskala
Wählen Sie, ob die Belichtungsskala im manuellen AF-Modus zur Anzeige des Fokuspunktes verwendet werden soll.

b: Belichtung
b1: Schrittweise Bel.-Steuerung
Stellen Sie die Schrittweiten der Belichtungssteuerung ein, die bei der manuellen Anpassung von Belichtungsoptionen (Belichtungszeit, Blende, Korrektur von Belichtung oder Blitz) oder bei Belichtungsreihen verwendet werden sollen.

c: Timer/Bel.-speicher
c1: Bel. speichern mit Auslöser
Wählen Sie, ob Sie bei halb gedrücktem Auslöser auch die Belichtung mit speichern möchten (*Ein*) oder nicht (*Aus*).

c2: Ausschaltzeiten
Stellen Sie ein, wie lange der Monitor bei den unterschiedlichen Wiedergabeoptionen der Kamera eingeschaltet bleiben soll.

c3: Selbstauslöser
Konfigurieren Sie hier Optionen des Selbstauslösers, wie z. B. Vorlaufzeit oder Anzahl von Aufnahmen.

c4: Wartezeit für Fernauslös. (ML-L3)
Diese Option stellt ein, wie lange die Kamera auf eine Eingabe des Fernauslösers wartet.

d: Aufnahme & Anzeigen
d1: Tonsignal
Wählen Sie, ob und wie ein Tonsignal bei Scharfstellung der Kamera wiedergegeben wird.

Referenz Kameramenü

d2: Gitterlinien
Blenden Sie Gitterlinien zur Ausrichtung der Aufnahme ein oder aus.

d3: ISO-Anzeige
Wechseln Sie mit eingeschalteter Option die Anzeige der verbleibenden Aufnahmen im Sucher gegen die gewählte ISO-Empfindlichkeit aus.

d4: Nummernspeicher
Stellen Sie ein, ob die Kamera die Bilddaten mit fortlaufenden Nummern (*Ein*) versieht oder bei jedem Speicherkartenwechsel von 0001 zu zählen beginnt.

d5: Spiegelvorauslösung
Schalten Sie hier die Spiegelvorauslösung ein.

d6: Datum einbelichten
Diese Option schreibt verschiedene Datumsangaben unten rechts ins Bild.

e: Belichtungsreihen & Blitz
e1: Integriertes Blitzgerät
Stellen Sie hier die Optionen des integrierten Blitzes ein. Sie können zwischen der automatischen Leistungssteuerung TTL und der manuellen Steuerung M wählen.

e2: Autom. Belichtungsreihen
Stellen Sie ein, welche Art der Belichtungsreihe Sie verwenden möchten. Es stehen Ihnen die Optionen Belichtung, Weißabgleich oder Active D-Lighting zur Verfügung.

f: Bedienelemente
f1: Funktionstaste
Konfigurieren Sie hier die Option der Funktionstaste Fn.

f2: AE-L/AF-L-Taste
Konfigurieren Sie hier die Option der AE-L/AF-L-Taste. Sie haben die Wahl, ob Sie die Taste durch

Gedrückthalten oder wie einen Schalter belegen. Zudem wird festgelegt, ob nur die Belichtung oder der Autofokus oder beides mit Drücken gespeichert werden soll.

f3: Auswahlrichtung
Wählen Sie die Drehrichtung des Einstellrads für die Belichtungskorrektur bzw. Belichtungszeit/Blende.

f4: Auslösesperre
Mit dieser Option legen Sie fest, ob die Kamera auch ohne Speicherkarte auslöst.

f5: Skalen spiegeln
Kehren Sie mit dieser Einstellung die Darstellung der Belichtungsskala um.

Das Systemmenü
Im Systemmenü stellen Sie grundlegende Kameraeinstellungen ein.

Speicherkarte formatieren
Formatiert die Speicherkarte und löscht alle Inhalte.

Monitorhelligkeit
Stellen Sie die Helligkeit des Monitors ein.

14 Bilder präsentieren und optimieren

Anzeige der Aufnahmeinfor.
Wählen Sie, wie die Aufnahmeinformationen auf dem Monitor dargestellt werden sollen, klassisch oder grafisch.

Info-Automatik
Stellen Sie ein, ob die Aufnahmeinformationen bei Drücken des Auslösers angezeigt werden sollen oder nicht.

Bildsensor-Reinigung
Schalten Sie hier eine kamerainterne Reinigung des Bildsensors ein, wenn Sie Schmutz auf dem Sensor vermuten. Des Weiteren können Sie hier auch die Reinigung bei Ein-/Ausschalten wählen.

Inspektion/Reinigung
Wenn Sie eine mechanische Reinigung des Sensors durchführen möchten, stellen Sie über diese Option den Reinigungsmodus ein.

Referenzbild (Staub)
Nchmen Sie hier ein Referenzbild auf, um Staubablagerungen auf dem Sensor in Bildern über die Software Capture NX 2 herauszurechnen.

Videonorm
Stellen Sie hier die unterschiedlichen Optionen für die Videowiedergabe ein.

HDMI
Stellen Sie hier die unterschiedlichen Optionen für die HDMI-Einstellungen ein, z. B. die Geräteauslösung oder die Gerätesteuerung mit HDMI-CEC-kompatiblen Geräten.

Flimmerreduzierung
Diese Option reduziert Flimmern bei Videoaufnahmen bei Licht von Leuchtstofflampen.

Zeitzone und Datum
Wählen Sie die entsprechende Zeitzone inklusive Sommerzeit.

Sprache (Language)
Stellen Sie hier die Menüsprache der Kamera ein.

Bildkommentar
Fügen Sie einer Aufnahme eine kurze Textnotiz hinzu.

Automatische Bildausrichtung
Wählen Sie, ob Informationen über die Ausrichtung der Kamera mit in dem Bild gespeichert werden sollen, um diese später im richtigen Format anzuzeigen.

Zubehöranschluss
Stellen Sie ein, wie der Zubehöranschluss der D5200 genutzt werden soll (Optionen: Fernauslöser, GPS).

Eye-Fi-Bildübertragung
Sobald eine Eye-Fi-Karte verwendet wird, ist diese Option verfügbar. Nutzen Sie die Auswahl *Aktivieren*, um die Funktionen der Übertragung zu nutzen.

Funkadapter
Aktivieren bzw. deaktivieren Sie hier die kabellose Verbindung zum Tablet/Smartphone, wenn Sie den Funkadapter WU-1a verwenden.

Referenz Kameramenü

Firmware-Version
Lassen Sie sich die derzeit installierte Version der Kamerasoftware anzeigen.

Das Bildbearbeitungsmenü
Mit dem Bildbearbeitungsmenü können Sie vielfältige Aufgaben der Bildoptimierung und -bearbeitung direkt in der Kamera durchführen.

D-Lighting
Hellt vor allem Schattenbereiche auf.

Rote-Augen-Korrektur
Entfernt nachträglich rote Augen, die meist bei Blitzeinsatz auftreten.

Beschneiden
Legt einen neuen Ausschnitt eines Bildes fest.

Monochrom
Wandelt Fotos in Schwarz-Weiß-Bilder um.

Filtereffekte
Simuliert verschiedene analoge Filter wie z. B. Skylight oder Sterneffekt.

Farbabgleich
Verändert die Farbverhältnisse in einem Foto.

Bildmontage
Verbindet zwei NEF-Aufnahmen zu einem Bild.

NEF-(RAW-)Verarbeitung
Erstellt JPEG-Dateien aus NEF-/RAW-Aufnahmen.

Verkleinern
Verkleinert Fotos auf neue Pixelmaße.

Schnelle Bearbeitung
Vereinfacht automatische Korrekturen von Sättigung und Kontrast.

Ausrichten
Dreht eine Aufnahme, um den Horizont gerade auszurichten.

Verzeichnungskorrektur
Korrigiert Verzerrungen und Verzeichnungen von Aufnahmen. Sie können manuelle Korrekturen vornehmen.

Fisheye
Simuliert starke Verzeichnungen wie bei einem Fisheye-Objektiv.

Farbkontur
Erstellt Linienzeichnungen einer Aufnahme.

Farbzeichnung
Wendet einen Effekt wie bei einer Buntstiftzeichnung auf das Foto an.

Perspektivkorrektur
Korrigiert stürzende Linien.

Miniatureffekt
Legen Sie nur einen kleinen Schärfestreifen in Ihrem Bild fest.

Selektive Farbe
Wählen Sie eine Farbe, die im Bild verwendet wird, der Rest wird schwarz-weiß dargestellt, sogenanntes Color-Key.

Bilder vergleichen
Vergleichen Sie Bildkopien mit angewendeten Bearbeitungen mit den originalen Aufnahmen.

Letzte Einstellungen/Mein Menü
Mit *Letzte Einstellungen* werden Ihnen die letzten 20 verwendeten Einstellungen der Kamera chronologisch absteigend angezeigt.

Mit *Mein Menü* legen Sie sich eine eigene Liste von Optionen an.

Stichwortverzeichnis

3D-Tracking 126

A

Abbildungsmaßstab 241
Abhängigkeit Zeit, Blende 75
Abhängigkeit Zeit, Blende, ISO 87
Achromat 242
Actionfotografie 266
Adapterringe 329
ADL-Belichtungsreihe 255
Adobe Lightroom 364
Adobe RGB 154
AE-L/AF-L-Taste 208
AF-S-Objektivanschluss 303
Akku 329
Aufnahmeansicht 18
Auslösepriorität 127, 129
Auslöser 17
Ausrichten 354
Ausschaltzeiten 31
Autofokus 113
    AF-A 123
    AF-F 133
    AF-S 119
    Film 291
    kontinuierlicher 122, 134
    Kontrastmessung 132
    Kreuzsensor 115, 207
    Live View 130
    Messfeldwahl 120
    Phasenmessung 115
    Porträt-AF 132
    Sensor 115
Autofokusmotor 303
Autofokusprobleme 127
Autofokussystem 114
Automatikbalgen 244
Automatische Belichtungsmodi 44
Automatische Belichtungsreihe 238, 260
Automatische Bildausrichtung 38
Automatischer ISO-Wert 93
Automatischer Weißabgleich 140
A/V-Kabel 349

B

Bajonettanschluss 303
Balgengerät 244
Beanbag 321
Bedienelemente 15
Bedienungskonzept 26
Belichtung
    Bulb-Funktion 274
    dunkle Motive 104
    helle Motive 104
    Histogramm 107
    manuell 69
    Messmethoden 98
    Panorama 278
    speichern 208
Belichtungskorrektur 105
Belichtungsmessung 98
    Matrixmessung 98
    mittenbetont 99
    Spotmessung 101
Belichtungsreihe 238, 260
Belichtungswarnung 65, 67, 108, 162, 187
Belichtungszeit 76
Beugungsunschärfe 85
Bewegung einfrieren 266
Bewegung einfrieren, mit Blitz 268
Bildbearbeitung 353
Bildübertragung auf den PC 358
Bildgestaltung 204
Bildgestaltung, räumliche Tiefe 222
Bildgröße 158
Bildkommentar 37

Stichwortverzeichnis

Bildkontrollzeit 31
Bildkreis 244
Bildmontage 274, 278
Bildrate (fps) 290
Bildrauschen unterdrücken 91
Bildstabilisator 80, 222
Bildstabilisator, Mitzieher 270
Bildstil 147
Bildwiedergabe 348
   am TV 349
   Diaschau 351
Bildwinkel 214
Blaue Stunde 231
Blende 81
Blendenautomatik (S) 65
Blendenvorwahl (A) 67
Blitz
   Belichtungswarnung 187
   CLS 176
   entfesselt 196, 268
   Gegenlicht 195
   indirekt 178
   Infrarotfiltervorsatz 178
   integrierter 172
   i-TTL 183
   Lichtformer 200
   Modus A 186
   Modus M 187
   Modus P 184
   Modus S 189
   Nachtporträt 192
   Rear-Modus 271
   Reichweite 173
   rote Augen 182
   Spitzlichter 227
   Synchronisationszeit 182
   Systemblitzgeräte 174
   Verschluss-Sync 190

Blitz
   Weitwinkelstreuscheibe 181
   Zoomreflektor 180
Blitz-aus-Modus 47, 232
Blitzbelichtungskorrektur 190
Blitzentriegelungstaste 174
Blitzgruppe 201
Blitzmodus 181
Blitzsoftware updaten 345
Bohnensack 321
Bulb-Modus 274

C

Capture NX 2 363
Chromatische Aberration 305
Creative Lighting System (CLS) 176
Cropfaktor 212

D

Datum einbelichten 35
Datum einstellen 28
Detailauflösung 305
Diaschau 351
Diffusor 227, 253
Display 31
D-Lighting 353
DNG-Format 365
Drittel-Regel 205
DX-Objektive 303
DxO Optics Pro 366
Dynamikumfang 250
Dynamikumfang, HDR 256
Dynamische Messfeldsteuerung 124

E

EFFECTS-Programme 56
Einbeinstativ 318
Einstellrad 17

Stichwortverzeichnis

Einstellschlitten 247
Einzelautofokus 119
Entfesselter Blitz 196, 268
Exposure Value (EV) 78
Extender 315
Eye-Fi-Bildübertragung 331

F

Farbkontur-Effekt 356
Farbraum 153
Farbtemperatur 138
Farbtiefe 166
Farbzeichnung 58, 356
F-Bajonett 303
Fernauslöser 321
Fernsteuerung 230, 322
Festbrennweite 245, 313
Feuerwerk 275
Filmen 286
    abspielen über TV 349
    Banding-Effekt 294
    Belichtungskorrektur 288
    Bildrate (fps) 290
    Film schneiden 298
    Filmsteuerung 298
    Flimmerreduzierung 294
    fokussieren 291
    manuelle Belichtung 293
    Rolling-Sutter-Effekt 287
    Schärfentiefe 286
    Speicherformate 288
    Speicherkarte 330
    Standbilder 292, 298
    Tonaufnahme 296
Filter 325
    Neutraldichtefilter 290
    Polfilter 306, 325
Firmware-Version 343

Fisheye-Effekt 356
Flexipod 320
Fn-Taste 89
Fokusring 128
Fokussieren 113
    elektronische Einstellhilfe 129
    Film 291
    kontinuierlicher AF 134
    Live View 130
    manuell 127
    Schärfespeicherung 206
Fokusskala 129
Formatieren der Speicherkarte 33
Funkadapter 230, 334
Funktionswählrad 18

G

Gegenlichtsituation 195
Geotagging 332
Gesichtserkennung 132
Gitternetzlinien 204
GorillaPod 320
GPS-Empfänger 332
Graufilter 290, 327
Graukarte 145

H

HDR (High Dynamic Range) 256
High Key 62
Hilfestellungen 33
Hilfslinien 204
Histogramm 107

I

Indirekter Blitz 178
Individualfunktionen 34
Info-Automatik 32
Info-Taste 205

Stichwortverzeichnis

Infrarotauslöser 321
Infrarotfiltervorsatz 178
Interner Kamerablitz 172
Intervallaufnahme 271
ISO-Anzeige im Sucher 95
ISO-Automatik 13, 93
ISO-Taste 88
ISO-Wert 86
   Bildrauschen 89
   Detailauflösung 90
i-TTL 183

J

JPEG-Format 161

K

Kabelfernauslöser 321
Kabellos blitzen 196, 268
Kabellose Bildübertragung 230, 331, 334
Kalenderansicht 348
Kamerainterne Bildbearbeitung 353
Kamera, Monitor 31
Kamerasoftware updaten 343
Kamera, Sucheranzeige 29
Kamerazubehör 302
Kehrwertregel 77
Kelvin-Wert 138
Klemmstative 320
Kompressionsstufe 158
Kontinuierlicher Autofokus 122, 134
Kontrastumfang bestimmen 250
Korrektur der Belichtung 105
Kreuzsensor 115, 207
Kugelkopf 318

L

Ladegerät 329
Landschaftsfotografie 220
Langzeitbelichtung 274
Leise Auslösung 230
Lichtempfindlichkeit 86
Lichterwarnung 108, 162
Lichtfarben 138
Lichtformer 200, 268
Lichtspuren 273
Lichtwertstufe (EV) 78
Live View 130
   Motivautomatik 131
   Motivverfolgung 133
Löschen von Bildern 352
Low Key 62

M

Makrofotografie 239
   Schärfentiefe begrenzt 212
   Weitwinkelstreuscheibe 181
Makroobjektive 245
Manueller Modus (M) 69, 232
Manueller Weißabgleich (PRE) 145
Manuell fokussieren 127
Matrixmessung 98
Megazoom 313
Mehrfachbelichtung 275
Mein Menü 38
Menü 26
MENU-Taste 18
Messfeldsteuerung 103
   3D-Tracking 126
   Dynamisch 124
   Einzelfeld 120
   Großes Messfeld 130
   Motivverfolgung 133
   Porträt-AF 132
Messfeldwahl 120
Messmethode zur Belichtung 98
Mikrofon 296

Stichwortverzeichnis

Miniatureffekt 59, 356
Mittenbetonte Messung 99
Mitzieher 269
Modus
   A 67
   A mit Blitz 186
   Blitz aus 47
   EFFECTS 56
   Film 286
   M 69, 232
   M mit Blitz 187
   P 63
   P mit Blitz 184
   S 65, 266
   SCENE 48
   S mit Blitz 189
   Vollautomatik 45
Monitor 31
   Anzeigeform wechseln 21
   Aufnahmeansicht 18
   Wiedergabemodus 20
Motivprogramme 48
Motivverfolgung 133
Multifunktionswähler 18

N

Nachschärfen 166
Nachtaufnahme 232
Nachtporträt 192
Nachtsichtmodus 56
Naheinstellgrenze 239
Nahvorsatzlinse 242
NEF/RAW 163
Neiger 318
Netzadapter 330
Neutraldichtefilter 290, 327
Nodalpunkt 281
Nummernspeicher 35

O

Objektiv 302
   Autofokusmotor 303
   Bajonettanschluss 303
   Bildkreis 244
   Festbrennweite 313
   Fokusring 128
   Makroobjektiv 245
   Naheinstellgrenze 239
   Porträtbrennweite 313
   Reinigung 338
   Superzoom 313
   Telekonverter 315
   Verzeichnung 225
Objektivkorrekturen, kameraintern 306
Objektivsoftware updaten 345
OK-Taste 18
Okularabdeckung 275
Optionen für Wiedergabeansicht 20
Ordner 36

P

Panorama 278
Panoramakopf 282
People-Fotografie 226
Perspektive 212
Perspektive, stürzende Linien 223
Perspektivkorrektur 355
Pfeiltasten 18
Picture Control 147
Picture Control Utility 152
Polfilter 222, 306, 325
Porträt 226
   indirekter Blitz 179
   Selbstauslöser 228
Porträt-AF 132
Porträtbrennweite 313
Programmautomatik (P) 63

Stichwortverzeichnis

R

Räumliche Tiefe 222
Rauschunterdrückung 92
RAW-Format 163
RAW-Konverter 362
RawTherapee 367
Referenzbild, Weißabgleich 147
Referenzbild zur Staubentfernung 340
Reflektor 227
Reichweite kamerainterner Blitz 173
Reisestativ 317
Remote-Blitz 196
Reset-Tasten 27
RGB 153
RGB-Histogramm 108

S

SCENE-Programme 48
Schärfeebene 112
Schärfentiefe 83, 113, 209
Schärfentiefe, Beugungsunschärfe 85
Schärfepriorität 127
Schärfeprobleme 261
Schärfering 128
Schärfe speichern 206
Scharfstellen, siehe Fokussieren 113
Schutz vor versehentlichem Löschen 351
Seitenverhältnis 160
Selbstauslöser 228, 324
Selektive Farbe 60
Selektive Schärfe 83
Sensorebene 239
Sensorempfindlichkeit 86
Sensorreinigung 339
Serienaufnahme 266
Sightseeing-Fotografie 220
Signaltöne ausschalten 32

Silhouetteneffekt 62
Snoot 201
Softbox 200, 268
Software
    Adobe Lightroom 364
    Capture NX 2 363
    DxO Optics Pro 366
    Firmware-Version updaten 343
    HDR 261
    Panorama 279
    RawTherapee 367
    ViewNX 2 362
Sommerzeit 28
Sonne im Bild 236
Speicherformat
    Full HD/HD/SD 288
    JPEG 161
    NEF/RAW 163
    RAW+L 169
Speicherkarte 330
Speicherkarte formatieren 33
Speichern von Schärfe/Belichtung 208
Spiegelvorauslösung 265
Spitzlichter 227
Spotmessung 101, 250
Spracheinstellung 28
sRGB 154
Stative 315
Stativkopf 318
Staub entfernen 338
Staubentfernung mit Referenzbild 340
Sternförmige Lichtpunkte 234
Strom sparen 31
Stürzende Linien 223
Sucheranzeige 29
Sucher verdunkeln 275
Superzoomobjektiv 313

Stichwortverzeichnis

Synchronisationszeit 182
Systemblitzgeräte 174

T

Telekonverter 315
Tiefenwirkung 222
Tonsignal ausschalten 32
TV-Einstellungen 350

U

Uhrzeit einstellen 28
Update
    Blitzsoftware 345
    der Kamerasoftware 343
    Objektivsoftware 345

V

Vergrößerte Darstellung 348
Vergrößerung 243
Verkleinerte Darstellung 348
Verwacklungsunschärfe 76
Verzeichnung 305
Verzeichnungskorrektur 354
Vibration Reduction (VR) 80, 222
Videonorm PAL 350
ViewNX 2 362
Vignettierung 305
Vollautomatik 45

Vorblitz 183
Vorsatzlinse 242

W

Weißabgleich 140
    Feinabstimmung 234
    manuell 145
    Referenzbild 147
Weißabgleichreihe (BKT-WB) 236
Weitwinkelstreuscheibe 181
Wiedergabe, Film 298
Wiedergabemodus 20
Wiedergabeordner 36
Wiedergabetaste 22
Wireless Mobile Adapter Utility 230, 334
Wischeffekt 269

Z

Zeitvorwahl (S) 65, 266
Zeitzone festlegen 28
Zentralperspektive 206
Zirkularer Polfilter 325
Zoomen 214
Zoomreflektor 180
Zubehör 302
Zwei-Tasten-Reset 27
Zwischenring 243

Smarte Anleitungen der nächsten Generation

Aus dem Buchregal in der Cloud auf Ihren internetfähigen Geräten lesen und speichern

- Das Wissenswerte zu aktuellen Smartphones, Apps, Tablets, Kameras & Co.
- Präzise und verständlich auf den Punkt gebracht mit verblüffenden Praxistipps
- Hoher Lesekomfort mit Weblinks, perfekter Seitennavigation, Lesezeichen u.v.m.
- Flexible Darstellung der iKnow E-Books auf Ihrem Tablet, Smartphone, PC und Mac

Jetzt testen mit zwei kostenlosen E-Books!

www.iknow.de